EUROPA LEHRMITTEL

Edition Harri Deutsch

Formelsammlung Mathematik und Statistik für Wirtschaft und Technik

Wolfgang Gohout
Dorothea Reimer

2. Auflage

VERLAG EUROPA-LEHRMITTEL · Nourney, Vollmer GmbH & Co. KG
Düsselberger Straße 23 · 42781 Haan-Gruiten

Europa-Nr.: 58591

Professor Dr. rer. nat. Dr. rer. pol. Wolfgang Gohout
Professor (i. R.) für Quantitative Methoden an der Hochschule Pforzheim

Dr. Dorothea Reimer
Akademische Oberrätin im Bereich Mathematik für Wirtschaftswissenschaftler der Professur für Statistik und Ökonometrie an der Justus-Liebig-Universität Gießen

2. Auflage 2024

Druck 5 4 3 2 1

ISBN 978-3-8085-5860-7

Satz: Satzherstellung Dr. Naake, 09212 Limbach-Oberfrohna
Umschlaggestaltung: braunwerbeagentur, 42477 Radevormwald
Druck: Plump Druck & Medien GmbH, 53619 Rheinbreitbach

Vorwort

Es gibt zweifellos viele Mathematik-Formelsammlungen. Dennoch unterscheiden sie sich zum Teil erheblich in Umfang und Tiefe, Aufbau, Schwerpunkten, Stoffauswahl und Notation. Die vorliegende Formelsammlung ist abgestimmt auf die Veranstaltungen, welche am Fachbereich Wirtschaftswissenschaften der Justus-Liebig-Universität in Gießen und im Bereich Wirtschaftsingenieurwesen der Hochschule Pforzheim durchgeführt werden. Sie wird als Ergänzung zur Vorlesung sowie zur Lektüre eines oder – besser – mehrerer Lehrbücher empfohlen und kann während der Klausur, aber hoffentlich auch während des weiteren Studiums und im Berufsleben nützliche Hilfestellung leisten.

Nach den Grundlagen der Mathematik – wie Aussagenlogik, Mengenlehre, Arithmetik und Kombinatorik – wird die Analysis von Funktionen einer Variablen behandelt. Vor der Analysis von Funktionen mehrerer Variablen wird jedoch die lineare Algebra vorgestellt, sodass die kompakte Vektor-Matrix-Schreibweise verwendet werden kann.

Schließlich sind wichtige Formeln und Verfahren der deskriptiven und der induktiven Statistik aufgeführt. Dazu haben wir als Vorlage das „Taschenbuch der Statistik" (Edtion Harri Deutsch im Verlag Europa-Lehrmittel, vormals Verlag Harri Deutsch, Frankfurt a. M., 4. Aufl. 2008) verwendet. Für seine Zustimmung und sein Korrekturlesen gebührt unser Dank dem Autor, unserem gemeinsamen akademischen Lehrer und Doktorvater Professor Dr. Horst Rinne. In seinem umfassenden Taschenbuch finden sich viele weitere Formeln und Verfahren zur Statistik und zu allen Anwendungen der Statistik. Wer sich für mehr als eine Einführung in die Statistik interessiert, kann in diesem umfassenden Werk fündig werden.

Die hier vorliegende 2. Auflage der Formelsammlung Mathematik und Statistik wurde um einige weiterführende Formeln und Verfahren, bspw. spezielle wirtschaftswissenschaftliche Funktionen und Karush-Kuhn-Tucker-Optimierung, erweitert.

Wenn Sie mithelfen möchten, dieses Buch für die kommenden Auflagen zu verbessern, schreiben Sie uns unter lektorat@europa-lehrmittel.de. Ihre Hinweise und Verbesserungsvorschläge nehmen wir gern auf.

Pforzheim, im Frühjahr 2024 — Gießen, im Frühjahr 2024

Wolfgang Gohout — Dorothea Reimer

Inhaltsverzeichnis

Teil I

Mathematik

Symbole und Abkürzungen

Mathematische Logik

w	Wahrheitswert „wahr“
f	Wahrheitswert „falsch“
$\neg$	Negation „nicht“
$\wedge$	Konjunktion „und“
$\vee$	Disjunktion „oder“
$\Rightarrow$	Implikation „wenn …, dann …“
$\Leftrightarrow$	Äquivalenz „… genau dann, wenn …“
$\equiv$	logische Gleichwertigkeit
$\forall$, $\bigwedge$	Allquantor „Für alle …“
$\exists$, $\bigvee$	Existenzquantor „Es gibt ein …“
$\exists!$	Eindeutiger Existenzquantor „Es gibt genau ein …“
$A(x_1, \ldots, x_n)$	n-stellige Aussagenform
$:\Leftrightarrow$	… definitionsgemäß äquivalent zu …

Mengenlehre

$\in$	Element von …
$\notin$	nicht Element von …
$=$	Gleichheit von Mengen
$\{\,,\,\}$	Mengenklammern
$:=$	… ist definitionsgemäß gleich …
Ω	Grundmenge aller betrachteten Objekte
$\emptyset$, $\{\,\}$	leere Menge
$\subset$, $\subseteq$	Teilmenge von …
$\not\subset$, $\not\subseteq$	nicht Teilmenge von …
$\subsetneqq$	echte Teilmenge von …
$\supset$, $\supseteq$	Obermenge von …

$\mathfrak{P}(.)$	Potenzmenge von ...
$\#, n(.), \lvert . \rvert$	Mächtigkeit, Kardinalität, Anzahl der Elemente von ...
$\cup$	Vereinigung
$\cap$	Durchschnitt
$\setminus$	(logische) Differenz
$\triangle, \circ$	symmetrische Differenz
$\overline{A}, A^c$	Komplement von A

Arithmetik und Algebra

$=$	Gleichheit
$\approx$	ungefähr gleich
$\neq$	Ungleichheit
$>$	größer als
$\geqq, \geq$	größer oder gleich
$<$	kleiner als
$\leqq, \leq$	kleiner oder gleich
$+$	Addition „plus" oder Vorzeichen „plus"
$-$	Subtraktion „minus" oder Vorzeichen „minus"
$\cdot$	Multiplikation „mal"
$:, /, —$	Division „geteilt durch"
$\mathbb{N}$	Menge der natürlichen Zahlen $1, 2, 3, \ldots$
$\mathbb{N}_0$	$\mathbb{N} \cup \{0\} = \{0, 1, 2, \ldots\}$
n'	Nachfolger von n ($n' = n + 1$)
$\mathbb{Z}$	Menge der ganzen Zahlen $0, \pm 1, \pm 2, \ldots$
$\mathbb{Z}^+$	$\mathbb{N} = \{1, 2, 3, \ldots\}$
$\mathbb{Z}^-$	$\{-1, -2, -3, \ldots\}$
$\mathbb{Z}_0^+$	$\mathbb{N}_0 = \{0, 1, 2, \ldots\}$
$\mathbb{Z}_0^-$	$\mathbb{Z}^- \cup \{0\} = \{0, -1, -2, \ldots\}$
$\lvert \cdot \rvert$	(absoluter) Betrag einer Zahl
$\mathbb{Q}$	Menge der rationalen Zahlen (Brüche)
n^{-1}	Kehrwert von n, $1/n$
$\mathbb{Q}^+$	positive Rationalzahlen, $\{p \in \mathbb{Q} : p > 0\}$
$\mathbb{Q}^-$	negative Rationalzahlen, $\{p \in \mathbb{Q} : p < 0\}$

$\mathbb{Q}_0^+$	$\mathbb{Q}^+ \cup \{0\}$
$\mathbb{Q}_0^-$	$\mathbb{Q}^- \cup \{0\}$
$\pm$	plus bzw. minus
$\mathbb{R}$	Menge der reellen Zahlen
$\mathbb{R}^+$	Menge der positiven reellen Zahlen, $\{r \in \mathbb{R} : r > 0\}$
$\mathbb{R}^-$	Menge der negativen reellen Zahlen, $\{r \in \mathbb{R} : r < 0\}$
$\mathbb{R}_0^+$	$\mathbb{R}^+ \cup \{0\}$
$\mathbb{R}_0^-$	$\mathbb{R}^- \cup \{0\}$
m^n	Potenz „m hoch n“
$\sqrt[n]{x}$	Wurzel „n-te Wurzel aus x“
$\sup M$	Supremum von M
$\inf M$	Infimum von M
$\mathbb{C}$	Menge der komplexen Zahlen
i	imaginäre Einheit, $\mathrm{i}^2 = -1$
$\mathrm{i}\,\mathbb{R}$	Menge der imaginären Zahlen
$\bar{z}$	zu z konjugiert komplexe Zahl
(r, ϕ)	Polarkoordinaten-Darstellung einer komplexen Zahl
arctan	Arcustangens
sin	Sinus
cos	Kosinus
π	Kreiszahl, LUDOLFsche Zahl, $\pi \approx 3{,}14159$
lim	Limes, Grenzwert
e	EULERsche Zahl, $\mathrm{e} \approx 2{,}71828$
γ	EULERsche Konstante, $\gamma \approx 0{,}5772$
$\sum$	Summenoperator
$\prod$	Produktoperator
$\exp(\bullet)$	Exponentialfunktion $\mathrm{e}^\bullet$
$\log_a c$	Logarithmus von c zur Basis $a \in \mathbb{R}^+ \setminus \{1\}$
$\lg x$	dekadischer Logarithmus, Zehnerlogarithmus
$\ln x$	natürlicher Logarithmus, Logarithmus zur Basis e
$\mathrm{ld}\ x$	binärer Logarithmus, Zweierlogarithmus
$\mathrm{sign}(x)$	Signum, Vorzeichen von x
$[x]_G$	GAUSS-Klammer, größte ganze Zahl kleiner/gleich x
$\mathrm{fix}(x)$	ganzer Teil von x (ohne Nachkommastelle)

$a \equiv b \bmod m$	a ist kongruent b modulo m, d. h. a und b lassen bei Division durch m denselben Rest
$a \not\equiv b \bmod m$	a ist nicht kongruent b modulo m
$\mathrm{mod}(a, m)$	ganzzahliger Rest der Division von a durch m
$m \mid a$	m ist Teiler von a
$m \nmid a$	m ist nicht Teiler von a
$\binom{a}{n}$	Binomialkoeffizient „a über n“
∞	unendlich
$p_n(x)$	Polynom vom Grad n
$p \equiv 0$	p ist identisch null, $p(x) = 0$ für alle $x \in \mathbb{R}$
$p(x_1, x_2, \ldots, x_k)$	Polynom in den Variablen $x_1, x_2, \ldots, x_k$
D	Diskriminante einer Gleichung
$[a, b]$	abgeschlossenes Intervall von a bis b
$(a, b]$, $]a, b]$	linksoffenes Intervall von a bis b
$[a, b)$, $[a, b[$	rechtsoffenes Intervall von a bis b
(a, b), $]a, b[$	offenes Intervall von a bis b
$f'(x)$	erste Ableitung der Funktion $f(x)$
$f''(x)$	zweite Ableitung der Funktion $f(x)$
$\max\limits_{[a,b]} f(x)$	Maximum der Funktion $f(x)$ im Intervall $[a, b]$
$\min\ A$	Minimum der Menge A
$\max\ A$	Maximun der Menge A
$\int_a^b \ldots \mathrm{d}t$	bestimmtes Integral

Kombinatorik

$\Phi^n(\cdot)$	Permutation einer n-elementigen Menge
$P(n)$	Anzahl der Permutationen ohne Wiederholung
$n!$	n-Fakultät, $n! = 1 \cdot 2 \cdot \ldots \cdot n$
$P(n; n_1, n_2, \ldots, n_k)$	Anzahl der Permutationen mit Wiederholung
$\binom{n}{n_1, n_2, \ldots, n_k}$	Polynomialkoeffizient
$B(\cdot, \cdot)$	Beta-Funktion
$\Gamma(\cdot)$	Gamma-Funktion
$B_p(\cdot, \cdot)$	unvollständige Beta-Funktion

$I_p(\cdot,\cdot)$	Beta-Verteilungsfunktion
$\binom{n}{j}$, c_j^n	Binomialkoeffizient, $n, j \in \mathbb{N}_0$ [4mm]
$\binom{a}{n}$	allgemeiner Binomialkoeffizient, $a \in \mathbb{R}$, $n \in \mathbb{N}_0$
$\gamma(\cdot,\cdot)$	unvollständige Gamma-Funktion
$\Gamma(\cdot,\cdot)$	Komplement der unvollständigen Gamma-Funktion
$P(\cdot,\cdot)$	Gamma-Verteilungsfunktion
$\gamma^\star(a,x)$	$x^{-a} \cdot P(a,x)$
$V(N,n)$	Anzahl der Variationen ohne Wiederholung
$V^\star(N,n)$	Anzahl der Variationen mit Wiederholung
$K(N,n)$	Anzahl der Kombinationen ohne Wiederholung
$K^\star(N,n)$	Anzahl der Kombinationen mit Wiederholung
$\min(\cdot,\cdot)$	Minimum zweier Zahlen

Relationen

(a,b)	geordnetes Paar
$(a_1, a_2, \ldots, a_n)$	n-Tupel
$M_1 \times M_2 \times \ldots \times M_n$ bzw. $\bigtimes_{i=1}^{n} M_i$	kartesisches Produkt, Kreuzprodukt, Produktmenge
M^n	n-faches Produkt von M, $M^n = M \times M \times \cdots \times M$
$a\,R\,b$	a steht in Relation R zu b, $(a,b) \in R$
Vb R	Vorbereich der Relation R
Nb R	Nachbereich der Relation R
$\bigwedge$	Nullrelation, leere Menge
$\bigvee$	Allrelation
R^{-1}	Umkehrrelation
$a \simeq b$	a äquivalent b

$\mathcal{K}$	Klasseneinteilung, Zerlegung
$[a]$	Klasse des Repräsentanten a
M/R	Faktormenge, Quotient von M nach R
(M, R)	geordnete Menge, falls R Halbordnung auf M
$\leq, \sqsubseteq, \subseteq$	kleiner oder gleich (im Sinne einer reflexiven Ordnung)
$<, \sqsubset, \subset$	kleiner (im Sinne einer irreflexiven Ordnung)
$R \vert A$	Teilordnung von R in A
$\max\ A$	größtes Element, Maximum von A
$\sup\ A$	obere Grenze, Supremum von A
$\min\ A$	kleinstes Element, Minimum von A
$\inf\ A$	untere Grenze, Infimum von A
$K(A)$	Bild von A unter der Korrespondenz K
$K^{-1}(B)$	Urbild von B unter der Korrespondenz K
$\mathbb{D}(K)$	Definitionsbereich der Korrespondenz K
$\mathbb{W}(K)$	Wertebereich der Korrespondenz K
$f : M \longrightarrow N$	Abbildung f von M in N
$x \mapsto f(x)$	Abbildungsvorschrift: x wird auf $f(x)$ abgebildet
$G(f)$	Graph von f, $\{(x, f(x)) : x \in \mathbb{D}(f)\}$
$f \equiv z$	f ist identisch gleich z, $\forall x : f(x) = z$
$\mathbb{1}_A(\cdot)$	Indikatorfunktion der Menge A
$\mathrm{id}_A(\cdot)$	identische Abbildung der Menge A
$f \vert A$	Einschränkung von f auf die Menge A
$(a_n)_{n \in A}$	Zahlenfolge
$g \circ f$	Verknüpfung der Abbildungen f und g
$f^{-1}(y)$	Umkehrabbildung von f an der Stelle y
$f(A)$	Bild von A unter der Abbildung f
$f^{-1}(B)$	Urbild von B unter der Abbildung f
$\lvert \cdot \rvert$	Mächtigkeit, Kardinalzahl
$\leqq, \leq$	Kleiner/Gleich-Relation für Kardinalzahlen
$<$	Kleiner-Relation für Kardinalzahlen
$\aleph$	Aleph, Symbol für transfinite Kardinalzahlen

Funktionen einer Variablen

$f(x)$	Funktionswert an der Stelle x	
$U_\delta(x)$	δ-Umgebung von x; $(x-\delta,\, x+\delta) \subset \mathbb{R}$	
$p_n(x)$	Polynom in der Variablen x	
$\lim_{x\downarrow 0}, \lim_{x\to 0^+}$	rechtsseitiger Grenzwert (bei Null)	
$\lim_{x\uparrow 0}, \lim_{x\to 0^-}$	linksseitiger Grenzwert (bei Null)	
$\sinh(\cdot)$	hyperbolischer Sinus	
$\cosh(\cdot)$	hyperbolischer Kosinus	
$\tanh(\cdot)$	hyperbolischer Tangens	
$\coth(\cdot)$	hyperbolischer Kotangens	
$\operatorname{arsinh}(\cdot)$	Areasinus, $\sinh^{-1}$	
$\operatorname{arcosh}(\cdot)$	Areakosinus, $\cosh^{-1}$	
$\operatorname{artanh}(\cdot)$	Areatangens, $\tanh^{-1}$	
$\operatorname{arcoth}(\cdot)$	Areakotangens, $\coth^{-1}$	
$\sin(\cdot)$	Sinus	
$\cos(\cdot)$	Kosinus	
$\tan(\cdot)$	Tangens	Trigonometrische Funktionen
$\cot(\cdot)$	Kotangens	
$\sec(\cdot)$	Sekans	
$\operatorname{cosec}(\cdot)$	Kosekans	
$\sum\limits_{i=0}^{\infty} \ldots$	unendliche Reihe	
$\arcsin(\cdot)$	Arcussinus, $\sin^{-1}$	
$\arccos(\cdot)$	Arcuskosinus, $\cos^{-1}$	
$\arctan(\cdot)$	Arcustangens, $\tan^{-1}$	Zyklometrische Funktion
$\operatorname{arccot}(\cdot)$	Arcuskotangens, $\cot^{-1}$	
$\operatorname{arcsec}(\cdot)$	Arcussekans, $\sec^{-1}$	
$\operatorname{arccosec}(\cdot)$	Arcuskosekans, $\operatorname{cosec}^{-1}$	

Folgen und Reihen

a_n	allgemeines Folgenglied
(a_n)	Folge
Δ	Vorwärtsdifferenzenoperator
$(\Delta^k a_n)_n$	k-te Differenzenfolge
$a_n \to c$ bzw. $\lim\limits_{n\to\infty} a_n = c$	c ist Grenzwert der Folge (a_n)
$a_n \to \infty$ bzw. $\lim\limits_{n\to\infty} a_n = \infty$	(a_n) wächst über alle Grenzen
s_n	n-te Partialsumme, $\sum\limits_{i=1}^{n} a_i$
$\sum\limits_{n=1}^{\infty} a_n$	Wert der Reihe (s_n), manchmal auch für die Reihe selbst verwendet
$(a_n) * (b_n)$	Faltung der Folgen (a_n) und (b_n)

Analysis einer Variablen

$\lim\limits_{x\to x_0} f(x)$	Grenzwert (Limes) von $f(x)$ für $x \to x_0$
$f(x) \xrightarrow[x\to x_0]{} y_0$	y_0 ist Grenzwert von $f(x)$ für $x \to x_0$
$\lim\limits_{x\uparrow x_0}$, $\lim\limits_{x\to x_0^-}$	linksseitiger Grenzwert bei x_0
$\lim\limits_{x\downarrow x_0}$, $\lim\limits_{x\to x_0^+}$	rechtsseitiger Grenzwert bei x_0
$\lim\limits_{x\to\infty}$, $\lim\limits_{x\to-\infty}$	Grenzwert für $x \to \infty$ bzw. $x \to -\infty$
$o(g(x))$	klein o von $g(x)$ – Landau-Symbole
$O(g(x))$	groß O von $g(x)$ – Landau-Symbole
$\left.\dfrac{\Delta y}{\Delta x}\right\vert_{x,\, x_0}$	Differenzenquotient $\dfrac{f(x) - f(x_0)}{x - x_0}$ mit $y = f(x)$

$\left.\frac{\mathrm{d}f(x)}{\mathrm{d}x}\right\|_{x=x_0}$, $\frac{\mathrm{d}f}{\mathrm{d}x}(x_0)$, $f'(x_0)$, $\left.\frac{\mathrm{d}y}{\mathrm{d}x}\right\|_{x=x_0}$, $y'_{x=x_0}$	Differenzialquotient $\lim\limits_{x\to x_0}\frac{f(x)-f(x_0)}{x-x_0}$
$f''(x)$, $\frac{\mathrm{d}^2 f(x)}{\mathrm{d}x^2}$	zweite Ableitung von $f(x)$
$f^{(n)}(x)$, $\frac{\mathrm{d}^n f(x)}{\mathrm{d}x^n}$	n-te Ableitung von $f(x)$
$\frac{0}{0}$, $\frac{\infty}{\infty}$, $0\cdot\infty$, $\infty-\infty$, 1^∞, ∞^0, 0^0	unbestimmte Ausdrücke
$\sum\limits_{i=1}^{\infty} f_i(x)$	Funktionenreihe
$\sum\limits_{i=0}^{\infty} a_i(x-x_0)^i$	Potenzreihe
ρ	Konvergenzradius
$\limsup\limits_{n\to\infty} b_n$, $\overline{\lim\limits_{n\to\infty}} b_n$	limes superior, $\lim\limits_{n\to\infty}\ \sup\{b_k : k\ge n\}$
$R_n(x)$	Restglied der TAYLOR-Entwicklung
$\sum\limits_{i=0}^{\infty}\frac{f^{(i)}(x_0)}{i!}(x-x_0)^i$	TAYLOR-Reihe von $f(x)$ um x_0
$\eta(y\|x)$	Punktelastizität von y im Punkt x
$\int f(x)\ \mathrm{d}x$	unbestimmtes Integral von $f(x)$
$\int\limits_a^b f(x)\ \mathrm{d}x$	bestimmtes Integral von $f(x)$ in $[a,b]$
$\int\limits_a^\infty f(x)\ \mathrm{d}x$, $\int\limits_{-\infty}^b f(x)\ \mathrm{d}x$, $\int\limits_{-\infty}^\infty f(x)\ \mathrm{d}x$	uneigentliche Integrale
$R(f)$	Restglied bei der Quadratur von f

Lineare Algebra

$\vec{a}, \vec{b}, \ldots$	Spaltenvektoren
$\vec{a}', \vec{b}', \ldots$	transponierte Vektoren, Zeilenvektoren
$\vec{0}$	Nullvektor
$\vec{1}$	Einservektor
$\vec{e}_j$	j-ter Einheitsvektor
L_n	Vektorraum der Vektoren der Länge n
$s(\vec{a}, \vec{b})$, $<\vec{a}, \vec{b}>$, $\vec{a}'\vec{b}$	Skalarprodukt von $\vec{a}$ und $\vec{b}$
$d(\vec{a}, \vec{b})$	Metrik, Abstand zwischen $\vec{a}$ und $\vec{b}$
$\mathbb{R}^n$	n-dimensionaler reeller EUKLIDischer Raum, $\mathbb{R}^n := \{\vec{x} : \vec{x}\,' = (x_1, \ldots, x_n),\ x_i \in \mathbb{R}\}$
$\lvert\vec{a}\rvert$	Betrag, Norm von $\vec{a}$
$\sphericalangle(\vec{a}, \vec{b})$	(kleinerer) Winkel zwischen $\vec{a}$ und $\vec{b}$
$\vec{a} \perp \vec{b}$	$\vec{a}$ senkrecht $\vec{b}$
$\vec{A}$, $\vec{A}_{(m,n)}$	Matrix mit m Zeilen und n Spalten
$\vec{0}_{(m,n)}$	$m{\times}n$-Nullmatrix
$\vec{1}_{(m,n)}$	$m{\times}n$-Einsermatrix
$\vec{E}_{(n,n)}$	$n{\times}n$-Einheitsmatrix
$\vec{A}'$	transponierte Matrix
$\vec{A} + \vec{B}$	Summe zweier Matrizen
$\vec{A} - \vec{B}$	Differenz zweier Matrizen
$\vec{A}\vec{B}$	Produkt zweier Matrizen
$\vec{A}^n$	n-te Potenz einer Matrix
$P(\vec{A})$	Matrizenpolynom in $\vec{A}$
$\vec{x}\,'\vec{A}\vec{x}$	quadratische Form der Matrix $\vec{A}$
$\vec{A}^{-1}$	Umkehrmatrix, Inverse von $\vec{A}$
$\vec{A}^{-}$	allgemeine Umkehrmatrix, Pseudoinverse von $\vec{A}$
$\vec{A}^{c}$	bedingte Umkehrmatrix, conditional inverse von $\vec{A}$
$\otimes$	KRONECKER-Produkt
$\mathrm{sp}(\vec{A})$	Spur der Matrix $\vec{A}$
$\mathrm{rg}(\vec{A})$	Rang der Matrix $\vec{A}$
$\det(\vec{A})$, $\lvert\vec{A}\rvert$	Determinante der Matrix $\vec{A}$
$\#(i_1, \ldots, i_n)$	Anzahl der Inversionen der Permutation $(i_1, \ldots, i_n)$

M_{ij}	zu a_{ij} gehöriger Minor
A_{ij}	zu a_{ij} gehörige Adjunkte
$\mathbb{L}$	Lösungsraum eines Gleichungssystems

Analysis mehrerer Variablen

$\left.\begin{array}{l} f : \mathbb{R}^n \to \mathbb{R}, \\ y = f(x_1, \ldots, x_n) \end{array}\right\}$	(reellwertige) Funktion von n Variablen
$\left.\begin{array}{l} U_\delta\left(x_1^{(0)}, \ldots, x_n^{(0)}\right), \\ U_\delta\left(\vec{x}^{(0)}\right) \end{array}\right\}$	δ-Umgebung, δ-Kugel um $\vec{x}^{(0)}$
$\left.\begin{array}{l} \lim\limits_{x_i \to x_i^{(0)}}, \; i = 1, \ldots, n \\ \lim\limits_{\vec{x} \to \vec{x}^{(0)}} \end{array}\right\}$	n-dimensionaler Grenzwert, Limes
$\left(\vec{a}^{(k)}\right)_{k \in \mathbb{N}}$	Punktfolge im $\mathbb{R}^n$
∂	partieller Differenzialoperator
$\left.\begin{array}{l} \dfrac{\partial f}{\partial x_i}, \dfrac{\partial y}{\partial x_i}, f'_{x_i}, \\ y'_{x_i}, \dfrac{\partial}{\partial x_i} f(\vec{x}), \\ \dfrac{\partial}{\partial x_i} f(x_1, \ldots, x_n) \end{array}\right\}$	partielle Ableitung von $y = f(x_1, \ldots, x_n)$ nach x_i
$\left.\begin{array}{l} \dfrac{\partial^k f}{\partial x_i^k}, \dfrac{\partial^k y}{\partial x_i^k}, f^{(k)}_{x_i}, \\ y^{(k)}_{x_i}, \dfrac{\partial^k}{\partial x_i^k} f(\vec{x}), \\ \dfrac{\partial^k}{\partial x_i^k} f(x_1, \ldots, x_n) \end{array}\right\}$	k-te partielle Ableitung von $y = f(x_1, \ldots, x_n)$ nach x_i
$\dfrac{\partial^{k+\ell}}{\partial x_i^k \, \partial x_j^\ell}$	gemischte partielle Ableitung
$\mathrm{d}_{x_i} f, \; \dfrac{\partial f}{\partial x_i} \cdot \mathrm{d}x_i$	partielles Differenzial von f nach x_i
$\mathrm{d}f$	totales (vollständiges) Differenzial von f

$\nabla f(\vec{x})$, grad $f(\vec{x})$	Gradient von f an der Stelle $\vec{x}$
$\eta(y\|x_j)$	partielle Punktelastizität von y nach x_j
$\dfrac{\partial f}{\partial \vec{x}}$	vektorielle Ableitung nach $\vec{x}$
$\dfrac{\partial f}{\partial \vec{X}}$	Ableitung von f nach der Matrix $\vec{X}$
$\dfrac{\partial \vec{Y}}{\partial x_{ij}}$	partielle Ableitung der Matrix $\vec{Y}$ nach x_{ij}
$\dfrac{\partial \vec{y}}{\partial \vec{x}}$	JACOBI-Matrix oder Funktionalmatrix von $\vec{y}$
$\vec{D}_{\vec{A}}$	Diagonalmatrix: Diagonalelemente von $\vec{A}$
Δ_{ij}	Matrix mit 1 auf Position (i,j), 0 sonst
$\Delta^{\star}_{ij}$	Matrix mit 1 auf den Positionen (i,j) und (j,i), 0 sonst
$\vec{Y}^{\star}$	Matrix der Adjunkten Y_{ij} der Matrix $\vec{Y}$
$L(x_1,\ldots,x_n\,,\,\lambda_1,\ldots,\lambda_m)$	LAGRANGE-Funktion
λ_j	LAGRANGE-Multiplikator
$\mathcal{Z}$	Zerlegung
$\overset{\circ}{R}$	Inneres oder offener Kern von R
$\iint\limits_G f(x_1,x_2)\,\mathrm{d}x_2\,\mathrm{d}x_1$	Integral von f über $G \subset \mathbb{R}^2$
$\overline{f}(\vec{x})$	Fortsetzung von f auf $\mathbb{R}^2$ bzw. $\mathbb{R}^n$
$\int\limits_G \cdots \int f(x_1,\ldots,x_n)\,\mathrm{d}x_n\,\ldots\,\mathrm{d}x_1$	Integral von f über $G \subset \mathbb{R}^n$

Griechisches Alphabet

Buchstabe groß	Buchstabe klein	Name	Buchstabe groß	Buchstabe klein	Name	Buchstabe groß	Buchstabe klein	Name
A	α	Alpha	I	ι	Jota	P	ρ	Rho
B	β	Beta	K	κ	Kappa	Σ	σ	Sigma
Γ	γ	Gamma	Λ	λ	Lambda	T	τ	Tau
Δ	δ	Delta	M	μ	My	Y	υ	Ypsilon
E	ϵ	Epsilon	N	ν	Ny	Φ	ϕ, φ	Phi
Z	ζ	Zeta	Ξ	ξ	Xi	X	χ	Chi
H	η	Eta	O	o	Omikron	Ψ	ψ	Psi
Θ	θ, ϑ	Theta	Π	π	Pi	Ω	ω	Omega

Konstanten

Konstante	approximative Größe, Name und Bedeutung
e	2,718 281 828 459 045 235 360 287 EULERsche Zahl, Basis des logarithmus naturalis, transzendente Zahl
γ	0,577 215 664 901 523 860 606 512 EULERsche Konstante, MASCHERONIsche Konstante, nicht bekannt, ob rationale oder irrationale Zahl
π	3,141 592 653 589 793 238 462 643 Kreiszahl, LUDOLFsche Zahl, transzendente Zahl

Zahlwörter

Größe	Name	Vorsilbe zur Dimension	Zeichen
10^{-24}	Quadrillionstel	Yocto	y
10^{-21}	Trilliardstel	Zepto	z
10^{-18}	Trillionstel	Atto	a
10^{-15}	Billiardstel	Femto	f
10^{-12}	Billionstel	Pico	p
10^{-9}	Milliardstel	Nano	n
10^{-6}	Millionstel	Mikro	μ
10^{-3}	Tausendstel	Milli	m
10^{-2}	Hundertstel	Zenti	c
10^{-1}	Zehntel	Dezi	d
10^{1}	Zehn	Deka	da
10^{2}	Hundert	Hekto	h
10^{3}	Tausend	Kilo	k
10^{6}	Millionen	Mega	M
10^{9}	Milliarden	Giga	G
10^{12}	Billionen	Tera	T
10^{15}	Billiarden	Peta	P
10^{18}	Trillionen	Exa	E
10^{21}	Trilliarden	Zetta	Z
10^{24}	Quadrillionen	Yotta	Y

Vorsicht: Auf Amerikanisch heißt 10^9 *billion*.

1 Mathematische Grundlagen

1.1 Mathematische Logik

Aussagen und Wahrheitswerte

Eine **Aussage** ist eine Behauptung eines Sachverhaltes, der sinnvoll einer der beiden **Wahrheitswerte**

$$\text{„wahr" } (w) \text{ oder „falsch" } (f)$$

zugeordnet werden kann. In Programmiersprachen wird grundsätzlich die Ziffer 1 für „wahr", die Ziffer 0 für „falsch" verwendet. Wie dabei diese Zuordnung zustande kommt oder ob der Wahrheitswert gar unbekannt ist, spielt keine Rolle. Es handelt sich hier um eine zweiwertige (binäre) Logik.

Die Zuordnung drückt man durch die **Wahrheitsfunktion** $\phi(\cdot)$ aus. Sei A eine Aussage, dann ist entweder $\phi(A) = w$ oder $\phi(A) = f$ (Prinzip des ausgeschlossenen Dritten und des ausgeschlossenen Widerspruchs).

Aussageformen

Eine **Aussageform** ist eine Formulierung mit mindestens einer Variablen, die nach Ersetzen der Variablen durch Elemente aus deren Grundbereich zur Aussage wird.

Aussagefunktionen, Wahrheitstafeln

A und B seien Aussagen.

Operation	Symbol	Name
nicht A	$\neg A$	Negation bzw. logisches Komplement (von A)
A **und** B	$A \wedge B$	Konjunktion (von A und B)
A **oder** B	$A \vee B$	Disjunktion (von A und B) bzw. einschließendes Oder
wenn A, **dann** B	$A \Rightarrow B$	Implikation oder Subjunktion (von A auf B) A: Prämisse, B: Konklusion
A **genau dann, wenn** B	$A \Leftrightarrow B$	Äquivalenz oder Bijunktion (von A und B)
entweder A **oder** B	$\neg(A \Leftrightarrow B)$	ausschließendes Oder

Die Operationszeichen $\neg$, $\wedge$, $\vee$, $\Rightarrow$ und $\Leftrightarrow$ heißen **Junktoren** oder **logische Operatoren**. Für sie gilt, dass in der vorstehenden Reihenfolge jeder stärker binden soll als der nachfolgende, also $\neg A \wedge B = (\neg A) \wedge B$.

Durch die dargestellten Operationen entstehen aus A und B neue (zusammengesetzte) Aussagen. Diese haben in Abhängigkeit der Wahrheitswerte von A und B wiederum einen eigenen Wahrheitswert, der in der **Wahrheitstafel** abgelesen werden kann.

A	B	$\neg A$	$A \wedge B$	$A \vee B$	$A \Rightarrow B$	$A \Leftrightarrow B$	$\neg(A \Leftrightarrow B)$	$B \Rightarrow A$	$(A \Rightarrow B) \wedge (B \Rightarrow A)$
w	w	f	w	w	w	w	f	w	w
w	f	f	f	w	f	f	w	w	f
f	w	w	f	w	w	f	w	f	f
f	f	w	f	f	w	w	f	w	w

Zwei zusammengesetzte Aussagen C und D heißen **logisch gleichwertig**, $C \equiv D$, wenn sie bei jeder Wahrheitswertkombination ihrer elementaren Aussagen übereinstimmende Wahrheitswerte aufweisen, z. B.

$$(A \Leftrightarrow B) \equiv ((A \Rightarrow B) \wedge (B \Rightarrow A)) .$$

Ist der Wahrheitswert einer Aussagenverbindung stets „wahr“, so heißt diese **Tautologie** oder **Identität**, z. B. $A \vee \neg A$. Die Äquivalenz logisch gleichwertiger Aussagenverbindungen ist also eine Tautologie.

Hängt der Wahrheitswert einer Aussagenverbindung von der jeweiligen Wahrheitswertkombination ihrer elementaren Aussagen ab, so spricht man von einer **Neutralität**.

Ist der Wahrheitswert einer Aussagenverbindung stets „falsch“, so heißt diese **Antinomie** oder **Kontradiktion**, z. B. $A \wedge \neg A$.

Gesetze und andere Sätze zu Aussagen

$$\left.\begin{array}{l} A \wedge A \equiv A \\ A \vee A \equiv A \end{array}\right\} \quad \text{Idempotenz}$$

$$\left.\begin{array}{l} A \wedge B \equiv B \wedge A \\ A \vee B \equiv B \vee A \\ A \Leftrightarrow B \equiv B \Leftrightarrow A \end{array}\right\} \quad \text{Kommutativgesetz}$$

$$\left.\begin{array}{l} (A \wedge B) \wedge C \equiv A \wedge (B \wedge C) \\ (A \vee B) \vee C \equiv A \vee (B \vee C) \\ (A \Leftrightarrow B) \Leftrightarrow C \equiv A \Leftrightarrow (B \Leftrightarrow C) \end{array}\right\} \quad \text{Assoziativgesetz}$$

$A \wedge (B \vee C) \equiv (A \wedge B) \vee (A \wedge C)$ $A \vee (B \wedge C) \equiv (A \vee B) \wedge (A \vee C)$	Distributivgesetz
$\neg(A \wedge B) \equiv \neg A \vee \neg B$ $\neg(A \vee B) \equiv \neg A \wedge \neg B$	Gesetz von DE MORGAN, AUGUSTUS DE MORGAN, 1806 – 1871
$A \vee \neg A$	Satz vom ausgeschlossenen Dritten
$\neg(A \wedge \neg A)$	Satz vom Widerspruch
$\neg(\neg A) \equiv A$	Satz von der doppelten Negation
$A \Rightarrow B \equiv \neg B \Rightarrow \neg A$	Kontrapositionssatz
$A \Rightarrow B \equiv (A \wedge \neg B) \Rightarrow (C \wedge \neg C)$ $A \Rightarrow B \equiv (A \wedge \neg B) \Rightarrow \neg A$ $A \Rightarrow B \equiv (A \wedge \neg B) \Rightarrow B$	Grundlagen des indirekten Beweises
$(A \Rightarrow B) \wedge (B \Rightarrow C) \Rightarrow (A \Rightarrow C)$	Kettenschlussregel
$(A \Rightarrow B) \wedge A \Rightarrow B$	Abtrennungsregel
$(A \vee B) \wedge (A \Rightarrow C) \wedge (B \Rightarrow C) \Rightarrow C$	Prinzip der Fallunterscheidung

Quantoren und Prädikatenlogik

Quantoren sind quantifizierende Formulierungen:

Symbol	Name	Bedeutung
$\forall$ bzw. $\bigwedge$	Allquantor oder Generalisator	Für alle ... z. B. $\forall x\ A(x)$ Für alle x gilt $A(x)$.
$\exists$ bzw. $\bigvee$	Existenzquantor oder Partikularisator	Es gibt ein ... z. B. $\exists x\ A(x)$ Es gibt (mindestens) ein x, sodass gilt $A(x)$.
$\exists!$	eindeutiger Existenzquantor	Es gibt genau ein ...

Prädikate sind Relationen auf dem Grundbereich. Einstellige Prädikate heißen **Eigenschaften**.

Beispiele: $A(x)$: x ist Primzahl.

$A(x, y)$: x ist kleiner als y.

Prädikate mit Variablen sind Aussageformen, quantifizierte Prädikate sind Aussagen.

Beispiel: $\forall n \; (n \text{ Primzahl} \Rightarrow n > 0)$.

Man sagt, die Variable wird durch den Quantor **gebunden**.

Sätze der Prädikatenlogik

$\neg(\forall x \; A(x)) \Leftrightarrow \exists x \; \neg A(x)$ Widerlegung durch Gegenbeispiel

$\neg(\exists x \; A(x)) \Leftrightarrow \forall x \; \neg A(x)$

$$\left.\begin{array}{l} \forall x \, \forall y \; A(x,y) \Leftrightarrow \forall y \, \forall x \; A(x,y) \\ \exists x \, \exists y \; A(x,y) \Leftrightarrow \exists y \, \exists x \; A(x,y) \\ \exists x \, \forall y \; A(x,y) \Rightarrow \forall y \, \exists x \; A(x,y) \end{array}\right\} \quad \text{Vertauschungssätze}$$

Sei x_o ein Element des Grundbereichs.

$\forall x \; A(x) \Rightarrow A(x_0)$ Deduktion

$A(x_0) \Rightarrow \exists x \; A(x)$

Abkürzende Schreibweisen: $\forall x, y \ldots \; :\Leftrightarrow \; \forall x \, \forall y \ldots$

$$\exists x, y \ldots \; :\Leftrightarrow \; \exists x \, \exists y \ldots$$

Dabei bedeutet

$$A :\Leftrightarrow B \text{ (bzw. } B \Leftrightarrow: A\text{)},$$

dass eine Aussage A, das **Definiendum**, per definitionem äquivalent ist zur Aussage B, dem **Definiens**.

1.2 Mengenlehre

Elemente und Mengen

Eine **Menge** ist eine Zusammenfassung von bestimmten, wohlunterschiedenen Objekten unserer Anschauung oder unseres Denkens zu einem Ganzen. Die Objekte heißen **Elemente** der Menge. (GEORG CANTOR, 1845 – 1918)

Definitionen

Seien A, B Mengen.

$a \in A$	a ist Element von A
$a \notin A$	a ist nicht Element von A
$A = B$	Gleichheit der Mengen A und B $:\Leftrightarrow \forall a \;\; a \in A \Leftrightarrow a \in B$ (Extensionalitätsprinzip)
$\{a_1, \ldots, a_n\}$	Menge mit den Elementen $a_1, \ldots, a_n$ (Tabellenschreibweise einer Menge)
$\{a : E(a)\}$ bzw. $\{a \mid E(a)\}$	Menge der Elemente a, für die die Aussageform $E(a)$ zur wahren Aussage wird (Aussageschreibweise einer Menge)
Ω	**Grundmenge** (Grundbereich, Universalmenge) aller betrachteten Objekte, $\Omega := \{a : a = a\}$
$\varnothing$ bzw. $\{\}$	**leere Menge**, $\varnothing := \{a : a \neq a\}$

Teilmengen und Potenzmenge

Definitionen

$A \subset B$ bzw. $A \subseteq B$	A ist **Teilmenge** von $B :\Leftrightarrow \forall a \; a \in A \Rightarrow a \in B$
$A \not\subset B$ bzw. $A \not\subseteq B$	A ist **nicht Teilmenge** von $B :\Leftrightarrow \exists a \; a \in A \wedge a \notin B$
$A \subsetneqq B$ bzw. $A \subset B$	A ist **echte Teilmenge** von B $:\Leftrightarrow (\forall a \; a \in A \Rightarrow a \in B) \wedge (\exists b \; b \notin A \wedge b \in B)$
$A \supset B$ bzw. $A \supseteq B$	A ist **Obermenge** von B, d. h. B ist Teilmenge von A

Regeln zu Teilmengenbeziehungen

Für beliebige Mengen A, B, C gilt:

$A \subset A,\quad \emptyset \subset A,\quad A \subset \Omega$

$A \underset{\neq}{\subset} B \Rightarrow A \subset B$

$A \subset B \wedge B \subset C \Rightarrow A \subset C$ Transitivität

$A \subset B \wedge B \underset{\neq}{\subset} C \Rightarrow A \underset{\neq}{\subset} C$

$A \underset{\neq}{\subset} B \wedge B \subset C \Rightarrow A \underset{\neq}{\subset} C$

Die **Potenzmenge** $\mathfrak{P}(A)$ einer Menge A ist die Menge aller Teilmengen von A,

$$\mathfrak{P}(A) := \{B : B \subset A\}.$$

Mit $\#A$ (bzw. auch $n(A)$) wird die **Anzahl** der Elemente von A (auch **Kardinalität** oder **Mächtigkeit** von A) bezeichnet. (Zur Mächtigkeit von Mengen siehe auch S. 82 in Abschnitt 1.5.)

Es gilt: $\#A = n \;\Rightarrow\; \#\mathfrak{P}(A) = 2^n$.

RUSSELsche Antinomie (BERTRAND RUSSEL, 1872 – 1970)
Sei $R := \{A : A \notin A\}$. Dann gilt

$$R \in R \Leftrightarrow R \notin R\,.$$

In der **naiven Mengenlehre** versucht man, die Bildung widersprüchlicher Mengen – wie R von oben oder der Menge aller Mengen (Allmenge) – zu vermeiden.

Mengenoperationen

VENN-Diagramme:

A und B heißen **vergleichbar**, falls $A \subset B$ oder $B \subset A$

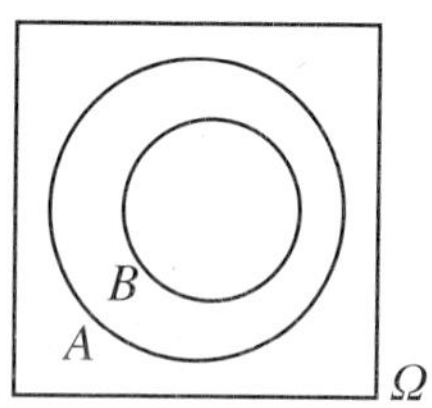

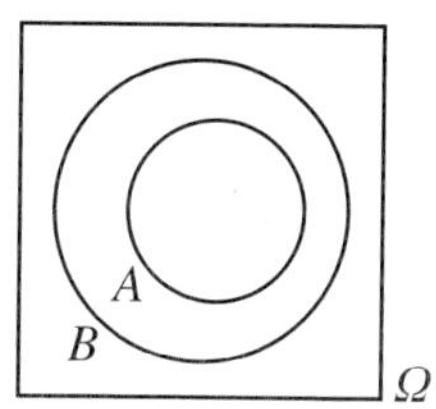

Zur graphischen Darstellung im **VENN-Diagramm** (JOHN VENN, 1834 – 1923) wählt man meistens den allgemeinen Fall nicht vergleichbarer Mengen.

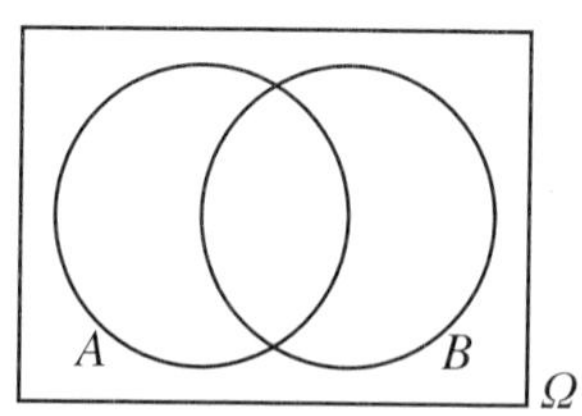

Vereinigung von A und B,
$A \cup B := \{a : a \in A \vee a \in B\}$

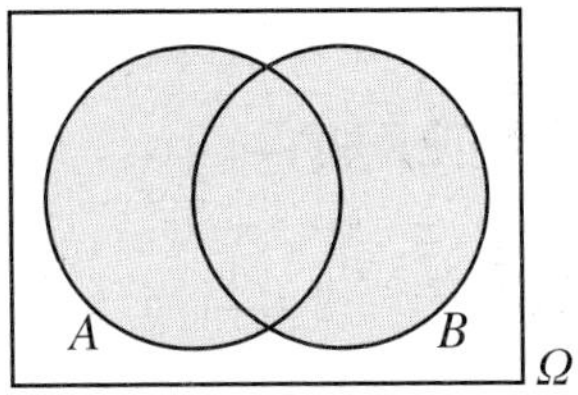

Durchschnitt von A und B,
$A \cap B := \{a : a \in A \wedge a \in B\}$

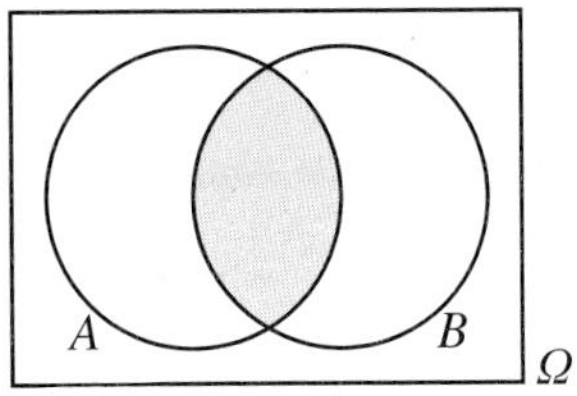

A und B heißen **disjunkt**, falls
$A \cap B = \varnothing$

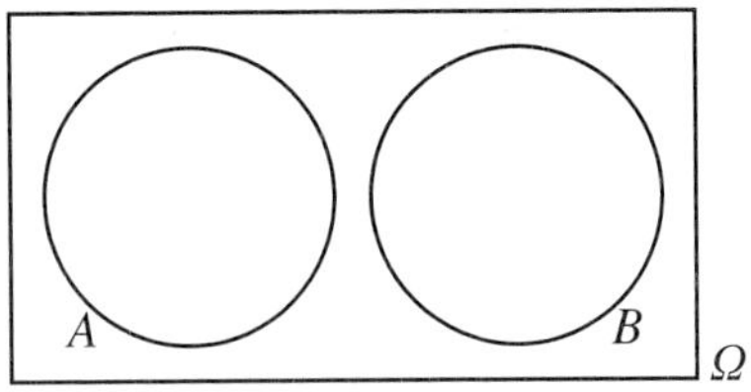

(Logische) Differenz von A und B,
$A \setminus B := \{a : a \in A \wedge a \notin B\}$

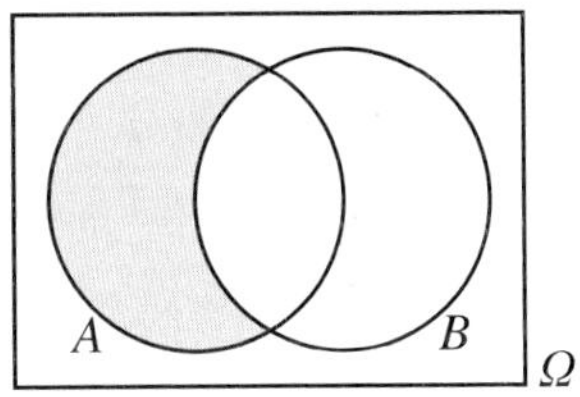

Symmetrische Differenz von A und B,

$$A \triangle B := \{a : a \in A \cup B \;\wedge\; a \notin A \cap B\}$$
$$= (A \cup B) \setminus (A \cap B)$$
$$= (A \setminus B) \cup (B \setminus A)$$

Schreibweise auch $A \circ B$.

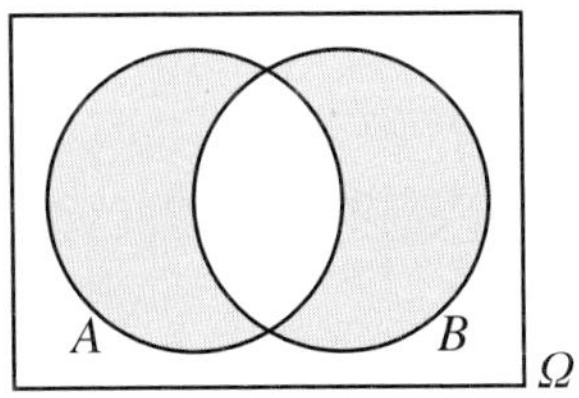

Komplement von A (bzgl. Ω),
$\overline{A} := \{a : a \notin A\} = \Omega \setminus A$

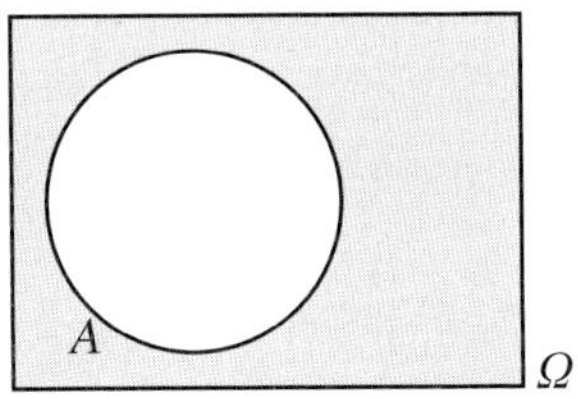

Seien $A_1, \ldots, A_n$ beliebige Mengen.

Vereinigung von $A_1, \ldots, A_n$

$$\bigcup_{i=1}^{n} A_i := A_1 \cup A_2 \cup \ldots \cup A_n$$

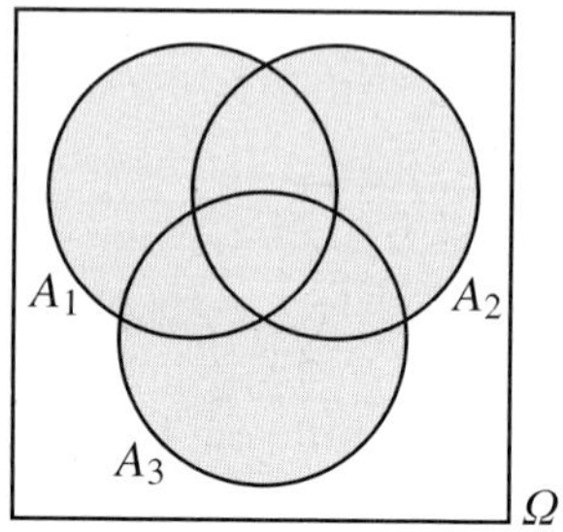

Durchschnitt von $A_1, \ldots, A_n$

$$\bigcap_{i=1}^{n} A_i := A_1 \cap A_2 \cap \ldots \cap A_n$$

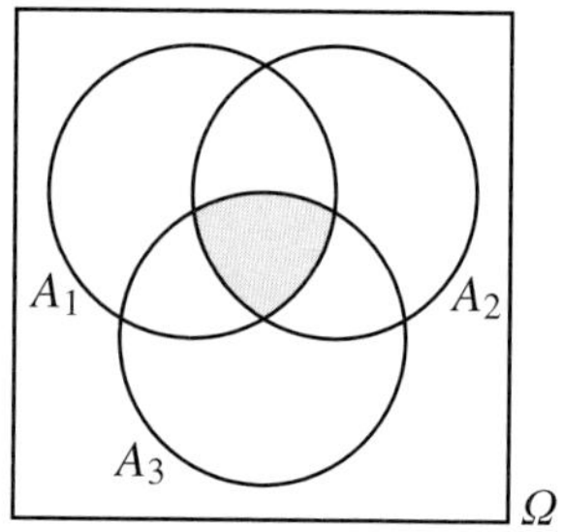

Sei I eine beliebige endliche oder unendliche **Indexmenge**, und seien A_i, $i \in I$, beliebige Mengen.

Vereinigung von A_i, $i \in I$,

$$\bigcup_{i \in I} A_i := \{a : \exists i \;\; i \in I \wedge a \in A_i\}, \quad I = \varnothing \Rightarrow \bigcup_{i \in I} A_i = \varnothing$$

Durchschnitt von A_i, $i \in I$,

$$\bigcap_{i \in I} A_i := \{a : \forall i \;\; i \in I \Rightarrow a \in A_i\}, \quad I = \varnothing \Rightarrow \bigcap_{i \in I} A_i = \Omega$$

Mengenalgebra

$$\left.\begin{aligned} A \cap \varnothing = \varnothing;\; A \cup \varnothing = A \\ A \cap \Omega = A;\; A \cup \Omega = \Omega \end{aligned}\right\}$$ Identität

$A \cap \overline{A} = \varnothing;\; A \cup \overline{A} = \Omega$ Komplementarität

$A \cap A = A;\; A \cup A = A$ Idempotenz

$$\left.\begin{aligned} A \cap B = B \cap A \\ A \cup B = B \cup A \end{aligned}\right\}$$ Kommutativität

$$\left.\begin{aligned} (A \cap B) \cap C = A \cap (B \cap C) \\ (A \cup B) \cup C = A \cup (B \cup C) \end{aligned}\right\}$$ Assoziativität

$$\left.\begin{aligned} A \cap (B \cup C) &= (A \cap B) \cup (A \cap C) \\ A \cup (B \cap C) &= (A \cup B) \cap (A \cup C) \end{aligned}\right\}$$ Distributivität

$$\left.\begin{aligned} A \cap (A \cup B) &= A \\ A \cup (A \cap B) &= A \end{aligned}\right\}$$ Adjunktivität oder Einschmelzungsregel

$$\overline{A \cap B} = \overline{A} \cup \overline{B},\ \overline{A \cup B} = \overline{A} \cap \overline{B}$$ Gesetz von DE MORGAN

$$A \cup B = (A \setminus B) \cup (A \cap B) \cup (B \setminus A)$$

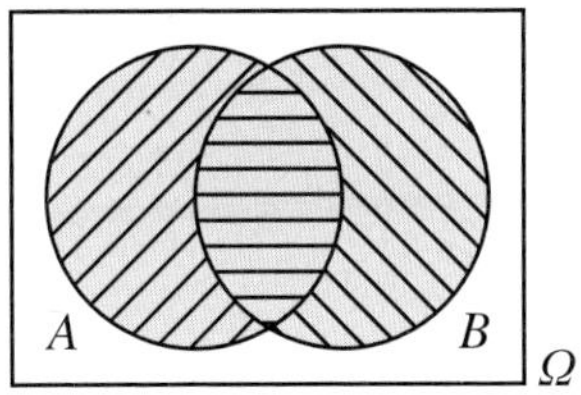

$$A \setminus B = A \cap \overline{B}$$

$$\overline{\overline{A}} = A,\ \overline{\Omega} = \varnothing,\ \overline{\varnothing} = \Omega$$

$$\left.\begin{aligned} A \cap (B \setminus C) &= (A \cap B) \setminus (A \cap C) \\ (A \cap B) \setminus C &= (A \setminus C) \cap (B \setminus C) \end{aligned}\right\}$$ Distributivität für $\cap$ und $\setminus$

$$A \triangle A = \varnothing$$

$$A \triangle \varnothing = A$$

$$A \triangle \Omega = \overline{A}$$ Komplementarität

$$A \triangle B = B \triangle A$$ Kommutativität

$$(A \triangle B) \triangle C = A \triangle (B \triangle C)$$ Assoziativität

$$A \cap (B \triangle C) = (A \cap B) \triangle (A \cap C)$$ Distributivität für $\triangle$ und $\cap$

$$A \cup B = (A \triangle B) \triangle (A \cap B)$$

$$B \setminus A = (A \cap B) \triangle B = (A \triangle B) \cap B$$

$$A \subset B \Leftrightarrow A \cap B = A$$

$$A \subset B \Leftrightarrow A \cup B = B$$

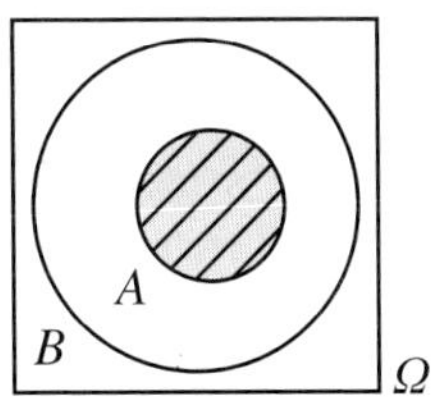

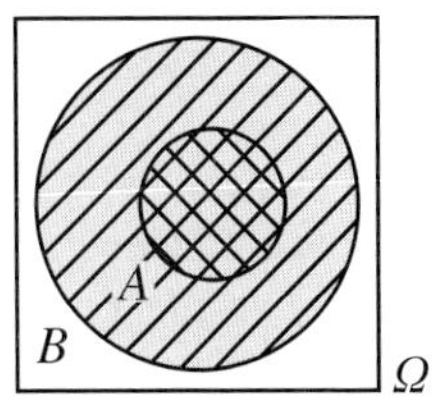

$$A \subset A \cup B,\ A \cap B \subset A$$

$$A \setminus B \subset A$$

$$A \triangle B \subset A \cup B$$

$A \subset B \Rightarrow \overline{B} \subset \overline{A}$

$A \subset B \Rightarrow A \cup (B \cap \overline{A}) = B$

$A \subset B \Rightarrow (A \cap C) \subset (B \cap C)$

$A \subset B \Rightarrow (A \cup C) \subset (B \cup C)$

$A \subset B \wedge B \cap C = \varnothing \Rightarrow A \cap C = \varnothing$

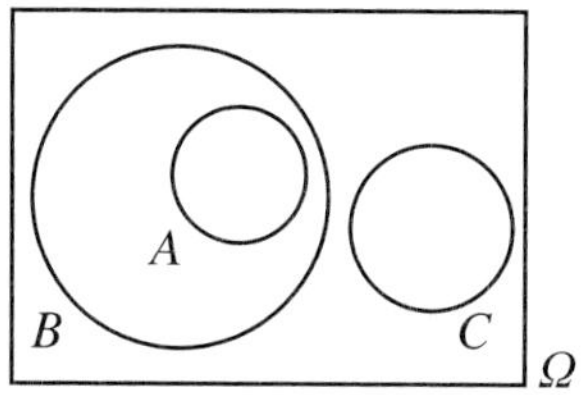

$A \subset C \wedge B \subset C \Rightarrow A \cup B \subset C$

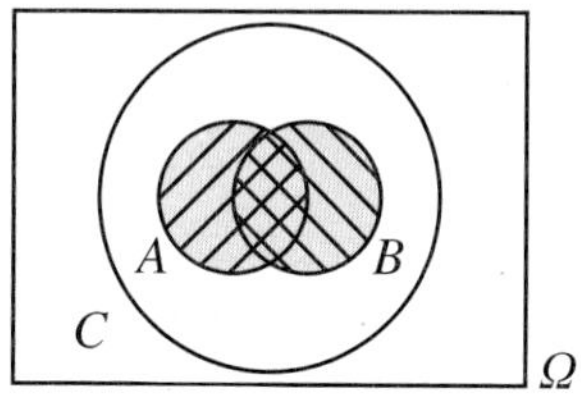

$C \subset A \wedge C \subset B \Rightarrow C \subset A \cap B$

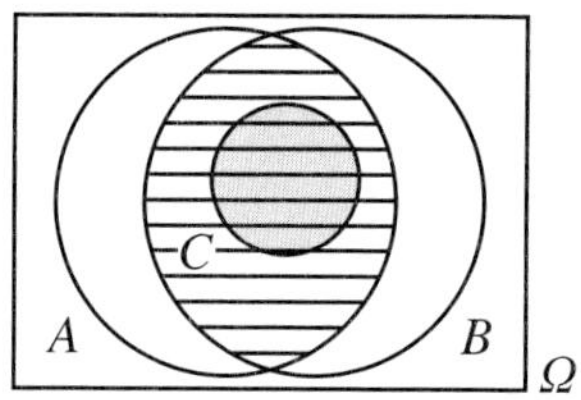

1.3 Grundlagen der Arithmetik und Algebra

Zahlensysteme

Man unterscheidet in **Additionssysteme**, bei denen sich der Zahlenwert durch Addition der aneinander gereihten Zahlzeichen ergibt, und in **Positions-** oder **Stellenwertsysteme**, bei denen sich der Zahlenwert durch $(n - 1)$-faches Multiplizieren des n-ten Zahlzeichens von rechts mit der **Basis** und anschließende Addition ergibt.

Additionssysteme

Römisches Zahlensystem

Grundzeichen I — 1 X — 10 C — 100 M — 1000

Hilfszeichen V — 5 L — 50 D — 500

Syntax: 1. Die zur Darstellung einer Zahl benötigten Zahlzeichen werden der Größe nach von links nach rechts angeordnet. Lediglich **einzelne Grundzeichen** dürfen **vor** einem wertmäßig größeren Zahlzeichen stehen und werden dann von diesem **subtrahiert**.

2. Unter Einhaltung von 1) soll die Anzahl der verwendeten Zahlzeichen möglichst klein sein.

Beispiele: $IV = 4$, $XIX = 19$, $MCMLXXXVII = 1987$

Strichsystem

Zahlzeichen: | — 1 / — 1 (bei Vielfachen von 5)

Beispiele: || = 2, ||||/ | = 6, ||||/ ||||/ |||| = 14

Positionssysteme

Dezimalsystem (Zehnersystem, dekadisches System)

Basis: 10 (zehn)

Ziffern: 0 1 2 3 4 5 6 7 8 9

Dualsystem (Zweiersystem, dyadisches System, Binärsystem)

Basis: 2 (zwei)

Ziffern: 0 1 oder 0 L

Hexadezimalsystem (Sechzehnersystem)

Basis: 16 (sechzehn)

Ziffern: 0 1 2 3 4 5 6 7 8 9 A B C D E F

Oktalsystem (Achtersystem)

Basis: 8 (acht)

Ziffern: 0 1 2 3 4 5 6 7

m-adisches System (m ist beliebige natürliche Zahl)

Basis: m

Ziffern: $0 \quad a_1 \quad a_2 \quad \ldots \quad a_{m-1}$

Es müssen m unterschiedliche Zahlzeichen gewählt werden. Jede Zahl z, z. B. 107 im Dezimalsystem, hat eine eindeutige Darstellung im m-adischen System:

$$z = b_t m^t + b_{t-1} m^{t-1} + \ldots + b_1 m^1 + b_0 m^0$$

oder kürzer $z = b_t\, b_{t-1}\, \ldots\, b_1\, b_0$, wobei die $b_i \in \{0, a_1, \ldots, a_{m-1}\}$ und $b_t \neq 0$.

Beispiel: 107 (dezimal) = 1101011 (dual)
= $6B$ (hexadezimal)
= 153 (oktal)

Umrechnung einer Dezimalzahl z in eine m-adische Zahl durch fortgesetzte Division durch m:

z wird durch m geteilt, der verbleibende Rest notiert, das Divisionsergebnis wieder durch m geteilt, der Rest links an den ersten Rest anschließend notiert und so weiter, bis das Ergebnis der Division 0 wird.

Beispiel:
107 : 2 = 53 Rest 1
53 : 2 = 26 Rest 1
26 : 2 = 13 Rest 0
13 : 2 = 6 Rest 1
6 : 2 = 3 Rest 0
3 : 2 = 1 Rest 1
1 : 2 = 0 Rest 1

107 (dezimal) = 1 1 0 1 0 1 1 (dual)

Die Umwandlung einer n-adischen Zahl in eine m-adische Zahl kann über Dezimalzahlen erfolgen.

Beispiel: 1101011 (dual) = 153 (oktal), **denn**
1101011 (dual) = $1 \cdot 2^6 + 1 \cdot 2^5 + 1 \cdot 2^3 + 1 \cdot 2^1 + 1 \cdot 2^0$ = 107 (dezimal),

und
107 : 8 = 13 Rest 3
13 : 8 = 1 Rest 5
1 : 8 = 0 Rest 1

107 (dezimal) = 1 5 3 (oktal)

Aufbau der Zahlenbereiche

Die Menge $\mathbb{N}$ der natürlichen Zahlen

$$\mathbb{N} := \{1, 2, 3, \ldots\}^*$$

Axiomensystem von Peano (Guiseppe Peano, 1858 – 1932)

1. $1 \in \mathbb{N}$
2. $n \in \mathbb{N} \Rightarrow n' \in \mathbb{N}$ (n' heißt **Nachfolger** von n)
3. $\forall n : n \in \mathbb{N} \Rightarrow n' \neq 1$
4. $n, m \in \mathbb{N} \wedge n' = m' \Rightarrow n = m$
5. $M \subset \mathbb{N} \wedge 1 \in M \wedge (\forall n : n \in M \Rightarrow n' \in M) \Rightarrow M = \mathbb{N}$ (Induktionsaxiom)

Das Induktionsaxiom ermöglicht den Beweis durch **vollständige Induktion**.

Behauptung: $\forall k \quad k \geq m \Rightarrow A(k)$

Beweis:	1)	$A(m)$ wird gezeigt	(Induktionsanfang).
	2)	$\exists k \quad k \geq m \wedge A(k)$ wird angenommen	(Induktionsvoraussetzung).
	3)	$\forall k \quad k \geq m \wedge A(k) \Rightarrow A(k')$ wird gezeigt	(Induktionsschluss).

Addition

$$a + b = c$$

Es heißen a, b **Summanden** und c **Summe**.

Addition in $\mathbb{N}_0$: $n + 0 := n, \quad n + m' := (n + m)'$

Regeln zur Addition

Für $k, m, n \in \mathbb{N}_0$ gelten:

$m + n \in \mathbb{N}_0$	(Abgeschlossenheit)
$m + n = n + m$	(Kommutativgesetz)
$(m + n) + k = n + (m + k)$	(Assoziativgesetz)

Über den Nachfolgerbegriff definiert man explizit:

$$1 := 0', \quad 2 := 1', \quad 3 := 2', \quad \ldots$$

* Bei manchen Autoren ist $\mathbb{N} = \mathbb{N}_0 = \{0, 1, 2, 3, \ldots\}$.

Definitionen

$$n \leq m \;:\Leftrightarrow\; \exists k \;\; n + k = m$$
$$n < m \;:\Leftrightarrow\; n \leq m \wedge n \neq m$$
$$n \geq m \;:\Leftrightarrow\; m \leq n$$
$$n > m \;:\Leftrightarrow\; m < n$$

Es gilt: $n \leq m \Leftrightarrow n + k \leq m + k$ (Monotoniegesetz)
$n = m \Leftrightarrow n + k = m + k$ (Kürzungsregel)

Subtraktion

$$a - b = c$$

Es heißen a **Minuend**, b **Subtrahend** und c **Differenz**.

Subtraktion in $\mathbb{N}_0$: $m - k = n \;:\Leftrightarrow\; n + k = m$

Die Differenz zweier beliebiger natürlicher Zahlen kann außerhalb von $\mathbb{N}$ liegen, d. h. $\mathbb{N}$ ist **nicht abgeschlossen** bezüglich der Subtraktion.

Multiplikation

$$a \cdot b = c$$

Es heißen a, b **Faktoren** und c **Produkt**.

Multiplikation in $\mathbb{N}_0$: $n \cdot 0 := 0, \quad n \cdot m' := n \cdot m + n$

Das Multiplikationszeichen $\cdot$ kann weggelassen werden.

Regeln zur Multiplikation

Für $k, m, n \in \mathbb{N}_0$ gelten:

$m \cdot n \in \mathbb{N}_0$	(Abgeschlossenheit)
$m \cdot n = n \cdot m$	(Kommutativgesetz)
$(m \cdot n) \cdot k = m \cdot (n \cdot k)$	(Assoziativgesetz)
$m \cdot (n + k) = m \cdot n + m \cdot k$	(Distributivgesetz)
$n \cdot 1 = n$	(neutrales Element)
$n > 0 \Rightarrow (m \leq k \Leftrightarrow n \cdot m \leq n \cdot k)$	(Monotoniegesetz)
$n \neq 0 \Rightarrow (m = k \Leftrightarrow n \cdot m = n \cdot k)$	(Kürzungsregel)

Division

$$a : b = a/b = \frac{a}{b} = c$$

Es heißen a **Dividend**, b **Divisor** und c **Quotient**.

Division in $\mathbb{N}_0$: $m : n = k \;:\Leftrightarrow\; k \cdot n = m$

Der Quotient zweier beliebiger natürlicher Zahlen kann außerhalb von $\mathbb{N}$ liegen, d. h. $\mathbb{N}$ ist **nicht abgeschlossen** bezüglich der Division.

Die Menge $\mathbb{Z}$ der ganzen Zahlen

$$\mathbb{Z} := \{\ldots, -2, -1, 0, 1, 2, \ldots\}$$

Seien $k, m, n \in \mathbb{N}$ und $m + k = n$.

$-k := m - n, \quad +k := n - m.$

$-k$ heißt **negative ganze Zahl,**

$+k$ heißt **positive ganze Zahl.**

Die positiven ganzen Zahlen werden mit den entsprechenden natürlichen Zahlen identifiziert, und das **Vorzeichen** + kann wegfallen ($\mathbb{N} \subset \mathbb{Z}$).

Definitionen

Seien $m, n \in \mathbb{Z}$.

$m < n :\Leftrightarrow n - m \in \mathbb{N}$

$\mathbb{Z}^+ := \mathbb{N}$ positive ganze Zahlen

$\mathbb{Z}^- := \{-1, -2, -3, \ldots\}$ negative ganze Zahlen

$\mathbb{Z}_0^+ := \mathbb{N}_0$ nicht-negative ganze Zahlen

$\mathbb{Z}_0^- := \mathbb{Z}^- \cup \{0\}$ nicht-positive ganze Zahlen

$$|m| := \begin{cases} m, & \text{falls } m \in \mathbb{N}_0 \\ -m, & \text{falls } m \in \mathbb{Z}^- \end{cases}$$

$|m|$ heißt **(absoluter) Betrag** von m.

Regeln für Differenzen und Beträge

Für $m, n \in \mathbb{Z}$ gelten:

$m > 0 \wedge n < 0 \Rightarrow m + n = |m| - |n| \quad \wedge\, m \cdot n = -|m| \cdot |n|$

$m < 0 \wedge n < 0 \Rightarrow m + n = -(|m| + |n|) \wedge m \cdot n = |m| \cdot |n|$

Der Quotient zweier beliebiger ganzer Zahlen kann außerhalb von $\mathbb{Z}$ liegen, d. h. $\mathbb{Z}$ ist **nicht abgeschlossen** bezüglich der Division.

Die Menge $\mathbb{Q}$ der rationalen Zahlen

$$\mathbb{Q} := \{p : \exists m, n \text{ mit } m \in \mathbb{Z},\ n \in \mathbb{Z}\backslash\{0\}\ \wedge\ p = m/n\}$$

Seien $k, m, n \in \mathbb{Z}$, $n \neq 0$ und $n \cdot k = m$.
$m : n = k$ heißt **(gebrochen) rationale Zahl** oder **Quotient** von m und n.
Alternative Schreibweisen: m/n, $\frac{m}{n}$, $m \cdot n^{-1}$.
m heißt **Zähler** und n **Nenner** des Quotienten. Ist $n > 0$ und sind m und n **teilerfremd**, d. h. haben sie keine gemeinsamen **Primfaktoren**, so heißt $m : n$ **Normaldarstellung** oder **gekürzte Form** von k.

Die rationalen Zahlen mit Nenner 1 werden mit den durch den Zähler gegebenen ganzen Zahlen identifiziert ($\mathbb{Z} \subset \mathbb{Q}$).

Definitionen

Seien $p = m/n$, $q = k/\ell \ \in \mathbb{Q}$ in der Normaldarstellung.

$$p \leq q \ :\Leftrightarrow\ m \cdot \ell \leq n \cdot k$$

$$\mathbb{Q}^+ := \{p \ :\ p \in \mathbb{Q} \wedge p > 0\}, \qquad \mathbb{Q}^- := \{p \ :\ -p \in \mathbb{Q}^+\}$$

$$\mathbb{Q}_0^+ := \mathbb{Q}^+ \cup \{0\}, \qquad \mathbb{Q}_0^- := \mathbb{Q}^- \cup \{0\}$$

$$|p| := |m|/|n|.$$

Regeln für Brüche

Für $p = m/n$, $q = k/\ell \in \mathbb{Q}$ gelten:

$p/q \in \mathbb{Q}$, falls $q \neq 0$ (Abgeschlossenheit)

$$\frac{m}{n} \pm \frac{k}{\ell} = \frac{m\ell \pm kn}{n\ell}$$

$$\frac{m}{n} \cdot \frac{k}{\ell} = \frac{mk}{n\ell}$$

$$\frac{m}{n} \Big/ \frac{k}{\ell} = \frac{m\ell}{nk} \qquad \text{(Doppelbruchregel)}$$

$$\frac{m\ell}{n\ell} = \frac{m}{n} \qquad \text{(Kürzungsregel)}$$

Die Menge $\mathbb{R}$ der reellen Zahlen

Wie die Multiplikation aus der Addition hervorgeht,

$$\underbrace{m + m + \ldots + m}_{n\text{-mal}} =: n \cdot m,$$

so geht die **Potenzierung** (s. auch S. 41) aus der Multiplikation hervor:

$$\underbrace{m \cdot m \cdot \ldots \cdot m}_{n\text{-mal}} =: m^n.$$

Wie die Subtraktion auf ganze Zahlen und die Division auf rationale Zahlen geführt hat, so führen das **Radizieren** (s. S. 42) und das **Logarithmieren** (s. S. 42), Umkehroperationen des Potenzierens, auf die Menge $\mathbb{R}$ der reellen Zahlen. Da das Potenzieren **nichtkommutativ** ist, gibt es hier **zwei** Umkehroperationen:

$$m = \sqrt[n]{x} \quad :\Leftrightarrow x = m^n;\, m, x \geq 0,\ n > 0$$
$$n = \log_m x :\Leftrightarrow x = m^n;\, m, x > 0,\ m \neq 1$$

Körper und Schranken

1. Sei K eine Menge mit den Operationen Addition und Multiplikation und seien $x, y, z \in K$. Gelte weiterhin:

   K1) $x + y = y + x,\ xy = yx$ (Kommutativgesetz)

   K2) $(x + y) + z = x + (y + z),\ (xy)z = x(yz)$ (Assoziativgesetz)

   K3) $x(y + z) = xy + xz$ (Distributivgesetz)

   K4) $\exists 0 \in K,\ 1 \in K \quad 0 \neq 1 \ \wedge\ x + 0 = x \ \wedge\ x \cdot 1 = x$ (neutrale Elemente)

   K5) $(\forall x \in K\ \exists y \in K\ x + y = 0)$
   $\wedge\ (\forall x \in K \backslash \{0\}\ \exists y \in K\ x \cdot y = 1)$ (inverse Elemente)

   Dann heißt K ein **Körper**.

2. Sei $M \subset K$.

   M heißt **nach oben beschränkt** $:\Leftrightarrow$ $\exists r \in K\ \forall p \in M\ p \leq r$,
   r heißt **obere Schranke** von M.

   M heißt **nach unten beschränkt** $:\Leftrightarrow$ $\exists s \in K\ \forall p \in M\ p \geq s$,
   s heißt **untere Schranke** von M.

   M heißt **beschränkt** $:\Leftrightarrow$ M ist nach oben und unten beschränkt.

3. Sei K ein Körper und sei $M \subset K$. Ist r obere Schranke von M und gilt für jede obere Schranke t von M, dass $t \geq r$, so heißt r **Supremum** (kleinste obere Schranke) von M, in Zeichen: $r = \sup M$.

Ist s untere Schranke von M und gilt für jede untere Schranke t von M, dass $t \leq s$, so heißt s **Infimum** (größte untere Schranke) von M, in Zeichen: $s = \inf M$.

4. Enthält der Körper K das Supremum jeder nichtleeren, nach oben beschränkten Teilmenge, so heißt er **(ordnungs-)vollständig**. Der (eindeutig bestimmte) ordnungsvollständige Körper $\mathbb{R}$ mit $\mathbb{Q} \subset \mathbb{R}$ heißt **Körper (oder Menge) der reellen Zahlen**.

Intervalle

Intervalle sind spezielle Teilmengen von $\mathbb{R}$, die auf der Zahlengeraden durch zwei Randpunkte a und b begrenzt werden ($a < b$).

Endliche Intervalle:

$$[a,b] = \{x \mid a \leq x \leq b\} \text{ abgeschlossenes Intervall}$$

$$[a,b) = [a,b[= \{x \mid a \leq x < b\} \text{ rechtsoffenes Intervall}$$

$$(a,b] =]a,b] = \{x \mid a < x \leq b\} \text{ linksoffenes Intervall}$$

$$(a,b) =]a,b[= \{x \mid a < x < b\} \text{ offenes Intervall}$$

Unendliche Intervalle:

$$[a,\infty) = \{x \mid a \leq x < \infty\} = \{x \mid x \geq a\}$$

$$(a,\infty) = \{x \mid a < x < \infty\} = \{x \mid x > a\}$$

$$(-\infty,b] = \{x \mid -\infty < x \leq b\} = \{x \mid x \leq b\}$$

$$(-\infty,b) = \{x \mid -\infty < x < b\} = \{x \mid x < b\}$$

$$(-\infty,\infty) = \{x \mid -\infty < x < \infty\} = \mathbb{R}$$

Die Menge $\mathbb{C}$ der komplexen Zahlen

Sei i eine Zahl mit der Eigenschaft $\mathrm{i}^2 = -1$. i heißt **imaginäre Einheit**. Dann nennt man

$$\mathbb{C} := \{z \;:\; z = a + b \cdot \mathrm{i},\; a,b \in \mathbb{R},\; \mathrm{i}^2 = -1\}$$

die **Menge der komplexen Zahlen**.

Darstellungsformen komplexer Zahlen

Allgemeine oder algebraische Form: $z = a + bi$

$a \in \mathbb{R}$ heißt **Realteil** von z.
$bi \in \mathrm{i}\mathbb{R}$ heißt **Imaginärteil** von z.

$\mathrm{i}\mathbb{R} := \{z \;:\; z = bi,\; b \in \mathbb{R}\}$ heißt **Menge der imaginären Zahlen**.

Für komplexe Zahlen mit $a = 0$ folgt $\mathrm{i}\mathbb{R} \subset \mathbb{C}$ und für solche mit $b = 0$ folgt $\mathbb{R} \subset \mathbb{C}$.

$\bar{z} := a - bi$ heißt zu z **konjugiert komplexe Zahl**.

Es gilt: $a = \frac{1}{2}(z + \overline{z})$, $b = \frac{1}{2\mathrm{i}}(z - \overline{z})$.

z kann graphisch in der **Gaussschen Zahlenebene** (Carl Friedrich Gauss, 1777–1855) dargestellt werden mit der **Abszisse** a und der **Ordinate** b.

$r := |z| := \sqrt{a^2 + b^2}$ heißt **Betrag** von z.

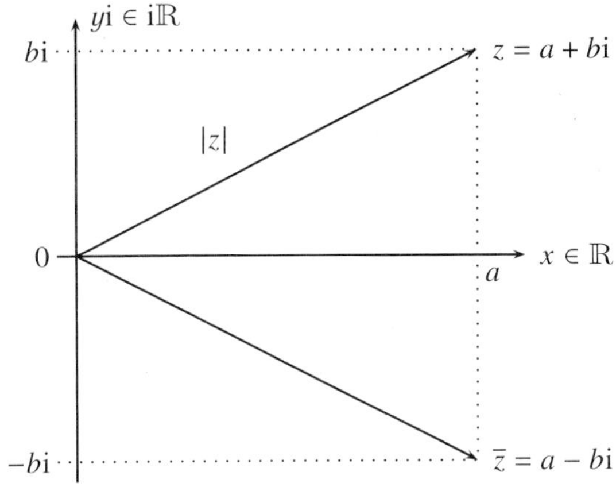

Darstellung in Polarkoordinaten: $z = (r, \phi)$

$$\phi := \begin{cases} \arctan(b/a), & a > 0, \\ \arctan(b/a) + \pi, & a < 0,\ b \geq 0, \\ \arctan(b/a) - \pi, & a < 0,\ b < 0, \\ \operatorname{sign}(b) \cdot \pi/2, & a = 0,\ b \neq 0. \end{cases}$$

$\phi \in (-\pi, \pi]$ heißt **Argument** von z.

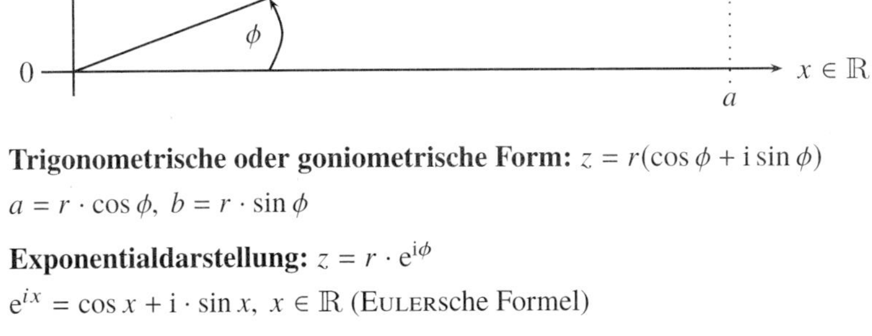

Trigonometrische oder goniometrische Form: $z = r(\cos\phi + \mathrm{i}\sin\phi)$

$a = r \cdot \cos\phi$, $b = r \cdot \sin\phi$

Exponentialdarstellung: $z = r \cdot \mathrm{e}^{\mathrm{i}\phi}$

$\mathrm{e}^{ix} = \cos x + \mathrm{i} \cdot \sin x$, $x \in \mathbb{R}$ (Eulersche Formel)

Rechenregeln für komplexe Zahlen

Seien $y, z \in \mathbb{C}$ mit $y = a + b\mathrm{i} = (r, \phi)$ und $z = c + d\mathrm{i} = (s, \chi)$

$y = z \Leftrightarrow a = c \;\wedge\; b = d \Leftrightarrow r = s \wedge \exists k \in \mathbb{Z}: \; \phi = \chi + k \cdot 2\pi \;\; (\pi = 3{,}14159\ldots)$

$y \pm z = (a \pm c) + (b \pm d)\mathrm{i}$

$y \cdot z = (ac - bd) + (bc + ad)\mathrm{i} = (r \cdot s, \phi + \chi)$

$y : z = \dfrac{ac + bd}{c^2 + d^2} + \dfrac{bc - ad}{c^2 + d^2}\mathrm{i} = (r/s, \phi - \chi),\; z \neq 0$

$y^x = r^x \cdot (\cos(x\phi) + \mathrm{i} \cdot \sin(x\phi)),\; x \in \mathbb{R}$

$y^{-1} = \dfrac{a}{a^2 + b^2} - \dfrac{b}{a^2 + b^2}\mathrm{i} = \dfrac{\overline{y}}{|y|^2},\; y \neq 0$

$\overline{(y + z)} = \overline{y} + \overline{z},\; \overline{y \cdot z} = \overline{y} \cdot \overline{z}$

Wichtige Konstanten

Drei Konstanten zeichnen sich durch besondere Bedeutung in der Mathematik und deren Anwendung aus.

Die transzendente **Kreiszahl** oder **LUDOLFsche Zahl** π (LUDOLF VAN CEULEN, 1540–1610) gibt für jeden beliebigen Kreis das Verhältnis von Umfang u zum Durchmesser d an:

$$\pi = \frac{u}{d} \approx 3{,}141\,592\,653\,589\,793\,238\,462\,643.$$

Darstellung als **WALLIS-Produkt** (JOHN WALLIS, 1616–1703):

$$\pi = 2 \cdot \lim_{k \to \infty} \frac{2 \cdot 2}{1 \cdot 3} \cdot \frac{4 \cdot 4}{3 \cdot 5} \cdot \ldots \cdot \frac{2k \cdot 2k}{(2k-1) \cdot (2k+1)}$$

FERDINAND LINDEMANN (1852–1939) bewies 1882 die Transzendenz von π und damit die Unmöglichkeit der Quadratur des Kreises mit Zirkel und Lineal.

Die transzendente **EULERsche Zahl** e (LEONHARD EULER, 1707–1783) bildet die Basis des natürlichen Logarithmus und damit den Wert der Exponentialfunktion (s. auch S. 93) an der Stelle 1:

$$\mathrm{e} = \exp(1) = \lim_{k \to \infty} \left(1 + \frac{1}{k}\right)^k \approx 2{,}718\,281\,828\,459\,045\,235\,360\,287.$$

In der Produktdarstellung der Gamma-Funktion tritt die **EULERsche Konstante** γ auf:

$$\gamma = \lim_{k \to \infty} \left(\sum_{i=1}^{k} \frac{1}{i} - \ln k\right) \approx 0{,}577\,215\,664\,901\,532\,860\,606\,512.$$

Von ihr ist nicht bekannt, ob sie rational oder irrational ist.

Summen- und Produktoperator

Seien a_i beliebige reelle (oder auch komplexe) Zahlen und $i \in \mathbb{Z}$,

$$\sum_{i=k}^{m} a_i := a_k + a_{k+1} + \ldots + a_{m-1} + a_m, \quad k \in \mathbb{Z} \cup \{-\infty\},\ m \in \mathbb{Z} \cup \{\infty\},\ k \leq m.$$

$\sum$	heißt	**Summenoperator**,
i	heißt	**Summationsindex**,
k	heißt	**untere Summationsgrenze**,
m	heißt	**obere Summationsgrenze**.

Die Summe heißt **endlich**, falls $k, m \in \mathbb{Z}$, ansonsten **unendlich**.

$$\sum_{i=k}^{m} a_i := 0, \text{ falls } k > m \quad (\textbf{leere Summe})$$

Folgende abkürzende Schreibweisen sind üblich, wenn über die weggelassenen Parameter eindeutige Klarheit besteht:

$$\sum_{k}^{m} a_i, \quad \sum_{i} a_i, \quad \sum a_i.$$

Andere Schreibweisen: $\sum_{i=k,m} a_i, \quad \sum\limits_{i \in M} a_i,\ M \subset \mathbb{Z}.$

Regeln für Summen

Seien im Folgenden $k, \ell, m \in \mathbb{Z}$; $a_i, b_i, c \in \mathbb{R}$.

$$\sum_{i=k}^{\ell} c = (\ell - k + 1)c$$

$$\sum_{i=k}^{\ell} c a_i = c \cdot \sum_{i=k}^{\ell} a_i$$

$$\sum_{i=k}^{\ell} (c + a_i) = (\ell - k + 1)c + \sum_{i=k}^{\ell} a_i$$

$$\sum_{i=k}^{\ell} (a_i \pm b_i) = \sum_{i=k}^{\ell} a_i \pm \sum_{i=k}^{\ell} b_i$$

$$\sum_{i=k}^{\ell} a_i + \sum_{i=\ell+1}^{m} a_i = \sum_{i=k}^{m} a_i, \quad k \leq \ell < m$$

$$\sum_{i \in M} a_i + \sum_{i \in N} a_i = \sum_{i \in M \cup N} a_i + \sum_{i \in M \cap N} a_i, \quad M, N \subset \mathbb{Z}$$

$$\sum_{i=k}^{m} a_i = a_k + \sum_{i=k+1}^{m} a_i = \sum_{i=k}^{m-1} a_i + a_m = a_\ell + \sum_{\substack{i=k \\ i \neq \ell}}^{m} a_i, \quad k \leq \ell \leq m$$

$$\sum_{i=k}^{\ell} a_i = \sum_{j=k-m}^{\ell-m} a_{j+m} \quad \text{(Indextranslation } i = j + m\text{)}$$

Einige spezielle Summen ($n \in \mathbb{N}$)

$$\sum_{i=1}^{n} i = 1 + 2 + 3 + \ldots + n = \frac{n(n+1)}{2}$$

$$\sum_{i=1}^{n} (2i-1) = 1 + 3 + 5 + \ldots + (2n-1) = n^2$$

$$\sum_{i=1}^{n} 2i = 2 + 4 + 6 + \ldots + 2n = n(n+1)$$

$$\sum_{i=1}^{n} i^2 = 1^2 + 2^2 + 3^2 + \ldots + n^2 = \frac{n(n+1)(2n+1)}{6}$$

$$\sum_{i=1}^{n} (2i-1)^2 = 1^2 + 3^2 + 5^2 + \ldots + (2n-1)^2 = \frac{n(4n^2-1)}{3}$$

$$\sum_{i=1}^{n} i^3 = 1^3 + 2^3 + 3^3 + \ldots + n^3 = \frac{n^2(n+1)^2}{4}$$

$$\sum_{i=1}^{n} (2i-1)^3 = 1^3 + 3^3 + 5^3 + \ldots + (2n-1)^3 = n^2(2n^2-1)$$

$$\sum_{i=1}^{n} i^4 = 1^4 + 2^4 + 3^4 + \ldots + n^4 = \frac{n(n+1)(2n+1)(3n^2+3n-1)}{30}$$

Seien $a_{ij} \in \mathbb{R}$; $i = k, k+1, \ldots, \ell$; $j = m, m+1, \ldots, n$. Die Indizes können auch durch ein Komma getrennt werden, insbesondere bei arithmetischen Ausdrücken im Index, z. B. $a_{i,j+1}$.

$$\sum_{i=k}^{\ell} \sum_{j=m}^{n} a_{ij} := \sum_{j=m}^{n} a_{kj} + \sum_{j=m}^{n} a_{k+1,j} + \ldots + \sum_{j=m}^{n} a_{\ell j}$$

heißt **Doppelsumme**. i heißt **Zeilenindex**, j heißt **Spaltenindex**. Die Addition über j heißt **innere Summation**, die über i **äußere Summation**. Bei endlichen Summen kann stets **umsummiert** werden:

$$\sum_{i=k}^{\ell} \sum_{j=m}^{n} a_{ij} = \sum_{j=m}^{n} \sum_{i=k}^{\ell} a_{ij}.$$

Ist $k > \ell$ oder $m > n$, so setzt man $\sum_{i=k}^{\ell} \sum_{j=m}^{n} a_{ij} := 0$.

Die Grenzen der inneren Summation können vom Index der äußeren Summation abhängen:

$$\sum_{i=k}^{\ell} \sum_{j=m_i}^{n_i} a_{ij}.$$

Die Umsummierung ist dann nicht mehr so einfach darstellbar.

Regeln für Doppelsummen

Seien im Folgenden $k, \ell, m, n \in \mathbb{Z}$; $a_{ij}, b_i, c \in \mathbb{R}$.

$$\sum_{i=k}^{m} \sum_{j=\ell}^{n} c a_{ij} = c \sum_{i=k}^{m} \sum_{j=\ell}^{n} a_{ij}$$

$$\sum_{i=k}^{m} \sum_{j=\ell}^{n} b_i a_{ij} = \sum_{i=k}^{m} b_i \sum_{j=\ell}^{n} a_{ij}$$

$$\sum_{i=k}^{m} \sum_{j=\ell}^{n} (a_{ij} \pm c) = \left(\sum_{i=k}^{m} \sum_{j=\ell}^{n} a_{ij} \right) \pm (m - k + 1)(n - \ell + 1)c$$

$$\sum_{i=k}^{m} \sum_{j=\ell}^{n} (a_{ij} \pm b_i) = \left(\sum_{i=k}^{m} \sum_{j=\ell}^{n} a_{ij} \right) \pm (n - \ell + 1) \sum_{i=k}^{m} b_i$$

Eine ***r*-fache Summe** ($r = 1, 2, \ldots$) hat die Form

$$\sum_{i_1=k_1}^{n_1} \sum_{i_2=k_2}^{n_2} \cdots \sum_{i_r=k_r}^{n_r} a_{i_1 i_2 \ldots i_r}.$$

$i_1, i_2, \ldots, i_r$ sind die r Summationsindizes. Falls für mindestens einen Index i_j gilt $k_j > n_j$, so wird die r-fache Summe auf null gesetzt. Gilt $k_j \leq n_j \forall j$, so hat die r-fache Summe $(n_1 - k_1 + 1) \cdot \ldots \cdot (n_r - k_r + 1)$ Summanden.

$$\prod_{i=k}^{m} a_i := a_k \cdot a_{k+1} \cdot \ldots \cdot a_{m-1} \cdot a_m, \quad k \in \mathbb{Z} \cup \{-\infty\},\ m \in \mathbb{Z} \cup \{\infty\},\ k \leq m$$

$\prod$ heißt **Produktoperator**,
i heißt **Multiplikationsindex**,
k heißt **untere Multiplikationsgrenze**,
m heißt **obere Multiplikationsgrenze**.

Das Produkt heißt **endlich**, falls $k, m \in \mathbb{Z}$, ansonsten **unendlich**.

$$\prod_{i=k}^{m} a_i := 1, \text{ falls } k > m \quad \textbf{(leeres Produkt)}$$

Folgende abkürzende Schreibweisen sind üblich, wenn über die weggelassenen Parameter eindeutige Klarheit besteht:

$$\prod_{k}^{m} a_i, \ \prod_{i} a_i, \ \prod a_i .$$

Andere Schreibweisen: $\prod_{i=k,m} a_i, \ \prod\limits_{i \in M} a_i, \ M \subset \mathbb{Z}$.

Regeln für Produkte

Seien $k, \ell, m \in \mathbb{Z}$; $a_i, b_i, c \in \mathbb{R}$.

$$\prod_{i=k}^{\ell} c = c^{\ell-k+1}$$

$$\prod_{i=k}^{\ell} c a_i = c^{\ell-k+1} \cdot \prod_{i=k}^{\ell} a_i$$

$$\prod_{i=k}^{\ell} c^{a_i} = c^{\sum\limits_{i=k}^{\ell} a_i}$$

$$\prod_{i=k}^{\ell} a_i^c = \left(\prod_{i=k}^{\ell} a_i \right)^c$$

$$\prod_{i=k}^{\ell} a_i \cdot b_i = \prod_{i=k}^{\ell} a_i \cdot \prod_{i=k}^{\ell} b_i$$

$$\prod_{i=k}^{\ell} a_i \cdot \prod_{i=\ell+1}^{m} a_i = \prod_{i=k}^{m} a_i, \quad k \leq \ell < m$$

$$\prod_{i \in M} a_i \cdot \prod_{i \in N} a_i = \prod_{i \in M \cup N} a_i \cdot \prod_{i \in M \cap N} a_i, \quad M, N \in \mathbb{Z}$$

$$\prod_{i=k}^{m} a_i = a_k \cdot \prod_{i=k+1}^{m} a_i = a_m \cdot \prod_{i=k}^{m-1} a_i = a_\ell \cdot \prod_{\substack{i=k \\ i \neq \ell}}^{m} a_i, \quad k \leq \ell \leq m$$

$$\prod_{i=k}^{\ell} a_i = \prod_{j=k-m}^{\ell-m} a_{j+m} \quad \text{(Indextranslation } i = j + m)$$

Seien $a_{ij} \in \mathbb{R}$; $i = k, k+1, \ldots, \ell$; $j = m, m+1, \ldots, n$. Die Indizes können auch durch ein Komma getrennt werden, insbesondere bei arithmetischen Ausdrücken im Index, z. B. $a_{i,j+1}$.

$$\prod_{i=k}^{\ell} \prod_{j=m}^{n} a_{ij} := \prod_{j=m}^{n} a_{kj} \cdot \prod_{j=m}^{n} a_{k+1,j} \cdot \ldots \cdot \prod_{j=m}^{n} a_{\ell j}$$

heißt **Doppelprodukt**. i heißt **Zeilenindex**, j heißt **Spaltenindex**. Die Multiplikation über j heißt **innere Multiplikation**, die über i **äußere Multiplikation**. Bei endlichen Produkten kann stets umgeordnet werden:

$$\prod_{i=k}^{\ell} \prod_{j=m}^{n} a_{ij} = \prod_{j=m}^{n} \prod_{i=k}^{\ell} a_{ij}.$$

Ist $k > \ell$ oder $m > n$, so setzt man $\prod\limits_{i=k}^{\ell} \prod\limits_{j=m}^{n} a_{ij} := 1$.

Die Grenzen des inneren Produkts können vom Index des äußeren Produkts abhängen:

$$\prod_{i=k}^{\ell} \prod_{j=m_i}^{n_i} a_{ij}.$$

Die Umordnung ist dann nicht mehr so einfach darstellbar.

$$n! := \prod_{i=1}^{n} i \text{ heißt } \boldsymbol{n}\textbf{-Fakultät}.$$

Ein ***r*-faches Produkt** ($r = 1, 2, \ldots$) hat die Form

$$\prod_{i_1=k_1}^{n_1} \prod_{i_2=k_2}^{n_2} \cdots \prod_{i_r=k_r}^{n_r} a_{i_1 i_2 \ldots i_r}.$$

$i_1, i_2, \ldots, i_r$ sind die r Multiplikationsindizes. Ist $k_j > n_j$ für mindestens einen Index i_j erfüllt, so wird das r-fache Produkt auf Eins gesetzt. Falls $k_j \leq n_j \; \forall j$, so hat das r-fache Produkt $(n_1 - k_1 + 1) \cdot \ldots \cdot (n_r - k_r + 1)$ Faktoren.

Potenzieren, Radizieren, Logarithmieren

Seien $a, b \in \mathbb{R}$; $m, n \in \mathbb{N}$.

$$a^m := \underbrace{a \cdot a \cdot \ldots \cdot a}_{m\text{-mal}}$$

heißt m-te **Potenz** von a (sprich: „a hoch m“). m heißt **Exponent**, a heißt **Basis** der Potenz.

$$a^0 := 1, \quad a^{-m} := \frac{1}{a^m}$$

Rechenregeln für Potenzen mit ganzzahligen positiven Exponenten

$$a^m \cdot b^m = (a \cdot b)^m; \quad a^m / b^m = (a/b)^m,\ b \neq 0$$
$$a^m \cdot a^n = a^{m+n}; \quad a^m / a^n = a^{m-n},\ a \neq 0$$
$$(a^m)^n = a^{m \cdot n}$$

Seien $a, b \geq 0;\ m, n \in \mathbb{N}$.

$$b = a^{1/m} = \sqrt[m]{a} \ :\Leftrightarrow\ b^m = a$$

$a^{1/m}$ heißt m-te **Wurzel** aus a. m heißt **Wurzelexponent**, a heißt **Radikand**.

Rechenregeln für Wurzeln

$$\sqrt[m]{a \cdot b} = \sqrt[m]{a} \cdot \sqrt[m]{b};$$
$$\sqrt[m]{a/b} = \sqrt[m]{a} / \sqrt[m]{b},\ b \neq 0$$

$$\sqrt[m]{a} \cdot \sqrt[n]{a} = \sqrt[m \cdot n]{a^{m+n}}$$
$$\sqrt[m]{\sqrt[n]{a}} = \sqrt[n]{\sqrt[m]{a}} = \sqrt[m \cdot n]{a}$$

Seien $a, b \geq 0;\ x, y \in \mathbb{R}$.
a^x heißt **Potenz** von a zum Exponenten x (a hoch x).

Rechenregeln für Potenzen mit reellen Exponenten

$$a^x \cdot b^x = (a \cdot b)^x$$
$$a^x / b^x = (a/b)^x,\ b \neq 0$$
$$a^x \cdot a^y = a^{x+y}$$
$$a^x / a^y = a^{x-y},\ a \neq 0$$
$$a^{-x} = 1/a^x,\ a \neq 0$$
$$(a^x)^y = a^{x \cdot y}$$

Seien $a, c > 0,\ a \neq 1$.

$$x = \log_a c \ :\Leftrightarrow\ a^x = c.$$

$\log_a c$ heißt **Logarithmus** von c **zur Basis** a. c heißt **Numerus** oder **Antilogarithmus**.

$a = 10$: **dekadischer** oder **Briggsscher** Logarithmus (Henry Briggs, 1561 – 1630)
$\lg x := \log_{10} x$

$a = \mathrm{e}$: **natürlicher** Logarithmus oder **logarithmus naturalis** ($\mathrm{e} \doteq 2{,}71828$)
$\ln x := \log_e x$

$a = 2$: **binärer** Logarithmus oder **logarithmus dualis**
$\mathrm{ld}\, x := \log_2 x$

Umrechnungsformel zur Überführung eines Logarithmus zur Basis a in den entsprechenden zur Basis b:

$$\log_b c = M \cdot \log_a c, \quad M := 1/\log_a b = \log_b a$$

M heißt **Transformationsmodul**.

alte Basis	neue Basis	Transformationsmodul	
e	10	$1/\ln 10$	$\doteq 0{,}43429448$
e	2	$1/\ln 2$	$\doteq 1{,}44269504$
10	e	$1/\lg \mathrm{e}$	$\doteq 2{,}30258509$
10	2	$1/\lg 2$	$\doteq 3{,}32192810$
2	e	$1/\mathrm{ld}\, \mathrm{e}$	$\doteq 0{,}69314718$
2	10	$1/\mathrm{ld}\, 10$	$\doteq 0{,}30103000$

Rechenregeln für Logarithmen

$$\log_a 1 = 0, \quad \log_a a = 1$$

$$\log_a 0 = \begin{cases} -\infty, a > 1 \\ +\infty, 0 < a < 1 \end{cases}$$

$$\log_a(c \cdot d) = \log_a c + \log_a d$$

$$\log_a(c : d) = \log_a c - \log_a d$$

$$\log_a c^d = d \cdot \log_a c$$

$$\log_a \sqrt[d]{c} = \frac{1}{d} \cdot \log_a c$$

$$\log_a c = \log_b c \cdot \log_a b$$

Vorzeichen und Betrag einer Zahl

Sei $x \in \mathbb{R}$.

$$\mathrm{sgn}(x) := \mathrm{sign}(x) := \begin{cases} +1, x > 0 \\ 0, x = 0 \\ -1, x < 0 \end{cases}$$

heißt **Vorzeichen** oder **Signum** von x.

$$|x| := \begin{cases} x, x \geq 0 \\ -x, x < 0 \end{cases}$$

heißt **Betrag** oder **Absolutbetrag** von x.

Rechenregeln für Beträge

Seien $x, y \in \mathbb{R}$

$|x| \geq 0$

$|x| = \operatorname{sign}(x) \cdot x, \quad x = \operatorname{sign}(x) \cdot |x|$

$|-x| = |x|, \qquad -|x| \leq x \leq |x|$

$|x \pm y| = |y \pm x|, |x + y| \leq |y| + |x|$

$|x \cdot y| = |x| \cdot |y|, \; |x/y| = |x|/|y|, \; y \neq 0$

Ganzer Teil und Reste einer Zahl

Sei $x \in \mathbb{R}$.

$$[x]_G := \max\{n \in \mathbb{Z};\; n \leq x\}.$$

$[\cdot]_G$ heißt **Gauss-Klammer-Operator** oder **Gausssche Treppenfunktion** und gibt diejenige ganze Zahl wieder, die auf dem Zahlenstrahl möglichst nahe bei dem Argument x liegt, aber nicht rechts davon. Für $x \geq 0$ ist $[x]_G$ der **ganze Teil** der Zahl x.

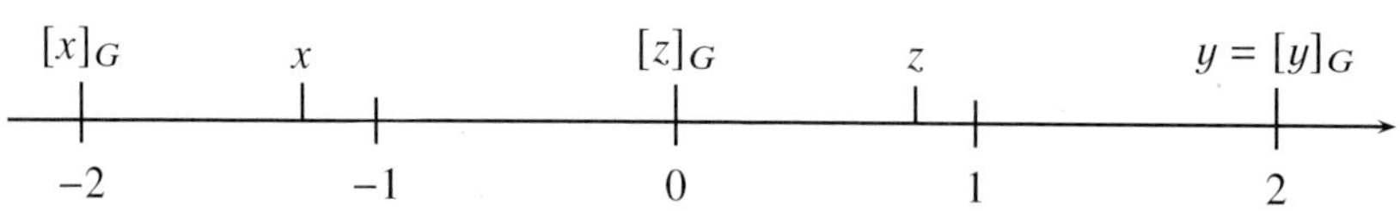

$$\operatorname{fix}(x) := \operatorname{sign}(x) \cdot [|x|]_G$$

gibt für alle $x \in \mathbb{R}$ den **ganzen Teil** wieder, d. h. unabhängig vom Vorzeichen werden eventuelle Nachkommastellen abgeschnitten.

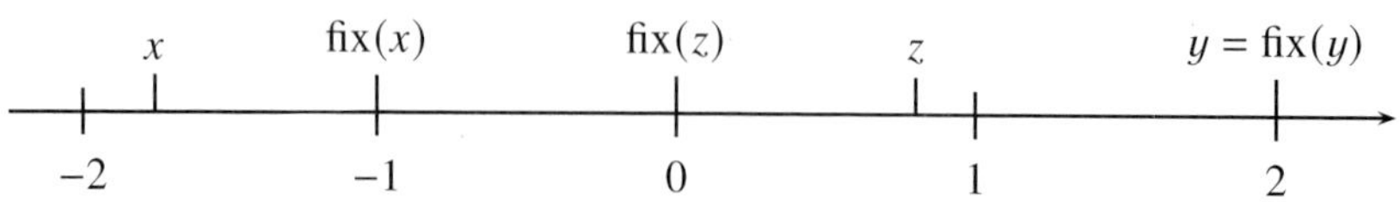

Rechenregeln zur GAUSS-Klammer und zum ganzen Teil einer Zahl

$[x]_G \leq x < [x]_G + 1$

$[x+n]_G = [x]_G + n, \; n \in \mathbb{Z}$

$|\text{fix}(x)| \leq |x| < |\text{fix}(x)| + 1$

Modulodivision

Seien $a, b, m \in \mathbb{N}_0$ mit $m > 0$.

$$a \equiv b \bmod m \;:\Leftrightarrow\; \exists k, \ell, r \in \mathbb{N}_0 \;\; 0 \leq r < m \;\wedge\; a = km + r \;\wedge\; b = \ell m + r$$

a und b heißen dann **kongruent modulo m**, d. h. a und b lassen bei Division durch m denselben Rest r.

$$a \not\equiv b \bmod m \;:\Leftrightarrow\; \neg(a \equiv b \bmod m)$$

$\operatorname{mod}(a, m) := r$ ist die eindeutig bestimmte Zahl r mit der Eigenschaft

$$\exists k \in \mathbb{N}_0 \;\; a = km + r \;\wedge\; 0 \leq r < m.$$

$\operatorname{mod}(a, m)$ heißt **Rest** von a bei Division durch m.

$$m|a \;:\Leftrightarrow\; a \equiv 0 \bmod m$$

Man sagt dann: „m **teilt** a" oder „m ist **Teiler** von a". a heißt **Vielfaches** von m. Ist $m = 1$ oder $m = a$, so heißt m **unechter Teiler** von a, sonst **echter Teiler**.

$$m \nmid a \;:\Leftrightarrow\; a \not\equiv 0 \bmod m$$

Rechenregeln zur Modulodivision

Seien $a \equiv b \bmod m$ und $c \equiv d \bmod m$. Dann gilt

$a + c \equiv b + d \bmod m$

$a - c \equiv b - d \bmod m$

$a \cdot c \equiv b \cdot d \bmod m$

$a \equiv \operatorname{mod}(a, m) \bmod m$

Rechnen mit Null und Unendlich

$$\left.\begin{aligned} a \pm 0 &= a \\ a \cdot 0 &= 0 \end{aligned}\right\} a \in \mathbb{R}$$

$a/0$ nicht definiert, aber

$$\lim_{x\to 0^+} \frac{a}{x} = \begin{cases} +\infty & \text{für } a > 0, \\ -\infty & \text{für } a < 0 \end{cases} \text{ und}$$

$$\lim_{x\to 0^-} \frac{a}{x} = \begin{cases} -\infty \text{ für } a > 0, \\ +\infty \text{ für } a < 0 \end{cases}$$

$0/a = 0$ für $a \neq 0$

$|0| = 0$

$0^a = 0$ für $a > 0$

$a^0 = 1$ für $a \in \mathbb{R}$

$$\log_a 0 = \begin{cases} -\infty \text{ für } a > 1 \\ +\infty \text{ für } 0 < a < 1 \end{cases}$$

$\log_a 1 = 0$ für $a > 0$

$0! = 1$

$\binom{a}{0} = 1 \quad$ für $a \in \mathbb{R}$

$\frac{a}{\infty} = 0 \quad$ für $a \neq \pm\infty$

$$\log_a \infty = \begin{cases} +\infty \text{ für } a > 1 \\ -\infty \text{ für } 0 < a < 1 \end{cases}$$

$$\lim_{x\to\infty} a^x = \begin{cases} \infty \text{ für } a > 1 \\ 1 \ \text{ für } a = 1 \\ 0 \ \text{ für } -1 < a < 1 \text{ und } a \neq 0 \\ \text{nicht konvergent für } a \leq -1 \end{cases}$$

Gleichungen

Grundbereich: bestimmter Zahlenbereich, auf den man sich bei einem Problem beschränken kann

Variable: Platzhalter für eine Zahl aus dem Grundbereich

Variabilitätsbereich: bestimmter Zahlenbereich, auf den man sich bezüglich der Variablen beschränken kann

Term: Verknüpfung von Zahlen und/oder Variablen durch mathematische Operatoren (z. B. + – · :) und/oder Funktionen

Definitionsbereich eines Terms mit Variablen: größte Teilmenge des Variabilitätsbereichs, sodass der Term nach Ersetzung der Variablen ein Element des Grundbereichs ist

Gleichung: Verknüpfung zweier Terme durch das Gleichheitszeichen

Definitionsbereich einer Gleichung: Durchschnitt der Term-Definitionsbereiche beider Seiten

Lösung (auch **Wurzel** oder **Nullstelle**) **einer Gleichung:** Tupel von Zahlen aus dem Variabilitätsbereich, sodass die Gleichung nach Ersetzung der Variablen durch das Zahlentupel zur wahren Aussage wird

Lösungsmenge: Menge der Lösungen einer Gleichung

Erfüllbare Gleichung: Gleichung mit nichtleerer Lösungsmenge

Identität (oder **allgemeingültige Gleichung**): Gleichung mit Definitionsbereich als Lösungsmenge

Parameter: Variable, die bei Bestimmung der Lösungsmenge einer Gleichung nicht durch eine Zahl ersetzt wird

Seien $n \in \mathbb{N}_0$, $a_0, a_1, \ldots, a_n \in \mathbb{R}$, $a_n \neq 0$.

$$p_n(x) := a_0 + a_1 x + a_2 x^2 + \ldots + a_n x^n$$

heißt **Polynom n−ten Grades** in x. $a_0, \ldots, a_n$ heißen **Koeffizienten**. Ist $a_n = 1$, so heißt $p_n(x)$ **von Normalform**. Ist p identisch null (in Zeichen: $p \equiv 0$), so heißt p **Nullpolynom**. Dieses hat **keinen** Grad. (Zu Polynomen siehe auch Seite 91ff. in Abschnitt 1.6.)

n	$p_n(x)$	Bezeichnung
0	a_0	Konstante
1	$a_0 + a_1 x$	Gerade
2	$a_0 + a_1 x + a_2 x^2$	Parabel
3	$a_0 + a_1 x + a_2 x^2 + a_3 x^3$	kubisches Polynom

Algebraische Gleichung: Gleichung $p(x) = 0$ oder $p(x_1, \ldots, x_k) = 0$ mit einem Polynom p in der Variablen x oder in den Variablen $x_1, \ldots, x_k$; letzteres ist eine Summe von Polynomen in den einzelnen Variablen.

Transzendente Gleichung: Gleichung, in der eine oder mehrere Variablen als Argument transzendenter Funktionen wie z. B. der Exponentialfunktion, einer Logarithmusfunktion oder einer trigonometrischen Funktion auftreten

Algebraisches Element: Element eines Körpers A, das Nullstelle eines Polynoms über dem Körper $B \subset A$, d. h. eines Polynoms mit Koeffizienten in B, ist

Transzendentes Element: Element eines Oberkörpers A von B, das nicht Nullstelle irgendeines Polynoms über B ist. (Spricht man nur von algebraisch oder transzendent, so ist im Allgemeinen $A = \mathbb{C}$ und $B = \mathbb{Q}$ gemeint.)

Lineare Gleichungen mit einer Unbekannten

(Geradengleichung, Gleichung ersten Grades)

$$ax + b = 0,\ a \neq 0$$

ax heißt **lineares Glied**, b heißt **Absolutglied**.

Lösung: $x = -\frac{b}{a}$

Zur Lösung eines Problems mit n Unbekannten benötigt man mindestens n Gleichungen.

Quadratische Gleichungen mit einer Unbekannten

(Parabelgleichung, Gleichung zweiten Grades)

$$ax^2 + bx + c = 0,\quad a \neq 0,\quad \text{bzw.}\quad x^2 + px + q = 0\ \text{(Normalform)}$$

$D := \frac{p^2}{4} - q$ heißt **Diskriminante** der quadratischen Gleichung.

Es gilt: $D > 0 \Rightarrow$ Es existieren zwei reelle Lösungen.

$D = 0 \Rightarrow$ Es existiert eine reelle Lösung der Vielfachheit 2.

$D < 0 \Rightarrow$ Es existieren zwei (konjugiert-)komplexe Lösungen.

Lösungen über die ***a-b-c-*** bzw. ***p-q*-Formel**:

$$x_{1,2} = \begin{cases} \dfrac{-b \pm \sqrt{b^2 - 4ac}}{2a} \\[2ex] -\dfrac{p}{2} \pm \sqrt{\dfrac{p^2}{4} - q} \end{cases}$$

Eigenschaften der Lösungen: $x_1 + x_2 = -\frac{b}{a} = -p,\quad x_1 \cdot x_2 = \frac{c}{a} = q$

Kubische Gleichungen mit einer Unbekannten

(Gleichung dritten Grades)

$$ax^3 + bx^2 + cx + d = 0,\ a \neq 0,\quad \text{bzw.}\quad y^3 + 3py + 2q = 0$$

mit $y = x + \frac{b}{3a}$

$$3p = \frac{c}{a} - \frac{b^2}{3a^2}$$

$$2q = \frac{2b^3}{27a^3} - \frac{bc}{3a^2} + \frac{d}{a}$$

Diskriminante: $D = q^2 + p^3$

Es gilt: $D < 0 \Rightarrow$ drei reelle Lösungen

$D = 0 \Rightarrow \begin{cases} \text{eine dreifache reelle Lösung, falls } p = q = 0 \\ \text{eine einfache und eine zweifache Lösung, falls } p, q \neq 0 \end{cases}$

$D > 0 \Rightarrow$ eine reelle und zwei (konjugiert-)komplexe Lösungen

Lösungsformel von Cardano (Geronimo Cardano, 1501 – 1576):

$$y_1 = u + v$$
$$y_2 = \varepsilon_1 u + \varepsilon_2 v$$
$$y_3 = \varepsilon_2 u + \varepsilon_1 v$$

mit $u := \sqrt[3]{-q + \sqrt{q^2 + p^3}}$, $\quad v := \sqrt[3]{-q - \sqrt{q^2 + p^3}}$,

$\varepsilon_1 := -\frac{1}{2} + \mathrm{i} \cdot \sqrt{\frac{3}{4}}$, $\quad \varepsilon_2 := -\frac{1}{2} - \mathrm{i} \cdot \sqrt{\frac{3}{4}}$,

i – imaginäre Einheit

Eigenschaften der Lösungen:

$$x_1 + x_2 + x_3 = -\frac{b}{a}, \quad \frac{1}{x_1} + \frac{1}{x_2} + \frac{1}{x_3} = -\frac{c}{d}, \quad x_1 \cdot x_2 \cdot x_3 = -\frac{d}{a}$$

Polynomgleichungen vierten Grades mit einer Unbekannten

$$ax^4 + bx^3 + cx^2 + dx + e = 0, \; a \neq 0$$

Sei o. B. d. A. $a = 1$. Ist

$$D = \frac{b^3}{8} - \frac{bc}{2} + d \neq 0$$

und y_0 eine beliebige Lösung von

$$8y^3 - 4cy^2 + (2bd - 8e)y + e(4c - b^2) - d^2 = 0$$

sowie $z_{1,2} = \pm\sqrt{8y_0 + b^2 - 4c}$, dann sind die Lösungen von

$$x^4 + bx^3 + cx^2 + dx + e = 0 \qquad (\star)$$

identisch mit den Lösungen von

$$x^2 + (b + z_{1,2}) \cdot \frac{x}{2} + \left(y_0 + \frac{by_0 - d}{z_{1,2}}\right) = 0.$$

Ist andererseits $D = 0$, so lässt sich ($\star$) durch die Substitution $x = u - b/4$ in eine **biquadratische Gleichung**

$$u^4 + pu^2 + q = 0$$

überführen mit

$$p = c - \frac{3}{8}b^2 \quad \text{und}$$
$$q = \frac{5}{256}b^4 - \frac{1}{16}b^2c + e.$$

Die Lösungen werden dann für u^2 mit der p-q-Formel und anschließender Rücksubstitution berechnet.

Eigenschaften der Lösungen:

$$\begin{aligned} x_1 + x_2 + x_3 + x_4 &= -b \\ x_1x_2 + x_1x_3 + x_1x_4 + x_2x_3 + x_2x_4 + x_3x_4 &= c \\ x_1x_2x_3 + x_1x_2x_4 + x_1x_3x_4 + x_2x_3x_4 &= -d \\ x_1x_2x_3x_4 &= e \end{aligned}$$

Spezialfälle:

1. $b = d = 0$, d. h. $ax^4 + cx^2 + e = 0$

   $$\Rightarrow x_{1,2,3,4} = \pm\sqrt{\frac{-c \pm \sqrt{c^2 - 4ae}}{2a}}$$

2. $a = e$ und $b = d$, d. h. $a(x^4 + 1) + b(x^3 + x) + cx^2 = 0$

   $$\Rightarrow x_{1,2,3,4} = \frac{y \pm \sqrt{y^2 - 4}}{2}$$

   $$\text{mit } y := \frac{-b \pm \sqrt{b^2 - 4ac + 8a^2}}{2a}$$

Wichtige Sätze zu Polynomgleichungen

Fundamentalsatz der Algebra nach Carl Friedrich Gauss

Eine Gleichung n-ten Grades besitzt n Lösungen in $\mathbb{C}$, wenn man jede Lösung gemäß ihrer Vielfachheit zählt.

Wurzelsatz von VIËTA

(FRANÇOIS VIËTA, 1540 – 1603)

Sind $x_1, \ldots, x_n$ die Lösungen von

$$x^n + a_1 x^{n-1} + a_2 x^{n-2} + \ldots + a_{n-1} x + a_n = 0,$$

so gilt für $j = 1, 2, \ldots, n$:

$$\sum_{\substack{i_1, i_2, \ldots, i_j = 1 \\ (i_1 < i_2 < \ldots < i_j)}}^{n} \left(\prod_{k=1}^{j} x_{i_k} \right) = (-1)^j \cdot a_j .$$

Folgerung: Ist eine komplexe Zahl Lösung einer Gleichung n-ten Grades, so ist auch ihre Konjugierte eine Lösung. Daher haben Gleichungen ungeraden Grades mindestens eine reelle Lösung.

Approximative Nullstellenbestimmung

Das Lösen einer Gleichung, z. B.

$$g(x_1, \ldots, x_n) = h(x_1, \ldots, x_n),$$

kann durch Nullstellenbestimmung einer Funktion, z. B.

$$f(x_1, \ldots, x_n) := g(x_1, \ldots, x_n) - h(x_1, \ldots, x_n),$$

geschehen. Hier folgen einige iterative Verfahren zur **näherungsweisen** Bestimmung einer Nullstelle für Funktionen einer Veränderlichen x. Für alle Verfahren benötigt man einen bzw. zwei **Startwerte**. Die Konvergenz ist umso schneller, je näher der bzw. die Startwerte bei der Nullstelle liegen. Die betrachtete Funktion $f(x)$ sei jeweils stetig im Intervall $[x_u, x_o]$, wobei $f(x_u) \cdot f(x_o) < 0$ gelte. Dies garantiert nach dem Zwischenwertsatz (s. S. 133) die Existenz einer Nullstelle $x^{(0)}$ im Intervall $[x_u, x_o]$.

Fortgesetzte Intervallhalbierung

$$x_{neu} = \frac{1}{2}(x_u + x_o)$$

mit Startwerten $x_u = a$ und $x_o = b$ aus $\mathbb{R}$.

Falls $f(x_{neu}) = 0$, so ist x_{neu} eine Nullstelle. Ansonsten wird

$$x_u = x_{neu}, \text{ falls } f(x_u) \cdot f(x_{neu}) > 0 \text{ bzw.}$$
$$x_o = x_{neu}, \text{ falls } f(x_u) \cdot f(x_{neu}) < 0,$$

gesetzt und ein weiterer Wert x_{neu} bestimmt, bis ein Abbruchkriterium erfüllt ist.

Soll die Näherung x_{neu} die Nullstelle $x^{(0)}$ um höchstens ε verfehlen, d. h. $|x_{neu} - x^{(0)}| \leq \varepsilon$, so gilt für die Anzahl n der zu bestimmenden x_{neu}-Werte:

$$n \geq \operatorname{ld}\left(\frac{b-a}{\varepsilon}\right) = \ln\left(\frac{b-a}{\varepsilon}\right) / \ln 2$$

Regula Falsi (Sekantenverfahren, Verfahren der linearen Interpolation)

$$x_{neu} = x_u - \frac{x_o - x_u}{f(x_o) - f(x_u)} \cdot f(x_u)$$

mit Startwerten $x_u = a$ und $x_o = b$ aus $\mathbb{R}$.

Falls $f(x_{neu}) = 0$, so ist x_{neu} eine Nullstelle. Ansonsten wird x_u bzw. x_o wie in der fortgesetzten Intervallhalbierung berechnet und ein weiterer Wert x_{neu} bestimmt, bis ein Abbruchkriterium erfüllt ist.

Newton-Verfahren (Tangentenverfahren)

(Isaac Newton, 1643 – 1727)

f sei auf $[a, b]$ zweimal stetig differenzierbar, $f'(x) \neq 0$ für alle $x \in [a, b]$ und

$$\gamma := \max_{[a,b]} \frac{|f(x) \cdot f''(x)|}{(f'(x))^2} < 1.$$

Startwert beliebig in $[a, b]$, z. B. $x_1 = (a + b)/2$.

$$x_{n+1} = x_n - \frac{f(x_n)}{f'(x_n)}, \quad n = 1, 2, 3, \ldots$$

Sind alle $x_n \in [a, b]$, so konvergieren sie gegen die (einzige) Nullstelle $x^{(0)}$ von f in $[a, b]$. Soll $|x_{n+1} - x^{(0)}| \leq \varepsilon$ und ist $x_1 = (a + b)/2$, so muss gelten

$$n \geq \ln\left(\frac{2\varepsilon}{b-a}\right) / \ln\gamma \; .$$

Ungleichungen

Eine **Ungleichung** ist die Verknüpfung zweier Terme durch eines der Zeichen $<$, $\leq$, $>$, $\geq$, $\neq$. (Zu den Begriffen siehe auch im Abschnitt *Gleichungen* (S. 46ff).)

Eine mehrfache Ungleichung ist eine logische Konjunktion mehrerer einfacher Ungleichungen:

$$a \leq b < c \;:\Leftrightarrow\; a \leq b \wedge b < c$$

Regeln zu Ungleichungen

$$a < b \Leftrightarrow b > a \Leftrightarrow -a > -b, \quad a > 0 \Leftrightarrow -a < 0, \quad a < b < c \Leftrightarrow c > b > a$$

$$\left.\begin{array}{ll} a < b \wedge b < c \Rightarrow a < c, & a < b \wedge b \leq c \Rightarrow a < c, \\ a \leq b \wedge b < c \Rightarrow a < c, & a \leq b \wedge b \leq c \Rightarrow a \leq c \end{array}\right\} \text{Transitivität}$$

$$a < b \Leftrightarrow a \pm c < b \pm c$$

$$\left.\begin{array}{l} a < b \wedge c < d \Rightarrow a + c < b + d \\ a < b \wedge c \leq d \Rightarrow a + c < b + d \\ a \leq b \wedge c < d \Rightarrow a + c < b + d \\ a \leq b \wedge c \leq d \Rightarrow a + c \leq b + d \end{array}\right\} \text{Addition von Ungleichungen}$$

$$\left.\begin{array}{l} a < b \wedge c > d \Rightarrow a - c < b - d \\ a < b \wedge c \geq d \Rightarrow a - c < b - d \\ a \leq b \wedge c > d \Rightarrow a - c < b - d \\ a \leq b \wedge c \geq d \Rightarrow a - c \leq b - d \end{array}\right\} \text{Subtraktion von Ungleichungen}$$

$$a < b \wedge c > 0 \Rightarrow a \cdot c < b \cdot c \wedge \frac{a}{c} < \frac{b}{c}$$

$$a < b \wedge c < 0 \Rightarrow a \cdot c > b \cdot c \wedge \frac{a}{c} > \frac{b}{c}$$

$$(a > 0 \wedge b < 0) \vee (a < 0 \wedge b > 0) \Leftrightarrow a \cdot b < 0$$

$$(a > 0 \wedge b > 0) \vee (a < 0 \wedge b < 0) \Leftrightarrow a \cdot b > 0$$

$$0 < a < b \Leftrightarrow 0 < \frac{1}{b} < \frac{1}{a}$$

Einige spezielle Ungleichungen

Dreiecksungleichungen

$$|a \pm b| \leq |a| + |b|$$

$$|a \pm b| \geq ||a| - |b||$$

Betragsungleichungen

$$\left|\sum_{i=1}^{n} a_i - \sum_{i=1}^{m} b_i\right| \leq \sum_{i=1}^{n} |a_i| + \sum_{i=1}^{m} |b_i|$$

$$|a - b| \leq \varepsilon \Leftrightarrow b - \varepsilon \leq a \leq b + \varepsilon$$

$$|a - b| > \varepsilon \Leftrightarrow a < b - \varepsilon \vee a > b + \varepsilon$$

BERNOULLI-Ungleichungen

(JACOB BERNOULLI, 1654 – 1705)

$$(1+x)^n \geq 1+nx, \quad x \geq -1, \ n = 1,2,\ldots$$
$$(1+x)^n \geq 1+x \geq 1+nx, \quad -2 \leq x \leq -1, \ n = 1,2,\ldots$$
$$(1+x)^n \leq 1+\frac{nx}{1+(1-n)x}, \quad -1 \leq x < \frac{1}{n-1}, \ n = 2,3,\ldots$$
$$\prod_{i=1}^{n}(1+x_i) > 1+\sum_{i=1}^{n} x_i, \quad \text{falls } -1 < x_i < 0 \ \forall i \ \text{ oder } \ x_i > 0 \ \forall i$$

CAUCHY-SCHWARZ-Ungleichung

(AUGUSTIN LOUIS CAUCHY, 1789 – 1857, HERMANN AMANDUS SCHWARZ, 1843 – 1921)

$$\left(\sum_{i=1}^{n} a_i^2\right)\left(\sum_{i=1}^{n} b_i^2\right) \geq \left(\sum_{i=1}^{n} a_i b_i\right)^2$$

Das Gleichheitszeichen gilt genau dann, wenn $\exists \beta \in \mathbb{R} \ \forall i : a_i = \beta b_i$.

Mittelwert-Relationen

Seien $a_1, a_2, \ldots, a_n > 0$.

$$\begin{aligned}
\min\{a_i : i = 1,\ldots,n\} &\leq \frac{n}{\sum_{i=1}^{n} \frac{1}{a_i}} && \text{(harmonisches Mittel)} \\
&\leq \sqrt[n]{\prod_{i=1}^{n} a_i} && \text{(geometrisches Mittel)} \\
&\leq \frac{1}{n}\sum_{i=1}^{n} a_i && \text{(arithmetisches Mittel)} \\
&\leq \max\{a_i : i = 1,\ldots,n\}
\end{aligned}$$

Sind bereits zwei a_i voneinander verschieden, so gilt überall das $<$-Zeichen.

TSCHEBYSCHEFF-Ungleichungen

(PAFNUTI LWOWITSCH TSCHEBYSCHEFF, 1821 – 1894)

Sei $k \geq 1$. Für $0 < a_1 \leq a_2 \leq \ldots \leq a_n$ und $0 < b_1 \leq b_2 \leq \ldots \leq b_n$ gilt

$$\left(\frac{1}{n}\sum_{i=1}^{n} a_i^k\right)^{\frac{1}{k}} \cdot \left(\frac{1}{n}\sum_{i=1}^{n} b_i^k\right)^{\frac{1}{k}} \leq \left(\frac{1}{n}\sum_{i=1}^{n} (a_i b_i)^k\right)^{\frac{1}{k}}.$$

Für $0 < a_1 \leq \ldots \leq a_n$ und $b_1 \geq b_2 \geq \ldots \geq b_n > 0$ gilt

$$\left(\frac{1}{n}\sum_{i=1}^{n} a_i^k\right)^{\frac{1}{k}} \left(\frac{1}{n}\sum_{i=1}^{n} b_i^k\right)^{\frac{1}{k}} \geq \left(\frac{1}{n}\sum_{i=1}^{n} (a_i b_i)^k\right)^{\frac{1}{k}}.$$

Ungleichungen mit einer Unbekannten

$$\begin{aligned} & a_n x^n + a_{n-1}x^{n-1} + \ldots + a_1 x + a_0 > 0 \Leftrightarrow \\ & \quad \Leftrightarrow \left(x^n + \frac{a_{n-1}}{a_n}x^{n-1} + \ldots + \frac{a_0}{a_n} > 0 \wedge a_n > 0\right) \vee \\ & \quad \vee \left(x^n + \frac{a_{n-1}}{a_n}x^{n-1} + \ldots + \frac{a_0}{a_n} < 0 \wedge a_n < 0\right) \end{aligned}$$

$$x + a > 0 \Leftrightarrow x > -a$$

$$\begin{aligned} & x^2 + ax + b > 0 \Leftrightarrow \\ & \quad \Leftrightarrow \left(x > -\frac{a}{2} + \sqrt{\frac{a^2}{4} - b}\right) \vee \left(x < -\frac{a}{2} - \sqrt{\frac{a^2}{4} - b}\right), \quad \text{falls } a^2 > 4b, \\ & \quad\quad x \in \mathbb{R}, \quad \text{falls } a^2 < 4b, \\ & \quad\quad x \in \mathbb{R} \setminus \{-a/2\}, \quad \text{falls } a^2 = 4b \end{aligned}$$

$$\begin{aligned} & x^2 + ax + b < 0 \Leftrightarrow \\ & \quad \Leftrightarrow -\frac{a}{2} - \sqrt{\frac{a^2}{4} - b} < x < -\frac{a}{2} + \sqrt{\frac{a^2}{4} - b}, \quad \text{falls } a^2 > 4b, \\ & \quad\quad \text{keine Lösung}, \quad \text{falls } a^2 \leq 4b \end{aligned}$$

1.4 Kombinatorik

Die Kombinatorik befasst sich mit Problemen des Anordnens und/oder Auswählens von Elementen endlicher Mengen.

Entscheidungsbaum zur Kombinatorik

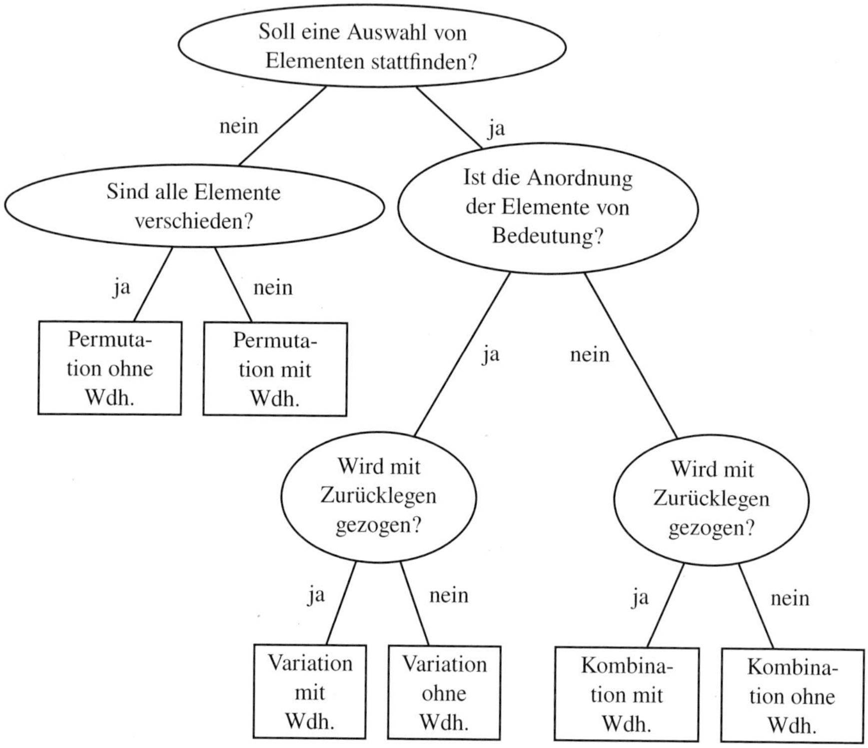

Permutationen, Fakultäten

Eine **Permutation** ist eine Aneinanderreihung von Elementen.

Permutationen ohne Wiederholung

Jede eineindeutige Abbildung $\Phi^n(\cdot)$ von der geordneten Menge $\{1, 2, \ldots, n\}$ auf eine n-elementige Menge A heißt eine **Permutation ohne Wiederholung** der Elemente von A;

$$\forall i \in \{1, 2, \ldots, n\} : \Phi^n(i) = a_i \quad \text{mit} \quad a_i \in A \quad \text{und} \quad a_i \neq a_j \text{ für } i \neq j.$$

Sei $a_1, a_2, \ldots, a_{n-1}, a_n$ die **natürliche Ordnung** der Elemente von A, $i_1, i_2, \ldots, i_n$ eine Permutation der ersten n natürlichen Zahlen und $a_{i_1}, a_{i_2}, \ldots, a_{i_n}$ die zugehörige Permutation der a_i.

Definition

Ist für $j < k$ erfüllt $i_j > i_k$, so liegt eine **Inversion** von a_{i_j} und a_{i_k} innerhalb der Permutation vor.

Satz

Die Vertauschung (**Transposition**) von irgendzwei Elementen in einer Permutation verändert die Anzahl der Inversionen um eine ungerade Zahl.

Definition

Bei einer **lexikographischen Anordnung** aller Permutationen von n Elementen steht an erster Stelle die mit der natürlichen Ordnung $(a_1, a_2, \ldots, a_{n-1}, a_n)$, an letzter Stelle die mit der zur natürlichen Ordnung umgekehrten Anordnung der Elemente $(a_n, a_{n-1}, \ldots, a_2, a_1)$ und dazwischen die Permutationen in der Weise wie die Wörter in einem Lexikon.

Unter $P(n)$ wird die **Anzahl der Permutationen von n verschiedenen Elementen** (Anzahl der Permutationen ohne Wiederholung), verstanden:

$$P(n) = 1 \cdot 2 \cdot \ldots \cdot (n-1) \cdot n = n!$$

$n!$ wird gelesen: n **Fakultät**. Mit

$$0! := 1$$

gilt für alle $n \in \mathbb{N}$ die Rekursion

$$\begin{aligned} P(n) &= P(n-1) \cdot n \\ &= (n-1)! \cdot n. \end{aligned}$$

Näherungsformeln für Fakultäten

Stirling-Formel (James Stirling, 1692 – 1770)

$$\begin{aligned} n! &\approx \sqrt{2\pi n} \left(\frac{n}{\mathrm{e}}\right)^n \\ \ln(n!) &\approx (n + 0{,}5) \cdot \ln n - n + 0{,}5 \cdot \ln(2\pi) \end{aligned}$$

Mit wachsendem n nimmt der absolute Fehler der Näherung zu, der relative Fehler geht jedoch zurück.

Fakultäten und deren Approximationen

n	STIRLING-Näherung	Untere Grenze nach FELLER	$n!$	Obere Grenze nach FELLER	n
1	1	1	1	1	1
2	2	2	2	2	2
3	6	6	6	6	3
4	24	24	24	24	4
5	118	120	120	120	5
6	710	720	720	720	6
7	4.980	5.039	5.040	5.040	7
8	39.902	40.316	40.320	40.320	8
9	359.537	362.851	362.880	362.881	9
10	3.598.695	3.628.560	3.628.800	3.628.810	10
11	39.615.632	39.914.609	39.916.800	39.916.882	11
12	475.687.703	478.979.428	479.001.600	479.002.368	12
13	6.187.239.793	6.226.774.025	6.227.020.800	6.227.028.267	13
14	86.660.980.097	87.175.310.486	87.178.291.200	87.178.380.958	14
15	1.300.431.606.392	1.307.635.352.982	1.307.674.368.000	1.307.675.489.735	15
16	20.814.119.880.150	20.922.239.442.387	20.922.789.888.000	20.922.804.061.390	16
17	353.948.240.444.679	355.679.118.566.794	355.687.428.096.000	355.687.623.668.925	17
18	6.372.809.076.805.981	6.402.239.694.889.313	6.402.373.705.728.000	6.402.376.286.201.618	18
19	121.112.824.462.279.400	121.642.819.045.133.300	121.645.100.408.832.000	121.645.148.854.065.100	19
20	2.422.786.716.276.469.000	2.432.860.838.816.672.000	2.432.902.008.176.640.000	2.432.902.901.089.665.000	20

(Approximationen mit 16 signifikanten Stellen und auf ganze Zahlen gerundet)

Exakt gilt die **Identität**

$$n! = \sqrt{2\pi n} \cdot \left(\frac{n}{e}\right)^n \cdot \exp\left(\frac{\theta}{12n}\right),$$

wobei jedoch θ eine unbekannte Zahl zwischen 0 und 1 ist, $0 < \theta < 1$.

Abschätzung nach Feller (William Feller, 1905 – 1970)

$$\sqrt{2\pi n} \cdot n^n \cdot \exp\left(\frac{-12n^2 - n + 1}{12n + 1}\right) < n! < \sqrt{2\pi n} \cdot n^n \cdot \exp\left(\frac{-12n^2 + 1}{12n}\right)$$

Permutationen mit Wiederholung

Sei $A = \{a_1, a_2, \ldots, a_k\}$ eine k-elementige Menge und seien $n_1, n_2, \ldots, n_k$ positive ganze Zahlen mit $n_1 + \ldots + n_k = n$. Jedes geordnete n-Tupel, welches das Element a_j genau n_j-mal enthält ($1 \leq j \leq k$), heißt eine **Permutation** von A **mit Wiederholung**.

Unter $P(n; n_1, n_2, \ldots, n_k)$ wird die **Anzahl der Permutationen von *n* Elementen, von denen nur *k* unterscheidbar sind** (Anzahl der Permutationen mit Wiederholung) verstanden.

$$P(n; n_1, n_2, \ldots, n_k) = \frac{n!}{n_1! n_2! \ldots n_k!} =: \binom{n}{n_1, n_2, \ldots, n_k}$$

mit $\sum_{j=1}^{k} n_j = n \quad \wedge \quad 1 \leq n_j \leq n \; \forall j$

$\binom{n}{n_1, n_2, \ldots, n_k}$ heißt **Multinomial-** oder **Polynomialkoeffizient** („n über $n_1, \ldots, n_k$“).

Es gilt: $P(n; n_1, n_2, \ldots, n_k) \leq P(n)$

$$P(n; \underbrace{1, 1, \ldots, 1}_{n}) = P(n) = n!$$

$$P(n; n) = \frac{n!}{n!} = 1$$

Beta-Funktion und Gamma-Funktion

Beta-Funktion

(1. Euler-Integral)

$$\left.\begin{aligned} B(x,y) &:= \int_0^1 t^{x-1}(1-t)^{y-1}\,\mathrm{d}t \\ &= \int_0^\infty \frac{t^{x-1}}{(1+t)^{x+y}}\,\mathrm{d}t \\ &= 2\int_0^{\pi/2} (\sin t)^{2x-1}(\cos t)^{2y-1}\,\mathrm{d}t \end{aligned}\right\} x,y \in \mathbb{R}^+$$

Eigenschaften der Beta-Funktion

1. $B(x,y) = B(y,x)$ – Symmetrie

2. $B(x,1-x) = \dfrac{\pi}{\sin(x\pi)},\ 0 < x < 1$

3. $$\left.\begin{aligned} B(x,y) &= \frac{y-1}{x+y-1}B(x,y-1) \\ B(x,y) &= \frac{x-1}{x+y-1}B(x-1,y) \end{aligned}\right\} \text{Rekursion}$$

4. $$\left.\begin{aligned} B(x,n) &= \frac{(n-1)!}{x(x+1)(x+2)\cdot\ldots\cdot(x+n-1)} \\ B(n,y) &= \frac{(n-1)!}{y(y+1)(y+2)\cdot\ldots\cdot(y+n-1)} \end{aligned}\right\} n \in \mathbb{N}$$

5. $B(x,y) = \dfrac{\Gamma(x)\Gamma(y)}{\Gamma(x+y)}$ – Darstellung durch die Gamma-Funktion

Unvollständige Beta-Funktion

$$B_p(x,y) := \int_0^p t^{x-1}(1-t)^{y-1}\,\mathrm{d}t \quad \text{mit } x,y \in \mathbb{R}^+,\ 0 \le p \le 1$$

Beta-Verteilungsfunktion

(Unvollständiges Beta-Funktionsverhältnis)

$$I_p(x,y) := B_p(x,y)/B(x,y);\ 0 \le I_p(x,y) \le 1$$

Eigenschaften von $I_p(x,y)$

1. $I_p(x,y) = 1 - I_{1-p}(y,x)$ – Symmetrie

2. Spezialfälle:
$$\left.\begin{aligned} I_p(x,1) &= p^x \\ I_p(1,y) &= 1-(1-p)^y \\ I_p(1,1) &= p \end{aligned}\right\}\ \text{Spezialfälle}$$

3. Rekursion:
$$\left.\begin{aligned} I_p(x,y) &= p\cdot I_p(x-1,y) + (1-p)\cdot I_p(x,y-1) \\ I_p(x,y) &= \frac{1}{p}\big(I_p(x+1,y) - (1-p)\cdot I_p(x+1,y+1)\big) \\ I_p(x,y) &= \frac{y}{x(1-p)+y}\big(I_p(x,y+1) + (1-p)\cdot I_p(x+1,y-1)\big) \\ I_p(x,y) &= \frac{1}{x+y}\big(x\cdot I_p(x+1,y) + y\cdot I_p(x,y+1)\big) \\ I_p(x,y) &= \frac{\Gamma(x+y)}{\Gamma(x+1)\cdot\Gamma(y)}p^x(1-p)^{y-1} + I_p(x+1,y+1) \\ I_p(x,y) &= \frac{\Gamma(x+y)}{\Gamma(x+1)\cdot\Gamma(y)}p^x(1-p)^{y} + I_p(x+1,y) \\ I_p(x,x) &= \frac{1}{2}I_{1-p'}\left(x,\frac{1}{2}\right)\ \text{mit}\ p' = 4\left(p-\frac{1}{2}\right)^2\ \text{und}\ p \le \frac{1}{2} \end{aligned}\right\}\ \text{Rekursion}$$

4. $I_p(x,n-x+1) = \sum_{j=x}^{n}\binom{n}{j}p^j(1-p)^{n-j},\ x\in\mathbb{N}$ – Beziehung zur Binomialverteilung

5. $I_p(x,y) = \dfrac{p^x(1-p)^y}{x\cdot B(x,y)}\left(1+\sum_{n=0}^{\infty}\dfrac{B(x+1,n+1)}{B(x+y,n+1)}p^{n+1}\right)$ – Reihenentwicklung, $0<p<1$

Gamma-Funktion

(2. Euler-Integral)

$$\Gamma(x) := \int_0^\infty e^{-t} t^{x-1}\,dt, \quad x > 0$$

$$\Gamma(x) = \int_0^1 \left(\ln \frac{1}{u}\right)^{x-1} du, \qquad \text{Substitution } u = e^{-t}$$

$$\Gamma(x) = \int_{-\infty}^{+\infty} e^{xu} e^{-e^u}\,du, \qquad \text{Substitution } u = \ln t$$

Produktdarstellungen

$$\left.\begin{aligned} \Gamma(x) &:= \lim_{n\to\infty} \frac{n!\, n^x}{x(x+1)(x+2)\dots(x+n)} \\ &= \frac{e^{-\gamma x}}{x} \cdot \prod_{n=1}^{\infty} \left(1 + \frac{x}{n}\right)^{-1} \cdot e^{x/n} \end{aligned}\right\} x \in \mathbb{R}\setminus\{0, -1, -2, \dots\}$$

$$\text{mit } \gamma := \lim_{n\to\infty} \left(\left(1 + \frac{1}{2} + \dots + \frac{1}{n}\right) - \ln(n)\right)$$

$$\doteq 0{,}577\,215\,664\,901\,533 \text{ Eulersche Konstante}$$

Für $x > 0$ ergeben beide Definitionen die gleiche Funktion.

Eigenschaften der Gamma-Funktion

1. $\Gamma(n+1) = n!, \quad n \in \mathbb{N}$ – Beziehung zur Fakultät
2. $\Gamma(x+1) = x \cdot \Gamma(x)$ – Rekursion

   $=: x!$ – verallgemeinerte Fakultät
3. $\Gamma^{(n)}(x) = \int_0^\infty e^{-t} t^{x-1} (\ln t)^n\,dt$ – n-te Ableitung für $x > 0$
4. $$\left.\begin{aligned} \Gamma(x)\cdot\Gamma(1-x) &= \frac{\pi}{\sin(x\pi)} \\ &= -x\Gamma(-x)\Gamma(x) \\ &= \int_0^\infty \frac{t^{x-1}}{1+t}\,dt \end{aligned}\right\} 0 < x < 1$$
5. $\Gamma(nx) = (2\pi)^{(1-n)/2}\, n^{nx-0{,}5} \prod_{i=0}^{n-1} \Gamma\left(x + \frac{i}{n}\right), \quad n \in \mathbb{N}$ – Multiplikationsformel

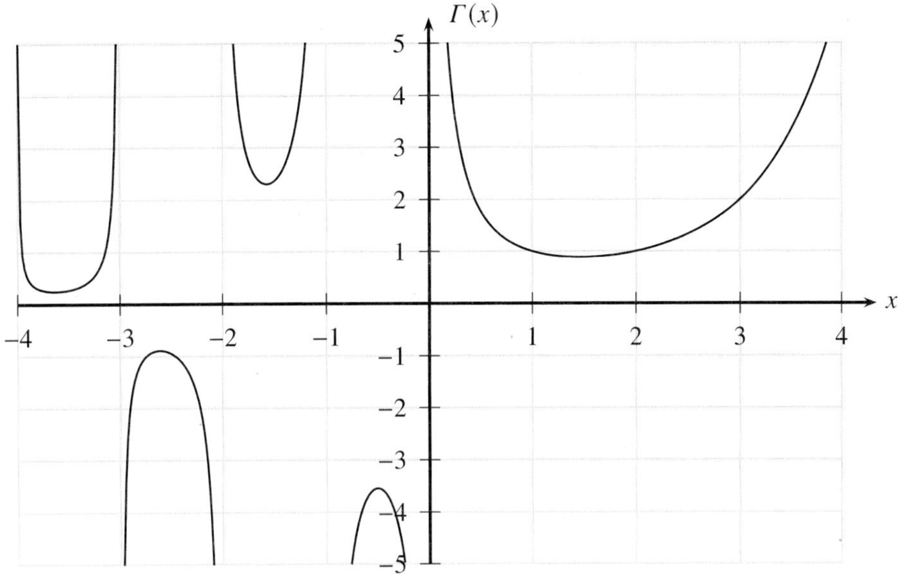

Berechnung von Gamma-Funktionswerten

$\Gamma(1) = \Gamma(2) = 1; \quad \Gamma(0^+) = \Gamma(\infty) = \infty$

$\Gamma(0{,}5) = \sqrt{\pi}; \quad \Gamma(-0{,}5) = -2\sqrt{\pi}$

$$\Gamma(n + 0{,}5) = \frac{1 \cdot 3 \cdot 5 \cdot \ldots \cdot (2n-1)}{2^n}\sqrt{\pi}, \quad n \in \mathbb{N}$$

$$\Gamma(-n + 0{,}5) = \frac{(-2)^n}{1 \cdot 3 \cdot 5 \cdot \ldots \cdot (2n-1)}\sqrt{\pi}, \quad n \in \mathbb{N}$$

Für $0 \le z \le 1$ gilt die **Polynomapproximation**

$$\Gamma(1 + z) = z! = 1 + \sum_{i=1}^{8} b_i z^i + \varepsilon(z) \qquad (*)$$

mit $|\varepsilon(z)| \le 3 \cdot 10^{-7}$ und

$b_1 = -0{,}577\,191\,652$	$b_5 = -0{,}756\,704\,078$
$b_2 = 0{,}988\,205\,891$	$b_6 = 0{,}482\,199\,394$
$b_3 = -0{,}897\,056\,937$	$b_7 = -0{,}193\,527\,818$
$b_4 = 0{,}918\,206\,857$	$b_8 = 0{,}035\,868\,343$

Bei der Berechnung von $\Gamma(x)$ sind folgende drei Fälle zu unterscheiden:

1. Fall: $1 \le x \le 2$
Man setze $z := x - 1$. Dann gilt nach $(*)$

$$\Gamma(x) = \Gamma(1 + z), \quad \text{mit } \Gamma(1 + z).$$

2. Fall: $x < 1 \quad \wedge \quad x \notin \{0, -1, -2, -3, \ldots\}$

Man bestimme $n \in \mathbb{N}$ so, dass $1 < x + n < 2$. Aufgrund der Rekursion gilt dann

$$\Gamma(x) = \frac{\Gamma(x+n)}{x(x+1)(x+2) \cdot \ldots \cdot (x+n-1)},$$

wobei $\Gamma(x+n) = \Gamma(1+z)$ nach $(*)$ mit $z = x + n - 1$.

3. Fall: $x > 2$

Man bestimme $n \in \mathbb{N}$ so, dass $1 < x - n \leq 2$. Wegen der Rekursion gilt dann

$$\Gamma(x) = (x-1)(x-2) \cdot \ldots \cdot (x-n) \cdot \Gamma(x-n),$$

wobei $\Gamma(x-n) = \Gamma(1+z)$ nach $(*)$ mit $z = x - n - 1$.

Beispiele: $\Gamma(1{,}3) \approx 0{,}89747$

$$\Gamma(-3{,}7) = \frac{\Gamma(1{,}3)}{(-3{,}7)(-2{,}7)(-1{,}7)(-0{,}7) \cdot 0{,}3} \approx 0{,}25164$$

$$\Gamma(3{,}7) = 2{,}7 \cdot 1{,}7 \cdot \Gamma(1{,}7) \approx 2{,}7 \cdot 1{,}7 \cdot 0{,}90864 \approx 4{,}17066$$

Unvollständige Gamma-Funktion

$$\gamma(a,x) := \int_0^x \mathrm{e}^{-t} t^{a-1} \, \mathrm{d}t; \quad a, x \in \mathbb{R}^+$$

$$\Gamma(a,x) := \Gamma(a) - \gamma(a,x) = \int_x^\infty \mathrm{e}^{-t} t^{a-1} \, \mathrm{d}t; \quad a, x \in \mathbb{R}^+$$

Gamma-Verteilungsfunktion

(Unvollständiges Gamma-Funktionsverhältnis)

$$\begin{aligned} P(a,x) &:= \frac{1}{\Gamma(a)} \int_0^x \mathrm{e}^{-t} t^{a-1} \, \mathrm{d}t; \quad 0 \leq P(a,x) \leq 1 \\ &= \gamma(a,x)/\Gamma(a) \\ &= 1 - \frac{\Gamma(a,x)}{\Gamma(a)} \end{aligned}$$

$$\gamma^*(a,x) := x^{-a} P(a,x) = \frac{x^{-a}}{\Gamma(a)} \gamma(a,x)$$

Eigenschaften von $\gamma(a,x)$, $P(a,x)$ und $\gamma^*(a,x)$

$$P(n+1,x) = 1 - \sum_{i=0}^{n} \frac{x^i}{i!} \mathrm{e}^{-x}, \quad n \in \mathbb{N}_0$$ – Beziehung zur Poisson-Verteilung

$$\left.\begin{aligned} P(a+1,x) &= P(a,x) - \frac{x^a e^{-x}}{\Gamma(a+1)} \\ \gamma(a+1,x) &= a \cdot \gamma(a,x) - x^a e^{-x} \\ \gamma^*(a-1,x) &= x \cdot \gamma^*(a,x) + \frac{e^{-x}}{\Gamma(a)} \end{aligned}\right\} \text{Rekursion}$$

$$\left.\begin{aligned} \gamma^*(a,x) &= e^{-x} \sum_{i=0}^{\infty} \frac{x^i}{\Gamma(a+i+1)} \\ &= \frac{1}{\Gamma(a)} \sum_{i=0}^{\infty} \frac{(-x)^i}{(a+i)i!} \end{aligned}\right\} \text{Reihenentwicklung}$$

Variationen

Variationen ohne Wiederholung

Jedes geordnete n-Tupel von voneinander verschiedenen Elementen einer N-elementigen Menge A ist eine **Variation ohne Wiederholung** von N Elementen der Ordnung (der Klasse oder des Umfangs) n, $n \leq N$.

Eine Variation (ohne Wiederholung) ist eine **Stichprobe ohne Zurücklegen** des Umfangs n aus einer Menge von N Elementen, wobei die **Reihenfolge** der gezogenen Elemente **beachtet** wird (**geordnete Auswahl ohne Zurücklegen**).

Jede Variation ohne Wiederholung ist eine **eineindeutige** Abbildung **von** der geordneten Menge $\{1, 2, \ldots, n\}$ **in** die Menge A. Für $n = N$ erhält man eine Permutation von A.

Die Anzahl $V(N, n)$ voneinander verschiedener Variationen ohne Wiederholung ist

$$\begin{aligned} V(N,n) &= N(N-1) \cdot \ldots \cdot (N-n+1) \\ &= \frac{N!}{(N-n)!} = \frac{P(N)}{P(N-n)} \end{aligned}$$

Weitere Formeln

$$V(N,N) = N! = P(N)$$

$$\left.\begin{aligned} V(N,n) &= V(N,n-1) \cdot (N-n+1) \\ &= V(N-1,n) \cdot \frac{N}{N-n} \\ &= V(N-1,n-1) \cdot N \end{aligned}\right\} \text{Rekursionen}$$

Variationen mit Wiederholung

Jedes geordnete n-Tupel von Elementen einer N-elementigen Menge A heißt **Variation mit Wiederholung** von N Elementen der Ordnung (der Klasse oder des Umfangs) n.

Eine Variation (mit Wiederholung) ist eine **Stichprobe mit Zurücklegen** des Umfangs n aus einer Menge von N Elementen, wobei die **Reihenfolge** der gezogenen Elemente **relevant** ist (**geordnete Auswahl**).

Jede Variation mit Wiederholung ist eine **eindeutige** Abbildung **von** der geordneten Menge $\{1, 2, \ldots, n\}$ **in** die Menge A. Es ist auch $n > N$ möglich.

Die Anzahl $V^*(N,n)$ voneinander verschiedener Variationen mit Wiederholung ist

$$V^*(N,n) = N^n, \quad n \lesseqgtr N.$$

Rekursionsformeln

$$\begin{aligned} V^*(N,n) &= V^*(N,n-1) \cdot N \\ &= V^*(N-1,n) - \sum_{i=1}^{n} \binom{n}{i} N^{n-i}(-1)^i \\ &= \left(V^*(N-1,n-1) - \sum_{i=1}^{n-1} \binom{n}{i} N^{n-1-i}(-1)^i \right) N \end{aligned}$$

Kombinationen

Kombinationen ohne Wiederholung

Jede n-elementige Teilmenge einer N-elementigen Menge A heißt **Kombination ohne Wiederholung** von N Elementen der Ordnung (der Klasse oder des Umfangs) n, $n \leq N$.

Eine Kombination (ohne Wiederholung) ist eine **Stichprobe ohne Zurücklegen ohne Beachtung der Reihenfolge** (ungeordnete Auswahl ohne Zurücklegen).

Fasst man alle Variationen von N Elementen der Ordnung n ohne Wiederholung zu einer Äquivalenzklasse zusammen, die aus den Elementen (ohne Berücksichtigung der Reihenfolge) besteht, so entspricht jeder solchen Klasse genau eine Kombination umkehrbar eindeutig.

Die Anzahl $K(N,n)$ voneinander verschiedener Kombinationen ohne Wiederholung ist

$$K(N,n) = \frac{N(N-1)\cdot\ldots\cdot(N-n+1)}{n!} = \frac{V(N,n)}{P(n)}$$

Nach Erweiterung von Zähler und Nenner mit $(N-n)!$ erhält man

$$K(N,n) = \frac{N!}{n!(N-n)!} =: \binom{N}{n},$$

$\binom{N}{n}$ heißt **Binomialkoeffizient** („N über n").
In der Literatur ist auch die Notation C_n^N üblich.

Rekursionsformeln

$$K(N,n) = K(N,n-1)\cdot\frac{N-n+1}{n} = K(N-1,n)\cdot\frac{N}{N-n} = K(N-1,n-1)\cdot\frac{N}{n}$$

Weitere Formeln stehen im nächsten Unterabschnitt.

Kombinationen mit Wiederholung

Fasst man alle Variationen von N Elementen zur Ordnung n mit Wiederholung zu einer Äquivalenzklasse zusammen, die aus den gleichen Elementen in der jeweils gleichen Anzahl (ohne Beachtung der Reihenfolge) bestehen, so heißt jede solche Klasse eine **Kombination mit Wiederholung** von N Elementen der Ordnung (der Klasse oder des Umfangs) n.

Eine Kombination mit Wiederholung ist eine **Stichprobe mit Zurücklegen ohne Beachtung der Reihenfolge** (ungeordnete Auswahl mit Zurücklegen).

Die Anzahl $K^*(N,n)$ voneinander verschiedener Kombinationen mit Wiederholung ist

$$K^*(N,n) = \frac{(N+n-1)(N+n-2)\cdot\ldots\cdot N}{n!} = \binom{N+n-1}{n}$$

Rekursionsformeln

$$\begin{aligned} K^*(N,n) &= K^*(N,n-1) \cdot \frac{N+n-1}{n} \\ &= K^*(N-1,n) \cdot \frac{N+n-1}{N-1} \\ &= K^*(N-1,n-1) \cdot \frac{(N+n-2)(N+n-1)}{n(N-1)} \end{aligned}$$

Binomial- und Polynomialkoeffizienten

Binomialkoeffizienten für natürliche Zahlen

Die für alle natürlichen Zahlen N und n definierte Funktion

$$\binom{N}{n} := \begin{cases} \dfrac{N!}{n!(N-n)!} & \text{für} \quad 0 \le n \le N \\ 0 & \text{für} \quad 0 \le N < n \end{cases} \tag{†}$$

heißt **Binomialkoeffizient**.

Die Werte des Binomialkoeffizienten berechnet man rekursiv aus dem **PASCALschen Dreieck** (BLAISE PASCAL, 1623 – 1662), bei dem eine Zahl im Innern des Dreiecks sich als Summe der beiden rechts und links über ihr stehenden Zahlen ergibt.

N		n
		0
0	1	1
1	1 1	2
2	1 2 1	3
3	1 3 3 1	4
4	1 4 6 4 1	5
5	1 5 10 10 5 1	6
6	1 6 15 20 15 6 1	7
7	1 7 21 35 35 21 7 1	8
8	1 8 28 56 70 56 28 8 1	9
9	1 9 36 84 126 126 84 36 9 1	10
10	1 10 45 120 210 252 210 120 45 10 1	

PASCALsches Dreieck für $N = 1$ bis $N = 10$

Binomischer Satz

Für $a, b \in \mathbb{R}$ und alle $N \in \mathbb{N}$ gilt:

$$(a+b)^N = \sum_{n=0}^{N} \binom{N}{n} a^{N-n} b^n$$

$$= \binom{N}{0} a^N b^0 + \binom{N}{1} a^{N-1} b^1 + \ldots + \binom{N}{N-1} a^1 b^{N-1} + \binom{N}{N} a^0 b^N$$

Bemerkungen zum Binomischen Satz

1. Die rechte Seite der Formel heißt **binomische Reihe**, die linke Seite **Binom**.
2. Die benötigten Werte der Binomialkoeffizienten stehen in einer Zeile des PASCALschen Dreiecks.
3. Setzt man für b den Term $-b$, so gilt $(a-b)^N = \sum_{n=0}^{N} (-1)^n \binom{N}{n} a^{N-n} b^n$.
4. Für $N = 2$ ergibt sich die erste **binomische Formel**: $(a+b)^2 = a^2 + 2ab + b^2$.

Spezielle Binome

$$(1+1)^N = \sum_{n=0}^{N} \binom{N}{n} = 2^N$$

$$(p+(1-p))^N = \sum_{n=0}^{N} \binom{N}{n} p^n (1-p)^{N-n} = 1 \quad \text{für } 0 \leq p \leq 1$$

$$(1-1)^N = \sum_{n=0}^{N} (-1)^n \binom{N}{n} = 0$$

$$(1+x)^N = \sum_{n=0}^{N} \binom{N}{n} x^n$$

$$(1-x)^{-N-1} = \sum_{n=N}^{\infty} \binom{n}{N} x^{n-N}$$

Binomialkoeffizienten für reelle Zahlen

Die für alle reellen Zahlen a und alle natürlichen Zahlen n definierte Funktion

$$\binom{a}{n} := \begin{cases} \dfrac{a(a-1)(a-2)\ldots(a-n+1)}{n!} & \text{für } n > 0 \\ 1 & \text{für } n = 0 \end{cases} \qquad (\ddagger)$$

heißt **verallgemeinerter Binomialkoeffizient**.

Bemerkung: Für natürliche Zahlen a ergeben die Formeln (†) und (‡) die gleiche Funktion.

Eigenschaften des Binomialkoeffizienten

$$\left.\begin{aligned}&\binom{N}{n} = \binom{N}{N-n} \quad \text{für } n, N \in \mathbb{N};\ n \le N \\ &\binom{N}{N} = \binom{N}{0} = 1;\ \binom{N}{N-1} = \binom{N}{1} = N\end{aligned}\right\} \text{Symmetriesatz}$$

$$\binom{a}{n} + \binom{a}{n+1} = \binom{a+1}{n+1};\quad a \in \mathbb{R},\ n \in \mathbb{N} \quad \text{– Additionssatz}$$

$$\left.\begin{aligned}&\sum_{i=0}^{n} \binom{a+i}{i} = \binom{a+n+1}{n};\ a \in \mathbb{R},\ n \in \mathbb{N} \\ &\sum_{i=0}^{n} \binom{a}{i}\binom{b}{n-i} = \binom{a+b}{n};\ a, b \in \mathbb{R},\ n \in \mathbb{N}\end{aligned}\right\} \text{Additionstheoreme}$$

$$\left.\begin{aligned}\binom{a+1}{n} &= \binom{a}{n} + \binom{a}{n-1} \\ &= \binom{a}{n} + \binom{a-1}{n-1} + \ldots + \binom{a-n}{0};\ a \ge n \\ \binom{a+2}{n+1} &= \binom{a}{n+1} + 2\binom{a}{n} + \binom{a}{n-1}\end{aligned}\right\} \left.\begin{aligned}a \in \mathbb{R} \\ n \in \mathbb{N}\end{aligned}\right\} \text{Rekursionen}$$

$$\left.\begin{aligned}&\binom{N}{0} + \binom{N}{2} + \binom{N}{4} + \ldots = 2^{N-1} \\ &\binom{N}{1} + \binom{N}{3} + \binom{N}{5} + \ldots = 2^{N-1} \\ &\binom{N}{0} - \binom{N}{1} + \binom{N}{2} - \ldots = 0 \\ &\binom{N}{1} + 2\binom{N}{2} + 3\binom{N}{3} + \ldots + N\binom{N}{N} = N \cdot 2^{N-1} \\ &\binom{N}{1} - 2\binom{N}{2} + 3\binom{N}{3} - \ldots + (-1)^{N-1} N\binom{N}{N} = 0 \\ &2 \cdot 1\binom{N}{2} + 3 \cdot 2\binom{N}{3} + 4 \cdot 3\binom{N}{4} + \ldots = N(N-1)2^{N-2}\end{aligned}\right\} N = 2, 3, \ldots$$

$$\sum_{i=0}^{n} \binom{N+i}{N} = \binom{N+n+1}{N+1};\ n, N \in \mathbb{N}$$

$$\sum_{i=0}^{n}\binom{N}{i}\binom{N-i}{n-i}a^i = \binom{N}{n}(1+a)^n;\; n,N \in \mathbb{N},\; a \in \mathbb{R}$$

$$\binom{-a}{n} = (-1)^n\binom{a+n-1}{n};\; a > 0$$

$$\sum_{i=0}^{n}(-1)^i\binom{a}{i} = (-1)^n\binom{a-1}{n};\; a \in \mathbb{R},\; n \in \mathbb{N}$$

$$\sum_{i=0}^{n}\binom{N+i-1}{N-1} = \binom{N+n}{n};\; n,N \in \mathbb{N}$$

$$\sum_{i=0}^{n}\binom{n}{i}^2 = \binom{2n}{n};\; n \in \mathbb{N}$$

$$\sum_{i=1}^{n}(-1)^{n-i}\binom{n}{i}\binom{N+i}{N+1} = \binom{N}{n-1};\; 0 < n < N;\; n,N \in \mathbb{N}$$

$$\sum_{i=0}^{n}(-1)^i\binom{a}{i}\binom{N-i}{n} = \binom{N-a}{N-n};\; a \in \mathbb{R};\; n,N \in \mathbb{N}$$

$$\sum_{i=0}^{n}\binom{N}{i}\binom{M}{i} = \binom{N+M}{N};\; n = \min(N,M);\; N,M \in \mathbb{N}$$

$$\sum_{i=0}^{n}\binom{N}{i}\binom{M}{i+1} = \binom{N+M}{N+1};\; n = \min(N,M-1);\; N,M \in \mathbb{N}$$

$$\left.\begin{aligned}\binom{N}{n}\binom{n}{m} &= \binom{N}{m}\binom{N-m}{n-m} = \binom{N}{n-m}\binom{N-n+m}{m}\\ \binom{N}{n}\binom{N-n}{m} &= \binom{N}{m}\binom{N-m}{n} = \binom{N}{n+m}\binom{n+m}{n}\end{aligned}\right\}\; m,n,N \in \mathbb{N}$$

$$\sum_{i=n}^{N}\binom{N}{i}\binom{i}{n} = 2^{N-n}\binom{N}{n};\; n,N \in \mathbb{N}$$

$$\sum_{i=0}^{n}(-1)^i\binom{N}{i}\binom{N-i}{n-i} = 0;\; n \le N;\; n,N \in \mathbb{N}$$

$$\left.\begin{aligned}\sum_{i=0}^{N}\binom{N}{i}(a+i)^i(b-i)^{N-i+1} &= \frac{(a+b)^N}{(b-N)}\\ \sum_{i=0}^{N}\binom{N}{i}(a+i)^i(b-i)^{N-1} &= N!\sum_{i=0}^{N}\frac{(a+b)^i}{i!}\end{aligned}\right\} a,b\in\mathbb{R};\; N\in\mathbb{N}$$

$$\left.\begin{aligned}\sum_{i=k}^{N}\binom{N}{i}p^i(1-p)^{N-i} &= p^k\sum_{i=0}^{N-k}\binom{k+i-1}{k-1}(1-p)^i\\ &= p^k\sum_{i=k}^{N}\binom{i-1}{k-1}(1-p)^{i-k}\end{aligned}\right\}\begin{aligned}&0\le p\le 1\\ &k,N\in\mathbb{N}\end{aligned}$$

$$\sum_{i=0}^{n}\binom{2n+1}{2i}\binom{N+i}{2n}=\binom{2N+1}{2n}$$

$$\sum_{i=0}^{n}\binom{2n+1}{2i+1}\binom{N+i}{2n}=\binom{2N}{2n}$$

Polynomialkoeffizienten

Die für alle natürlichen Zahlen n und alle k-Tupel natürlicher Zahlen $n_1, n_2, \ldots, n_k$, für die $n_1 + \ldots + n_k = n$ gilt, definierte Funktion

$$\binom{n}{n_1, n_2, \ldots, n_k} := \frac{n!}{n_1!n_2!\ldots n_k!} \quad \text{mit} \quad \sum_{i=1}^{k} n_i = n$$

heißt **Polynomialkoeffizient** oder **Multinomialkoeffizient**.

Bemerkung: Der Binomialkoeffizient $\binom{N}{n}$ ist ein spezieller Polynomialkoeffizient,

$$\binom{N}{n} = \binom{N}{n, N-n}.$$

Polynomischer Satz

Für jedes k-Tupel reeller Zahlen $a_1, a_2, \ldots, a_k$ und jede natürliche Zahl n gilt:

$$(a_1 + a_2 + \ldots + a_k)^n = \sum \binom{n}{n_1, n_2, \ldots, n_k} a_1^{n_1} a_2^{n_2} \cdot \ldots \cdot a_k^{n_k}.$$

Dabei ist über alle k-Tupel $n_1, n_2, \ldots, n_k$ zu summieren, für die $n_1 + n_2 + \ldots + n_k = n$ mit $0 \le n_i \le n$.

Bemerkungen zum Polynomischen Satz

1. Die Zahl der Summanden beträgt $\binom{n+k-1}{n}$.

2. $\sum \binom{n}{n_1, n_2, \ldots, n_k} = k^n$.

1.5 Relationen, Ordnungen, Abbildungen

Kartesisches Produkt und Relation

Ein **geordnetes Paar** (a, b) reeller Zahlen a und b kann durch den Mengenbegriff definiert werden:

$$(a, b) := \Big\{\{a\},\ \{a, b\}\Big\}.$$

a heißt **erste Komponente**, b heißt **zweite Komponente**. Die Verallgemeinerung des geordneten Paares auf n Komponenten heißt ***n*-Tupel** und wird rekursiv definiert:

$$(a_1, a_2, \ldots, a_n) := \Big((a_1, a_2, \ldots, a_{n-1}),\ a_n\Big).$$

a_i heißt ***i*-te Komponente**. Zwei n-Tupel sind genau dann **gleich**, wenn sie komponentenweise übereinstimmen:

$$(a_1, \ldots, a_n) = (b_1, \ldots, b_n) :\Leftrightarrow \forall i : a_i = b_i.$$

Das **kartesische Produkt** (René Descartes, 1596 – 1650) oder **Kreuzprodukt** oder die **Produktmenge** beliebiger Mengen $M_1, \ldots, M_n$ ist die Menge aller n-Tupel, deren i-te Komponente Element von M_i ist:

$$\mathop{\times}_{i=1}^{n} M_i := M_1 \times M_2 \times \ldots \times M_n := \Big\{(a_1, \ldots, a_n) : \forall i = 1, \ldots, n : a_i \in M_i\Big\}.$$

Falls $M_1 = M_2 = \ldots = M_n$, schreibt man auch: M_1^n.

Anzahl der Elemente: $\left|\mathop{\times}_{i=1}^{n} M_i\right| = \prod_{i=1}^{n} |M_i|$.

Es gelten folgende Beziehungen:

$$A \times \bigcap_{i=1}^{n} M_i = \bigcap_{i=1}^{n} (A \times M_i)$$

$$A \times \bigcup_{i=1}^{n} M_i = \bigcup_{i=1}^{n} (A \times M_i)$$

$$A \subset B \wedge C \subset D \Leftrightarrow A \times C \subset B \times D$$

Eine ***n*-stellige Relation** R ist eine Teilmenge einer n-fachen Produktmenge:

$$R \subset M_1 \times \ldots \times M_n.$$

Ist $M_1 = M_2 = \ldots = M_n$, so ist R **Relation in** M_1. Ist $(a_1, \ldots, a_n) \in R$, so sagt man: „$a_1, \ldots, a_n$ stehen in Relation R zueinander“ oder „$a_1, \ldots, a_n$ erfüllen die Relation R“.

Schreibweise für $n = 2$: $aRb \;:\Leftrightarrow\; (a, b) \in R$.

Graphische Darstellung zweistelliger (**binärer**) Relationen als **Pfeildiagramme** in $M_1 \times M_2$:

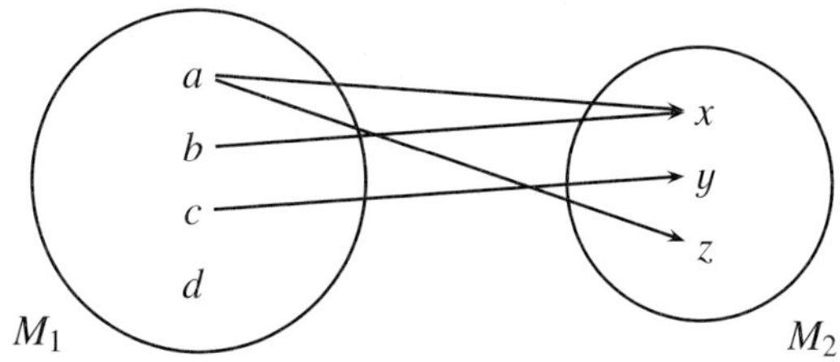

und in M_1:

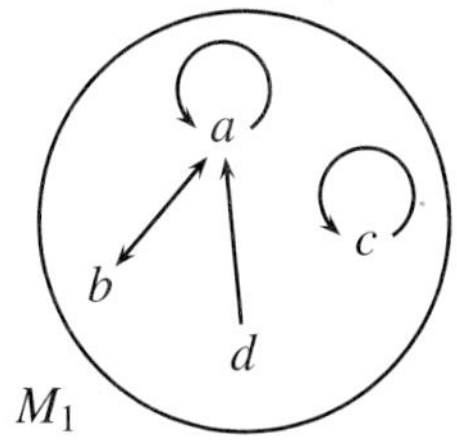

Vorbereich oder **Linksbereich**: $\text{Vb R} := \{a \in M_1 \mid \exists b \in M_2 : aRb\}$

Nachbereich oder **Rechtsbereich**: $\text{Nb R} := \{b \in M_2 \mid \exists a \in M_1 : aRb\}$

Nullrelation: $\bigwedge := \varnothing$

All- oder **universale Relation**: $\bigvee := M_1 \times M_2$

Umkehrrelation oder **inverse Relation** (in M): $R^{-1} := \{(b, a) : (a, b) \in R\}$.

Eigenschaften zweistelliger Relationen

Name	Definition	Charakteristikum des Pfeildiagramms
linkstotal	$\forall a \in M_1 \; \exists b \in M_2 :$ aRb	Von allen Elementen in M_1 gehen Pfeile aus.
rechtstotal	$\forall b \in M_2 \; \exists a \in M_1$: aRb	An allen Elementen in M_2 enden Pfeile.
bitotal	links- und rechtstotal	Kein Element in M_1 oder M_2 ist isoliert.
linkseindeutig	$\forall a, b \in M_1 \; \forall c \in M_2$: $aRc \wedge bRc \Rightarrow a = b$	An jedem Element in M_2 endet höchstens ein Pfeil.

Name	Definition	Charakteristikum des Pfeildiagramms
rechtseindeutig	$\forall a, b \in M_2\ \forall c \in M_1$: $cRa \wedge cRb \Rightarrow a = b$	Von jedem Element in M_1 geht höchstens ein Pfeil aus.
eineindeutig	links- und rechtseindeutig	Jedes Element in M_1 und M_2 hat höchstens eine Verbindung.
reflexiv	$\forall a$: aRa	Bei allen Elementen treten Schleifen auf.
irreflexiv	$\forall a$: $\neg aRa$	Bei keinem Element tritt eine Schleife auf.
symmetrisch	$\forall a, b$: $aRb \Rightarrow bRa$	Alle auftretenden Pfeile sind Doppelpfeile.
asymmetrisch	$\forall a, b$: $aRb \Rightarrow \neg bRa$	Es gibt weder Doppelpfeile noch Schleifen.
antisymmetrisch, identitiv	$\forall a, b$: $aRb \wedge bRa \Rightarrow a = b$	Es gibt keinen Doppelpfeil.
zusammenhängend, linear, vollständig	$\forall a, b$: $aRb \vee bRa$	Je zwei Elemente sind miteinander verbunden, und bei allen Elementen treten Schleifen auf.
schwach zusammenhängend, konnex	$\forall a, b$: $a \neq b \Rightarrow aRb \vee bRa$	Je zwei Elemente sind miteinander verbunden.
trichotom	$\forall a, b$: **entweder** aRb **oder** bRa **oder** $a = b$	Es gibt keine Schleifen, und je zwei Elemente sind durch einen einfachen Pfeil miteinander verbunden.
transitiv	$\forall a, b, c$: $aRb \wedge bRc \Rightarrow aRc$	Kommt man „irgendwie“ von a nach c, so kommt man auch „direkt“ hin.
intransitiv	$\forall a, b, c$: $aRb \wedge bRc \Rightarrow \neg aRc$	Geht ein Pfeil von a nach b und einer von b nach c, so geht keiner von a nach c.
negativ transitiv	$\forall a, b, c$: $\neg aRb \wedge \neg bRc \Rightarrow \neg aRc$	Führt kein Weg von a nach b und keiner von b nach c, so auch keiner von a nach c.
drittengleich	$\forall a, b, c$: $aRc \wedge bRc \Rightarrow aRb$	Enden bei einem Element zwei Pfeile, so sind die beiden Elemente am anderen Ende durch einen Doppelpfeil verbunden.

Äquivalenzrelation und Klasseneinteilung

Eine binäre Relation R in der Menge M heißt **Äquivalenzrelation**, wenn sie reflexiv, symmetrisch und transitiv bzw. reflexiv und drittengleich ist.

Schreibweise: $a \simeq b :\Leftrightarrow aRb$.
Sprechweise: „a ist **äquivalent** zu b.“

Eine Menge $\mathcal{K}$ von Teilmengen einer Menge M heißt **Klasseneinteilung** oder **Zerlegung** von M, wenn gilt:

1. $\varnothing \notin \mathcal{K}$,

2. $\forall K_1, K_2 \in \mathcal{K} : K_1 \neq K_2 \implies K_1 \cap K_2 = \varnothing$,

3. $\forall a \in M \; \exists K \in \mathcal{K} : a \in K$.

Die Elemente von $\mathcal{K}$ heißen **Klassen** von M. Jedes Element a der Klasse K heißt **Repräsentant** von K.

Schreibweise: $[a] := K$, falls $a \in K$.

Satz

Jede Äquivalenzrelation R in M erzeugt eine Klasseneinteilung in M. Die Klassen sind die Teilmengen einander äquivalenter Elemente von M. Sie heißen **Äquivalenzklassen** oder **Restklassen**. Umgekehrt definiert jede Klasseneinteilung von M durch

$$a \simeq b \;:\Leftrightarrow\; [a] = [b]$$

eine Äquivalenzrelation in M.

Die Menge der Äquivalenzklassen heißt **Faktormenge** oder **Quotient von M nach R**:

$$M/R := \{[a] : \; a \in M\}$$

Jede Menge von Repräsentanten verschiedener, aber aller Äquivalenzklassen heißt **vollständiges Repräsentantensystem** von M/R.

Ordnungen

Sei R eine binäre Relation auf der Menge M. Im Hinblick auf die Anordnungsmöglichkeit der Elemente von M unterscheidet man Relationen mit bestimmten Eigenschaften. Allen **Ordnungsrelationen** der folgenden Tabelle gemeinsam ist die – nicht mehr extra aufgeführte – **Transitivität**.

	reflexiv	irreflexiv
Quasiordnung, Vorordnung, Präordnung, Quasihalbordnung	keine weitere Eigenschaft	keine weitere Eigenschaft
Halbordnung	antisymmetrisch	asymmetrisch
Ordnung, Totalordnung, Vollordnung	antisymmetrisch und linear	asymmetrisch und konnex

Ein Paar (M, R), bestehend aus einer Menge M und einer (reflexiven oder irreflexiven) Halbordnung R auf M, heißt **geordnete Menge**. Ist R eine (reflexive oder irreflexive) Totalordnung auf M, so heißt (M, R) **totalgeordnete** oder **vollgeordnete Menge** oder **linear** bzw. **konnex geordnete Menge** oder **Kette**.

Alternative Schreibweisen für reflexive und irreflexive Ordnungsrelationen:

reflexive Ordnung R in M:	irreflexive Ordnung R in M:
aRb **oder** $a \leq b$ **oder** $a \sqsubseteq b$ **oder** $a \subseteq b$	aRb **oder** $a < b$ **oder** $a \sqsubset b$ **oder** $a \subset b$
gelesen: a kleiner/gleich b	gelesen: a kleiner b

$D := \{(d,d) : d \in M\}$ heißt **Diagonale** in $M \times M$.

Es gilt: 1) $\leq \setminus D \ = <$,

2) $< \cup D \ = \leq$,

d. h., durch Entfernen bzw. Hinzufügen der Diagonalen erhält man aus einer reflexiven bzw. einer irreflexiven Ordnung eine irreflexive bzw. reflexive.

Für endliche Mengen lassen sich Ordnungsstrukturen im sogenannten **Hasse-Diagramm** darstellen (Helmut Hasse, 1898 – 1979). Elemente von M werden miteinander verbunden, falls sie in Relation stehen und kein Element „zwischen" ihnen existiert, d. h. aRb **und** $\forall c \in M : c \neq a, c \neq b \Rightarrow \neg aRc \vee \neg cRb$.

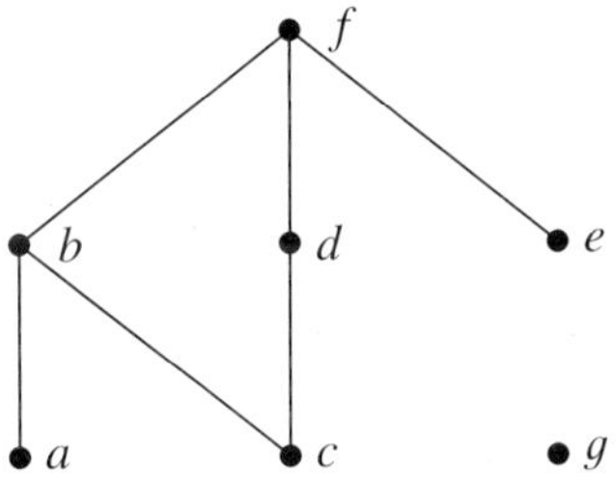

Die kleineren Elemente werden jeweils unter den größeren abgetragen. Miteinander verbundene Elemente heißen **unmittelbare Nachbarn**, das kleinere heißt **unmittelbarer Vorgänger** des größeren, dieses **unmittelbarer Nachfolger** des kleineren. a und b heißen **vergleichbar**, falls aRb oder bRa, ansonsten **unvergleichbar**.

Sei $A \subset M$. Dann heißt die Einschränkung

$$R|A := \{(a,b) \in R : \ a,b \in A\}$$

der Halb- oder Totalordnung R auf M **Teilordnung von R in A**. Die Ordnungsstruktur überträgt sich von M auf A. Eventuell kommen zusätzliche Eigenschaften hinzu.

Sei im Folgenden $(M, \leq)$ eine geordnete Menge und $A \subset M$. a heißt **größtes Element** oder **Maximum** von A, falls es Element von A ist und alle Elemente von A kleiner/gleich a sind:

$$a = \max A \ :\Leftrightarrow \ a \in A \wedge \forall b : b \in A \ \Rightarrow \ b \leq a$$

a heißt **maximales Element** in A, falls es Element von A ist und kein anderes Element in A größer/gleich a ist:

$$a = \mathrm{maxEl}\ A \ :\Leftrightarrow \ a \in A \wedge \forall b : \ b \in A \wedge a \leq b \ \Rightarrow \ a = b$$

a heißt **obere Schranke** von A, falls alle Elemente von A kleiner/gleich a sind:

$$a = \text{obSch}\,A \;:\Leftrightarrow\; a \in M \wedge \forall b:\; b \in A \;\Rightarrow\; b \leq a$$

Besitzt A eine obere Schranke, so heißt A **nach oben beschränkt**. a heißt **obere Grenze** oder **Supremum** von A, falls a kleinste obere Schranke von A ist:

$$a = \sup A \;:\Leftrightarrow\; a = \text{obSch}\,A \wedge \forall b : b = \text{obSch}\,A \;\Rightarrow\; a \leq b$$

Die Begriffe

- **kleinstes Element** oder **Minimum** (min A)
- **minimales Element** (minEl A)
- **untere Schranke** (untSch A)
- **nach unten beschränkt**
- **untere Grenze** oder **Infimum** (inf A)

werden analog definiert. Eine nach unten und nach oben beschränkte Menge heißt **beschränkt**.

Beziehungen

- Eine geordnete Menge muss weder Maximum, noch ein maximales Element oder eine obere Schranke besitzen.
- Sie kann mehrere maximale Elemente besitzen.
- Hat sie ein Maximum, so ist es eindeutig und das einzige maximale Element.
- Eine linear bzw. konnex geordnete Menge hat höchstens ein maximales Element, das Maximum.
- Hat eine Teilmenge ein Maximum, so ist es zugleich obere Grenze.
- Eine obere Grenze ist Maximum einer Teilmenge, falls sie Element dieser Teilmenge ist.

Die Beziehungen gelten analog für Minimum, minimales Element, untere Schranke und untere Grenze.

Eine geordnete Menge $(M, \leq)$ heißt **wohlgeordnet**, wenn jede nichtleere Teilmenge von M ein Minimum besitzt. $\leq$ heißt dann **Wohlordnung**. Eine Wohlordnung ist insbesondere linear, d. h. eine wohlgeordnete Menge ist eine Kette. Außerdem hat jedes Element einer wohlgeordneten Menge, wenn es nicht Maximum ist, genau einen unmittelbaren Nachfolger.

Hat jede Kette einer geordneten Menge ein Supremum, so heißt die Menge **induktiv geordnet**.

Wohlordnungssatz von ZERMELO (ERNST ZERMELO, 1871 – 1953)

Jede Menge kann wohlgeordnet werden.

ZORNsches Lemma (MAX ZORN, 1906 – 1993)

Jede nichtleere, induktiv geordnete Menge besitzt mindestens ein maximales Element.

Wohlordnungssatz und ZORNsches Lemma sind äquivalent und auch äquivalent zum **Auswahlaxiom** der axiomatischen Mengenlehre:

Zu jeder Menge M nichtleerer Mengen A gibt es eine Funktion $f : M \to \cup A$ mit $f(A) \in A$ für alle $A \in M$.

Abbildungen

Eine binäre Relation $K \subset M \times N$ heißt **Korrespondenz** zwischen M und N. Seien $A \subset M$ und $B \subset N$.

$K(A) := \{b \in N \mid \exists a \in A : aKb\}$ heißt **Bild** von A unter K.
$K^{-1}(B) := \{a \in M \mid \exists b \in B : aKb\}$ heißt **Urbild** von B unter K.
$\mathbb{D}(K)$:= Vb K heißt **Definitionsbereich** von K.
$\mathbb{W}(K)$:= Nb K heißt **Wertebereich** von K.

Ist $\mathbb{D}(K) \subset M$, so ist K Korrespondenz **aus** M.
Ist $\mathbb{D}(K) = M$, so ist K Korrespondenz **von** M.
Ist $\mathbb{W}(K) \subset N$, so ist K Korrespondenz **in** N.
Ist $\mathbb{W}(K) = N$, so ist K Korrespondenz **auf** N.

Eine linkstotale und rechtseindeutige Korrespondenz $f \subset M \times N$ heißt **Abbildung** oder **Funktion von** M **in** N. Eine Abbildung von M in N ist also eine **eindeutige Korrespondenz** von M in N, ð:

$$\forall a, b, c : (a, b) \in f \wedge (a, c) \in f \Rightarrow b = c$$

Schreibweisen: $f : M \to N,\ x \mapsto f(x)$ **oder** $x \mapsto f(x),\ x \in M$

Eine Abbildung von M in N kann als Tripel (f, M, N) aufgefasst werden, bestehend aus der Zuordnungsvorschrift f, dem Definitionsbereich M und einer den Wertebereich enthaltenden Menge N. Wenn M und N bekannt sind, wird oft abkürzend von der Abbildung f gesprochen.

$$G(f) := \Big\{(x, f(x)) : x \in M\Big\} \subset M \times N$$

heißt **Graph** von f und kann als zweidimensionale Punktmenge in einem kartesischen Koordinatensystem dargestellt werden. x heißt **Stelle** oder **Abszisse**, $f(x)$ heißt **Funktionswert** oder **Ordinate** an der Stelle x.

Die Abbildung $f : M \to N$ heißt:	, wenn gilt:
Abbildung von M **auf** N, **surjektiv, Surjektion, rechtstotal**	$\mathbb{W}(f) = N$
Einbettung von M **in** N, **injektiv, Injektion, eineindeutig**	$\forall x, y, z : \ f(x) = z \wedge f(y) = z \ \Rightarrow \ x = y$
eineindeutige Abbildung von M **auf** N, **bijektiv, Bijektion**	f ist surjektiv und injektiv

Spezielle Abbildungen

Eine **konstante Abbildung** ordnet jedem Element des Definitionsbereichs dasselbe Element $z \in N$ zu, d. h. $\mathbb{W}(f) = \{z\} \subset N$:

$$\forall x, y : \ x, y \in \mathbb{D}(f) \ \Rightarrow \ f(x) = f(y) = z.$$

Schreibweise: $f \equiv z$
Leseweise: „f ist **identisch gleich** z"

Die Abbildung $\mathbb{1}_A : \ M \to \{0, 1\}$ mit $A \subset M$ und

$$\mathbb{1}_A(x) := \begin{cases} 1, \text{falls } x \in A \\ 0, \text{falls } x \in M \backslash A \end{cases}$$

heißt **Indikatorfunktion** oder **charakteristische Funktion** der Menge A.

Die **Identität** id_M (**Identitätsfunktion, identische Abbildung**) ordnet jedem Element $x \in M$ wiederum $x \in M$ zu, wobei $M \subset N$ vorausgesetzt wird:

$$\forall x : \ x \in M \ \Rightarrow \ \mathrm{id}_M(x) = x.$$

$g : A \to N$ heißt **Einschränkung** oder **Restriktion** von $f : M \to N$ auf A, wenn $A \subset M$ und $g(x) = f(x)$ für alle $x \in A$.

Schreibweise: $g := f|A$.

$g : A \to B$ heißt **Fortsetzung** von $f : M \to N$ auf A, wenn $M \subset A$, $N \subset B$ und $g|M = f$.

Existieren Mengen $M_1, \ldots, M_n$ mit $\mathbb{D}(f) \subset M_1 \times \ldots \times M_n$, so heißt f **Funktion von n Variablen**.

Ist $\mathbb{W}(f) \subset \mathbb{R}$, so heißt f **reellwertig**. Ist zusätzlich $\mathbb{D}(f) \subset \mathbb{R}$, so heißt f **reelle Funktion**. Eine (reellwertige) Funktion aus $\mathbb{Z}$ heißt (reelle) **Zahlenfolge** oder **Folge**.

Schreibweise: $(a_n)_{n\in A}$ mit $a_n := f(n)$, $n \in A \subset \mathbb{Z}$.

Die **Komposition (Verknüpfung, Produktfunktion, zusammengesetzte Abbildung)** $g \circ f$ zweier Abbildungen $f : A \to B$ und $g : D \to C$ ist die Hintereinanderausführung beider Abbildungen und nur definiert, falls $\mathbb{D}(g) \subset \mathbb{W}(f)$:

$$g \circ f : A \to C, \quad (g \circ f)(x) := g\big(f(x)\big).$$

Leseweise: „g **komponiert mit** f" oder
„g **verknüpft mit** f" oder
„g **nach** f".

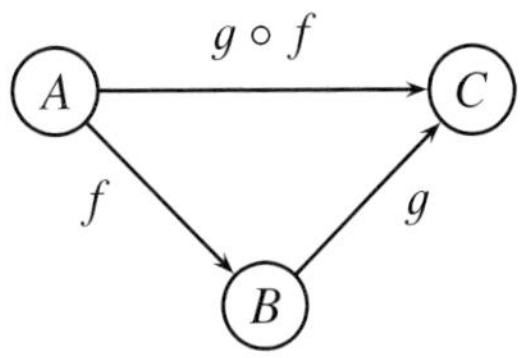

Für die Verknüpfung gilt das **Assoziativgesetz**:

$$(h \circ g) \circ f = h \circ (g \circ f).$$

Die Identität ist das **neutrale Element** der Komposition:

$$\mathrm{id}_B \circ f = f \quad \text{und} \quad f \circ \mathrm{id}_a = f.$$

Die folgenden beiden Aussagen sind äquivalent:
(1) $f : A \to B$ ist bijektiv
(2) $\exists f^{-1}\colon\ f^{-1} : B \to A \ \wedge\ f^{-1} \circ f = \mathrm{id}_a \ \wedge\ f \circ f^{-1} = \mathrm{id}_B$

f^{-1} heißt **Umkehrabbildung** oder **inverse Abbildung** von f.

Sind f und g surjektiv bzw. injektiv bzw. bijektiv, so ist auch $g \circ f$ surjektiv bzw. injektiv bzw. bijektiv.

Seien $f : A \to B$, $g : B \to C$, $D \subset A$, $E \subset B$, $F \subset C$. Das **Bild** von D unter der Abbildung f ist die Menge aller Elemente $y \in B$, auf die mindestens ein $x \in D$ abgebildet wird:

$$f(D) := \{y \in B \mid \exists x \in D : f(x) = y\}.$$

Das **Urbild** von E unter der Abbildung f ist die Menge aller Elemente $x \in A$, die unter f nach E abgebildet werden:

$$f^{-1}(E) := \{x \in A \mid f(x) \in E\}.$$

Die Existenz der Umkehrabbildung ist dafür nicht erforderlich.

Mengenbeziehungen

$f(\bigcap D_i) \subset \bigcap f(D_i),\ D_i \subset A$
Die Gleichheit dieser Mengen gilt bei Injektivität von f.
$f(\bigcup D_i) = \bigcup f(D_i),\ D_i \subset A$

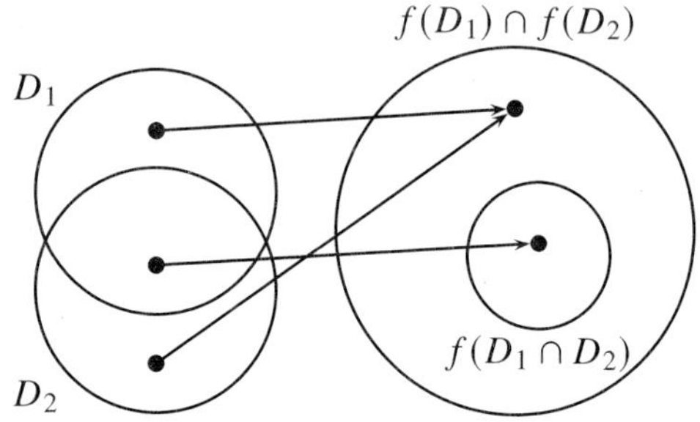

$f\left(f^{-1}(E)\right) \subset E$
Die Gleichheit dieser Mengen gilt bei Surjektivität von f.

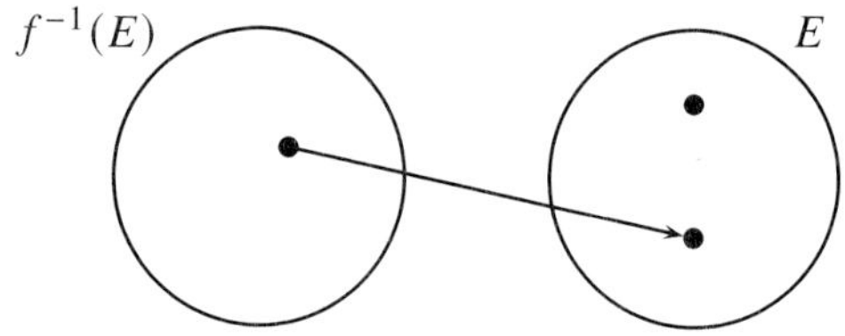

$f^{-1}\left(f(D)\right) \supset D$
Die Gleichheit dieser Mengen gilt bei Injektivität von f.

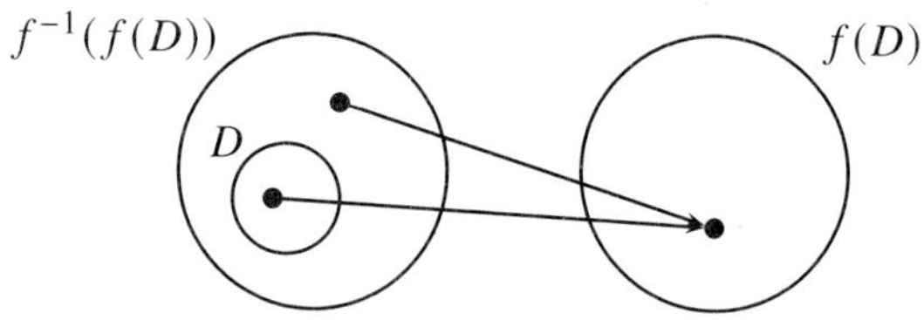

$f^{-1}(E_1 \setminus E_2) = f^{-1}(E_1) \setminus f^{-1}(E_2),\quad E_1, E_2 \subset B$
$(g \circ f)^{-1}(F) = f^{-1}\left(g^{-1}(F)\right)$

Mächtigkeit von Mengen

Die Mengen A und B heißen **gleichmächtig** (in Zeichen: $A \sim B$), wenn eine Bijektion $f : A \longrightarrow B$ existiert. Sie heißen **nicht gleichmächtig** (in Zeichen: $A \nsim B$), falls keine Bijektion existiert. Die Gleichmächtigkeit von Mengen ist eine **Äquivalenzrelation** in einem Mengensystem $\mathbb{M}$, das nicht die Menge aller Mengen sei. Die Äquivalenzklasse $[A] \in \mathbb{M}/\!\sim$ heißt **Mächtigkeit** oder **Kardinalzahl** von A.

Schreibweise: $|A| := [A]$.

Die Menge A heißt **endlich**, wenn es keine echte Teilmenge von gleicher Mächtigkeit gibt:

$$|A| < \infty \ :\Leftrightarrow\ \forall B :\ B \subsetneq A \ \Rightarrow\ A \nsim B.$$

Ist A nicht endlich, so heißt A **unendlich**. Die Kardinalzahl einer endlichen Menge heißt **natürliche** (**finite**, **endliche**) Kardinalzahl, die einer unendlichen Mengen **transfinite** Kardinalzahl.

Auf der Menge der Kardinalzahlen eines Mengensystems ist wie folgt eine reflexive Ordnung definiert

$$|A| \leq |B| \;:\Leftrightarrow\; \exists C : \; C \subset B \;\wedge\; A \sim C.$$

Analog ist eine irreflexive Ordnung definiert:

$$|A| < |B| \;:\Leftrightarrow\; |A| \leq |B| \;\wedge\; A \nsim B.$$

Regeln zur Mächtigkeit von Mengen

$\forall A : |A| < |\mathfrak{P}(A)|$

$|\mathbb{N}| = |\mathbb{Q}|$ (CANTORS Diagonalverfahren)

$|\mathbb{N}| = |\mathbb{Q}^n|,\ n \in \mathbb{N}$

$\forall n \in \mathbb{N}\ \forall A_1, \ldots, A_n : |A_1| = |A_2| = \ldots = |\mathbb{N}| \Rightarrow \left|\bigcup_{i=1}^{n} A_i\right| = |\mathbb{N}|$

$|\mathbb{N}| < |\mathbb{R}|, \quad |\mathbb{R}| = |\mathbb{R}^n|,\ n \in \mathbb{N}, \quad |\mathbb{R}| = |\mathbb{C}|$

Die Kardinalzahlen der unendlichen Mengen werden mittels des ersten Buchstabens $\aleph$ (lies: aleph) im hebräischen Alphabet bezeichnet:

$$\aleph_0 := |\mathbb{N}|$$

Eine Menge A heißt **abzählbar**, falls $|A| \leq \aleph_0$, **abzählbar unendlich**, falls $|A| = \aleph_0$, und **überabzählbar**, falls $\aleph_0 < |A|$.

1.6 Funktionen einer Variablen

Eine **Funktion** ist im weiteren Sinne genau dasselbe wie eine Abbildung, im engeren Sinne versteht man darunter nur die Abbildungsvorschrift (ohne Definitionsbereich und Nachbereich). Die **unabhängige Variable** wird häufig mit x bezeichnet, das Ergebnis der Abbildung f, die **abhängige Größe**, mit $f(x)$ oder y.

Darstellungsformen

Die Darstellung einer reellen Funktion einer Variablen kann erfolgen in Gestalt

- einer Funktionsgleichung,
- einer Wertetabelle und/oder
- eines Graphen.

Funktionsgleichungen

Die Darstellung einer Funktion mittels Funktionsgleichung heißt **analytische Darstellung** und kann in vier Varianten erfolgen.

1. **Explizite einfache Funktionsgleichung**

$$y = f(x),\ x \in \mathbb{D}(f),$$

wobei links nur die abhängige Größe und rechts ein Term steht, der nur von der Variablen x, nicht aber von y abhängt.

2. **Explizite zusammengesetzte Funktionsgleichung**

$$y = \begin{cases} f_1(x), & x \in A_1 \\ f_2(x), & x \in A_2 \\ \vdots & \\ f_n(x) & \text{sonst, d. h. } x \in \mathbb{D}(f) \setminus \bigcup_{i=1}^{n-1} A_i \end{cases}$$

mit Funktionen $f_1, \ldots, f_n$, die ihrerseits wieder beliebige Darstellungen haben können, im Allgemeinen aber in expliziter einfacher Form vorliegen, und mit Mengen $A_i \subset \mathbb{D}(f)$, die paarweise disjunkt sind.

3. **Implizite Funktionsgleichung**

$$g(x, y) = 0,\ x \in \mathbb{D}(f),$$

mit einer Funktion g der zwei Variablen x und $y = f(x)$.

4. **Funktionsgleichung in Parameterform**

$$(x, y) = \big(g(t), h(t)\big),\ t \in g^{-1}(\mathbb{D}(f)),$$

mit zwei Funktionen g und h von t. Formal ist eine Funktion in Parameterdarstellung eine $\mathbb{R}^2$-wertige Funktion der Variablen t. Im Allgemeinen wird es sich **nicht** um eine Funktion $y = f(x)$ im Sinne einer **eindeutigen** Abbildung handeln.

Wertetabelle

Die Darstellung einer Funktion f von einer Variablen x mittels Wertetabelle kann zeilenweise oder spaltenweise erfolgen. Die Auswahl der aufgeführten Abszissenwerte x_i sollte sich danach richten, welcher Abschnitt des Funktionsverlaufes besonders interessiert und wie stark die Funktionswerte sich ändern. Bei starker Veränderung der Funktionswerte sollten die Abszissenwerte dichter gewählt werden. Je nach Definitionsbereich, z. B. bei **diskreten** Funktionen mit abzählbarem Definitionsbereich, ist die Auswahl der Stellen x_i manchmal eingeschränkt. Häufig und vor allem bei graphischen Computerprogrammen werden die Abszissenwerte **äquidistant** gewählt, d. h. es ist $x_i - x_{i-1} = c\ \forall i$.

x_i	x_1	x_2	x_3	$\cdots$	x_n
$f(x_i)$	y_1	y_2	y_3	$\cdots$	y_n

Graph

Der Graph einer Funktion $y = f(x)$ ist definiert als

$$\{(x, f(x)) : x \in \mathbb{D}(f)\}\,.$$

Damit handelt es sich im Prinzip um eine **vollständige Wertetabelle**. Da der Graph einer reellen Funktion einer Variablen eine Teilmenge des $\mathbb{R}^2$ ist, kann man ihn in einem kartesischen Koordinatensystem „graphisch“ darstellen. Von dieser Darstellung wird im weiteren Sinne als vom **Graphen** der Funktion f gesprochen. Da man in praxi nur endlich viele Punkte eintragen kann, beruht der Graph im weiteren Sinne, die graphische Darstellung, auf einer Teilmenge des Graphen im eigentlichen Sinne, also auf einer Wertetabelle (vgl. oben). Die endlich vielen Punkte im kartesischen Koordinatensystem werden im Allgemeinen zur besseren Augenführung durch **Strecken** verbunden. Liegen diese Punkte dicht genug beieinander, so entsteht der Eindruck einer „glatten“ Kurve. (Vgl. hierzu bspw. die Darstellung der Polynome auf S. 91.) Die vier **Quadranten** des Koordinatensystems werden, beginnend mit dem Quadranten rechts oben, gegen den Uhrzeigersinn nummeriert.

Eigenschaften von Funktionen

Eine Funktion kann nach folgenden Eigenschaften typisiert werden. Sie kann die entsprechende Eigenschaft eventuell auch auf einer Teilmenge des Definitionsbereiches besitzen. Die Definition ist dann analog abzuwandeln.

Symmetrie

Eine Funktion f heißt **gerade** oder **spiegelsymmetrisch zur y-Achse**, wenn $f(x) = f(-x)$ für alle $x \in \mathbb{D}(f)$. Sie heißt **spiegelsymmetrisch zur Geraden** $x = x_0$, wenn $f(x_0 + x) = f(x_0 - x)$ für alle $x \in \mathbb{D}(f)$.

Sie heißt **ungerade** oder **punktsymmetrisch zum Ursprung**, wenn $f(x) = -f(-x)$ für alle $x \in \mathbb{D}(f)$. Sie heißt **punktsymmetrisch zum Punkt** (x_0, y_0), wenn $f(x_0 + x) = 2y_0 - f(x_0 - x)$ für alle $x \in \mathbb{D}(f)$.

Beschränktheit

Eine Funktion f heißt **nach oben beschränkt**, wenn ein $y_0 \in \mathbb{R}$ existiert mit $f(x) \leq y_0$ für alle $x \in \mathbb{D}(f)$.

Sie heißt **nach unten beschränkt**, wenn ein $y_0 \in \mathbb{R}$ existiert mit $f(x) \geq y_0$ für alle $x \in \mathbb{D}(f)$.

Sie heißt **beschränkt**, wenn ein $y_0 \in \mathbb{R}^+$ existiert mit $|f(x)| \leq y_0$ für alle $x \in \mathbb{D}(f)$. Sie ist dann nach oben (durch y_0) und nach unten (durch $-y_0$) beschränkt.

Monotonie

Eine Funktion f heißt **monoton wachsend**, wenn für alle $x_1, x_2 \in \mathbb{D}(f)$ mit $x_1 < x_2$ gilt: $f(x_1) \leq f(x_2)$. Sie heißt **streng monoton wachsend**, wenn für alle $x_1, x_2 \in \mathbb{D}(f)$ mit $x_1 < x_2$ gilt: $f(x_1) < f(x_2)$.

Eine Funktion f heißt **monoton fallend**, wenn für alle $x_1, x_2 \in \mathbb{D}(f)$ mit $x_1 < x_2$ gilt: $f(x_1) \geq f(x_2)$. Sie heißt **streng monoton fallend**, wenn für alle $x_1, x_2 \in \mathbb{D}(f)$ mit $x_1 < x_2$ gilt : $f(x_1) > f(x_2)$.

Sie heißt **monoton**, wenn sie entweder monoton wachsend oder monoton fallend ist. Sie heißt **streng monoton**, wenn sie entweder streng monoton wachsend oder streng monoton fallend ist.

Eine streng monotone Funktion f ist insbesondere injektiv und damit umkehrbar auf $\mathbb{W}(f)$. Hat die Funktion f „Sprungstellen", so hat die Umkehrfunktion „Löcher" im Definitionsbereich. Die Monotonieeigenschaft – wachsend oder fallend – wird auf die Inverse f^{-1} vererbt. Eine Stelle, an der eine Funktion ihre Monotonie ändert, heißt **lokale Extremstelle**.

Krümmung

Eine Funktion f heißt **(von unten) konvex**, wenn für alle $x_1, x_2 \in \mathbb{D}(f)$ und für alle $\lambda \in (0,1)$ mit $\lambda\, x_1 + (1-\lambda)x_2 \in \mathbb{D}(f)$ gilt:

$$f(\lambda\, x_1 + (1-\lambda)x_2) \leq \lambda f(x_1) + (1-\lambda) f(x_2).$$

Sie heißt **streng konvex**, wenn für alle $x_1, x_2 \in \mathbb{D}(f)$ und für alle $\lambda \in (0,1)$ mit $\lambda\, x_1 + (1-\lambda)x_2 \in \mathbb{D}(f)$ gilt:

$$f(\lambda\, x_1 + (1-\lambda)x_2) < \lambda f(x_1) + (1-\lambda) f(x_2).$$

Sie heißt (**von unten**) **konkav**, wenn $-f$ (von unten) konvex ist. Sie heißt **streng konkav**, wenn $-f$ streng konvex ist.

Die Strecke zwischen je zwei beliebigen Punkten des Graphen einer streng konvexen (streng konkaven) Funktion liegt stets oberhalb (unterhalb) des Funktionsgraphen.

Manche Verfasser setzen für die Konvexität die Stetigkeit von f voraus. Die Bedingung $\lambda\, x_1 + (1-\lambda)x_2 \in \mathbb{D}(f)$ entfällt dann. Eine Stelle, an der eine Funktion ihre Krümmung ändert, heißt **Wendepunkt**.

Periodizität

Eine Funktion f heißt **periodisch**, wenn ein $p \in \mathbb{R}^+$ existiert mit $f(x) = f(x + n \cdot p)$ für alle $x \in \mathbb{D}(f)$ und für alle $n \in \mathbb{Z}$ mit $x + n \cdot p \in \mathbb{D}(f)$. Die kleinste positive Zahl p mit dieser Eigenschaft heißt **Periode** von f.

Homogenität

Eine Funktion f heißt **homogen vom Grad r**, wenn für alle $x \in \mathbb{D}(f)$ und für alle $\lambda \in \mathbb{R}$ mit $\lambda x \in \mathbb{D}(f)$ gilt:

$$f(\lambda x) = \lambda^r \cdot f(x).$$

r heißt dann **Homogenitätsgrad**.

Extrema

Sei $f : A \longrightarrow \mathbb{R}$ mit $A \subset \mathbb{R}$. Die Stelle $x_0 \in A$ heißt (**globale** oder **absolute**) **Maximalstelle** von f, wenn für alle $x \in A$ gilt: $f(x_0) \geq f(x)$. $f(x_0)$ heißt dann (**globales** oder **absolutes**) **Maximum** von f.

Die Stelle $x_0 \in A$ heißt (**globale** oder **absolute**) **Minimalstelle** von f, wenn für alle $x \in A$ gilt: $f(x_0) \leq f(x)$. $f(x_0)$ heißt dann (**globales** oder **absolutes**) **Minimum** von f.

Sei $\delta \in \mathbb{R}^+$, $x_0 \in \mathbb{R}$.

$$U_\delta(x_0) := (x_0 - \delta,\ x_0 + \delta) \subset \mathbb{R}$$

heißt (offene) **δ-Umgebung** von x_0.

Die Stelle $x_0 \in A$ heißt **lokale Maximalstelle** von f, wenn ein $\delta > 0$ existiert, sodass für alle $x \in U_\delta(x_0) \cap \mathbb{D}(f)$ gilt: $f(x_0) \geq f(x)$. $f(x_0)$ heißt dann **lokales Maximum** von f.

Die Stelle $x_0 \in A$ heißt **lokale Minimalstelle** von f, wenn ein $\delta > 0$ existiert, sodass für alle $x \in U_\delta(x_0) \cap \mathbb{D}(f)$ gilt: $f(x_0) \leq f(x)$. $f(x_0)$ heißt dann **lokales Minimum**.

Maximalstellen und Minimalstellen heißen **Extremstellen**, Maxima und Minima heißen **Extrema**. Das Konzept der lokalen Extrema setzt sinnvollerweise die Stetigkeit von f voraus. Gelten die obigen Ungleichungen für $x \neq x_0$ strikt, so heißen die Extremstellen **eindeutig** und die Extrema **echt**.

Eine globale Extremstelle bzw. Extremum ist stets auch eine lokale Extremstelle bzw. Extremum. Lokale Extremstellen sind Abszissenwerte, an denen sich das **Monotonieverhalten** einer Funktion **ändert**.

Transformationen

Sei $f : A \to \mathbb{R}$, $A \subset \mathbb{R}$, $x \mapsto y := f(x)$. Durch geometrisch anschauliche Manipulationen des (x, y)-Koordinatensystems geht der Graph der Funktion f in einen anderen Graphen über. Solche Manipulationen sind Funktionen von $\mathbb{R}^2$ in $\mathbb{R}^2$, die jeden Punkt (x, y) in einen Punkt $(x^\star, y^\star)$ abbilden. Sie heißen **Transformationen**.

Koordinatentranslationen

Eine Koordinatentranslation ist eine Verschiebung des Koordinatenursprungs. Soll der Punkt (x_0, y_0) zum neuen Ursprung werden und werden die Koordinaten des neuen Systems mit einem Stern gekennzeichnet, so lauten die Transformationsgleichungen:

$$x^\star = x - x_0 \quad \text{bzw.} \quad x = x^\star + x_0$$
$$y^\star = y - y_0 \quad \text{bzw.} \quad y = y^\star + y_0.$$

Der Graph $G := \{(x, f(x)) : x \in \mathbb{D}(f)\}$ der Funktion f im Koordinatensystem mit dem Ursprung $(0, 0)$ geht also über in den Graphen $G^\star := \{(x - x_0, f(x) - y_0) : x \in D(f)\}$ im Koordinatensystem mit dem Ursprung (x_0, y_0).

Symmetrietransformationen

Drehung um den Ursprung um 180°:
$$x^\star = -x \quad \text{bzw.} \quad x = -x^\star$$
$$y^\star = -y \quad \text{bzw.} \quad y = -y^\star$$
$$f^\star(x^\star) = -f(-x)$$

Drehung um den Punkt (x_0, y_0) um 180°:
$$x^\star = 2x_0 - x \quad \text{bzw.} \quad x = 2x_0 - x^\star$$
$$y^\star = 2y_0 - y \quad \text{bzw.} \quad y = 2y_0 - y^\star$$
$$f^\star(x^\star) = 2y_0 - f(2x_0 - x)$$

Spiegelung an der x-Achse:
$$x^\star = x$$
$$y^\star = -y \quad \text{bzw.} \quad y = -y^\star$$
$$f^\star(x^\star) = -f(x)$$

Spiegelung an der y-Achse:
$$x^\star = -x \quad \text{bzw.} \quad x = -x^\star$$
$$y^\star = y$$
$$f^\star(x^\star) = f(-x)$$

Spiegelung an der Geraden $x = x_0$:
$$x^\star = 2x_0 - x \quad \text{bzw.} \quad x = 2x_0 - x^\star$$
$$y^\star = y$$
$$f^\star(x^\star) = f(2x_0 - x)$$

Spiegelung an der Geraden $y = y_0$:

$x^\star = x$

$y^\star = 2y_0 - y \quad$ bzw. $\quad y = 2y_0 - y^\star$

$f^\star(x^\star) = 2y_0 - f(x)$

Affine Abbildungen

Eine affine Abbildung eines Funktionsgraphen in einem kartesischen Koordinatensystem entspricht der **Stauchung** oder **Dehnung** einer oder beider Koordinatenachsen:

$x^\star = \alpha \cdot x \quad$ bzw. $\quad x = x^\star/\alpha, \alpha \in \mathbb{R}^+$

$y^\star = \beta \cdot y \quad$ bzw. $\quad y = y^\star/\beta, \beta \in \mathbb{R}^+$

Längenverhältnisse bleiben unter affinen Abbildungen erhalten.

Lineare Transformationen

$x^\star = \alpha x + \beta \quad$ bzw. $\quad x = (x^\star - \beta)/\alpha, \alpha \in \mathbb{R}\backslash\{0\}, \beta \in \mathbb{R}$

$y^\star = \gamma y + \delta \quad$ bzw. $\quad y = (y^\star - \delta)/\gamma, \gamma \in \mathbb{R}\backslash\{0\}, \delta \in \mathbb{R}$

Koordinatentranslationen, Drehungen, Spiegelungen und affine Abbildungen sind Spezialfälle der linearen Transformation.

Nichtlineare Transformationen

Nichtlineare Transformationen einer oder beider Koordinatenachsen dienen der Vereinfachung (im Allgemeinen Linearisierung) eines Funktionsgraphen:

$$\left.\begin{aligned} x^\star &= g(x) \\ y^\star &= h(y) \end{aligned}\right\} \text{ mit (prinzipiell beliebigen) Abbildungen } g \text{ und } h$$

$f^\star(x^\star) = h(f(g(x))) = (h \circ f \circ g)(x).$

Häufig werden die **logarithmischen Transformationen** benötigt, da mit ihrer Hilfe Exponential- und Potenzfunktionen linearisiert werden können.

Einfach-logarithmische Transformation

$$\left.\begin{aligned} y &= a^x \\ g(x) &= x \cdot \log a \\ h(y) &= \log y \end{aligned}\right\} \; h(y) = x \cdot \log a = g(x)$$

Doppelt-logarithmische Transformation

$$\left.\begin{aligned} y &= ax^b \\ g(x) &= \log a + b \cdot \log x \\ h(y) &= \log y \end{aligned}\right\} \; h(y) = g(x)$$

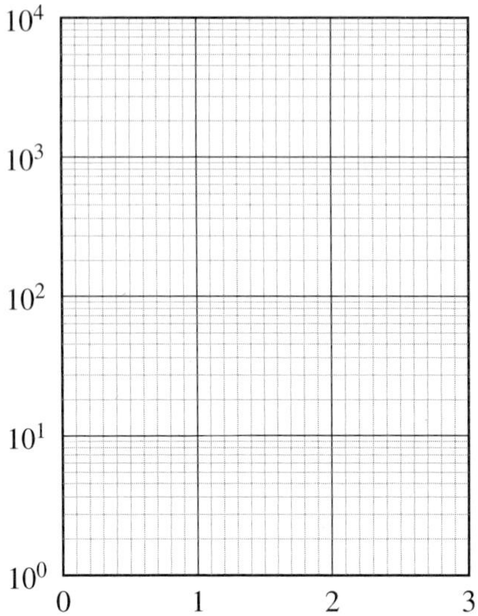

Einfach-logarithmisches oder halblogarithmisches Papier (eine Achse logarithmisch, die andere Achse linear skaliert)

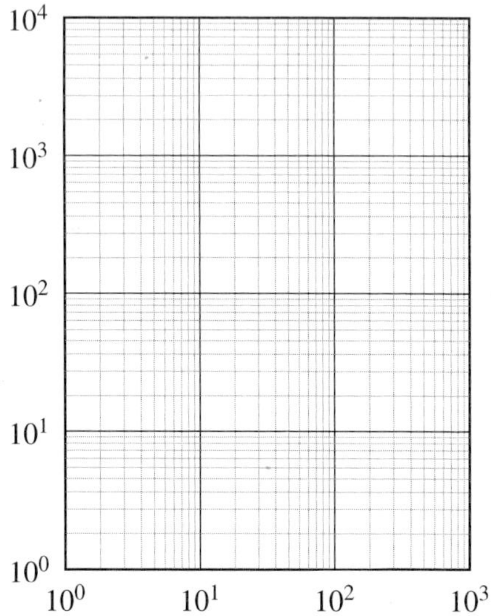

Doppelt-logarithmisches Papier (beide Achsen logarithmisch skaliert)

Trägt man Punkte (x_i, y_i), deren Ordinaten y_i aus den Abszissen x_i durch eine Exponentialfunktion (bzw. Potenzfunktion) hervorgehen, auf einfach-logarithmischem (bzw. doppelt-logarithmischem) Papier ab, so liegen sie auf einer Geraden und umgekehrt, d. h. liegen Punkte auf einer Geraden, so stehen sie in einem entsprechenden funktionalen Zusammenhang.

Algebraische Funktionen

Algebraische Funktionen können in drei Klassen eingeteilt werden:

1. ganz-rationale Funktionen oder Polynome,
2. gebrochen-rationale Funktionen und
3. irrationale Funktionen.

Potenzfunktionen

$$f(x) = x^a$$

sind spezielle algebraische Funktionen, die je nach Ausprägung von a und x allen drei Klassen zugeordnet werden können:

1. $a \in \mathbb{N}$, $x \in \mathbb{R}$ – **Parabel *a*-ter Ordnung**, d. h. f ist ein spezielles Polynom
2. $-a \in \mathbb{N}$, $x \in \mathbb{R} \setminus \{0\}$ – f ist eine spezielle gebrochen-rationale Funktion
3. $a \in \mathbb{Q}$, $x \in \mathbb{R}_0^+$ – **Wurzelfunktion**, d. h. f ist eine spezielle irrationale Funktion

Polynome

Ein **Polynom** ist eine **ganz-rationale Funktion**. (Zu Polynomen siehe auch Seite 47ff. in Abschnitt 1.3.) Bei Kenntnis der Nullstellen $z_1, \ldots, z_n \in \mathbb{C}$ zerfällt ein Polynom in ein Produkt von n Linearfaktoren in $\mathbb{C}$:

$$p_n(z) = \sum_{i=0}^{n} a_i z^i = a_n(z - z_1)(z - z_2) \cdot \ldots \cdot (z - z_n),\ z \in \mathbb{C}.$$

Betrachtet man ein Polynom nur über den reellen Zahlen, so zerfällt es in lineare und/oder quadratische Faktoren:

$$p_n(x) = \sum_{i=0}^{n} a_i x^i = a_n \cdot (x^2 + b_1 x + c_1) \cdot \ldots \cdot (x^2 + b_k x + c_k) \cdot (x - x_1) \cdot \ldots \cdot (x - x_\ell),\ x \in \mathbb{R},$$

mit $2k + \ell = n$. Zerfallen die quadratischen Faktoren über $\mathbb{R}$ nicht mehr in Linearfaktoren, haben sie also keine reelle Nullstelle, so heißen sie **irreduzibel**.

Hinweis: Die Zerlegung eines Polynoms in lineare und/oder quadratische Faktoren kann mittels der **Polynomdivision** (vgl. S. 147) druchgeführt werden.

Addition, Subtraktion und Multiplikation von Polynomen führen wieder zu einem Polynom, wobei der Grad des Ergebnispolynoms höchstens gleich dem größten Grad der Summandenpolynome (bei Addition und Subtraktion) und höchstens gleich dem Produkt der Faktorpolynome (bei Multiplikation) ist.

Darstellung von Polynomen

Typische Verläufe von Polynomen 2. Grades

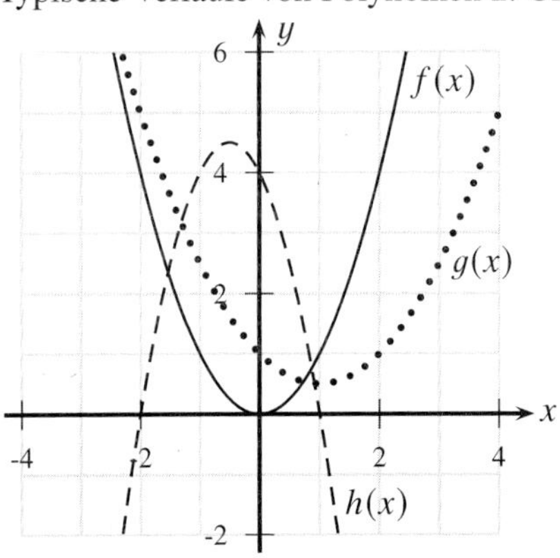

$f(x) = x^2$ (Normalparabel)

$g(x) = 0,5x^2 - 1x + 1 = \frac{1}{2}(x - 1 - \mathrm{i})(x - 1 + \mathrm{i})$

$h(x) = -2x^2 - 2x + 4 = -2(x + 2)(x - 1)$

Typische Verläufe von Polynomen 3. Grades

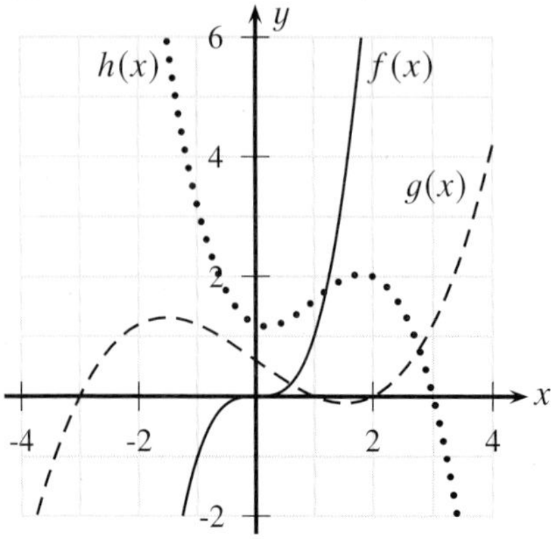

$$f(x) = x^3$$

$$g(x) = 0,1x^3 - 0,7x + 0,6 = \frac{1}{10}(x+3)(x-1)(x-2)$$

$$h(x) = -0,4x^3 + 1,2x^2 - 0,4x + 1,2 = -\frac{2}{5}(x-3)(x+\mathrm{i})(x-\mathrm{i})$$

Typische Verläufe von Polynomen 4. Grades

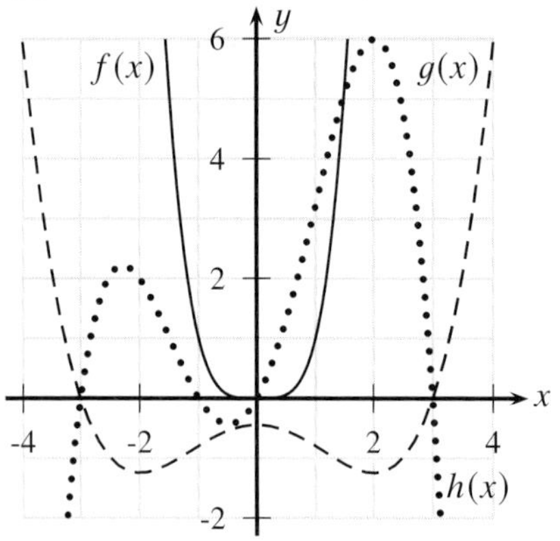

$$f(x) = x^4$$

$$g(x) = 0,05x^4 - 0,4x^2 - 0,45 = \frac{1}{20}(x+3)(x-3)(x+\mathrm{i})(x-\mathrm{i})$$

$$h(x) = -0,2x^4 - 0,2x^3 + 1,8x^2 + 1,8x = -\frac{1}{5}\,x(x+3)(x+1)(x-3)$$

Polynomapproximation

Stetige Funktionen können in einem beschränkten Bereich beliebig genau durch Polynome approximiert werden (KARL WEIERSTRASS, 1815 – 1897). Kennt man die Werte einer stetigen Funktion f an den Stellen $x_0, x_1, \ldots, x_n$ mit

$$y_i := f(x_i),\ i = 0, 1, \ldots, n,$$

so gibt es ein eindeutig bestimmtes Polynom $L(x)$ vom Grad n, das an den **Stützstellen** $x_0, x_1, \ldots, x_n$ die **Stützwerte** $y_0, y_1, \ldots, y_n$ als Werte annimmt, nämlich das **Interpolationspolynom von LAGRANGE** (JOSEPH LOUIS LAGRANGE, 1736 – 1813):

$$L(x) = \sum_{i=0}^{n} \left(y_i \prod_{(i\neq)j=0}^{n} \frac{x - x_j}{x_i - x_j} \right).$$

Für $n = 1$ erhält man die Formel der **linearen Interpolation** zweier Punkte (x_0, y_0) und (x_1, y_1) für eine beliebige Zwischenstelle $x \in (x_0, x_1)$:

$$L(x) = y_0 \frac{x - x_1}{x_0 - x_1} + y_1 \frac{x - x_0}{x_1 - x_0} = y_0 + \frac{x - x_0}{x_1 - x_0}(y_1 - y_0).$$

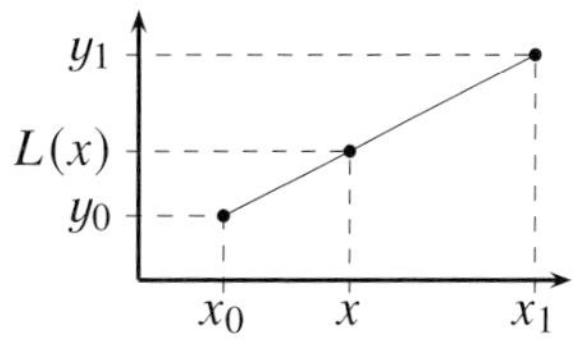

Gebrochen-rationale Funktionen

Eine **gebrochen-rationale Funktion** r ist der Quotient zweier Polynome p_n und q_m:

$$r(x) = \frac{p_n(x)}{q_m(x)}, \; x \in \mathbb{R} \setminus \{x_i : q_m(x_i) = 0\}.$$

Für $n < m$ heißt $r(x)$ **echt gebrochen**, für $n \geq m$ **unecht gebrochen**. Eine unecht gebrochen-rationale Funktion kann (durch Polynomdivision) in die Summe aus einem Polynom vom Grad $n - m$ und einer echt gebrochenen Funktion umgeformt werden. Haben p_n und q_m keine gemeinsamen Nullstellen, so heißen die Nullstellen des Nennerpolynoms q_m **Polstellen** oder **Pole** von r.

Irrationale Funktionen

Irrationale Funktionen im weitesten Sinne sind alle nicht-rationalen Funktionen. Häufig versteht man darunter jedoch Funktionen, die über die Operationen der rationalen Funktionen hinaus Wurzeln (mit beliebigen Wurzelexponenten), also Potenzen mit rationalen Exponenten zulassen.

Transzendente Funktionen

Alle nichtalgebraischen Funktionen heißen **transzendent**. Aus der Vielfalt transzendenter Funktionen haben einige eine besondere Bedeutung.

Exponentialfunktionen

Die **allgemeine Exponentialfunktion** $f : \mathbb{R} \to \mathbb{R}^+$ mit

$$f(x) = a^{g(x)}, \; a > 0, \; g \text{ algebraische Funktion},$$

lässt sich stets mithilfe der natürlichen Logarithmusfunktion von der **Basis** a auf die „natürliche" Basis $\mathrm{e} \approx 2{,}71828$ umbasieren:

$$a^{g(x)} = \mathrm{e}^{g(x) \cdot \ln a}.$$

Daher kann man sich im Weiteren auf die **natürliche Exponentialfunktion** (oder einfach: Exponentialfunktion) $\exp : \mathbb{R} \to \mathbb{R}^+$ mit

$$\exp(x) = e^x$$

beschränken. Die Exponentialfunktion ist

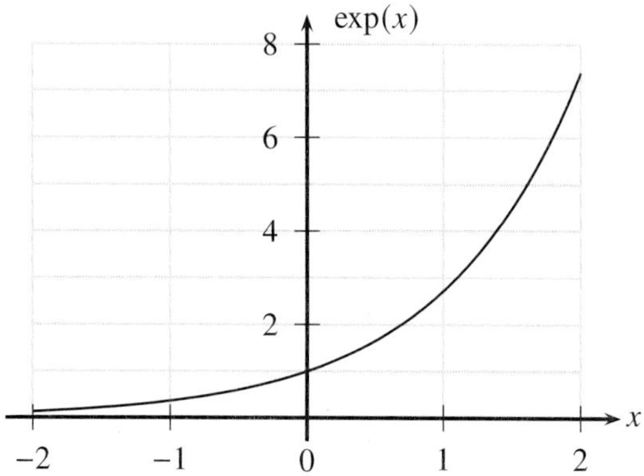

- streng monoton wachsend,
- streng konvex und
- positiv.

Sie hat in der Abszisse eine horizontale Asymptote.

Eigenschaften der natürlichen Exponentialfunktion

$$\exp(x) = \sum_{i=0}^{\infty} \frac{x^i}{i!}, \quad x \in \mathbb{R} \qquad \text{Potenzreihendarstellung}$$

$$\exp(x) = \lim_{n\to\infty} \left(1 + \frac{x}{n}\right)^n, \quad x \in \mathbb{R} \ \text{Limesdarstellung}$$

$$\left.\begin{aligned} \exp(x_1 + x_2) &= \exp(x_1) \cdot \exp(x_2) \\ \exp(x_1 - x_2) &= \exp(x_1)/\exp(x_2) \\ \exp(x_1 \cdot x_2) &= (\exp(x_1))^{x_2} \end{aligned}\right\} \text{Funktionalgleichungen}$$

$$\lim_{x\to-\infty} \exp(x) = 0$$

$$\lim_{x\to\infty} \exp(x) = \infty$$

$$\exp(0) = 1$$

$$\lim_{x\to 0} \frac{\exp(x) - 1}{x} = 1$$

$$\lim_{x\to\infty} \frac{\exp(x)}{x^q} = \infty, \quad q \in \mathbb{R},$$

d. h. die Exponentialfunktion wächst schneller als jede Potenz von x.

$$\exp^{-1}(x) = \ln x, \quad x \in \mathbb{R}^+,$$

d. h. der natürliche Logarithmus ist Umkehrfunktion der Exponentialfunktion.

Logarithmusfunktionen

Die **allgemeine Logarithmusfunktion** $\log_a : \mathbb{R}^+ \to \mathbb{R}$ mit

$$\log_a g(x) = f^{-1}(x),\ a \in \mathbb{R}^+\setminus\{1\},$$

wobei $f(x) = a^{g(x)}$ und g eine algebraische Funktion ist, lässt sich stets von der **Basis** a auf die „natürliche" Basis e $\approx 2{,}71828$ umbasieren:

$$\log_a g(x) = \frac{\log_e g(x)}{\log_e a} = \frac{\ln g(x)}{\ln a}.$$

Daher kann man sich im Weiteren auf die **natürliche Logarithmusfunktion** (oder einfach: Logarithmus) $\ln : \mathbb{R}^+ \to \mathbb{R}$ mit

$$\ln x = \exp^{-1}(x)$$

beschränken. Der Logarithmus ist

- streng monoton wachsend,
- streng konkav und
- surjektiv.

Er hat in der Ordinate eine vertikale Asymptote.

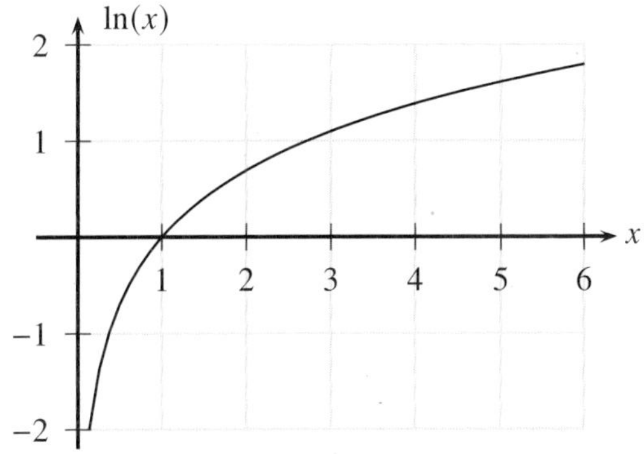

Eigenschaften der natürlichen Logarithmusfunktion

$$\ln(1+x) = \sum_{i=1}^{\infty} (-1)^{i-1} \cdot \frac{x^i}{i},\ |x| < 1 \quad \text{Potenzreihendarstellung}$$

$$\left.\begin{aligned} \ln(x_1 \cdot x_2) &= \ln x_1 + \ln x_2 \\ \ln(x_1/x_2) &= \ln x_1 - \ln x_2 \\ \ln\left(x_1^{x_2}\right) &= x_2 \cdot \ln x_1 \end{aligned}\right\} \text{Funktionalgleichungen}$$

$$\lim_{x \downarrow 0} \ln x = -\infty$$

$$\lim_{x \to \infty} \ln x = \infty$$

$$\ln 1 = 0$$

$$\lim_{x \to 1} \frac{\ln x}{x-1} = 1$$

$\lim\limits_{x \downarrow 0} x^a \cdot \ln x = 0,\ a \in \mathbb{R}^+,$

$\lim\limits_{x \to \infty} \dfrac{\ln x}{x^a} = 0,\ a \in \mathbb{R}^+,$

d. h. der Logarithmus wächst langsamer als jede positive Potenz von x.

$\ln^{-1}(x) = \exp(x),\ x \in \mathbb{R},$

d. h. die Exponentialfunktion ist Umkehrfunktion des natürlichen Logarithmus.

Hyperbolische Funktionen

Die **hyperbolischen Funktionen** oder **Hyperbelfunktionen** sind

- hyperbolischer Sinus (sinus hyperbolicus; sinh),
- hyperbolischer Kosinus (cosinus hyperbolicus; cosh),
- hyperbolischer Tangens (tangens hyperbolicus; tanh),
- hyperbolischer Kotangens (cotangens hyperbolicus; coth)

mit

$$\sinh : \mathbb{R} \to \mathbb{R}, \qquad \sinh(x) = \frac{e^x - e^{-x}}{2}$$

$$\cosh : \mathbb{R} \to \mathbb{R}, \qquad \cosh(x) = \frac{e^x + e^{-x}}{2}$$

$$\tanh : \mathbb{R} \to \mathbb{R}, \qquad \tanh(x) = \frac{\sinh(x)}{\cosh(x)}$$

$$\coth : \mathbb{R}\setminus\{0\} \to \mathbb{R}, \quad \coth(x) = \frac{\cosh(x)}{\sinh(x)} = \frac{1}{\tanh(x)}$$

Der **hyperbolische Sinus** ist

- ungerade,
- streng monoton wachsend,
- streng konkav auf $\mathbb{R}^-$,
- streng konvex auf $\mathbb{R}^+$.

Der **hyperbolische Kosinus** ist

- gerade,
- streng monoton fallend auf $\mathbb{R}^-$,
- streng monoton wachsend auf $\mathbb{R}^+$,
- streng konvex.

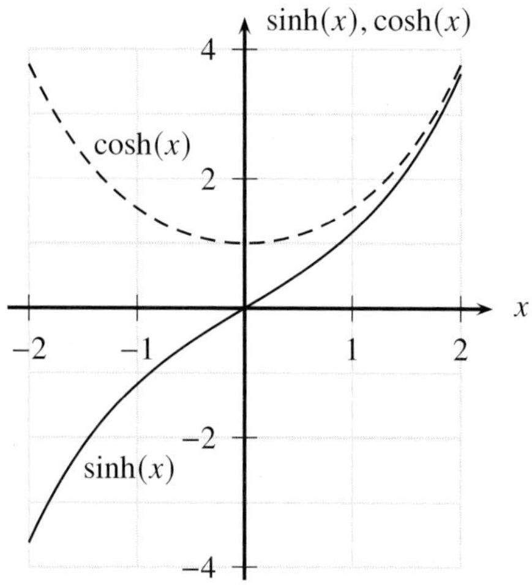

Regeln zum hyperbolischen Sinus und Kosinus

$$\cosh^2(x) - \sinh^2(x) = 1, \ x \in \mathbb{R}$$

$$\left.\begin{array}{l}\cosh(x_1 + x_2) = \cosh(x_1) \cdot \cosh(x_2) + \sinh(x_1) \cdot \sinh(x_2) \\ \sinh(x_1 + x_2) = \sinh(x_1) \cdot \cosh(x_2) + \cosh(x_1) \cdot \sinh(x_2)\end{array}\right\} x_1, x_2 \in \mathbb{R}$$

Der **hyperbolische Tangens** ist

- ungerade,
- streng monoton wachsend,
- streng konvex auf $\mathbb{R}^-$,
- streng konkav auf $\mathbb{R}^+$

und es gilt

$$\lim_{x\to-\infty} \tanh(x) = -1,$$
$$\lim_{x\to\infty} \tanh(x) = 1.$$

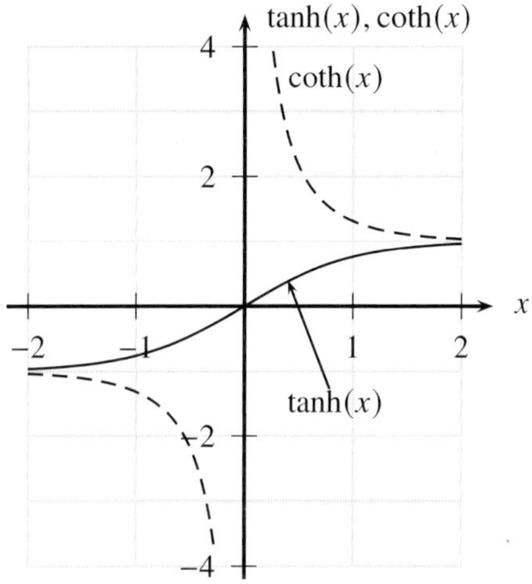

Der **hyperbolische Kotangens** ist

- ungerade,
- streng monoton fallend auf $\mathbb{R}^-$,
- streng monoton fallend auf $\mathbb{R}^+$,
- streng konkav auf $\mathbb{R}^-$,
- streng konvex auf $\mathbb{R}^+$

und es gilt $\lim_{x\to-\infty} \coth(x) = -1$, $\lim_{x\to\infty} \coth(x) = 1$,

$\lim_{x\uparrow 0} \coth(x) = -\infty$, $\lim_{x\downarrow 0} \coth(x) = \infty$.

Areafunktionen

Die **Areafunktionen** sind die Umkehrfunktionen der hyperbolischen Funktionen.

Areasinus:	arsinh: $\mathbb{R} \to \mathbb{R}$,	$\operatorname{arsinh}(x) = \ln(x + \sqrt{x^2 + 1})$
Areakosinus:	arcosh: $[1, \infty) \to \mathbb{R}$,	$\operatorname{arcosh}(x) = \ln(x + \sqrt{x^2 - 1})$
Areatangens:	artanh: $(-1, 1) \to \mathbb{R}$,	$\operatorname{artanh}(x) = \frac{1}{2} \ln \frac{1 + x}{1 - x}$
Areakotangens:	arcoth: $\mathbb{R}\setminus[-1, 1] \to \mathbb{R}$,	$\operatorname{arcoth}(x) = \frac{1}{2} \ln \frac{x + 1}{x - 1}$

Trigonometrische Funktionen

Die **trigonometrischen (dreiecksmessenden) Funktionen** sind

- Sinus (sin)
- Kosinus (cos)
- Tangens (tan)
- Kotangens (cot)
- Secans (sec) und
- Kosecans (cosec)

Die trigonometrischen Funktionen ordnen einem Winkel eines rechtwinkligen Dreiecks das Verhältnis zweier Dreiecksseiten zu. Die längste Seite im rechtwinkligen Dreieck heißt **Hypotenuse** (mit der Länge h), die beiden kürzeren **Katheten** (mit den Längen k_1 und k_2). Der Winkel kann in **Altgrad** oder **Neugrad** angegeben werden (Gradmaß α) oder aber in **Radiant** (Bogenmaß x_α), der dem Winkel α entsprechenden Länge des Kreisbogens auf dem **Einheitskreis**. Die Länge h der Hypotenuse im Einheitskreis ist natürlich 1.

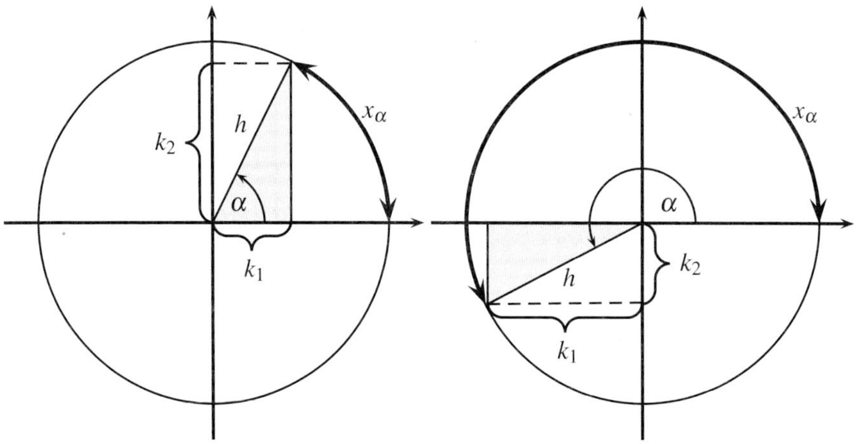

Definitionen

$$\sin\alpha := \frac{k_2}{h} = \frac{\text{Gegenkathete}}{\text{Hypothenuse}} \qquad \cos\alpha := \frac{k_1}{h} = \frac{\text{Ankathete}}{\text{Hypothenuse}}$$

$$\tan\alpha := \frac{k_2}{k_1} = \frac{\text{Gegenkathete}}{\text{Ankathete}} \qquad \cot\alpha := \frac{k_1}{k_2} = \frac{\text{Ankathete}}{\text{Gegenkathete}}$$

$$\sec\alpha := \frac{h}{k_1} = \frac{\text{Hypothenuse}}{\text{Ankathete}} \qquad \operatorname{cosec}\alpha := \frac{h}{k_2} = \frac{\text{Hypothenuse}}{\text{Gegenkathete}}$$

Darstellung der trigonometrischen Funktionen

(von oben nach unten: Sinus bzw. Kosinus, Tangens bzw. Kotangens, Secans bzw. Kosecans)

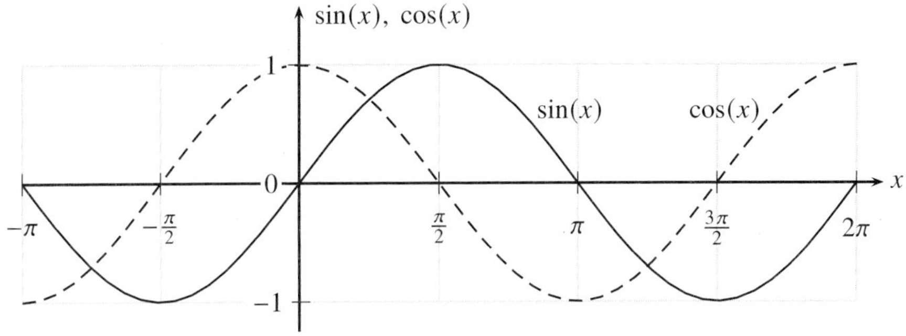

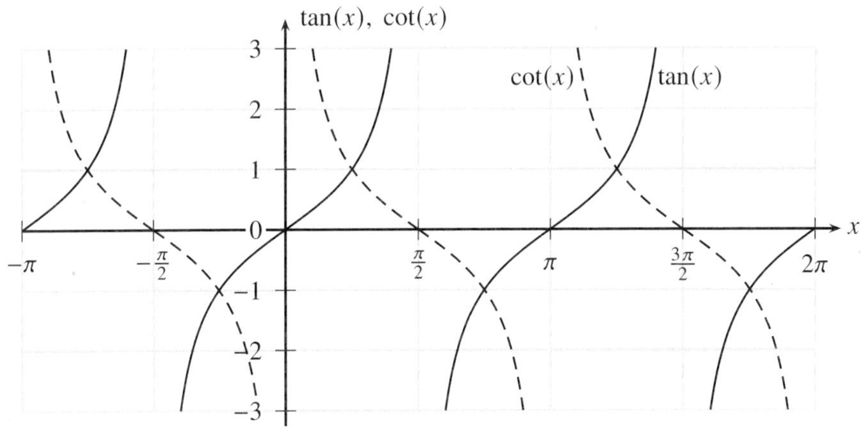

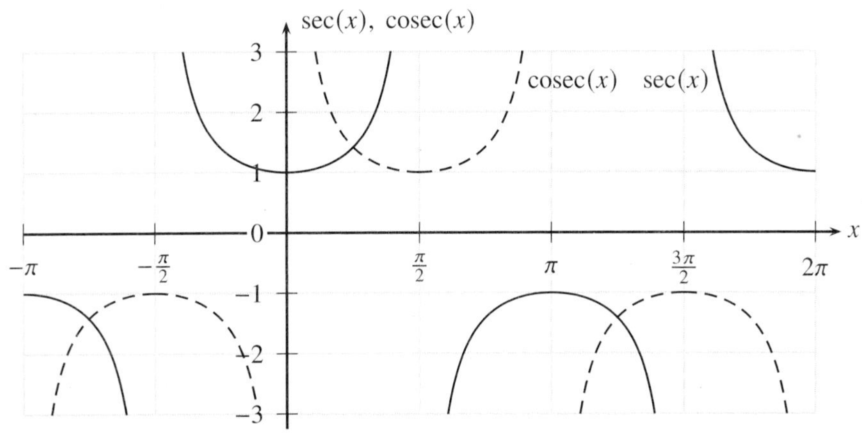

Im Folgenden werden die Argumente der trigonometrischen Funktionen in Radiant angegeben. Die Umrechnung kann nach folgender Tabelle geschehen:

Umrechnung		erfolgt durch	Umrechnung		erfolgt durch
von	in	Multiplikation mit	von	in	Multiplikation mit
Radiant	Altgrad	$360°/(2\pi)$	Radiant	Neugrad	$400°/(2\pi)$
Altgrad	Radiant	$2\pi/360°$	Altgrad	Neugrad	$400°/360° = 1,\overline{11}$
Neugrad	Radiant	$2\pi/400°$	Neugrad	Altgrad	$360°/400° = 0,9$

Bemerkung: Auf Taschenrechnern werden Radiant grundsätzlich mit *RAD*, Altgrad mit *DEG* und Neugrad mit *GRA* abgekürzt.

Regeln für Sinus und Kosinus

Seien im Folgenden $x, x_1, x_2 \in \mathbb{R}$ und $k \in \mathbb{Z}$.

$$\sin(x) = \sum_{i=0}^{\infty} (-1)^i \frac{x^{2i+1}}{(2i+1)!}, \quad x \in \mathbb{R}, \qquad \text{MACLAURINsche Entwicklung}$$

$$\cos(x) = \sum_{i=0}^{\infty} (-1)^i \frac{x^{2i}}{(2i)!}, \quad x \in \mathbb{R}, \qquad \text{MACLAURINsche Entwicklung}$$

$$\sin(x) = -\sin(-x), \quad x \in \mathbb{R}$$

$$\cos(x) = \cos(-x), \quad x \in \mathbb{R}$$

$$\sin(x) = \sin(x + k \cdot 2\pi)$$

$$\cos(x) = \cos(x + k \cdot 2\pi)$$

$$\sin(x_1 \pm x_2) = \sin(x_1)\cos(x_2) \pm \cos(x_1)\sin(x_2)$$

$$\cos(x_1 \pm x_2) = \cos(x_1)\cos(x_2) \mp \sin(x_1)\sin(x_2)$$

$$\sin(x_1) + \sin(x_2) = 2\sin\left(\frac{x_1 + x_2}{2}\right)\cos\left(\frac{x_1 - x_2}{2}\right)$$

$$\sin(x_1) - \sin(x_2) = 2\cos\left(\frac{x_1 + x_2}{2}\right)\sin\left(\frac{x_1 - x_2}{2}\right)$$

$$\cos(x_1) + \cos(x_2) = 2\cos\left(\frac{x_1 + x_2}{2}\right)\cos\left(\frac{x_1 - x_2}{2}\right)$$

$$\cos(x_1) - \cos(x_2) = -2\sin\left(\frac{x_1 + x_2}{2}\right)\sin\left(\frac{x_1 - x_2}{2}\right)$$

$$\sin(2x) = 2\sin(x)\cos(x)$$

$$\cos(2x) = 1 - 2\sin^2(x)$$

$$\sin(3x) = 3\sin(x) - 4\sin^3(x)$$

$$\cos(3x) = 4\cos^3(x) - 3\cos(x)$$

$$\sin\left(\frac{x}{2}\right) = \operatorname{sign}\left(\big||x-\pi| \bmod (4\pi) - 2\pi\big| - \pi\right) \cdot \sqrt{\frac{1-\cos(x)}{2}}$$

$$\cos\left(\frac{x}{2}\right) = \operatorname{sign}\left(\big||x-\pi| \bmod (4\pi) - 2\pi\big| - \pi\right) \cdot \sqrt{\frac{1+\cos(x)}{2}}$$

$$\sin^2(x) + \cos^2(x) = 1,\ x \in \mathbb{R}$$

$$\sin(x) = \cos(x - \pi/2),\ x \in \mathbb{R}$$

$$\cos(x) = \sin(x + \pi/2),\ x \in \mathbb{R}$$

$$\left.\begin{aligned} \sin(x) &= \frac{1}{2\mathrm{i}}(\mathrm{e}^{\mathrm{i}x} - \mathrm{e}^{-\mathrm{i}x}) \\ \cos(x) &= \frac{1}{2}(\mathrm{e}^{\mathrm{i}x} + \mathrm{e}^{-\mathrm{i}x}) \end{aligned}\right\}\ x \in \mathbb{R},\ \mathrm{i}^2 = -1$$

$$\sin(x) \in [-1;\ 1]\ \forall x \in \mathbb{R}$$

$$\cos(x) \in [-1;\ 1]\ \forall x \in \mathbb{R}$$

$$\lim_{x\to 0} \frac{\sin(x)}{x} = 1$$

Regeln für Tangens und Kotangens

Seien im Folgenden $\mathbb{T} := \mathbb{R}\backslash\left\{x_k | x_k = k\pi + \frac{\pi}{2}\right\}$, $\mathbb{S} := \mathbb{R}\backslash\left\{x_k | x_k = k\pi\right\}$ mit $k \in \mathbb{Z}$.

$$\tan(x) = \frac{\sin(x)}{\cos(x)},\ x \in \mathbb{T}$$

$$\cot(x) = \frac{\cos(x)}{\sin(x)},\ x \in \mathbb{S}$$

$$\tan(x) = -\tan(-x),\ x \in \mathbb{T}$$

$$\cot(x) = -\cot(-x),\ x \in \mathbb{S}$$

$$\tan(x) = \tan(x + k\pi),\ x \in \mathbb{T},\ k \in \mathbb{Z}$$

$$\cot(x) = \cot(x + k\pi),\ x \in \mathbb{S},\ k \in \mathbb{Z}$$

$$\tan(x_1 \pm x_2) = \frac{\tan(x_1) \pm \tan(x_2)}{1 \mp \tan(x_1)\tan(x_2)},\ x_1, x_2, x_1 + x_2 \in \mathbb{T}$$

$$\cot(x_1 \pm x_2) = \frac{\cot(x_1)\cot(x_2) \mp 1}{\cot(x_1) \pm \cot(x_2)},\ x_1, x_2, x_1 + x_2 \in \mathbb{S}$$

$$\tan(2x) = \frac{2\tan(x)}{1 - \tan^2(x)},\ x \in \mathbb{T}$$

$$\cot(2x) = \frac{\cot^2(x) - 1}{2\cot(x)},\ x \in \mathbb{S}$$

$$\tan\left(\frac{x}{2}\right) = \frac{\sin(x)}{1+\cos(x)},\ x \in \mathbb{T}$$

$$\tan^2(x) = \frac{1}{\cos^2(x)} - 1,\ x \in \mathbb{T}$$

$$\cot^2(x) = \frac{1}{\sin^2(x)} - 1,\ x \in \mathbb{S}$$

$$\left.\begin{aligned} \tan(x) &= -\mathrm{i}\,\frac{\mathrm{e}^{\mathrm{i}x} - \mathrm{e}^{-\mathrm{i}x}}{\mathrm{e}^{\mathrm{i}x} + \mathrm{e}^{-\mathrm{i}x}},\ x \in \mathbb{T} \\ \cot(x) &= \mathrm{i}\,\frac{\mathrm{e}^{\mathrm{i}x} + \mathrm{e}^{-\mathrm{i}x}}{\mathrm{e}^{\mathrm{i}x} - \mathrm{e}^{-\mathrm{i}x}},\quad x \in \mathbb{S} \end{aligned}\right\}\ \mathrm{i}^2 = -1$$

tan ist streng monoton wachsend auf $\left(k\pi - \frac{\pi}{2},\ k\pi + \frac{\pi}{2}\right),\ k \in \mathbb{Z}$

cot ist streng monoton fallend auf $(k\pi,\ k\pi + \pi),\ k \in \mathbb{Z}$

$$\lim_{x \uparrow k\pi+\pi/2} \tan(x) = \infty \qquad \lim_{x \downarrow k\pi+\pi/2} \tan(x) = -\infty$$

$$\lim_{x \uparrow k\pi} \cot(x) = -\infty \qquad \lim_{x \downarrow k\pi} \cot(x) = \infty$$

$$\lim_{x \to k\pi} \frac{\tan(x)}{x - k\pi} = 1 \qquad \lim_{x \to k\pi+\pi/2} \frac{\cot(x)}{x - (k\pi + \pi/2)} = -1$$

Besondere Werte und Grenzwerte der trigonometrischen Funktionen:

Argument in	0	$\pi/6$	$\pi/4$	$\pi/3$	$\pi/2$
Radiant	0	$\pi/6$	$\pi/4$	$\pi/3$	$\pi/2$
Altgrad	0°	30°	45°	60°	90°
Neugrad	0°	$33,\overline{3}^{\circ}$	50°	$66,\overline{6}^{\circ}$	100°
sin	0	$\frac{1}{2}$	$\frac{1}{2}\sqrt{2}$	$\frac{1}{2}\sqrt{3}$	1
cos	1	$\frac{1}{2}\sqrt{3}$	$\frac{1}{2}\sqrt{2}$	$\frac{1}{2}$	0
tan	0	$\frac{\sqrt{3}}{3}$	1	$\sqrt{3}$	$\pm\infty$
cot	$\pm\infty$	$\sqrt{3}$	1	$\frac{\sqrt{3}}{3}$	0

Beispiel: $\cos(\pi/3) = 1/2$

Die Beziehungen zwischen den trigonometrischen Funktionen ergeben sich aus folgenden Tabellen:

	$\sin(x)$	$\cos(x)$	$\tan(x)$	$\cot(x)$	$\sec(x)$	$\operatorname{cosec}(x)$
$\sin(x)$	–	$\sqrt{1-\cos^2(x)}$	$\frac{\tan(x)}{\sqrt{1+\tan^2(x)}}$	$\frac{1}{\sqrt{1+\cot^2(x)}}$	$\frac{\sqrt{\sec^2(x)-1}}{\sec(x)}$	$\frac{1}{\operatorname{cosec}(x)}$
$\cos(x)$	$\sqrt{1-\sin^2(x)}$	–	$\frac{1}{\sqrt{1+\tan^2(x)}}$	$\frac{\cot(x)}{\sqrt{1+\cot^2(x)}}$	$\frac{1}{\sec(x)}$	$\frac{\sqrt{\operatorname{cosec}^2(x)-1}}{\operatorname{cosec}(x)}$
$\tan(x)$	$\frac{\sin(x)}{\sqrt{1-\sin^2(x)}}$	$\frac{\sqrt{1-\cos^2(x)}}{\cos(x)}$	–	$\frac{1}{\cot(x)}$	$\sqrt{\sec^2(x)-1}$	$\frac{1}{\sqrt{\operatorname{cosec}^2(x)-1}}$
$\cot(x)$	$\frac{\sqrt{1-\sin^2(x)}}{\sin(x)}$	$\frac{\cos(x)}{\sqrt{1-\cos^2(x)}}$	$\frac{1}{\tan(x)}$	–	$\frac{1}{\sqrt{\sec^2(x)-1}}$	$\sqrt{\operatorname{cosec}^2(x)-1}$
$\sec(x)$	$\frac{1}{\sqrt{1-\sin^2(x)}}$	$\frac{1}{\cos(x)}$	$\sqrt{1+\tan^2(x)}$	$\frac{\sqrt{1+\cot^2(x)}}{\cot(x)}$	–	$\frac{\operatorname{cosec}(x)}{\sqrt{\operatorname{cosec}^2(x)-1}}$
$\operatorname{cosec}(x)$	$\frac{1}{\sin(x)}$	$\frac{1}{\sqrt{1-\cos^2(x)}}$	$\frac{\sqrt{1+\tan^2(x)}}{\tan(x)}$	$\sqrt{1+\cot^2(x)}$	$\frac{\sec(x)}{\sqrt{\sec^2(x)-1}}$	–

Argument in	$\pi/2 \pm \alpha$	$\pi \pm \alpha$	$3\pi/2 \pm \alpha$	$2\pi - \alpha\ (\widehat{=} -\alpha)$
Radiant	$\pi/2 \pm \alpha$	$\pi \pm \alpha$	$3\pi/2 \pm \alpha$	$2\pi - \alpha\ (\widehat{=} -\alpha)$
Altgrad	$90° \pm \alpha$	$180° \pm \alpha$	$270° \pm \alpha$	$360° - \alpha\ (\widehat{=} -\alpha)$
Neugrad	$100° \pm \alpha$	$200° \pm \alpha$	$300° \pm \alpha$	$400° - \alpha\ (\widehat{=} -\alpha)$
sin	$\cos\alpha$	$\mp\sin\alpha$	$-\cos\alpha$	$-\sin\alpha$
cos	$\mp\sin\alpha$	$-\cos\alpha$	$\pm\sin\alpha$	$\cos\alpha$
tan	$\mp\cot\alpha$	$\pm\tan\alpha$	$\mp\cot\alpha$	$-\tan\alpha$
cot	$\mp\tan\alpha$	$\pm\cot\alpha$	$\mp\tan\alpha$	$-\cot\alpha$

Beispiel: $\cos(\pi/2 + x) = -\sin x$

Zyklometrische Funktionen

Die **zyklometrischen (kreismessenden) Funktionen** oder **Arkusfunktionen** sind die Umkehrfunktionen der trigonometrischen Funktionen. Sie sind nur in Bereichen definiert, in denen die trigonometrische Funktion injektiv ist. Da dies jeweils unendlich viele Bereiche sind, gibt es auch unendlich viele Arkusfunktionen, die sich im Wertebereich unterscheiden. Im Allgemeinen operiert man mit den folgenden **Hauptzweigen** der Arkusfunktionen:

Arkussinus: arcsin: $[-1,\ 1] \to [-\pi/2,\ \pi/2]$
Arkuskosinus: arccos: $[-1,\ 1] \to [0,\ \pi]$
Arkustangens: arctan: $\mathbb{R} \to (-\pi/2,\ \pi/2)$
Arkuskotangens: arccot: $\mathbb{R} \to (0,\ \pi)$
Arkussecans: arcsec: $\mathbb{R}\backslash(-1,\ 1) \to [0,\ \pi]\backslash\{\pi/2\}$
Arkuskosecans: arccosec: $\mathbb{R}\backslash(-1,\ 1) \to [-\pi/2,\ \pi/2]\backslash\{0\}$

Nichtelementare Funktionen

Viele nichtelementare Funktionen sind als **Grenzwerte** (Limites) definiert. Diese können in speziellen Gestalten auftreten, z. B. als

- **Summe einer unendlichen Reihe** (= Limes der Partialsummenfolge),
- **Wert eines unendlichen Produkts**,
- **bestimmtes RIEMANN-Integral** (= Limes der Unter- oder Obersumme), wobei die Variable als **Integrationsgrenze** oder als **Parameter des Integranden** auftreten kann.

Eine weitere Gruppe nichtlinearer Funktionen ist implizit gegeben als Lösungen von **Differenzen-, Differenzial- oder Integralgleichungen**. Diese sind Spezialfälle der durch **Funktionalgleichungen** implizit definierten Funktionen. Als solche kann z. B. die Gamma-Funktion aufgefasst werden, da jede positive Funktion $f : (0, \infty) \longrightarrow \mathbb{R}$ mit $f(1) = 1$, deren Logarithmus $\ln f(x)$ konvex ist, bereits durch die Funktionalgleichung

$$f(x + 1) = x \cdot f(x)$$

als Gamma-Funktion (s. S. 62) identifiziert ist.

Spezielle wirtschaftswissenschaftliche Funktionen

Angebots- und Nachfragefunktion

Die Angebots- und die Nachfragefunktion werden üblicherweise für die Marktform der **vollständigen Konkurrenz** (kurz: Konkurrenzmarkt) aufgestellt. Hierbei treffen viele unabhängig voneinander agierende Anbieter und Nachfrager aufeinander. Im Idealfall bildet sich ein Marktgleichgewicht, wenn die angebotene Gütermenge gleich der nachgefragten Menge ist.

- **Angebotsfunktion**: angebotene Menge $x_A(p)$ in Abhängigkeit des Preises p,
- **Nachfragefunktion**: nachgefragte Menge $x_N(p)$ in Abhängigkeit des Preises p,
- **Marktgleichgewicht**: Schnittpunkt der Angebots- und der Nachfragefunktion mit **Konkurrenzpreis** $p^\star$ und angebotener gleich nachgefragter Menge $x^\star$.

Preis-Absatz-Funktion

Die Preis-Absatz-Funktion PAF wird üblicherweise für **Monopolmärkte** aufgestellt. Hierbei trifft ein Anbieter auf viele Nachfrager. Der Monopolist legt die Herstellungsmenge nach gewinnmaximierenden Kriterien fest.

- **Preis-Absatz-Funktion (PAF)**: $p(x)$ Preis in Abhängigkeit der vom Monopolist angebotenen Menge x. Die PAF entspricht der Umkehrfunktion der Nachfragefunktion des Konkurrenzmarktes.

- **Cournotscher Punkt** (Antoine-Augustin Cournot, 1801 – 1877): Gewinnmaximierende Menge $x^\star$ und aus der PAF ermittelter, zugehöriger Preis $p^\star$.

Kostenfunktionen

Die entstehenden Kosten in Abhängigkeit der hergestellten Menge eines Gutes werden mit Kostenfunktionen modelliert. Folgende **Kostenarten** in Abhängigkeit der produzierten Menge x werden unterschieden:

- **Gesamtkostenfunktion**: $K(x)$, Kurzbezeichnungen auch **Gesamtkosten** oder **Kostenfunktion**,
- **variable Kosten**: $K_v(x)$, stehen in direktem Zusammenhang mit der produzierten Menge,
- **Fixkosten**, **Bereitstellungskosten**: K_f, fallen unabhängig von der produzierten Menge an,
- **Stückkosten**, **Durchschnittskosten**: $k(x) = K(x)/x$,
- **variable Stückkosten**: $k_v(x) = K_v(x)/x$.

Einige mögliche Verläufe von Kostenfunktionen

- **Lineare Kostenfunktion**: $K(x) = ax + b$ mit $a, b > 0$.
- **Progressiv wachsende Kosten**: $K(x)$ ist monoton steigend und konvex. Hierzu zählen bspw. quadratische Kostenfunktionen $K(x) = ax^2 + bx + c$ mit $a, b, c > 0$.
- **Degressiv wachsende Kosten**: $K(x)$ ist monoton steigend und konkav.
- **Ertragsgesetzliche Kostenfunktion**: $K(x) = ax^3 + bx^2 + cx + d$ mit $a, c, d > 0$, $b < 0$ und $3ac > b^2$.
  S-förmiger Verlauf mit zunächst degressivem, dann progressivem Wachstum der Kostenfunktion ohne lokale Extremstellen.
- **Unstetige Kostenfunktion**: Unstetigkeitsstellen z. B. aufgrund sprungfixer Kosten möglich.

Umsatz, Gewinn und Deckungsbeitrag

- **Umsatz-, Erlösfunktion**: $E(x) = x \cdot p(x)$, Einnahmen in Abhängigkeit der verkauften Menge x, Berechnung aus dem Produkt von verkaufter Menge und Preis pro Mengeneinheit $p(x)$ beim Absatz von x Mengeneinheiten (s. PAF, S. 104).
- **Gewinnfunktion**: $G(x) = E(x) - K(x)$, erzielter Gewinn in Abhängigkeit der abgesetzten Menge, Berechnung aus dem Erlös abzüglich der Kosten.
- **Deckungsbeitrag**: $D(x) = E(x) - K_v(x)$,
  Deckungsbeitrag je Mengeneinheit: $d(x) = D(x)/x = p(x) - k_v(x)$.

Produktionsfunktionen

Produzierte Menge (Output) $x(r)$ in Abhängigkeit der Menge des eingesetzten Faktors (Input) r, $r \geq 0$.

Bei mehreren Einsatzfaktoren werden Produktionsfunktionen $x(r_1, \ldots, r_n)$ definiert, die verschiedene Eigenschaften haben können:

- **Substitutionale Produktionsfunktion**: Die Reduzierung der Menge eines Faktors kann durch die Steigerung der Menge eines anderen Faktors ausgeglichen werden, so dass der Output konstant bleibt.
- **Ertragsgesetzliche Produktionsfunktion**: Durch die Erhöhung eines Faktors steigt das Produktionsergebnis zunächst überproportional, danach jedoch steigt die hergestellte Menge ab einer bestimmten Faktoreinsatzmenge nur noch unterproportional (sinkender Grenzertrag).
- **Limitationale Produktionsfunktion**: Die produzierte Menge kann nur dann gesteigert werden, wenn die Mengen aller Faktoren gleichzeitig angehoben werden.

Zu den speziellen Produktionsfunktionen aus der Volkswirtschaftslehre zählen die

- **CES-Produktionsfunktion**
  CES für „constant elasticity of substitution"

  $$x(r_1, \ldots, r_n) = \beta \left(\alpha_1 r_1^{-\rho} + \alpha_2 r_2^{-\rho} + \ldots + \alpha_n r_n^{-\rho}\right)^{-\gamma/\rho}$$

  mit $\beta, \gamma > 0$, $r_i > 0$ und $\alpha_i > 0$ für alle $i = 1, \ldots, n$ sowie $\rho \neq 0$.
  CES-Produktionsfunktionen zeichnen sich durch eine konstante Substitutionselastizität im gesamten Definitionsbereich aus.

- **COBB-DOUGLAS-Produktionsfunktion**
  (PAUL HOWARD DOUGLAS, 1892 – 1976, CHARLES WIGGINS COBB, 1875 – 1949)

  $$x(r_1, \ldots, r_n) = \beta \alpha_1^{r_1} \cdot \alpha_2^{r_2} \cdot \ldots \cdot \alpha_n^{r_n}$$

  mit $\beta > 0$, $r_i > 0$, $\sum_{i=1}^{n} \alpha_i = 1$ und $\alpha_i > 0$ für alle $i = 1, \ldots, n$.
  Die Substitutionselastizität von COBB-DOUGLAS-Produktionsfunktionen ist konstant gleich 1 im gesamten Definitionsbereich.

- **LEONTIEF-Produktionsfunktion**
  (WASSILY LEONTIEF, 1905 – 1995)

  $$x(r_1, \ldots, r_n) = a_0 \min \left\{\frac{r_1}{a_1}, \frac{r_2}{a_2}, \ldots, \frac{r_n}{a_n}\right\}$$

  mit $a_i > 0$ für alle $i = 0, 1, \ldots, n$.
  LEONTIEF-Produktionsfunktionen sind limitationale Produktionsfunktionen, d. h. die Substitutionselastizität ist im gesamten Definitionsbereich der Funktion gleich Null.

Einige weitere wirtschaftswissenschaftliche Funktionen

- **Konsumfunktion**: $C(Y) = \alpha Y + C_0$
  mit Y – Einkommen
  C – Wert des Konsums
  C_0 – autonomer Konsum (Exisitenzminimum)
  $0 < \alpha < 1$ – Konsumquote
- **Investitionsfunktion**: $I(p)$ mit I – Wert der Investitionen, p – Zinssatz
- **Nutzenfunktion**: $U(x)$ Nutzen in Abhängigkeit der konsumierten Menge x eines Gutes

1.7 Folgen und Reihen

Eine reelle **Zahlenfolge**, im Allgemeinen kurz **Folge** genannt, ist eine Abbildung von einer Teilmenge der ganzen Zahlen in die reellen Zahlen. Häufig ist der Definitionsbereich die Menge $\mathbb{N}$ der natürlichen Zahlen oder $\mathbb{N}_0$. Das Argument wird bei Folgen üblicherweise als Index an das die Folge bezeichnende Symbol geschrieben, z. B.

$$(a_0,)\ a_1, a_2, a_3, \ldots, a_n, \ldots$$

Die Folge selbst wird als Tupel ihrer Glieder notiert:

$$(a_n)_{n\in\mathbb{N}}$$

Eine Folge kann **explizit**, d. h. nur unter Verwendung des Index, definiert werden oder **rekursiv**, d. h. auch unter Verwendung „früherer“ Folgenglieder.

Arithmetische Folgen

Eine **arithmetische Folge** (1. Ordnung) zeichnet sich durch die konstante Differenz zweier aufeinanderfolgender Glieder aus:

$$a_{n+1} - a_n = d \ \forall n.$$

Daraus ergibt sich die rekursive Definition

$$a_n := a_{n-1} + d \ \forall n,$$

und die – bei bekanntem a_1 bzw. a_0 – explizite Definition

$$a_n := a_1 + (n-1)d \ \forall n \quad \text{bzw.} \quad a_n := a_0 + nd \ \forall n.$$

Jede **konstante Folge** (a_n) mit $a_n = c \ \forall n$ kann als spezielle arithmetische Folge mit $d = 0$ aufgefasst werden.

Die ***k*-te Differenzenfolge** $(\Delta^k a_n)_n$, $k \in \mathbb{N}$, einer Folge $(a_n)_n$ ist, wie folgt, rekursiv definiert:

$$\Delta^k a_n := \Delta^{k-1} a_{n+1} - \Delta^{k-1} a_n$$

mit $\Delta^0 a_n := a_n$. Δ heißt **Vorwärtsdifferenzenoperator**.Ein Operator ist eine Abbildung. Die k-te Differenzenfolge ist also die (1.) Differenzenfolge der $(k-1)$-ten Differenzenfolge:

$$\Delta^k a_n = \Delta(\Delta^{k-1} a_n).$$

Die explizite Definition lautet:

$$\Delta^k a_n := \sum_{i=0}^{k} (-1)^i \binom{k}{i} a_{n+k-i}.$$

Eine **arithmetische Folge *k*-ter Ordnung** zeichnet sich dadurch aus, dass die $(k-1)$-te Differenzenfolge eine (nichtkonstante) arithmetische Folge 1. Ordnung und damit die k-te Differenzenfolge eine konstante Folge ist. Eine Folge, deren k-te Differenzenfolge konstant ist, ist eine arithmetische Folge höchstens k-ter Ordnung. Eine arithmetische Folge k-ter Ordnung kann als Einschränkung eines Polynoms vom Grad k auf den Definitionsbereich der Folge aufgefasst werden. Das Polynom ist eindeutig und lässt sich aus $k+1$ aufeinander folgenden Folgegliedern $a_0, a_1, \ldots, a_k$ nach der Formel von LAGRANGE bestimmen:

$$L(x) = \sum_{i=0}^{k} a_i \prod_{(i\neq)j=0}^{k} \frac{x-j}{i-j}.$$

Geometrische Folgen

Eine **geometrische Folge** (1. Ordnung) zeichnet sich durch den konstanten Quotienten zweier aufeinanderfolgender Glieder aus:

$$\frac{a_{n+1}}{a_n} = q \ \forall n.$$

Insbesondere sind alle Folgenglieder von null verschieden. Die rekursive Definition lautet:

$$a_n := a_{n-1} \cdot q \ \forall n,$$

die – bei bekanntem a_1 bzw. a_0 – explizite Definition lautet:

$$a_n := a_1 \cdot q^{n-1} \ \forall n \quad \text{bzw.} \quad a_n := a_0 \cdot q^n \ \forall n.$$

Jede konstante Folge kann als spezielle geometrische Folge mit $q = 1$ aufgefasst werden.

Rekursive Folgen

Einige Zahlenfolgen erlangen ihre Bedeutung durch die rekursive Definition.

Die **Fibonacci-Zahlenfolge** (Leonardo Fibonacci, ca. 1180 – 1250) erfüllt die Rekursion

$$a_n := a_{n-2} + a_{n-1}, \; n = 3, 4, 5, \ldots,$$

mit $a_1 = a_2 = 1$. Auf diese Fibonacci-Zahlen stößt man beispielsweise bei der Bestimmung der Konvergenzordnung der regula falsi. Diese erfordert jedoch die explizite Definition der Fibonacci-Folge:

$$a_n := \frac{1}{\sqrt{5}} \left[\left(\frac{1+\sqrt{5}}{2} \right)^n - \left(\frac{1-\sqrt{5}}{2} \right)^n \right], \; n \in \mathbb{N}.$$

Die Folge der Seitenlängen s_{2^n} der dem Kreis mit Radius 1 einbeschriebenen regelmäßigen 2^n-Ecke lässt durch mehrfache Anwendung des Satzes von Pythagoras folgende rekursive Definition zu:

$$s_{2^{n+1}} := \sqrt{2 - \sqrt{4 - s_{2^n}^2}}, \; n = 2, 3, 4, \ldots,$$

mit $s_4 = \sqrt{2}$. Definiert man nun

$$u_{n+1}^2 := 4 - s_{2^n}^2, \; n = 2, 3, 4, \ldots,$$

so gilt für die Folge $(u_n)_{n \geq 3}$ offenbar die Rekursion

$$u_{n+1}^2 - u_n = 2, \; n = 3, 4, 5, \ldots,$$

mit $u_3 = \sqrt{2}$. Für die Kreiskonstante π gilt damit die Grenzwertdarstellung

$$\pi = \lim_{n \to \infty} 2^n \sqrt{2 - u_{n+1}}.$$

Taschenrechner und Computer benutzen zur Erzeugung von Zufallszahlen ebenfalls rekursive Folgen. Diese heißen **Zufallszahlengeneratoren**. Weit verbreitet ist der **lineare Kongruenzgenerator**:

$$x_{n+1} = a \cdot x_n + b \,(\mathrm{mod}\, m), \; n \in \mathbb{N}.$$

Alle vorkommenden Koeffizienten (a, b und m) sind nichtnegative ganze Zahlen. Da der Startwert x_0 in der Menge $\{0, 1, \ldots, m-1\}$ gewählt wird, sind auch die x_n nichtnegativ und ganzzahlig. Ein Glied x_{n+1} der Folge ergibt sich aus dem Vorgänger x_n, indem man die Lineartransformation $a \cdot x_n + b$ bildet, diese durch m dividiert und den Divisionsrest als neues Folgenglied nimmt. Im Intervall $[0; 1)$ gleichverteilte Zufallszahlen ergeben sich als

$$u_n = x_n/m.$$

Die Wahl von a, b und m bestimmt die Periodenlänge der Folge, die Lagedichte der u_n und die stochastischen Eigenschaften (etwa die Autokorrelation) der x_n. Die Wahl von a und m hängt von der internen Zahlendarstellung im Rechner ab. Ein Spezialfall des linearen Kongruenzgenerators ist

$$x_{n+1} = a \cdot x_n \ (\mathrm{mod}\ m); \ n \in \mathbb{N},$$

der **multiplikative Kongruenzgenerator**.

Beschränktheit, Monotonie und Konvergenz

Die Definitionen der Begriffe Beschränktheit und Monotonie ergeben sich aus den entsprechenden Definitionen für allgemeine Funktionen.

Eine Folge $(a_n)_{n \in \mathbb{D} \subset \mathbb{Z}}$ heißt **nach oben beschränkt**, wenn es ein $c \in \mathbb{R}$ gibt, sodass $a_n \leq c$ für alle $n \in \mathbb{D}$. c heißt dann **obere Schranke** der Folge.

Die Folge heißt **nach unten beschränkt**, wenn es ein $c \in \mathbb{R}$ gibt, sodass $a_n \geq c$ für alle $n \in \mathbb{D}$. c heißt dann **untere Schranke** der Folge.

Die Folge heißt **beschränkt**, wenn es ein $c \in \mathbb{R}$ gibt mit $|a_n| \leq c$ für alle $n \in \mathbb{D}$. c heißt dann **Schranke** der Folge.

Regeln

$(a_n)_{n \in \mathbb{D}}, (b_n)_{n \in \mathbb{D}}$ beschränkt $\Rightarrow (a_n + b_n)_{n \in \mathbb{D}}, (a_n \cdot b_n)_{n \in \mathbb{D}}$ beschränkt

$(a_n)_{n \in \mathbb{D}}$ nach oben beschränkt $\Leftrightarrow (-a_n)_{n \in \mathbb{D}}$ nach unten beschränkt

$(a_n)_{n \in \mathbb{D}}$ beschränkt und $|b_n| \leq |a_n|$, $n \in \mathbb{D} \Rightarrow (b_n)_{n \in \mathbb{D}}$ beschränkt

$(a_n)_{n \in \mathbb{D}}$ nach oben (bzw. unten) beschränkt und $b_n \leq a_n$ (bzw. $b_n \geq a_n$), $n \in \mathbb{D}$, $\Rightarrow (b_n)_{n \in \mathbb{D}}$ nach oben (bzw. unten) beschränkt

Eine Folge $(a_n)_{n \in \mathbb{D}}$ heißt **monoton wachsend**, wenn $a_n \leq a_{n+1}$ für alle $n \in \mathbb{D}$. Sie heißt **streng monoton wachsend**, wenn $a_n < a_{n+1}$ für alle $n \in \mathbb{D}$.

Eine Folge $(a_n)_{n \in \mathbb{D}}$ heißt **monoton fallend**, wenn $a_n \geq a_{n+1}$ für alle $n \in \mathbb{D}$. Sie heißt **streng monoton fallend**, wenn $a_n > a_{n+1}$ für alle $n \in \mathbb{D}$.

Eine Folge heißt **monoton**, wenn sie monoton wachsend **oder** monoton fallend ist. Sie heißt **streng monoton**, wenn sie streng monoton wachsend **oder** streng monoton fallend ist.

Eine Folge $(a_n)_{n \in \mathbb{D}}$ heißt **alternierend um $c \in \mathbb{R}$**, wenn $(c - a_n)(c - a_{n+1}) < 0$ für alle $n \in \mathbb{D}$, d. h. wenn die Folgenglieder abwechselnd kleiner und größer c sind. Sie heißt **alternierend**, wenn sie alternierend um null ist.

Regeln

Eine konstante Folge ist monoton wachsend **und** monoton fallend, aber nicht streng monoton.

Eine arithmetische Folge mit $d > 0$ ist streng monoton wachsend.
Eine arithmetische Folge mit $d < 0$ ist streng monoton fallend.

Eine geometrische Folge mit $a_1 > 0$ und $q > 1$ ist streng monoton wachsend.
Eine geometrische Folge mit $a_1 > 0$ und $0 < q < 1$ ist streng monoton fallend.
Eine geometrische Folge mit $q < 0$ ist alternierend.

$(a_n), (b_n)$ monoton wachsend (fallend)
$\Rightarrow (a_n + b_n)$ monoton wachsend (fallend)

(a_n) monoton wachsend (fallend), (b_n) streng monoton wachsend (fallend)
$\Rightarrow (a_n + b_n)$ streng monoton wachsend (fallend)

(a_n) monoton wachsend (fallend), (b_n) monoton fallend (wachsend) $\Rightarrow$
$\Rightarrow (a_n - b_n)$ monoton wachsend (fallend)

Eine Folge $(a_n)_{n \in \mathbb{N}}$ heißt **konvergent** gegen $c \in \mathbb{R}$, wenn für jedes noch so kleine $\epsilon > 0$ ein Index $n_0 \in \mathbb{N}$ existiert, sodass **alle** Folgenglieder a_n mit $n \geq n_0$ um höchstens ϵ von c entfernt liegen, d. h. wenn gilt:

$$\forall\, \epsilon > 0\ \exists\, n_0 \in \mathbb{N}\ \forall\, n \geq n_0 :\ |a_n - c| \leq \epsilon.$$

Man sagt auch: (a_n) konvergiert gegen c. Man schreibt dafür:

$$a_n \to c \quad \text{oder} \quad c = \lim_{n \to \infty} a_n.$$

c heißt **Grenzwert** oder **Limes** der Folge (a_n). Eine Folge mit dem Grenzwert null heißt **Nullfolge**.

Ist eine Folge $(a_n)_{n \in \mathbb{N}}$ nicht konvergent, so heißt sie **divergent**. Eine divergente Folge heißt **bestimmt divergent**, wenn sie den (uneigentlichen) Grenzwert ∞ (bzw. $-\infty$) hat, d. h. wenn zu jedem noch so großen $m \in \mathbb{R}^+$ ein Index $n_0 \in \mathbb{N}$ existiert, sodass alle Folgenglieder a_n mit $n \geq n_0$ größer m (bzw. kleiner $-m$) sind, d. h. wenn gilt:

$$\forall\, m \in \mathbb{R}^+\ \exists\, n_0 \in \mathbb{N}\ \forall\, n \geq n_0 :\ a_n > m \quad (\text{bzw. } a_n < -m).$$

Schreibweise: $a_n \to \infty$ oder $\lim a_n = \infty$
(bzw. $a_n \to -\infty$ oder $\lim a_n = -\infty$)

Ist eine divergente Folge nicht bestimmt divergent, so heißt sie **unbestimmt divergent**.

$c \in \mathbb{R}$ heißt **Häufungspunkt** oder **Berührungspunkt** der Folge $(a_n)_{n\in\mathbb{N}}$, wenn unendlich viele Folgenglieder in jeder noch so kleinen Umgebung von c liegen, d. h. wenn gilt:

$$\forall \epsilon > 0 \, \forall n \in \mathbb{N} \, \exists n_0 \geq n : \, |a_{n_0} - c| \leq \epsilon.$$

Ist $\mathbb{M} \subset \mathbb{D}$, so heißt $(a_n)_{n\in\mathbb{M}}$ **Teilfolge** von $(a_n)_{n\in\mathbb{D}}$.

Regeln

Jede beschränkte Folge $(a_n)_{n\in\mathbb{N}}$ hat mindestens einen Häufungspunkt.
Jede beschränkte Folge $(a_n)_{n\in\mathbb{N}}$ hat eine konvergente Teilfolge.
Eine Folge kann mehrere Häufungspunkte haben, jedoch nur einen Grenzwert.
Gelte $a_n \to a$ und $b_n \to b$. Dann gilt auch:

$$a_n \pm b_n \to a \pm b; \; a_n \cdot b_n \to a \cdot b; \; c \cdot a_n \to c \cdot a, \; c \in \mathbb{R};$$

$$\frac{a_n}{b_n} \to \frac{a}{b}, \text{ falls } b_n, b \neq 0 \text{ für alle } n.$$

Jede konvergente Folge ist beschränkt.

Jede unendliche Teilfolge einer konvergenten Folge konvergiert gegen denselben Grenzwert.

Konvergenzkriterien

1. **Cauchy-Kriterium**:
   Eine Folge $(a_n)_{n\in\mathbb{N}}$ ist **genau dann** konvergent, wenn

   $$\forall \varepsilon > 0 \, \exists n_0 \in \mathbb{N} \, \forall n, m \geq n_0 : \, |a_n - a_m| \leq \varepsilon.$$

2. **Hinreichendes** Kriterium für monotone Folgen:
   Eine Folge $(a_n)_{n\in\mathbb{N}}$ ist konvergent, wenn sie monoton wachsend (bzw. fallend) und nach oben (bzw. nach unten) beschränkt ist.
3. **Hinreichendes** Einschließungskriterium:
   Seien $(a_n), (b_n), (c_n)$ Folgen mit $a_n \leq b_n \leq c_n$, $n \in \mathbb{N}$, und $a_n \to a$, $c_n \to a$. Dann ist auch (b_n) konvergent mit $b_n \to a$.
4. **Notwendiges** Konvergenzkriterium:
   Die Differenzenfolge $(a_{n+1} - a_n)_{n\in\mathbb{N}}$ einer konvergenten Folge $(a_n)_{n\in\mathbb{N}}$ ist eine Nullfolge.
5. **Notwendiges** Konvergenzkriterium:
   Die Folge der Absolutbeträge $|a_n|$ der Glieder einer gegen a konvergenten Folge $(a_n)_{n\in\mathbb{N}}$ konvergiert gegen $|a|$.

Arithmetische Reihe

Sei $(a_n)_{n\in\mathbb{N}}$ eine Folge. Dann heißt $s_n := a_1 + a_2 + \ldots + a_n$ ***n*-te Partialsumme** der Folge (a_n). Eine (reelle) **Zahlenreihe**, im Allgemeinen kurz **Reihe** genannt, ist die Partialsummenfolge $(s_n)_{n\in\mathbb{N}}$. Der Begriff der Reihe kann auch für endliche Folgen, also für Folgen mit endlicher Indexmenge $\mathbb{D}$ definiert werden. Man spricht dann von einer **endlichen Reihe**. Den Grenzwert einer (unendlichen) Reihe nennt man **Wert** oder **Summe** der Reihe und schreibt dafür

$$\sum_{n=1}^{\infty} a_n := \lim_{n\to\infty} \sum_{i=1}^{n} a_i.$$

Eine **arithmetische Reihe** ist die Partialsummenfolge einer arithmetischen Folge $(a_n)_{n\in\mathbb{N}}$. Ist d der konstante „Zuwachs“ der arithmetischen Folge, so lautet die n-te Partialsumme:

$$s_n = \sum_{i=1}^{n} a_i = \frac{n}{2}(a_1 + a_n) = na_1 + \frac{(n-1)n}{2} d.$$

Beginnt die arithmetische Folge mit dem Glied a_0, so lautet die $(n + 1)$-te Partialsumme:

$$s_{n+1} = \sum_{i=0}^{n} a_i = \frac{n+1}{2}(a_0 + a_n) = (n+1)a_0 + \frac{n(n+1)}{2} d.$$

Eine unendliche arithmetische Reihe ist

- für $d > 0$ bestimmt divergent gegen $+\infty$
- für $d < 0$ bestimmt divergent gegen $-\infty$
- für $d = 0$ und $a_1 \neq 0$ bestimmt divergent gegen $+\infty \cdot \operatorname{sign}(a_1)$
- für $d = 0$ und $a_1 = 0$ konstant null.

Geometrische Reihe

Eine **geometrische Reihe** ist die Partialsummenfolge einer geometrischen Folge $(a_n)_{n\in\mathbb{N}}$. Ist q der konstante „Wachstumsfaktor“ der geometrischen Folge, so lautet die n-te Partialsumme:

$$s_n = \sum_{i=1}^{n} a_i = \sum_{i=1}^{n} a_1 \cdot q^{i-1} = a_1 \cdot \frac{1-q^n}{1-q} = a_1 \cdot \frac{q^n - 1}{q-1}.$$

Beginnt die geometrische Folge mit dem Glied a_0, so lautet die $(n + 1)$-te Partialsumme:

$$s_{n+1} = \sum_{i=0}^{n} a_i = \sum_{i=0}^{n} a_0 \cdot q^i = a_0 \cdot \frac{1-q^{n+1}}{1-q} = a_0 \cdot \frac{q^{n+1} - 1}{q-1}.$$

Wert der unendlichen geometrischen Reihe:

$$\sum_{i=1}^{\infty} a_1 \cdot q^{i-1} = \begin{cases} \dfrac{a_1}{1-q}, & -1 < q < 1 \\ +\infty, & q \geq 1,\ a_1 > 0 \\ -\infty, & q \geq 1,\ a_1 < 0 \\ 0, & a_1 = 0 \\ \text{unbestimmt}, & q \leq -1,\ a_1 \neq 0 \end{cases}$$

$$\sum_{i=0}^{\infty} a_0 \cdot q^{i} = \begin{cases} \dfrac{a_0}{1-q}, & -1 < q < 1 \\ +\infty, & q \geq 1,\ a_0 > 0 \\ -\infty, & q \geq 1,\ a_0 < 0 \\ 0, & a_0 = 0 \\ \text{unbestimmt}, & q \leq -1,\ a_0 \neq 0. \end{cases}$$

Weitere spezielle Reihen

(Siehe auch spezielle Summen auf S. 38f. in Abschnitt 1.3.)

Harmonische Reihe

$$\sum_{i=1}^{\infty} \frac{1}{i} = 1 + \frac{1}{2} + \frac{1}{3} + \frac{1}{4} + \ldots$$

Die harmonische Reihe ist bestimmt divergent. Reihen der Bauart

$$\sum_{i=1}^{\infty} \frac{1}{i^c} = 1 + \frac{1}{2^c} + \frac{1}{3^c} + \frac{1}{4^c} + \ldots$$

mit $c > 1$ sind jedoch konvergent, so gilt z. B.

$$\sum_{i=1}^{\infty} \frac{1}{i^2} = 1 + \frac{1}{2^2} + \frac{1}{3^2} + \frac{1}{4^2} + \ldots = \frac{\pi^2}{6}.$$

Alternierende Reihe

Eine Reihe $\sum_{i=1}^{\infty} a_i$ heißt **alternierend**, wenn $a_i \cdot a_{i+1} < 0,\ i \in \mathbb{N}$. Bilden die (a_i) keine Nullfolge, so ist die Reihe divergent. (Siehe auch LEIBNIZsches Konvergenzkriterium für alternierende Reihen, S. 116.)

Konvergenzkriterien

Da Reihen spezielle Folgen sind, können die Konvergenzkriterien für Folgen entsprechend übertragen werden.

1. **Cauchy-Kriterium** für Reihen:
   Eine unendliche Reihe konvergiert **genau dann**, wenn gilt:
   $$\forall \varepsilon > 0 \, \exists n_0 \in \mathbb{N} \, \forall n > m \geq n_0 : \left| \sum_{i=m+1}^{n} a_i \right| \leq \varepsilon .$$
2. **Hinreichendes** Kriterium für monotone Reihen:
   Eine Reihe $(s_n)_{n\in\mathbb{N}}$ konvergiert, wenn sie monoton wachsend, d. h. die Summanden nichtnegativ sind (bzw. monoton fallend, d. h. die Summanden nichtpositiv sind), und nach oben (bzw. nach unten) beschränkt ist.
3. **Hinreichendes** Einschließungskriterium:
   Seien $\left(\sum\limits_{i=1}^{n} a_i\right)$, $\left(\sum\limits_{i=1}^{n} b_i\right)$, $\left(\sum\limits_{i=1}^{n} c_i\right)$ Reihen mit $\sum\limits_{i=1}^{n} a_i \leq \sum\limits_{i=1}^{n} b_i \leq \sum\limits_{i=1}^{n} c_i$, $n \in \mathbb{N}$, und $\sum\limits_{i=1}^{\infty} a_i = \sum\limits_{i=1}^{\infty} c_i = a \in \mathbb{R}$. Dann konvergiert auch die eingeschlossene Reihe mit $\sum\limits_{i=1}^{\infty} b_i = a$.
4. **Notwendiges** Konvergenzkriterium:
   Die Summanden einer konvergenten Reihe bilden eine Nullfolge.
5. **Notwendiges** Konvergenzkriterium:
   Die absoluten Partialsummen $|s_n|$ einer mit Summe a konvergenten Reihe konvergieren gegen $|a|$.

Oft wird eine Reihe $\left(\sum\limits_{i=1}^{n} a_i\right)$ durch $\sum\limits_{i=1}^{\infty} a_i$ dargestellt. Die Reihe $\sum\limits_{i=1}^{\infty} a_i$ heißt **absolut konvergent**, wenn $\sum\limits_{i=1}^{\infty} |a_i|$ konvergiert, sie heißt **bedingt konvergent**, wenn sie konvergent, aber nicht absolut konvergent ist. Ist eine Reihe absolut konvergent, so ist sie auch konvergent.

Weitere Konvergenzkriterien

- **Majorantenkriterium**:
  Die Reihe $\sum\limits_{n=1}^{\infty} a_n$ ist absolut konvergent, wenn gilt:
  $$\exists n_0 \in \mathbb{N} \, \exists c_n, \, n \in \mathbb{N}, \forall n \geq n_0 : \; |a_n| \leq c_n \;\wedge\; \sum_{i=1}^{\infty} c_i \text{ konvergent.}$$

Die Reihe $\sum\limits_{n=1}^{\infty} c_n$ heißt **Majorante** von $\sum\limits_{n=1}^{\infty} a_n$.

- **Minorantenkriterium**:

  Die Reihe $\sum\limits_{n=1}^{\infty} a_n$ ist bestimmt divergent gegen $+\infty$, wenn gilt :

  $$\exists n_0 \in \mathbb{N}\ \exists c_n,\ n \in \mathbb{N}, \forall n \geq n_0 :\ a_n \geq c_n \geq 0\ \wedge\ \sum_{i=1}^{\infty} c_i \text{ divergent.}$$

  Die Reihe $\sum\limits_{n=1}^{\infty} c_n$ heißt **Minorante** von $\sum\limits_{n=1}^{\infty} a_n$.

- **Quotientenkriterium** (Jean le Rond d'Alembert, 1717 – 1783):

  Die Reihe $\sum\limits_{n=1}^{\infty} a_n$ ist konvergent, wenn gilt:

  $$\exists n_0 \in \mathbb{N}\ \exists q < 1\ \forall n \geq n_0 :\ a_n > 0\ \wedge\ \frac{a_{n+1}}{a_n} \leq q.$$

  Sie ist bestimmt divergent gegen $+\infty$, wenn gilt:

  $$\exists n_0 \in \mathbb{N}\ \forall n \geq n_0 :\ a_n > 0\ \ \wedge\ \frac{a_{n+1}}{a_n} \geq 1.$$

- **Wurzelkriterium**:

  Die Reihe $\sum\limits_{n=1}^{\infty} a_n$ ist konvergent, wenn gilt:

  $$\exists n_0 \in \mathbb{N}\ \exists w < 1\ \forall n \geq n_0 :\ a_n \geq 0\ \ \wedge\ \sqrt[n]{a_n} \leq w.$$

  Sie ist bestimmt divergent gegen $+\infty$, wenn gilt:

  $$\exists n_0 \in \mathbb{N}\ \forall n \geq n_0 :\ \sqrt[n]{a_n} \geq 1.$$

- **Abelsches Konvergenzkriterium** (Niels Henrik Abel, 1802 – 1829):

  Ist die Reihe $\sum\limits_{n=1}^{\infty} a_n$ beschränkt und ist $(c_n)_{n\in\mathbb{N}}$ eine monoton fallende Nullfolge, dann ist $\sum\limits_{n=1}^{\infty} a_n c_n$ konvergent.

- **Leibnizsches Konvergenzkriterium für alternierende Reihen** (Gottfried Wilhelm Leibniz, 1646 – 1716):

  Die alternierende Reihe $\sum\limits_{n=1}^{\infty} a_n$ konvergiert, wenn $|a_n|$ eine monotone Nullfolge ist.
  Für alle $m \in \mathbb{N}$ gilt:

  $$\sum_{n=1}^{m} a_n \leq \sum_{n=1}^{\infty} a_n \leq \sum_{n=1}^{m+1} a_n \quad \text{oder} \quad \sum_{n=1}^{m+1} a_n \leq \sum_{n=1}^{\infty} a_n \leq \sum_{n=1}^{m} a_n.$$

  Insbesondere folgt für solche Reihen die einfache Fehlerabschätzung:

  $$\left|\sum_{n=1}^{\infty} a_n - \sum_{n=1}^{m} a_n\right| \leq |a_{m+1}|.$$

Regeln

Bei einer konvergenten Reihe können endlich viele Summanden beliebig vertauscht werden, ohne den Wert der Reihe zu ändern.

Bei einer absolut konvergenten Reihe können beliebig viele Summanden beliebig vertauscht werden, ohne den Wert der Reihe zu ändern.

Bei einer bedingt konvergenten Reihe kann der Wert durch Vertauschen von Summanden jede reelle Zahl annehmen.

Seien $\sum_{n=0}^{\infty} a_n$ oder $\sum_{n=0}^{\infty} b_n$ absolut konvergent und sei

$$c_m := \sum_{i=0}^{m} a_i b_{m-i}, \; m \in \mathbb{N}_0.$$

Dann konvergiert $\sum_{m=0}^{\infty} c_m$ absolut und es gilt

$$\sum_{m=0}^{\infty} c_m = \left(\sum_{n=0}^{\infty} a_n\right) \cdot \left(\sum_{n=0}^{\infty} b_n\right).$$

Die Folge (c_m) heißt **Faltung** der Folgen (a_n) und (b_n). Man schreibt dafür $(c_m) = (a_n) * (b_n)$.

1.8 Finanzmathematik

Zinsrechnung

Im Folgenden sei K_0 das **Anfangs-** oder **Startkapital**, K_n das **Endkapital** nach n Jahren, i der **Zinssatz** und $q = 1 + i$ der **Zinsfaktor**.

Einfache Verzinsung

Die Zinsen einer Periode werden in nachfolgenden Perioden **nicht** mitverzinst.

nachschüssig	vorschüssig
$K_n = K_0 \cdot (1 + i \cdot n)$	$K_n = K_0 \cdot (1 + i \cdot (n+1))$
$= K_0 + K_0 \cdot i \cdot n$	$= K_0 \cdot (1 + i) + K_0 \cdot i \cdot n$
arithmetische Folge 1. Ordnung mit $d = K_0 \cdot i$	
$n = \dfrac{K_n - K_0}{i \cdot K_0}$	$n = \dfrac{K_n - K_0 \cdot (1+i)}{i \cdot K_0}$
$i = \dfrac{K_n - K_0}{n \cdot K_0}$	$i = \dfrac{K_n - K_0}{(n+1) \cdot K_0}$
$K_0 = \dfrac{K_n}{1 + n \cdot i}$	$K_0 = \dfrac{K_n}{1 + (n+1) \cdot i}$

Zinseszinsen

Die Zinsen einer Periode werden dem Kapital zugeschlagen und ab dem Fälligkeitstag mitverzinst.

nachschüssig	vorschüssig
$K_n = K_0 \cdot (1+i)^n$	$K_n = K_0 \cdot (1+i)^{n+1}$

geometrische Folge 1. Ordnung mit $q = 1 + i$

nachschüssig	vorschüssig
$n = \dfrac{\ln(K_n/K_0)}{\ln(1+i)}$	$n = \dfrac{\ln(K_n/K_0)}{\ln(1+i)} - 1$
$i = \sqrt[n]{K_n/K_0} - 1$	$i = \sqrt[n+1]{K_n/K_0} - 1$
$K_0 = \dfrac{K_n}{(1+i)^n}$	$K_0 = \dfrac{K_n}{(1+i)^{n+1}}$

Unterjährige Verzinsung

Bei einem **nominellen (Jahres-)Zinssatz** i und bei m Zinsperioden pro Jahr ergibt sich das Endkapital nach n Jahren folgendermaßen:

nachschüssig	vorschüssig
$K_n = K_0 \cdot \left(1 + \dfrac{i}{m}\right)^{m \cdot n}$	$K_n = K_0 \cdot \left(1 + \dfrac{i}{m}\right)^{m \cdot n + 1}$

Diese Regelung führt jedoch zu einem gegenüber dem nominellen Zinssatz erhöhten **effektiven Zinssatz** i_{eff}, der aus dem folgenden Ansatz berechnet werden kann:

nachschüssig	vorschüssig
$K_0 \cdot \left(1 + \dfrac{i}{m}\right)^{m} = K_0 \cdot (1 + i_{\text{eff}})$	$K_0 \cdot \left(1 + \dfrac{i}{m}\right)^{m+1} = K_0 \cdot (1 + i_{\text{eff}})$
$i_{\text{eff}} = \left(1 + \dfrac{i}{m}\right)^{m} - 1$	$i_{\text{eff}} = \left(1 + \dfrac{i}{m}\right)^{m+1} - 1$

Stetige Verzinsung, Augenblicksverzinsung

Ist die Anzahl m der Zinsperioden pro Jahr groß, so kann approximativ die für den Grenzübergang $m \to \infty$ erzielte einfachere Formel für den jährlichen **Aufzinsungsfaktor** $(1 + i/m)^m$ verwendet werden (gilt vor– und nachschüssig gleichermaßen):

$$\left(1 + \frac{i}{m}\right)^{m} \approx \mathrm{e}^{i} \qquad \text{wegen}$$

$$\left(1+\frac{i}{m}\right)^m = \left(1+\frac{1}{m/i}\right)^{\frac{m}{i}\cdot i} = \left[\left(1+\frac{1}{x}\right)^x\right]^i \qquad \text{mit } x := \frac{m}{i}$$

$$\lim_{x\to\infty}\left(1+\frac{1}{x}\right)^x = \mathrm{e} \approx 2{,}7182818$$

Rentenrechnung

Unter einer **Rente** r versteht man eine regelmäßig in gleichen Zeitabständen wiederkehrende Zahlung. Der **Rentenendwert** lautet

nachschüssig	vorschüssig
$R_n = r + r\cdot q + \cdots + r\cdot q^{n-1} = r\cdot\sum_{i=0}^{n-1} q^i = r\cdot\frac{q^n-1}{q-1}$	$R_n = r\cdot q + r\cdot q^2 + \cdots + r\cdot q^n = r\cdot\sum_{i=1}^{n} q^i = r\cdot q\cdot\frac{q^n-1}{q-1}$,

wobei $\frac{q^n-1}{q-1}$ bzw. $q\cdot\frac{q^n-1}{q-1}$ der **Rentenendwertfaktor** ist.

Der **Rentenbarwert** ergibt sich durch Abzinsung des Rentenendwertes mit dem **Abzinsungsfaktor** $1/q^n$ bzw. $1/q^{n-1}$:

nachschüssig	vorschüssig
$R_0 = R_n\cdot\frac{1}{q^n} = r\cdot\underbrace{\frac{q^n-1}{q-1}\cdot\frac{1}{q^n}}_{\textbf{Rentenbarwertfaktor}}$	$R_0 = R_n\cdot\frac{1}{q^n} = r\cdot\underbrace{\frac{q^n-1}{q-1}\cdot\frac{1}{q^{n-1}}}_{\textbf{Rentenbarwertfaktor}}$.

Tilgungsrechnung

(nur nachschüssig, vorschüssig nicht sinnvoll)

Die Schulden werden nicht als ein Betrag, sondern in n Teilbeträgen getilgt. Der jährlich zu zahlende Betrag heißt **Annuität**:

$$\text{Annuität} = \text{Zinsen auf Restschuld} + \text{Tilgungsrate}$$

$$A_j = Z_j + T_j, \quad j = 1, 2, \ldots, n$$

Ratentilgung

Die Tilgungsrate bleibt während der Laufzeit konstant, d. h. $T_j = K_0/n,\ j = 1, \ldots, n$. Da die Zinsen auf die jeweilige Restschuld berechnet werden, verringert sich die Annuität während der Laufzeit:

$$\begin{aligned} A_j &= T_j + Z_j \\ &= \frac{K_0}{n} + \left(K_0 - \frac{j-1}{n} K_0\right) \cdot i \\ &= \frac{K_0}{n} \cdot (1 + i \cdot (n - j + 1)) \end{aligned}$$

Annuitätentilgung

Die Annuität bleibt während der Laufzeit konstant. Da die Restschuld mit jeder Tilgung abnimmt, ergibt sich ein steigender Tilgungsanteil und ein sinkender Zinsanteil der konstanten Annuität während der Laufzeit:

$$A_j = K_0 \cdot \underbrace{q^n \cdot \frac{q-1}{q^n - 1}}_{\textbf{Annuitätenfaktor}}, \quad j = 1, \ldots, n$$

Für den Tilgungs- und für den Zinsanteil gilt:

$$\begin{aligned} T_1 &= A_1 - K_0 \cdot i \\ T_j &= T_1 \cdot q^{j-1}, \quad j = 2, 3, \ldots, n \\ T_j &= A_j / q^{n-j+1}, \quad j = 1, 2, \ldots, n \\ T_j &= K_0 \cdot \frac{q-1}{q^n - 1} \cdot q^{j-1}, \quad j = 1, 2, \ldots, n \\ Z_j &= A_j - T_j, \quad j = 1, 2, \ldots, n \end{aligned}$$

Formeln für die Restschuld $K_j,\ j = 1, 2, \ldots, n$:

$$\begin{aligned} K_j &= K_0 \cdot q^j - A_j \cdot \frac{q^j - 1}{q - 1} \\ K_j &= K_0 \cdot \frac{q^n - q^j}{q^n - 1} \\ K_j &= \frac{A_j}{q-1} \cdot \left(1 - \frac{1}{q^{n-j}}\right) \end{aligned}$$

Kurs- und Rentabilitätsrechnung

Es bedeuten im Folgenden:

$$K_{\text{nom}} \text{ – Nenn- oder Nominalwert einer Schuld}$$

$$K_{\text{real}} \text{ – Realwert einer Schuld}$$

$$C := \frac{K_{\text{real}}}{K_{\text{nom}}} \cdot 100 \text{ – Kurs einer Schuld}$$

$$n \text{ – Laufzeit in Jahren}$$

$$i_{\text{nom}} \text{ – Nominalzinssatz}$$

$$i_{\text{real}} = \sqrt[n]{\frac{K_{\text{real}}}{K_{\text{nom}}}} - 1 \text{ – Realzinssatz, Rendite}$$

Aus der TAYLOR-Reihe (s. S. 140) für den Logarithmus,

$$\ln x = (x-1) - \frac{1}{2}(x-1)^2 + \frac{1}{3}(x-1)^3 - \frac{1}{4}(x-1)^4 + \ldots,$$

folgt die „asymptotische Äquivalenz" von $\ln x$ und $(x-1)$ für $x \approx 1$, also

$$\lim_{x \to 1} \frac{\ln x}{x-1} = 1,$$

und daraus für $n = 1$ die Approximation

$$i_{\text{real}}^{\text{stetig}} := \ln \frac{K_{\text{real}}}{K_{\text{nom}}} \approx \frac{K_{\text{real}} - K_{\text{nom}}}{K_{\text{nom}}} = i_{\text{real}}.$$

$i_{\text{real}}^{\text{stetig}}$ heißt **stetige Rendite**.

Kurs einer gesamtfälligen Schuld

$$C_n^G = \left(\frac{i_{\text{nom}}}{i_{\text{real}}} \cdot \left(1 - \frac{1}{(1+i_{\text{real}})^n}\right) + \frac{1}{(1+i_{\text{real}})^n} \right) \cdot 100$$

Kurs einer Annuitätenschuld

$$C_n^A = \frac{i_{\text{nom}}}{i_{\text{real}}} \cdot \frac{1 - \dfrac{1}{(1+i_{\text{real}})^n}}{1 - \dfrac{1}{(1+i_{\text{nom}})^n}} \cdot 100$$

Kurs einer Ratenschuld

$$C_n^R = \left(\frac{1 - \frac{1}{(1+i_{\text{real}})^n}}{n \cdot i_{\text{real}}} + \frac{i_{\text{nom}}}{i_{\text{real}}} \cdot \left(1 - \frac{1 - \frac{1}{(1+i_{\text{real}})^n}}{n \cdot i_{\text{real}}} \right) \right) \cdot 100$$

Für alle drei Schuldtypen gilt:

$$\lim_{n\to\infty} C_n^G = \lim_{n\to\infty} C_n^A = \lim_{n\to\infty} C_n^R = \frac{i_{\text{nom}}}{i_{\text{real}}} \cdot 100.$$

1.9 Grundlagen der ebenen Geometrie

Bezeichnungen:	a, b, c, d	– Seiten(-längen)
	$\alpha, \beta, \gamma, \delta$	– Winkel
	h	– Höhe
	U	– Umfang
	A	– Fläche

Dreieck

Allgemeine Beziehungen

$\alpha + \beta + \gamma = 180°$

$U = a + b + c$

$$A = \frac{ch}{2} = \frac{bc}{2} \sin\alpha =$$
$$= \sqrt{s(s-a)(s-b)(s-c)}$$

mit $s = U/2$

Sinussatz

$$\frac{a}{\sin\alpha} = \frac{b}{\sin\beta} = \frac{c}{\sin\gamma}$$

Kosinussatz

$a^2 = b^2 + c^2 - 2bc\cos\alpha$

$b^2 = a^2 + c^2 - 2ac\cos\beta$

$c^2 = a^2 + b^2 - 2ab\cos\gamma$

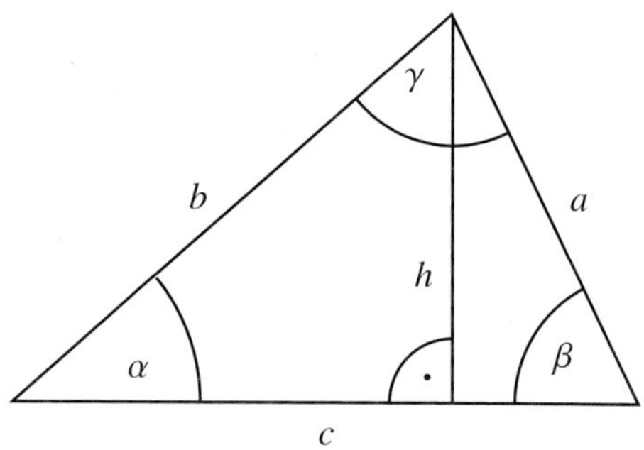

Rechtwinkliges Dreieck

Bezeichnungen: $\gamma = 90°$ – rechter Winkel
a, b – Katheten
c – Hypotenuse (gegenüber γ)
p, q – Hypotenusenabschnitte ($p + q = c$)

Formeln für rechtwinklige Dreiecke

Satz des Pythagoras
(Pythagoras von Samos, ca. 580–496 v. Chr.)
$a^2 + b^2 = c^2$

Höhensatz
$h^2 = p \cdot q$

Kathetensatz
$a^2 = c \cdot p$
$b^2 = c \cdot q$

$A = \frac{1}{2} hc = \frac{1}{2} ab$

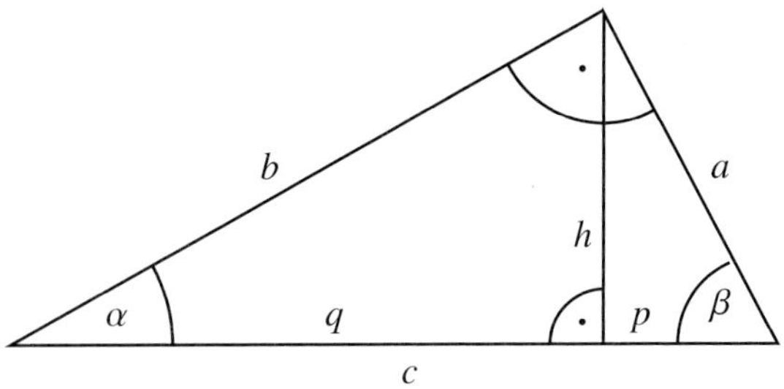

Gleichschenkliges Dreieck

Formeln für gleichschenklige Dreiecke

$a = b$
$\alpha = \beta$
$h = \frac{1}{2}\sqrt{4a^2 - c^2}$
$U = 2a + c$
$A = \frac{1}{2} hc = \frac{1}{4}\sqrt{4a^2 - c^2}$

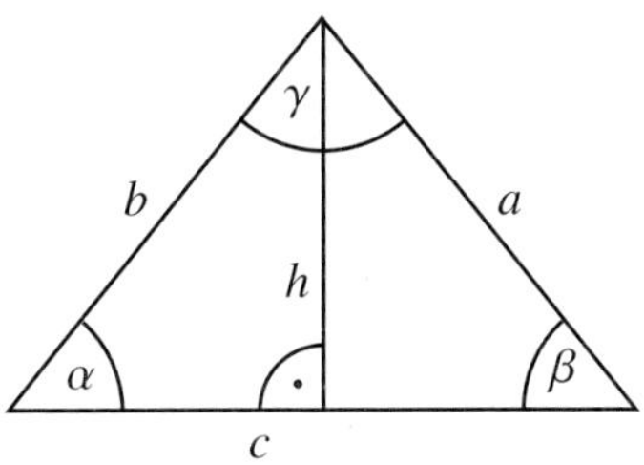

Gleichseitiges Dreieck

Formeln für gleichseitige Dreiecke

$$a = b = c$$
$$\alpha = \beta = \gamma = 60^\circ$$
$$h = \frac{1}{2} a\sqrt{3}$$
$$U = 3a$$
$$A = \frac{1}{2} ah = \frac{1}{4} a^2\sqrt{3}$$

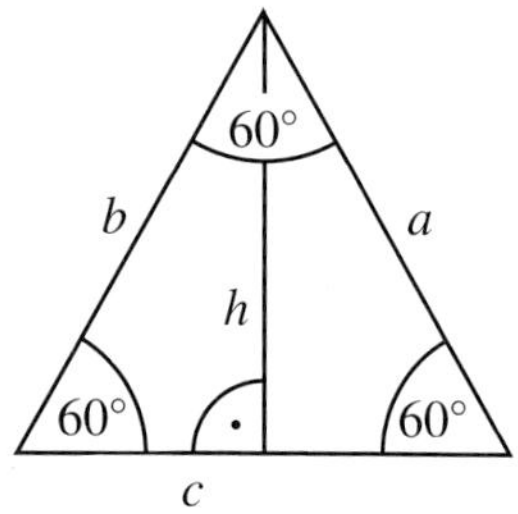

Viereck

Allgemeine Beziehungen

$$\alpha + \beta + \gamma + \delta = 360^\circ$$
$$U = a + b + c + d$$

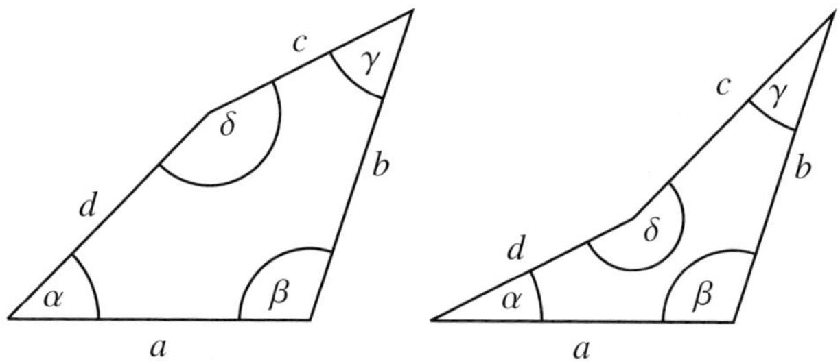

Quadrat

Formeln für Quadrate

$$a = b = c = d$$
$$\alpha = \beta = \gamma = \delta = 90^\circ$$
$$d_1 = d_2 = a\sqrt{2}$$
$$U = 4a$$
$$A = a^2$$

Die Diagonalen d_1, d_2 halbieren sich und stehen senkrecht aufeinander.

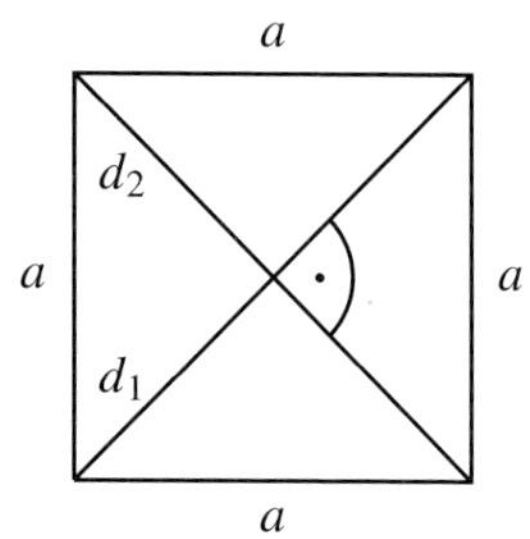

Rechteck

Formeln für Rechtecke

$a = c$ und $b = d$
$\alpha = \beta = \gamma = \delta = 90°$
$d_1 = d_2 = \sqrt{a^2 + b^2}$
$U = 2(a + b)$
$A = ab$
Die Diagonalen d_1, d_2 halbieren sich.

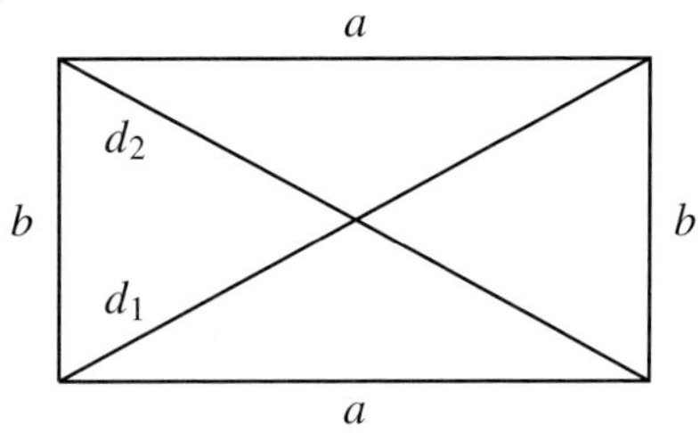

Parallelogramm

Ein Parallelogramm ist ein Viereck, dessen gegenüberliegende Seiten parallel und gleich lang sind.

Formeln für Parallelogramme

$a = c$ und $b = d$
$\alpha = \gamma$ und $\beta = \delta$
$h = b \sin\alpha$
$d_1, d_2 = \sqrt{a^2 + b^2 \pm 2a\sqrt{b^2 - h^2}}$
$U = 2(a + b)$
$A = ah = ab \sin\alpha$
Die Diagonalen d_1, d_2 halbieren sich.

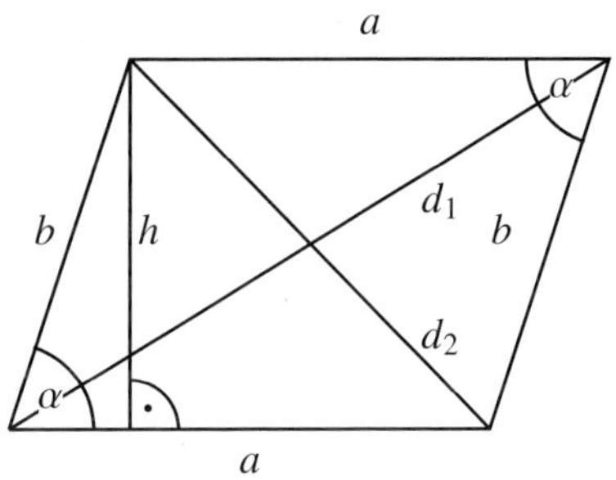

Rhombus oder Raute

Ein Rhombus oder eine Raute ist ein Parallelogramm, dessen Seiten gleich lang sind.

Formeln für Rauten

$a = b = c = d$
$\alpha = \gamma$ und $\beta = \delta$
$h = a \sin\alpha$
$d_1 = 2a \cos(\alpha/2)$
$d_2 = 2a \sin(\alpha/2)$
$U = 4a$
$A = ah = a^2 \sin\alpha = \frac{1}{2} d_1 d_2$

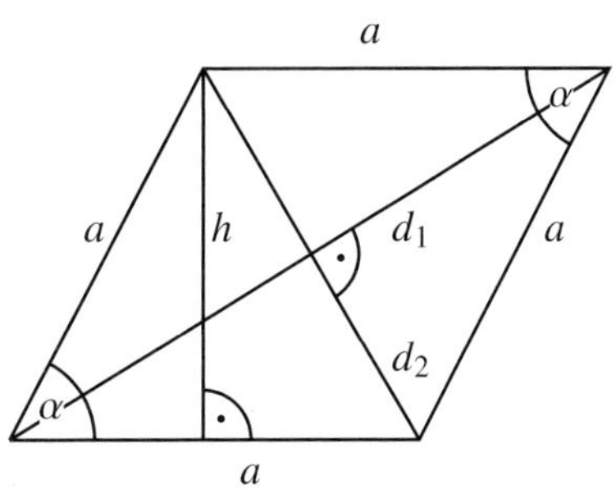

Die Diagonalen d_1, d_2 halbieren sich und stehen senkrecht aufeinander.

Trapez

Ein Trapez ist ein Viereck mit zwei parallelen Seiten.

Bezeichnungen: a, c – parallele Grundseiten
m – Mittellinie

Formeln für Trapeze

$$m = \frac{1}{2}(a + c)$$
$$U = a + b + c + d$$
$$A = mh = \frac{1}{2}(a + c)h$$

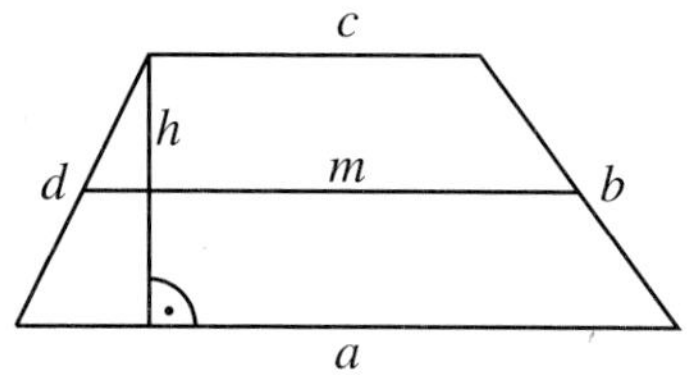

Kreis

Bezeichnungen: r – Radius
d – Durchmesser

Formeln für Kreise

$$d = 2r$$
$$U = 2\pi r = d\pi$$
$$A = \pi r^2 = \frac{1}{4}\pi d^2$$

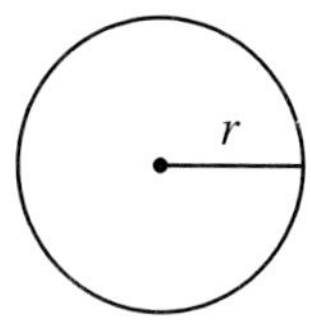

Ellipse

Bezeichnungen: a – große Halbachse
b – kleine Halbachse

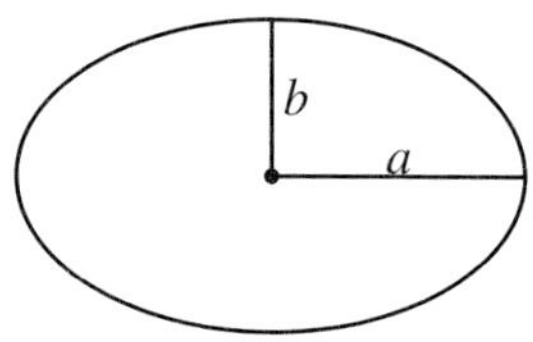

Formeln für Ellipsen

$$U \approx \pi\left(1{,}5(a + b) - \sqrt{ab}\right)$$
$$A = \pi ab$$

Strahlensätze

Werden Strahlen von Parallelen geschnitten, so verhalten sich hinsichtlich ihrer Längen

1. die Abschnitte auf einem Strahl wie die zwischen denselben Parallelen liegenden Abschnitte auf einem anderen Strahl,
2. die zwischen denselben Strahlen liegenden Parallelenabschnitte wie die vom Scheitelpunkt aus gemessenen zugehörigen Abschnitte auf einem Strahl,
3. die zwischen zwei Strahlen gelegenen Abschnitte auf zwei Parallelen wie die zwischen zwei anderen Strahlen gelegenen Abschnitte auf denselben Parallelen.

Die folgenden Grafiken und Formeln veranschaulichen die drei Strahlensätze. Die ersten beiden Strahlensätze können auf alle drei Grafiken angewandt werden.

1. Strahlensatz

$$\frac{\overline{SA_1}}{\overline{SA_2}} = \frac{\overline{SB_1}}{\overline{SB_2}} \text{ bzw. } \frac{\overline{SA_1}}{\overline{A_1A_2}} = \frac{\overline{SB_1}}{\overline{B_1B_2}}$$

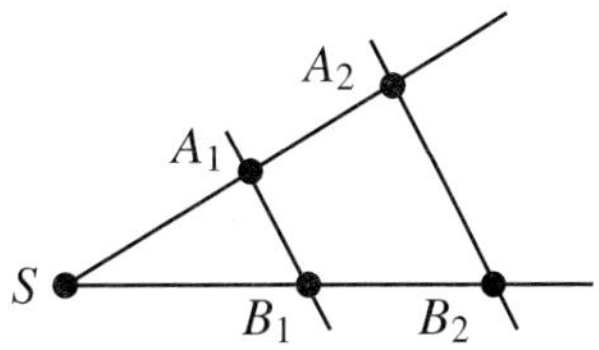

2. Strahlensatz

$$\frac{\overline{A_1B_1}}{\overline{A_2B_2}} = \frac{\overline{SA_1}}{\overline{SA_2}} = \frac{\overline{SB_1}}{\overline{SB_2}}$$

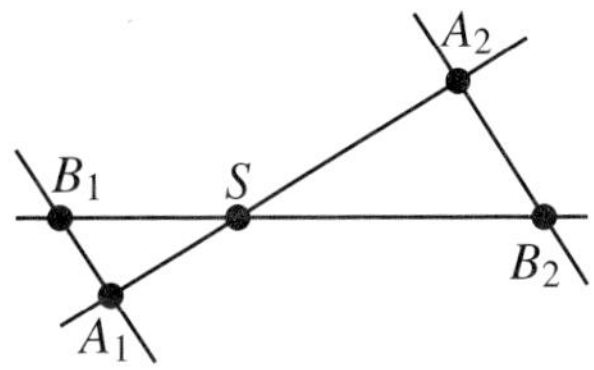

3. Strahlensatz

$$\frac{\overline{A_1B_1}}{\overline{A_2B_2}} = \frac{\overline{B_1C_1}}{\overline{B_2C_2}} = \frac{\overline{A_1C_1}}{\overline{A_2C_2}}$$

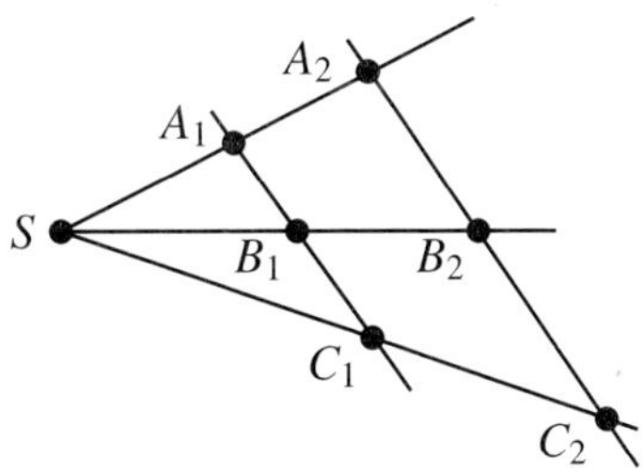

2 Analysis einer Variablen

2.1 Stetigkeit

Grenzwerte

Der **Grenzwert** der Funktion $f : \mathbb{R} \to \mathbb{R}$ an der Stelle $x_0 \in \mathbb{R}$ existiert und ist gleich y_0, wenn gilt:

$$\forall\, \varepsilon > 0\; \exists \delta > 0\; \forall\, x \in (x_0 - \delta, x_0 + \delta) \backslash \{x_0\} : \; |f(x) - y_0| < \varepsilon.$$

Schreibweise: $\lim\limits_{x \to x_0} f(x) = y_0$ oder $f(x) \underset{x \to x_0}{\longrightarrow} y_0$.

Der **linksseitige Grenzwert** von $f(x)$ an der Stelle x_0 existiert und ist gleich y_0, wenn gilt:

$$\forall\, \varepsilon > 0\; \exists \delta > 0\; \forall\, x \in (x_0 - \delta, x_0) : \; |f(x) - y_0| < \varepsilon.$$

Schreibweise: $\lim\limits_{x \uparrow x_0} f(x) = y_0$ oder $\lim\limits_{x \to x_0^-} f(x) = y_0$ oder $f(x) \underset{x \uparrow x_0}{\longrightarrow} y_0$.

Der **rechtsseitige Grenzwert** von $f(x)$ an der Stelle x_0 existiert und ist gleich y_0, wenn gilt:

$$\forall\, \varepsilon > 0\; \exists \delta > 0\; \forall\, x \in (x_0, x_0 + \delta) : \; |f(x) - y_0| < \varepsilon.$$

Schreibweise: $\lim\limits_{x \downarrow x_0} f(x) = y_0$ oder $\lim\limits_{x \to x_0^+} f(x) = y_0$ oder $f(x) \underset{x \downarrow x_0}{\longrightarrow} y_0$.

Der Grenzwert von $f(x)$ bei $+\infty$ existiert und ist gleich y_0, wenn gilt:

$$\forall\, \varepsilon > 0\; \exists x_0 \in \mathbb{R}^+\; \forall\, x > x_0 : \; |f(x) - y_0| < \varepsilon.$$

Schreibweise: $\lim\limits_{x \to \infty} f(x) = y_0$ oder $f(x) \underset{x \to \infty}{\longrightarrow} y_0$.

Der Grenzwert von $f(x)$ bei $-\infty$ existiert und ist gleich y_0, wenn gilt:

$$\forall\, \varepsilon > 0\; \exists x_0 \in \mathbb{R}^+\; \forall\, x < -x_0 : \; |f(x) - y_0| < \varepsilon.$$

Schreibweise: $\lim\limits_{x \to -\infty} f(x) = y_0$ oder $f(x) \underset{x \to -\infty}{\longrightarrow} y_0$.

Der Grenzwert von $f(x)$ an der Stelle x_0 **existiert uneigentlich** und ist gleich $+\infty$ (bzw. $-\infty$), wenn gilt:

$$\forall\, y \in \mathbb{R}^+ \;\exists \delta > 0 \;\forall\, x \in (x_0 - \delta, x_0 + \delta) \setminus \{x_0\} : \; f(x) > y \text{ (bzw. } < -y).$$

Schreibweise: $\lim\limits_{x \to x_0} f(x) = \pm\infty$ oder $f(x) \underset{x \to x_0}{\longrightarrow} \pm\infty$.

Die uneigentliche Existenz von **einseitigen** (d. h. linksseitigen und rechtsseitigen) Grenzwerten sowie von Grenzwerten bei $+\infty$ oder $-\infty$ wird analog definiert.

Schreibweise:
$$\begin{aligned}
&\lim_{x \uparrow x_0} f(x) = \pm\infty \text{ oder } \lim_{x \to x_0^-} f(x) = \pm\infty \text{ oder } f(x) \underset{x \uparrow x_0}{\longrightarrow} \pm\infty \\
&\lim_{x \downarrow x_0} f(x) = \pm\infty \text{ oder } \lim_{x \to x_0^+} f(x) = \pm\infty \text{ oder } f(x) \underset{x \downarrow x_0}{\longrightarrow} \pm\infty \\
&\lim_{x \to \infty} f(x) = \pm\infty \text{ oder } f(x) \underset{x \to \infty}{\longrightarrow} \pm\infty \\
&\lim_{x \to -\infty} f(x) = \pm\infty \text{ oder } f(x) \underset{x \to -\infty}{\longrightarrow} \pm\infty.
\end{aligned}$$

Die Definition des Grenzwertes einer Funktion bei x_0 (bzw. bei $\pm\infty$) setzt voraus, dass die Funktion in einer – eventuell sehr kleinen – Umgebung von x_0 (bzw. für alle reellen Zahlen größer bzw. kleiner einer gewissen Konstanten) definiert ist. Der Grenzwert von $f(x)$ bei x_0 existiert und ist gleich y_0 genau dann, wenn für **jede** Folge $(a_n)_{n \in \mathbb{N}}$ mit $a_n \neq x_0$, $n \in \mathbb{N}$, und $a_n \to x_0$ gilt: $f(a_n) \to y_0$. Entsprechende Äquivalenzen gelten für Grenzwerte bei $\pm\infty$ sowie uneigentliche und einseitige Grenzwerte.

Rechenregeln für Grenzwerte

(Alle genannten Grenzwerte mögen existieren)

$$\lim_{x \to x_0} f(x) = y_0 \Leftrightarrow \lim_{x \uparrow x_0} f(x) = \lim_{x \downarrow x_0} f(x) = y_0$$

Im Folgenden steht $\lim f(x)$ zur Abkürzung für $\lim\limits_{x \to x_0} f(x)$, $\lim\limits_{x \uparrow x_0} f(x)$, $\lim\limits_{x \downarrow x_0} f(x)$, $\lim\limits_{x \to \infty} f(x)$ oder $\lim\limits_{x \to -\infty} f(x)$.

$$\lim[f(x) \pm g(x)] = \lim f(x) \pm \lim g(x)$$

$$\lim[f(x) \cdot g(x)] = \lim f(x) \cdot \lim g(x)$$

$$\lim[f(x)/g(x)] = \lim f(x)/\lim g(x); \quad \lim g(x) \neq 0$$

$$\lim[a \cdot f(x)] = a \cdot \lim f(x); \quad a \in \mathbb{R}$$

$$\lim[f(x)]^a = [\lim f(x)]^a; \quad \lim f(x) > 0,\ a \in \mathbb{R}$$

$$\lim[a^{f(x)}] = a^{\lim f(x)}; \quad a > 0$$

$$\lim[\log_a f(x)] = \log_a[\lim f(x)]; \quad \lim f(x) > 0,\ a > 0$$

$\lim\limits_{x \to x_0} f(x) = \lim\limits_{x \to x_0} h(x) = a \;\wedge\; f(x) \leq g(x) \leq h(x)$ in einer Umgebung von x_0

$\Rightarrow \lim\limits_{x \to x_0} g(x) = a$

Eine Funktion $f(x)$ wird an der Stelle $x_0 \in \mathbb{R}$ **unendlich klein**, wenn $\lim\limits_{x \to x_0} f(x) = 0$ gilt. Analoge Definitionen gelten für einseitige Grenzwerte und für $x \to \pm\infty$. Betrachtet man den Quotienten zweier bei x_0 unendlich klein werdender Funktionen $f(x)$ und $g(x)$, so kann Folgendes eintreten:

- $\lim\limits_{x \to x_0} \dfrac{f(x)}{g(x)} = 0$, d. h. $f(x)$ wird **von höherer Ordnung unendlich klein** als $g(x)$.
- $\lim\limits_{x \to x_0} \dfrac{f(x)}{g(x)} = c$, $c \in \mathbb{R} \setminus \{0\}$, d. h. $f(x)$ und $g(x)$ werden **von derselben Ordnung unendlich klein** oder auch: $f(x)$ und $g(x)$ sind **asymptotisch proportional**. Für $c = 1$ heißen $f(x)$ und $g(x)$ **asymptotisch gleich**.
- $\lim\limits_{x \to x_0} \dfrac{f(x)}{g(x)} = \pm\infty$, d. h. $f(x)$ wird **von niedrigerer Ordnung unendlich klein** als $g(x)$.
- $\lim\limits_{x \to x_0} \dfrac{f(x)}{g(x)}$ existiert nicht, d. h. $\dfrac{f(x)}{g(x)}$ oszilliert bei x_0.

$f(x)$ wird bei x_0 **von erster Ordnung unendlich klein**, wenn gilt:

$$\lim_{x \to x_0} \left| \frac{f(x)}{x - x_0} \right| = c > 0.$$

$f(x)$ wird bei x_0 **von der Ordnung** $s > 0$ **unendlich klein**, wenn gilt:

$$\lim_{x \to x_0} \left| \frac{f(x)}{(x - x_0)^s} \right| = c > 0.$$

$f(x)$ wird für $x \to \pm\infty$ **von der Ordnung** $s > 0$ **unendlich klein**, wenn gilt:

$$\lim_{x \to \pm\infty} |x^s \cdot f(x)| = c > 0.$$

Es gibt Funktionen, die unendlich klein werden, jedoch schneller oder langsamer als jede Potenzfunktion, z. B.

$$\lim_{x \to -\infty} |x^s \cdot \exp(x)| = 0 \ \ \forall s > 0,$$

$$\lim_{x \to \infty} \left| x^s \cdot \frac{1}{\log_a(x)} \right| = \infty \ \ \forall s > 0 \ \forall a \in \mathbb{R}^+ \setminus \{1\}.$$

Gilt für $f(x)$ und $g(x)$

$$\lim_{x\to x_0} \frac{f(x)}{g(x)} = 0 \text{ bzw. } \lim_{x\to\pm\infty} \frac{f(x)}{g(x)} = 0,$$

so ist „$f(x)$ **klein** o von $g(x)$“ für $x \to x_0$ bzw. $x \to \pm\infty$.
Schreibweise: $f(x) \in o(g(x))$ oder vereinfachend $f(x) = o(g(x))$. Dabei ist o der kleine Buchstabe o.

Gibt es ein $c \in \mathbb{R}$, sodass gilt

$$\lim_{x\to x_0} \left|\frac{f(x)}{g(x)}\right| < c \text{ bzw. } \lim_{x\to\pm\infty} \left|\frac{f(x)}{g(x)}\right| < c,$$

so ist $f(x)$ von der Ordnung $g(x)$ bzw. „$f(x)$ **groß** O von $g(x)$“ für $x \to x_0$ bzw. $x \to \pm\infty$.
Schreibweise: $f(x) \in O(g(x))$ oder vereinfachend $f(x) = O(g(x))$. Dabei ist O der große Buchstabe O.

o und O heißen **Landau-Symbole** (Edmund Landau, 1877 – 1938).

Lokale Stetigkeit

Die Funktion $f(x)$ heißt an der Stelle $x_0 \in \mathbb{D}(f)$ **(lokal) stetig**, wenn gilt:

$$\lim_{x\to x_0} f(x) = f(x_0).$$

Dies setzt offenbar die eigentliche Existenz und die Übereinstimmung der einseitigen Limites voraus. Ist x_0 ein Randpunkt des Definitionsbereichs von f, so ist der Limes durch den jeweils zulässigen einseitigen Grenzwert zu ersetzen.

$f(x)$ heißt **linksseitig stetig** oder **stetig von links** in $x_0 \in \mathbb{D}(f)$, wenn gilt:

$$\lim_{x\uparrow x_0} f(x) = f(x_0).$$

$f(x)$ heißt **rechtsseitig stetig** oder **stetig von rechts** in $x_0 \in \mathbb{D}(f)$, wenn gilt:

$$\lim_{x\downarrow x_0} f(x) = f(x_0).$$

Ist $f(x)$ stetig bei x_0, so heißt x_0 **Stetigkeitsstelle** von f. Ist $f(x)$ nicht stetig bei $x_0 \in \mathbb{D}(f)$, so heißt x_0 **Unstetigkeitsstelle** von f. Ist in diesem Fall

$$\lim_{x\uparrow x_0} f(x) = \pm\infty \text{ und/oder } \lim_{x\downarrow x_0} f(x) = \pm\infty,$$

so heißt x_0 **Pol** oder **Polstelle** von f. Existieren die einseitigen Grenzwerte eigentlich, sind aber verschieden, so heißt x_0 **Sprungstelle** von f. Die absolute Differenz der einseitigen Limites heißt **Sprunghöhe** an der Stelle x_0. Die Unstetigkeit heißt **hebbar**, wenn die einseitigen Grenzwerte eigentlich existieren und gleich sind, jedoch f an der Stelle x_0 nicht definiert ist oder $\lim\limits_{x\to x_0} f(x) \neq f(x_0)$.

Globale Stetigkeit

Die Funktion $f(x)$ heißt im Intervall $I \subset \mathbb{D}(f)$ **(global) stetig**, wenn sie in jedem **inneren** Punkt des Intervalls stetig ist und rechtsseitig stetig am linken Rand, falls dieser zum Intervall I gehört, sowie linksseitig stetig am rechten Rand, falls dieser zum Intervall I gehört. Die Funktion $f(x)$ heißt einfach **stetig**, wenn sie im gesamten Definitionsbereich stetig ist.

Regeln und Sätze zur Stetigkeit

Sind f und g stetig (lokal oder global), so sind auch $f \pm g$, $f \cdot g$, $c \cdot f$ mit $c \in \mathbb{R}$ und f/g für $g \neq 0$ stetig.

Ist f stetig in $x_0 \in \mathbb{D}(f)$ und g stetig in $f(x_0) \in \mathbb{D}(g)$, so ist die Komposition $h := g \circ f$ stetig in $x_0 \in \mathbb{D}(h)$.

Eine stetige Funktion nimmt in einem abgeschlossenen Intervall Minimum und Maximum an.

Eine stetige Funktion ist in einem abgeschlossenen Intervall beschränkt.

Eine in einem Intervall bijektive, stetige Funktion besitzt eine stetige Inverse.

Das Bild eines Intervalls unter einer stetigen Funktion ist wieder ein Intervall.

Zwischenwertsatz: Ist f stetig im abgeschlossenen Intervall $[a, b]$, so gibt es zu jedem y im Intervall $\left(\min_{x\in[a,b]} f(x), \max_{x\in[a,b]} f(x)\right)$ ein $x \in (a, b)$ mit $f(x) = y$.

Jedes Polynom ungeraden Grades hat mindestens eine reelle Nullstelle.

Gleichmäßige Stetigkeit

Die ε-δ-Definition der Stetigkeit von f in $x_0 \in \mathbb{D}(f)$ lautet:

$$\forall \varepsilon > 0\ \exists \delta > 0\ \forall x \in \mathbb{D}(f) : |x - x_0| < \delta \implies |f(x) - f(x_0)| < \varepsilon .$$

Dabei hängt das zu bestimmende δ nicht nur von ε, sondern auch von der Stelle x_0 ab. Möchte man eine entsprechende Aussage für ein ganzes Intervall haben, so muss man die Unabhängigkeit von der Stelle x_0 erreichen.

Die Funktion $f(x)$ heißt im Intervall $I \subset \mathbb{D}(f)$ **gleichmäßig stetig**, wenn gilt:

$$\forall \varepsilon > 0\ \exists \delta > 0\ \forall x_1, x_2 \in I : \ |x_1 - x_2| < \delta \implies |f(x_1) - f(x_2)| < \varepsilon .$$

Eine gleichmäßig stetige Funktion ist insbesondere in jedem Punkt des Intervalls stetig. Eine in einem beschränkten und abgeschlossenen – also **kompakten** – Intervall stetige Funktion ist dort auch gleichmäßig stetig.

2.2 Differenzialrechnung

Differenzen- und Differenzialquotient

Der **Differenzenquotient** $\frac{\Delta y}{\Delta x}$ der Funktion $y = f(x)$ an den Stellen x_0 und x ist definiert als:

$$\left.\frac{\Delta y}{\Delta x}\right|_{x,x_0} := \frac{f(x) - f(x_0)}{x - x_0}.$$

Der Differenzenquotient ist die Steigung der **Sekante** durch die Punkte $(x_0, f(x_0))$ und $(x, f(x))$, also der Tangens des Winkels zwischen Sekante und Abszisse.

Der **Differenzialquotient** $\left.\frac{\mathrm{d}f(x)}{\mathrm{d}x}\right|_{x=x_0}$ der Funktion $y = f(x)$ an der Stelle x_0 ist – falls existent – wie folgt definiert:

$$\left.\frac{\mathrm{d}f(x)}{\mathrm{d}x}\right|_{x=x_0} := \lim_{x \to x_0} \frac{f(x) - f(x_0)}{x - x_0}$$

Sprechweise: $\mathrm{d}f(x)$ nach $\mathrm{d}x$ an der Stelle $x = x_0$.
Andere Schreibweisen: $\frac{\mathrm{d}f}{\mathrm{d}x}(x_0)$; $f'(x_0)$; $\left.\frac{\mathrm{d}y}{\mathrm{d}x}\right|_{x=x_0}$; $y'_{x=x_0}$.

Der Differenzialquotient ist die Steigung der **Tangente** an den Graphen der Funktion f im Punkt $(x_0, f(x_0))$, also der Tangens des Winkels zwischen Tangente und Abszisse.

Fasst man den Differenzialquotienten als Funktion (von x_0) auf, so heißt er **Ableitung** von $f(x)$. Existiert der Differenzialquotient von f an der Stelle x_0, so heißt f bei x_0 **differenzierbar**. Ist eine Funktion in jedem inneren Punkt eines Intervalls I differenzierbar und an den Rändern – falls sie zum Intervall gehören – einseitig differenzierbar, d. h. existieren die jeweiligen einseitigen Grenzwerte der Differenzialquotienten, so heißt sie in I **(global) differenzierbar**. Ist eine Funktion (lokal oder global) differenzierbar, so ist sie auch stetig, die Umkehrung gilt nicht unbedingt.

Ist die Ableitung $f'(x)$ einer Funktion $f(x)$ (lokal oder global) differenzierbar, so heißt

$$f''(x) := f^{(2)}(x) := \frac{\mathrm{d}^2 f(x)}{\mathrm{d}x^2} := (f'(x))'$$

zweite Ableitung von $f(x)$. Ist die $(n-1)$-te Ableitung differenzierbar, so heißt

$$f^{(n)}(x) := \frac{\mathrm{d}^n f(x)}{\mathrm{d}x^n} := \left(f^{(n-1)}(x)\right)'$$

n*-te Ableitung** oder **Ableitung der Ordnung *n von $f(x)$.

Erste Ableitungen einiger Funktionen

$f(x)$	$f'(x)$	$f(x)$	$f'(x)$
c (konstant)	0	$\tan x$	$1/\cos^2(x)$
x	1	$\cot x$	$-1/\sin^2(x)$
$c \cdot x$	c	$\sec x$	$\sin(x)/\cos^2(x)$
$x^\alpha,\ x > 0$	$\alpha x^{\alpha-1},\ \alpha \in \mathbb{R}$	$\operatorname{cosec} x$	$-\cos(x)/\sin^2(x)$
x^n	$nx^{n-1},\ n \in \mathbb{N}$	$\arcsin x$	$1/\sqrt{1-x^2}$
$1/x$	$-1/x^2$	$\arccos x$	$-1/\sqrt{1-x^2}$
$1/x^n$	$-n/x^{n+1}$	$\arctan x$	$1/(1+x^2)$
$\sqrt{x}$	$\dfrac{1}{2\sqrt{x}}$	$\operatorname{arccot} x$	$-1/(1+x^2)$
$\sqrt[n]{x}$	$\dfrac{1}{n\sqrt[n]{x^{n-1}}}$	$\operatorname{arcsec} x$	$\dfrac{1}{x\sqrt{x^2-1}}$
a^x	$a^x \cdot \ln a$	$\operatorname{arccosec} x$	$\dfrac{-1}{x\sqrt{x^2-1}}$
e^x	e^x	$\sinh x$	$\cosh x$
$\log_a x$	$\dfrac{1}{x \ln a}$	$\cosh x$	$\sinh x$
$\ln x$	$1/x$	$\tanh x$	$1/\cosh^2(x)$
$\operatorname{ld} x$	$\dfrac{1}{x \ln 2}$	$\coth x$	$-1/\sinh^2(x)$
$\lg x$	$\dfrac{1}{x \ln 10}$	$\operatorname{arsinh} x$	$1/\sqrt{x^2+1}$
$\sin x$	$\cos x$	$\operatorname{arcosh} x$	$1/\sqrt{x^2-1}$
$\cos x$	$-\sin x$	$\operatorname{artanh} x$	$1/(1-x^2)$
		$\operatorname{arcoth} x$	$-1/(x^2-1)$

Ableitungsregeln

Seien $f_1(x), \ldots, f_n(x)$ differenzierbar an einer Stelle x_0 oder in einem Intervall I.

Summenregel

Für $g(x) := \sum\limits_{i=1}^{n} \pm f_i(x)$ ist

$$g'(x) = \sum_{i=1}^{n} \pm f_i'(x).$$

Kurzform: $(u \pm v)' = u' \pm v'$

Produktregel

Für $g(x) := \prod\limits_{i=1}^{n} f_i(x)$ ist

$$g'(x) = \sum_{i=1}^{n} f_i'(x) \cdot \prod_{\substack{j=1 \\ j \neq i}}^{n} f_j(x).$$

Speziell: Für $g(x) := f_1(x) \cdot f_2(x)$ ist

$$g'(x) = f_1'(x) \cdot f_2(x) + f_1(x) \cdot f_2'(x).$$

Kurzform: $(u \cdot v)' = u'v + uv'$

Quotientenregel

Für $g(x) := f_1(x)/f_2(x)$, $f_2(x) \neq 0$, ist

$$g'(x) = \frac{f_1'(x) \cdot f_2(x) - f_1(x) \cdot f_2'(x)}{f_2^2(x)}.$$

Kurzform: $\left(\frac{u}{v}\right)' = \frac{u'v - uv'}{v^2}$

Kettenregel

Sei $f(x)$ differenzierbar in x_0 und $g(x)$ differenzierbar in $f(x_0)$. Dann ist $h(x) := (g \circ f)(x)$ differenzierbar in x_0 und es ist im gesamten Differenzierbarkeitsbereich von h

$$h'(x) = g'\big(f(x)\big) \cdot f'(x).$$

„Äußere Ableitung multipliziert mit der inneren Ableitung.“

Falls alle genannten Ableitungen existieren, lautet die Ableitung einer n-fach geschachtelten Funktion $f(x) := (f_n \circ f_{n-1} \circ \ldots \circ f_1)(x)$

$$\begin{aligned} f'(x) &= \prod_{i=1}^{n} (f_i' \circ f_{i-1} \circ \ldots \circ f_1)(x) \\ &= f_n'(f_{n-1}(f_{n-2}(\ldots f_1(x)))) \cdot f_{n-1}'(f_{n-2}(f_{n-3}(\ldots f_1(x)))) \cdot \ldots \cdot f_2'(f_1(x)) \cdot f_1'(x) \end{aligned}$$

Ableitung der Umkehrfunktion

Sei $f(x)$ in einem Intervall I stetig und streng monoton sowie in $x_0 \in I$ differenzierbar. Ist $f'(x_0) \neq 0$, so ist die Umkehrfunktion f^{-1} an der Stelle $y_0 = f(x_0)$ differenzierbar und es gilt

$$\left(f^{-1}\right)'(y_0) = \frac{1}{f'(x_0)}.$$

Logarithmische Ableitung

Gelegentlich ist es einfacher, den Logarithmus einer Funktion statt die Funktion selbst abzuleiten – insbesondere bei Produkten und Exponentialfunktionen. Sei $f(x)$ differenzierbar in x_0 und sei $f(x_0) > 0$. Dann ist

$$f'(x_0) = f(x_0) \cdot \left.\frac{d(\ln f(x))}{dx}\right|_{x=x_0}.$$

Unbestimmte Ausdrücke

Bei der Grenzwertbildung können sich folgende **unbestimmte Ausdrücke** ergeben:

$$\frac{0}{0},\ \frac{\infty}{\infty},\ 0 \cdot \infty,\ \infty - \infty,\ 1^{\infty},\ \infty^0,\ 0^0.$$

Alle diese Ausdrücke lassen sich wie folgt in unbestimmte Ausdrücke der Form $0/0$ überführen:

- $\lim f(x) = \infty,\ \lim g(x) = \infty,\ h(x) = f(x)/g(x)$
  $$\Rightarrow \lim h(x) = \frac{\infty}{\infty} = \lim \frac{1/g(x)}{1/f(x)} = \frac{0}{0}$$
- $\lim f(x) = 0,\ \lim g(x) = \infty,\ h(x) = f(x) \cdot g(x)$
  $$\Rightarrow \lim h(x) = 0 \cdot \infty = \lim \frac{f(x)}{1/g(x)} = \frac{0}{0}$$

- $\lim f(x) = \infty$, $\lim g(x) = \infty$, $h(x) = f(x) - g(x)$
  $$\Rightarrow \lim h(x) = \infty - \infty = \lim \frac{1/g(x) - 1/f(x)}{1/(f(x) \cdot g(x))} = \frac{0}{0}$$
- $\lim f(x) = 1$, $\lim g(x) = \infty$, $h(x) = f(x)^{g(x)}$
  $$\Rightarrow \lim h(x) = 1^{\infty} = \exp\left(\lim \frac{\ln f(x)}{1/g(x)}\right) = \exp\left(\frac{0}{0}\right)$$
- $\lim f(x) = \infty$, $\lim g(x) = 0$, $h(x) = f(x)^{g(x)}$
  $$\Rightarrow \lim h(x) = \infty^0 = \exp\left(\lim \frac{g(x)}{1/\ln f(x)}\right) = \exp\left(\frac{0}{0}\right)$$
- $\lim f(x) = 0$, $\lim g(x) = 0$, $h(x) = f(x)^{g(x)}$
  $$\Rightarrow \lim h(x) = 0^0 = \exp\left(-\lim \frac{g(x)}{-1/\ln f(x)}\right) = \exp\left(-\frac{0}{0}\right)$$

Regel von DE L'HOSPITAL

Nach der Regel von DE L'HOSPITAL (GUILLAUME FRANÇOIS ANTOINE MARQUIS DE L'HOSPITAL, 1661 – 1704) können unbestimmte Ausdrücke der Gestalt $0/0$ berechnet werden. Seien $f(x)$ und $g(x)$ differenzierbar im Innern des Intervalls I und seien dort die Ableitungen $f'(x)$ und $g'(x)$ stetig. Sei weiter $a := \inf I$, $b := \sup I$ und existiere der Grenzwert

$$\lim_{x \downarrow a} \frac{f'(x)}{g'(x)} \quad \text{bzw.} \quad \lim_{x \uparrow b} \frac{f'(x)}{g'(x)}.$$

Ist dann

$$\lim_{x \downarrow a} f(x) = \lim_{x \downarrow a} g(x) = 0 \quad \text{bzw.} \quad \lim_{x \uparrow b} f(x) = \lim_{x \uparrow b} g(x) = 0,$$

so gilt:

$$\lim_{x \downarrow a} \frac{f(x)}{g(x)} = \lim_{x \downarrow a} \frac{f'(x)}{g'(x)} \quad \text{bzw.} \quad \lim_{x \uparrow b} \frac{f(x)}{g(x)} = \lim_{x \uparrow b} \frac{f'(x)}{g'(x)}.$$

Potenzreihen

Seien $f_i(x)$, $i \in \mathbb{N}$, Funktionen, die alle auf einem Intervall I definiert sind. Die Reihe

$$\sum_{i=1}^{\infty} f_i(x)$$

heißt **Funktionenreihe**.

Die Menge der Punkte, für die die Funktionenreihe konvergiert, heißt **Konvergenzbereich** der Funktionenreihe. Im Konvergenzbereich K ist durch den Wert der Reihe eine neue Funktion

$$f(x) := \sum_{i=1}^{\infty} f_i(x), \; x \in K,$$

definiert. Die Konvergenz ist die aus 1.7 bekannte Konvergenz für Zahlenfolgen. Sie gilt für jeden Punkt $x \in K$ und heißt deshalb auch **punktweise Konvergenz**. Für Funktionenreihen kann man noch eine andere Art der Konvergenz definieren:

Die Funktionenreihe $\sum\limits_{i=1}^{\infty} f_i(x)$ heißt **gleichmäßig konvergent** in I, wenn gilt:

$$\forall \varepsilon > 0 \; \exists n_0 \in \mathbb{N} \;\; \forall n \geq n_0 \; \forall x \in I : \left| \sum_{i=n}^{\infty} f_i(x) \right| < \varepsilon.$$

Ist eine Funktionenreihe gleichmäßig konvergent in I, so ist sie dort auch punktweise konvergent. Gleichmäßig konvergente Funktionenreihen stetiger Funktionen sind stetig. Funktionenreihen von besonderer Bedeutung sind die **Potenzreihen**:

$$\sum_{i=0}^{\infty} a_i(x - x_0)^i, \;\; a_i, x_0 \in \mathbb{R}.$$

Diese Potenzreihe ist absolut konvergent für $|x - x_0| < \rho$ mit

$$\rho := 1/ \lim_{n\to\infty} \left| \frac{a_{n+1}}{a_n} \right| = 1/ \lim_{n\to\infty} \sqrt[n]{|a_n|}.$$

Sind die Grenzwerte null, so ist $\rho = \infty$. Existieren die Grenzwerte nicht, sind sie durch den jeweiligen limes superior zu ersetzen. Es heißt

$$\limsup_{n\to\infty} b_n := \overline{\lim_{n\to\infty}} \, b_n := \lim_{n\to\infty} \sup\{b_k : k \geq n\}$$

limes superior der Folge $(b_n)_{n\in\mathbb{N}}$. Es ist also

$$\rho = 1/\limsup_{n\to\infty} \left| \frac{a_{n+1}}{a_n} \right| = 1/\limsup_{n\to\infty} \sqrt[n]{|a_n|}.$$

ρ heißt **Konvergenzradius** der Potenzreihe. Für $|x - x_0| > \rho$ ist die Potenzreihe divergent. Für $|x - x_0| = \rho$ kann sie konvergieren oder divergieren. Konvergiert sie für ein $x_1 \neq x_0$, so konvergiert sie absolut für jedes x mit $|x - x_0| < |x_1 - x_0|$.

Satz von ABEL

Konvergiert $\sum_{i=0}^{\infty} a_i(x - x_0)^i$ für $x_1 > x_0$, so konvergiert die Reihe gleichmäßig im Intervall $[2x_0 - x_1 + \varepsilon,\ x_1]$ für jedes $\varepsilon > 0$.

Satz von TAYLOR

(BROOK TAYLOR, 1685 – 1731)

Hat $f(x)$ im Intervall I Ableitungen bis zur Ordnung $n + 1$ und ist $f^{(n+1)}(x)$ stetig in I, so gilt für jeden inneren Punkt x_0 von I und für alle $x \in I$ die **TAYLOR-Entwicklung** von $f(x)$ um x_0

$$f(x) = \sum_{i=0}^{n} \frac{f^{(i)}(x_0)}{i!} \cdot (x - x_0)^i + R_n(x)$$

mit einem **Restglied**

$$R_n(x) := \frac{f^{(n+1)}(x_0 + \theta(x - x_0))}{(n+1)!} \cdot (x - x_0)^{n+1}$$

und einer Zahl $\theta \in [0, 1]$.

Ist $f(x)$ beliebig oft differenzierbar, so heißt

$$\sum_{i=0}^{\infty} \frac{f^{(i)}(x_0)}{i!} \cdot (x - x_0)^i \qquad (*)$$

TAYLOR-Reihe von $f(x)$ mit der **Entwicklungsstelle** x_0. Die TAYLOR-Reihe muss jedoch auch im Konvergenzbereich nicht gegen $f(x)$ konvergieren. Eine Funktion $f(x)$ heißt **analytisch** in x_0, wenn für alle x in einer Umgebung von x_0 gilt

$$f(x) = \sum_{i=0}^{\infty} \frac{f^{(i)}(x_0)}{i!}(x - x_0)^i .$$

Ist $x_0 = 0$, so heißt $(*)$ auch **MACLAURINsche Reihe** (COLIN MACLAURIN, 1698 – 1746).

Beispiele zur Anwendung von TAYLOR-Reihen bieten stetige Renditen (s. S. 121) sowie die Summendarstellungen der Exponentialfunktion $\exp(x)$ (s. S. 94) des natürlichen Logarithmus $\ln(1 + x)$ (s. S. 95), des Sinus und des Kosinus (s. S. 100).

Mittelwertsätze

Satz von Rolle

(Michael Rolle, 1652 – 1719)

Ist $f(x)$ stetig in $[a, b]$, differenzierbar in (a, b) und ist $f(a) = f(b)$, so existiert $c \in (a, b)$ mit $f'(c) = 0$.

1. Mittelwertsatz

Ist $f(x)$ stetig in $[a, b]$ und differenzierbar in (a, b), so existiert $c \in (a, b)$ mit

$$\frac{f(b) - f(a)}{b - a} = f'(c).$$

2. Mittelwertsatz

Sind $f(x)$ und $g(x)$ stetig in $[a, b]$ und differenzierbar in (a, b) und ist $g(a) \neq g(b)$ sowie $g'(x) \neq 0$ für alle $x \in (a, b)$, so existiert $c \in (a, b)$ mit

$$\frac{f(b) - f(a)}{g(b) - g(a)} = \frac{f'(c)}{g'(c)}.$$

Steigung, Krümmung, Extrema und Wendepunkte

Die erste Ableitung einer Funktion $f(x)$ an der Stelle x_0 gibt die **Steigung** der Funktion $f(x)$ bei x_0, d. h. die Steigung der Tangente an den Funktionsgraphen im Punkt $(x_0, f(x_0))$ an. Die Funktion $f(x)$ heißt an der Stelle x_0

- **steigend**, falls $f'(x_0) > 0$,
- **stationär**, falls $f'(x_0) = 0$,
- **fallend**, falls $f'(x_0) < 0$.

Lokale Extremstellen einer Funktion $f(x)$ sind Stellen, an denen sich ihr Steigungsverhalten ändert. Insbesondere ist eine Funktion an einer lokalen Extremstelle stationär, d. h. $f'(x_0) = 0$ ist eine notwendige Bedingung für eine Extremstelle.

Die zweite Ableitung einer Funktion $f(x)$ gibt die **Krümmung** der Funktion $f(x)$, d. h. die Steigung der ersten Ableitung an.

Die Funktion $f(x)$ ist im Intervall I

- **konvex** (oder linksgekrümmt), wenn $f''(x) \geq 0 \; \forall x \in I$,
- **streng konvex**, wenn $f''(x) > 0 \; \forall x \in I$,
- **konkav** (oder rechtsgekrümmt), wenn $f''(x) \leq 0 \; \forall x \in I$,
- **streng konkav**, wenn $f''(x) < 0 \; \forall x \in I$.

Wendepunkte einer Funktion $f(x)$ sind Stellen, an denen sich ihr Krümmungsverhalten ändert. Insbesondere hat die zweite Ableitung an einem Wendepunkt eine Nullstelle, d. h. $f''(x_0) = 0$ ist die notwendige Bedingung für einen Wendepunkt.

Ist $f'(x_0) = 0$ und existieren die erforderlichen höheren Ableitungen, so kann nach der **Methode der höheren Ableitungen** entschieden werden, ob x_0 lokale Extremstelle oder Wendepunkt ist. Sei dazu n die kleinste Ordnung einer Ableitung in x_0, die nicht verschwindet, d. h. $f^{(i)}(x_0) = 0,\ i = 1, \ldots, n-1,\ f^{(n)}(x_0) \neq 0$. Dann hat $f(x)$ in x_0

- ein lokales Maximum, falls n gerade und $f^{(n)}(x_0) < 0$,
- ein lokales Minimum, falls n gerade und $f^{(n)}(x_0) > 0$,
- einen Wendepunkt von konvex zu konkav, falls n ungerade und $f^{(n)}(x_0) < 0$,
- einen Wendepunkt von konkav zu konvex, falls n ungerade und $f^{(n)}(x_0) > 0$.

Elastizitäten

Die **Elastizität** einer Funktion $y = f(x)$ gibt die Reaktivität einer Größe y auf die Änderung einer verursachenden Größe x an. Die **Bogenelastizität** wird als Verhältnis der relativen Änderung von y zur relativen Änderung von x definiert:

$$\frac{\Delta y}{y} \Bigg/ \frac{\Delta x}{x} = \frac{\Delta y}{\Delta x} \cdot \frac{x}{y} = \frac{f(x+\Delta x) - f(x)}{\Delta x} \cdot \frac{x}{f(x)}.$$

Während die Bogenelastizität von der Größe der Änderung Δx abhängt, ist die **Punktelastizität** η von y im Punkt x durch die Grenzwertbildung

$$\lim_{\Delta x \to 0} \frac{\Delta y}{\Delta x} = \frac{\mathrm{d}y}{\mathrm{d}x}$$

davon unabhängig:

$$\eta(y|x) := \frac{\mathrm{d}y}{\mathrm{d}x} \cdot \frac{x}{y} = \frac{\mathrm{d}(\ln y)}{\mathrm{d}(\ln x)}.$$

Die letzte Darstellung zeigt, dass die Elastizität von y im Punkt x die Steigung der Tangente an den Funktionsgraphen ist, wenn beide Achsen logarithmisch skaliert sind. Die logarithmische Transformation beider Achsen muss mit derselben Basis erfolgen.

y heißt bezüglich x

- **elastisch**, falls $|\eta(y|x)| > 1$,
- **vollkommen elastisch**, falls $|\eta(y|x)| = \infty$,
- **unelastisch**, falls $0 < |\eta(y|x)| < 1$,
- **vollkommen unelastisch**, falls $|\eta(y|x)| = 0$,
- **proportional**, falls $|\eta(y|x)| = 1$.

Die Punktelastizität als Funktion von x heißt **Elastizitätsfunktion**.

Rechenregeln zur Elastizität

Seien y und z Funktionen von x.

$$\eta(y|x) = \eta(ay|bx);\; a, b \in \mathbb{R} \setminus \{0\}$$

$$\eta(y|x) = c \Leftrightarrow y = ax^c;\; a, c \in \mathbb{R},\; a \neq 0$$

$$\eta(y \pm z|x) = \frac{y\,\eta(y|x) \pm z\,\eta(z|x)}{y \pm z}$$

$$\eta(y \cdot z|x) = \eta(y|x) + \eta(z|x)$$

$$\eta(y/z|x) = \eta(y|x) - \eta(z|x)$$

$$\eta\left(f(g(x))|x\right) = \eta\big(f(g(x))|g(x)\big) \cdot \eta\left(g(x)|x\right)$$

$$\eta\left(f(x)|x\right) = \frac{1}{\eta\big(f^{-1}(f(x))|f(x)\big)} = \frac{1}{\eta\big(x|f(x)\big)}$$

$$f(ax) = a^r \cdot f(x) \Rightarrow \eta\left(f(x)|x\right) = r$$

Suchverfahren für die Bestimmung von Extremstellen

Im folgenden werden einige direkte, deterministische Algorithmen für die Bestimmung von Extremstellen einer Funktion vorgestellt. Dabei wird sich auf die Suche nach Maximalstellen beschränkt. Für die Suche nach Minimalstellen können bspw. die Maximalstellen der mit -1 multiplizierten Funktion bestimmt werden. Für alle Algorithmen benötigt man einen bzw. mehrere **Startwerte** und duchläuft jeweils die gleichen Schritte bis zu einem gegebenen Abbruchkriterium.

Für stetig differenzierbare Funktionen können Extremstellen auch indirekt über das Nullsetzen der ersten Ableitung und Prüfung der hinreichenden Bedingung gefunden werden. Dabei können die Verfahren zur approximativen Nullstellenbestimmung hilfreich sein (s. S. 51ff.).

Verfahren des Goldenen Schnitts

Direkte Bestimmung des Maximums der Funktion $f(x)$ für $x \in [x_u; x_o]$ durch schrittweise Verkleinerung des Suchbereichs:

$$x_{0{,}382} = x_u + \frac{3 - \sqrt{5}}{2} \cdot (x_o - x_u)$$

$$x_{0{,}618} = x_u + \frac{\sqrt{5} - 1}{2} \cdot (x_o - x_u)$$

Falls $f(x_{0{,}382}) \geq f(x_{0{,}618})$, so wird $x_o = x_{0{,}618}$ gesetzt. Falls $f(x_{0{,}382}) < f(x_{0{,}618})$, so wird $x_u = x_{0{,}382}$ gesetzt.

Wenn Abbruchkriterium erfüllt ist, wird die Maximalstelle in der Mitte des verbleibenden Intervalls angenommen.

Newton-Verfahren zur Maximalstellenbestimmung

Direkte näherungsweise **Maximalstellenbestimmung** der dreifach stetig differenzierbaren Funktion $f(x)$:

$$x_{t+1} = x_t - \frac{f'(x_t)}{f''(x_t)}, \; t = 1, 2, \ldots$$

Für die Sicherstellung der Konvergenz des Verfahrens sollte der Startwert x_1 hinreichend nah an der Extremstelle liegen.

Newton-Raphson-Verfahren

Sir Isaac Newton, 1642 – 1726, Joseph Raphson 1648 – 1715

Erweiterung des Newton-Verfahrens zur näherungsweisen Bestimmung der Maximalstelle auf Funktionen mit mehreren Variablen, $f(\vec{x})$ mit $\vec{x} = (x_1, \ldots, x_n) \in \mathbb{R}^n$.

$$\vec{x}_{t+1} = \vec{x}_t - \left(\vec{H} f(\vec{x}_t)\right)^{-1} \cdot \operatorname{grad} f(\vec{x}_t), \; t = 1, 2, \ldots$$

mit $\left(\vec{H} f(\vec{x}_t)\right)^{-1}$ Inverse der Hesse-Matrix der Funktion f an $\vec{x}_t$.

Hinweis: Je nach Funktion $f(\vec{x})$ und Startwert ist die Konvergenz des Newton-Raphson-Verfahrens nicht immer gesichert.

2.3 Integralrechnung

Unbestimmtes Integral

Seien die Funktionen $F(x)$ und $f(x)$ auf dem Intervall I definiert und $F(x)$ in I differenzierbar. $F(x)$ heißt **Stammfunktion** von $f(x)$ in I, wenn dort $F'(x) = f(x)$ gilt. Ist $F(x)$ Stammfunktion von $f(x)$ in I, so ist auch $G(x) := F(x) + c,\ c \in \mathbb{R}$, Stammfunktion von $f(x)$. Die Menge aller Stammfunktionen einer Funktion $f(x)$ heißt **unbestimmtes Integral** von $f(x)$ und wird mit

$$\int f(x)\,\mathrm{d}x$$

bezeichnet. $f(x)$ heißt hier **Integrand**, x **Integrationsvariable** und $\mathrm{d}x$ **Integrationsdifferenzial**. Ist $f(x)$ stetig an der Stelle x bzw. im Intervall I, so existiert dort eine Stammfunktion $F(x)$.

Einige Stammfunktionen

$f(x)$	$F(x)$	$f(x)$	$F(x)$
c (konstant)	cx	$\sin x$	$-\cos x$
x	$x^2/2$	$\cos x$	$\sin x$
$x^a,\ x > 0, a \in \mathbb{R}\setminus\{-1\}$	$\dfrac{x^{a+1}}{a+1}$	$\tan x,\ x \neq \left(k + \frac{1}{2}\right)\pi$	$-\ln\lvert\cos x\rvert$
$x^n,\ n \in \mathbb{Z}\setminus\{-1\}$	$\dfrac{x^{n+1}}{n+1}$	$\cot x,\ x \neq k\pi$	$\ln\lvert\sin x\rvert$
$\dfrac{1}{x}$	$\ln\lvert x\rvert$	$\arcsin \dfrac{x}{a}$	$x \arcsin \dfrac{x}{a} + \sqrt{a^2 - x^2}$
$\sqrt{x}$	$\dfrac{2}{3}\sqrt{x^3}$	$\arccos \dfrac{x}{a}$	$x \arccos \dfrac{x}{a} - \sqrt{a^2 - x^2}$
$\sqrt[n]{x}$	$\dfrac{n}{n+1}\sqrt[n]{x^{n+1}}$	$\arctan \dfrac{x}{a}$	$x \arctan \dfrac{x}{a} - \dfrac{a}{2}\ln(a^2 - x^2)$
$a^x,\ a \in \mathbb{R}^+\setminus\{1\}$	$\dfrac{a^x}{\ln a}$	$\operatorname{arccot} \dfrac{x}{a}$	$x \operatorname{arccot} \dfrac{x}{a} + \dfrac{a}{2}\ln(a^2 - x^2)$
e^x	e^x	$\sinh x$	$\cosh x$
$\log_a x$	$\dfrac{x \ln x - x}{\ln a}$	$\cosh x$	$\sinh x$
$\ln x$	$x \ln x - x$	$\tanh x$	$\ln(\cosh x)$
$\lg x$	$\dfrac{x \ln x - x}{\ln 10}$	$\coth x,\ x \neq 0$	$\ln\lvert\sinh x\rvert$

Regeln zur Herleitung weiterer Stammfunktionen

$$\int c f(x)\ \mathrm{d}x = c \int f(x)\ \mathrm{d}x,\ c \in \mathbb{R}$$

$$\int \sum_{i=1}^{n} f_i(x)\ \mathrm{d}x = \sum_{i=1}^{n} \int f_i(x)\ \mathrm{d}x$$

$$\int \frac{f'(x)}{f(x)}\ \mathrm{d}x = \ln|f(x)| + c,\ c \in \mathbb{R}$$

Partielle unbestimmte Integration

Die partielle Integration ist die Umkehrung der Produktregel des Differenzierens. Für unbestimmte Integrale lautet die Regel:

$$\int f(x) \cdot g'(x)\ \mathrm{d}x = f(x) \cdot g(x) - \int f'(x) \cdot g(x)\ \mathrm{d}x.$$

Substitution bei unbestimmten Integralen

Die Substitution ist die Umkehrung der Kettenregel des Differenzierens. Für unbestimmte Integrale lautet die Regel:

$$\int f(x)\ \mathrm{d}x = \int f(g(y)) \cdot g'(y)\ \mathrm{d}y.$$

Die Substitution $x = g(y)$ und $\mathrm{d}x = g'(y)\ \mathrm{d}y$ kann in beiden Richtungen erfolgen.

Integration gebrochen-rationaler Funktionen

$$f(x) = \frac{Z(x)}{N(x)} = \frac{a_m x^m + a_{m-1} x^{m-1} + \cdots + a_1 x + a_0}{b_n x^n + b_{n-1} x^{n-1} + \cdots + b_1 x + b_0}$$

$m \geq n \longrightarrow f(x)$ heißt **unechte gebrochen-rationale Funktion**

$m < n \longrightarrow f(x)$ heißt **echte gebrochen-rationale Funktion**

Polynomdivision

Unechte gebrochen-rationale Funktionen sind zunächst durch eine **Polynomdivision** in eine Summe aus einem Polynom und einer echten gebrochen-rationalen Funktion zu überführen. Der erste Schritt dazu lautet:

$$\begin{array}{l} (a_m x^m + a_{m-1}x^{m-1} + \ldots + a_0) : (b_n x^n + b_{n-1}x^{n-1} + \cdots + b_0) = \frac{a_m}{b_n}x^{m-n} + \ldots \\ -\left(a_m x^m + \frac{a_m}{b_n} b_{n-1} x^{m-1} + \ldots + \frac{a_m}{b_n} b_0 x^{m-n}\right) \\ \hline \end{array}$$

$$\underbrace{(a_{m-1} - \frac{a_m}{b_n} b_{n-1})}_{=:\, a_{m-1}^{(1)}} x^{m-1} + \cdots + \underbrace{(a_{m-n} - \frac{a_m}{b_n} b_0)}_{=:\, a_{m-n}^{(1)}} x^{m-n} + \underbrace{a_{m-n-1}}_{=:\, a_{m-n-1}^{(1)}} x^{m-n-1} + \cdots + \underbrace{a_0}_{=:\, a_0^{(1)}}$$

$$\Rightarrow \quad f(x) = \frac{a_m x^m + a_{m-1}x^{m-1} + \cdots + a_1 x + a_0}{b_n x^n + b_{n-1}x^{n-1} + \cdots + b_1 x + b_0} = \frac{a_m}{b_n} x^{m-n} + \underbrace{\frac{a_{m-1}^{(1)} x^{m-1} + \cdots + a_0^{(1)}}{b_n x^n + \cdots + b_1 x + b_0}}_{(*)}$$

Wiederholung dieses Schritts für $(*)$ liefert

$$\frac{a_{m-1}^{(1)} x^{m-1} + \cdots + a_0^{(1)}}{b_n x^n + \cdots + b_1 x + b_0} = \frac{a_m^{(1)}}{b_n} x^{m-n-1} + \underbrace{\frac{a_{m-2}^{(2)} x^{m-2} + \cdots + a_0^{(2)}}{b_n x^n + \cdots + b_1 x + b_0}}_{(**)}$$

Dies wird nun für $(**)$ wiederholt und so weiter, bis die verbleibende gebrochen-rationale Funktion eine *echte* gebrochen-rationale Funktion ist. So kann schließlich die unechte gebrochen-rationale Funktion $f(x)$ als Summe aus einem Polynom $p(x)$ vom Grad $m - n$ und einer echten gebrochen-rationalen Funktion $r(x)$ dargestellt werden:

$$f(x) = \underbrace{\frac{a_m}{b_n} x^{m-n} + \frac{a_{m-1}^{(1)}}{b_n} x^{m-n-1} + \cdots + \frac{a_n^{(m-n)}}{b_n}}_{= p(x)} + \underbrace{\frac{a_{n-1}^{(m-n+1)} x^{n-1} + \cdots + a_0^{(m-n+1)}}{b_n x^n + \cdots + b_1 x + b_0}}_{= r(x)}$$

Partialbruchzerlegung

Für $m < n$ und o. B. d. A. $b_n = 1$.

1. Fall: Nur unterschiedliche, reelle Nullstellen des Nenners, $x_i \in \mathbb{R}$

$$N(x) = (x - x_1) \cdots (x - x_n)$$

$$\Rightarrow \quad \frac{Z(x)}{N(x)} = \frac{A_1}{x - x_1} + \cdots + \frac{A_n}{x - x_n}$$

2. Fall: Eine k-fache reelle Nullstelle des Nenners, $x_1 \in \mathbb{R}$

$$N(x) = \underbrace{(x - x_1) \cdots (x - x_1)}_{k \text{ Faktoren}}$$

$$\Rightarrow \quad \frac{Z(x)}{N(x)} = \frac{A_1}{x - x_1} + \frac{A_2}{(x - x_1)^2} + \cdots + \frac{A_k}{(x - x_1)^k}$$

3. Fall: Ein komplexes Nullstellen-Paar des Nenners, $z_1 \in \mathbb{C}$

$$N(x) = (x - z_1) \cdot (x - \bar{z}_1) = x^2 + px + q$$

$$\Rightarrow \quad \frac{Z(x)}{N(x)} = \frac{Bx + C}{(x - z_1)(x - \bar{z}_1)} = \frac{Bx + C}{x^2 + px + q} \quad \text{mit } \left(\frac{p}{2}\right)^2 - q < 0$$

4. Fall: Ein k-faches komplexes Nullstellen-Paar des Nenners, $z_1 \in \mathbb{C}$

$$N(x) = \underbrace{(x - z_1) \cdot (x - \bar{z}_1) \cdots (x - z_1) \cdot (x - \bar{z}_1)}_{k \text{ Doppelfaktoren}}$$

$$= \underbrace{(x^2 + px + q) \cdots (x^2 + px + q)}_{k \text{ Faktoren}}$$

$$\Rightarrow \quad \frac{Z(x)}{N(x)} = \frac{B_1 x + C_1}{x^2 + px + q} + \frac{B_2 x + C_2}{(x^2 + px + q)^2} + \cdots + \frac{B_k x + C_k}{(x^2 + px + q)^k}$$

mit $\left(\frac{p}{2}\right)^2 - q < 0$

Beispiel: (Kombination aus diesen Fällen)

$$N(x) = (x - x_1)(x - x_1)(x - x_2)(x^2 + px + q)$$

mit $\left(\frac{p}{2}\right)^2 - q < 0$

$$\Rightarrow \quad \frac{Z(x)}{N(x)} = \frac{A_1}{x - x_1} + \frac{A_2}{(x - x_1)^2} + \frac{A_3}{x - x_2} + \frac{B_1 x + C_1}{x^2 + px + q}$$

Die jeweils zutreffende Partialbruchdarstellung für $Z(x)/N(x)$ wird nun mit dem Nenner $N(x)$ erweitert, z. B.

$$Z(x) = N(x) \cdot \left(\frac{A_1}{x - x_1} + \frac{A_2}{(x - x_1)^2} + \frac{A_3}{x - x_2} + \frac{B_1 x + C_1}{x^2 + px + q} \right) \qquad (*)$$

Durch Ausmultiplizieren der rechten Seite entsteht daraus die Gleichung zweier Polynome vom Grad m:

$$a_m x^m + a_{m-1} x^{m-1} + \cdots + a_0 \quad = \quad c_m x^m + c_{m-1} x^{m-1} + \cdots + c_0 \qquad (**)$$

Koeffizientenvergleich

Durch Gleichsetzen der entsprechenden Koeffizienten erhält man ein Gleichungssystem, dessen Lösung die unbekannten Parameter (z. B. A_1, A_2, A_3, B_1, C_1) liefert:

$$\left.\begin{aligned} a_0 &= c_0 \\ a_1 &= c_1 \\ &\vdots \\ a_{m-1} &= c_{m-1} \\ a_m &= c_m \end{aligned}\right\} \Rightarrow \left\{\begin{aligned} A_1 &= \ldots \\ A_2 &= \ldots \\ A_3 &= \ldots \\ B_1 &= \ldots \\ C_1 &= \ldots \end{aligned}\right.$$

Einsetzungsverfahren

Als Alternative zum Koeffizientenvergleich kann man auch durch Einsetzen von m verschiedenen (und im Prinzip beliebigen) reellen Zahlen für x in der Gleichung $(*)$ oder $(**)$ ein solches Gleichungssystem für die unbekannten Parameter in der Partialbruchdarstellung gewinnen und lösen.

Integration der Partialbrüche

$$\int \frac{A}{x - x_i}\,\mathrm{d}x = A \cdot \ln|x - x_i| + c$$

$$\int \frac{A}{(x - x_i)^k}\,\mathrm{d}x = \frac{-A}{(k-1)(x - x_i)^{k-1}} + c$$

$$\int \frac{Bx + C}{x^2 + px + q}\,\mathrm{d}x = \frac{B}{2} \cdot \ln|x^2 + px + q| + \frac{2C - Bp}{\sqrt{4q - p^2}} \cdot \arctan\left(\frac{2x + p}{\sqrt{4q - p^2}}\right) + c$$

$$\int \frac{Bx + C}{(x^2 + px + q)^k}\,\mathrm{d}x = \frac{(2C - pB)x + pC - 2qB}{(k-1)(4q - p^2)(x^2 + px + q)^{k-1}} + \frac{(2k-3)(2C - pB)}{(k-1)(4q - p^2)} \cdot \int \frac{\mathrm{d}x}{(x^2 + px + q)^{k-1}}$$

Bestimmtes Integral

Im Folgenden wird der RIEMANNsche Integralbegriff verwendet (BERNHARD RIEMANN, 1826 – 1866). Die Menge $Z := \{c_0, c_1, \ldots, c_n\} \subset \mathbb{R}$ heißt **Zerlegung** des Intervalls $[a, b]$, wenn gilt:

$$a = c_0 < c_1 < \ldots < c_n = b.$$

Die offenen Intervalle (c_i, c_{i+1}), $i = 0, 1, \ldots, n-1$, heißen **Teilintervalle** der Zerlegung Z von $[a, b]$. Eine Funktion $t : [a, b] \to \mathbb{R}$ heißt **Treppenfunktion** auf $[a, b]$, wenn es eine Zerlegung von $[a, b]$ gibt, sodass t konstant auf allen Teilintervallen ist. Ist t_i der Wert von t im Teilintervall $(c_i, c_{i+1}), i = 0, 1, \ldots, n-1$, so heißt

$$\int_a^b t(x)\,\mathrm{d}x := \sum_{i=0}^{n-1} t_i \cdot (c_{i+1} - c_i)$$

bestimmtes RIEMANN-Integral (oder kurz: **Integral**) von t in $[a, b]$. Der Wert dieses Integrals ist von der Zerlegung unabhängig, solange t auf den Teilintervallen konstant ist.

t heißt **obere Treppenfunktion** einer Funktion $f : [a, b] \to \mathbb{R}$, wenn $t \geq f$ auf $[a, b]$ ist, und **untere Treppenfunktion** von f, wenn $t \leq f$ auf $[a, b]$ ist. Jede beschränkte Funktion $f : [a, b] \to \mathbb{R}$ besitzt obere und untere Treppenfunktionen.

$$\inf \left\{ \int_a^b t(x)\,\mathrm{d}x : t \text{ obere Treppenfunktion von } f \right\}$$

heißt **Oberintegral** oder **Obersumme** von f,

$$\sup \left\{ \int_a^b t(x)\,\mathrm{d}x : t \text{ untere Treppenfunktion von } f \right\}$$

heißt **Unterintegral** oder **Untersumme** von f. Sind Ober- und Untersumme einer Funktion f gleich, so heißt dieser Wert **bestimmtes RIEMANN-Integral** (oder kurz: **Integral**) von f in $[a, b]$ und wird mit

$$\int_a^b f(x)\,\mathrm{d}x$$

bezeichnet. f heißt dann in $[a, b]$ **(RIEMANN-)integrierbar**. Die Funktion f heißt **Integrand**, x heißt **Integrationsvariable**, a heißt **untere Integrationsgrenze**, b **obere Integrationsgrenze**.

RIEMANNsches Kriterium

$f : [a, b] \to \mathbb{R}$ ist genau dann integrierbar, wenn zu jedem $\varepsilon > 0$ eine obere Treppenfunktion t_o und eine untere Treppenfunktion t_u existieren mit

$$\int_a^b t_o(x)\,\mathrm{d}x - \int_a^b t_u(x)\,\mathrm{d}x < \varepsilon.$$

Regeln zur Integralrechnung

Jede auf $[a,b]$ monotone Funktion ist integrierbar.
Jede auf $[a,b]$ stetige Funktion ist integrierbar.

Die folgenden Integrale mögen existieren.

$$\int_a^a f(x)\,\mathrm{d}x = 0$$

$$\int_b^a f(x)\,\mathrm{d}x = -\int_a^b f(x)\,\mathrm{d}x$$

$$\int_a^b c\cdot f(x)\,\mathrm{d}x = c\cdot\int_a^b f(x)\,\mathrm{d}x,\; c\in\mathbb{R}$$

$$\int_a^b (f(x)\pm g(x))\,\mathrm{d}x = \int_a^b f(x)\,\mathrm{d}x \pm \int_a^b g(x)\,\mathrm{d}x$$

$$\int_a^b f(x)\,\mathrm{d}x = \int_a^c f(x)\,\mathrm{d}x + \int_c^b f(x)\,\mathrm{d}x$$

$$f(x)\le g(x),\; x\in(a,b) \Rightarrow \int_a^b f(x)\,\mathrm{d}x \le \int_a^b g(x)\,\mathrm{d}x$$

$$I := \inf\{f(x) : x\in[a,b]\},\; S := \sup\{f(x) : x\in[a,b]\}$$

$$\Rightarrow (b-a)\cdot I \le \int_a^b f(x)\,\mathrm{d}x \le (b-a)\cdot S$$

$$\left|\int_a^b f(x)\,\mathrm{d}x\right| \le \int_a^b |f(x)|\,\mathrm{d}x$$

Hauptsatz der Differenzial- und Integralrechnung

Existiert zu einer in $[a,b]$ integrierbaren Funktion f eine Stammfunktion F, so gilt:

$$\int_a^b f(x)\,\mathrm{d}x = F(b) - F(a).$$

Für $x \in [a, b]$ ist

$$G(x) := \int_a^x f(t)\ \mathrm{d}t$$

eine stetige Funktion. Ist G auch differenzierbar, so ist G Stammfunktion von f:

$$G'(x) = \frac{\mathrm{d}}{\mathrm{d}x}\left(\int_a^x f(t)\ \mathrm{d}t\right) = f(x).$$

Mittelwertsätze der Integralrechnung

1. Mittelwertsatz

Ist $f : [a, b] \to \mathbb{R}$ stetig, so existiert $c \in [a, b]$ mit

$$\int_a^b f(x)\ \mathrm{d}x = f(c) \cdot (b - a).$$

2. Mittelwertsatz

Ist $f : [a, b] \to \mathbb{R}$ monoton und $g : [a, b] \to \mathbb{R}$ integrierbar, so existiert $c \in [a, b]$ mit

$$\int_a^b f(x) \cdot g(x)\ \mathrm{d}x = f(a) \cdot \int_a^c g(x)\ \mathrm{d}x + f(b) \cdot \int_c^b g(x)\ \mathrm{d}x.$$

Partielle Integration

Die partielle Integration ist die Umkehrung der Produktregel des Differenzierens. Für bestimmte Integrale lautet die Regel:

$$\int_a^b f(x) \cdot g'(x)\ \mathrm{d}x = f(b) \cdot g(b) - f(a) \cdot g(a) - \int_a^b f'(x) \cdot g(x)\ \mathrm{d}x$$

Substitution

Die Substitution ist die Umkehrung der Kettenregel des Differenzierens. Für bestimmte Integrale lautet die Regel:

$$\int_a^b f(x)\ \mathrm{d}x = \int_{g^{-1}(a)}^{g^{-1}(b)} f(g(y)) \cdot g'(y)\ \mathrm{d}y.$$

Dabei ist $x = g(y)$ und $\mathrm{d}x = g'(y)\ \mathrm{d}y$. Die Funktion $g(y)$ muss eineindeutig sein.

Uneigentliche Integrale

Uneigentliche Integrale sind die Verallgemeinerung des bestimmten Integrals
– auf unbeschränkte Integrationsintervalle bzw.
– auf unbeschränkte Integranden.

Unbeschränkte Integrationsintervalle

Ist $f : [a, \infty) \to \mathbb{R}$ integrierbar auf jedem Intervall $[a, b]$, $b > a$, und existiert der Grenzwert

$$\lim_{b \to \infty} \int_a^b f(x)\ \mathrm{d}x,$$

so heißt f **(uneigentlich) integrierbar** auf $[a, \infty)$ und

$$\int_a^\infty f(x)\ \mathrm{d}x := \lim_{b \to \infty} \int_a^b f(x)\ \mathrm{d}x$$

heißt **(uneigentliches) Integral** von $f(x)$ in $[a, \infty)$. Analog definiert man:

$$\int_{-\infty}^b f(x)\ \mathrm{d}x := \lim_{a \to -\infty} \int_a^b f(x)\ \mathrm{d}x,$$

$$\int_{-\infty}^\infty f(x)\ \mathrm{d}x := \int_{-\infty}^a f(x)\ \mathrm{d}x + \int_a^\infty f(x)\ \mathrm{d}x.$$

Vorsicht: Im letzten Fall müssen beide Grenzwerte existieren. Der (doppelte) Grenzwert

$$\lim_{\substack{a \to -\infty \\ b \to \infty}} \int_a^b f(x)\ \mathrm{d}x$$

kann sonst zwar dennoch existieren, sein Wert hinge dann aber vom Verhältnis b/a ab. Für $a = b$ heißt

$$\lim_{b \to \infty} \int_{-b}^b f(x)\ \mathrm{d}x$$

Hauptwert des Integrals.

Unbeschränkte Integranden

Ist $f : [a, b) \to \mathbb{R}$ integrierbar auf jedem Intervall $[a,\ b - \varepsilon]$, $\varepsilon > 0$, und existiert

$$\lim_{\varepsilon \downarrow 0} \int_a^{b-\varepsilon} f(x)\ \mathrm{d}x,$$

so heißt f **(uneigentlich) integrierbar** auf $[a, b)$ und

$$\int_a^b f(x)\ \mathrm{d}x := \lim_{\varepsilon \downarrow 0} \int_a^{b-\varepsilon} f(x)\ \mathrm{d}x$$

heißt **(uneigentliches) Integral** von $f(x)$ in $[a, b)$.

Analog definiert man für $f : (a, b] \to \mathbb{R}$

$$\int_a^b f(x)\ \mathrm{d}x := \lim_{\varepsilon \downarrow 0} \int_{a+\varepsilon}^{b} f(x)\ \mathrm{d}x$$

und für $f : [a, c) \cup (c, b] \to \mathbb{R}$

$$\begin{aligned}\int_a^b f(x)\ \mathrm{d}x &:= \int_a^c f(x)\ \mathrm{d}x + \int_c^b f(x)\ \mathrm{d}x \\ &= \lim_{\epsilon \downarrow 0} \int_a^{c-\epsilon} f(x)\ \mathrm{d}x + \lim_{\epsilon \downarrow 0} \int_{c+\epsilon}^{b} f(x)\ \mathrm{d}x.\end{aligned}$$

2.4 Einige Quadraturformeln

Ist $f : [a, b] \to \mathbb{R}$ integrierbar, jedoch eine Stammfunktion nicht oder nicht einfach angebbar, so kann der Wert des Integrals durch eine **Quadraturformel** approximiert werden. Meistens wird das Intervall $[a, b]$ dazu in Teilintervalle der gleichen Länge h zerlegt und die Berechnung auf die Funktionswerte des Integranden an den Endpunkten oder Mittelpunkten der Teilintervalle, den sogenannten **Stützstellen**, beschränkt:

$$h := \frac{b-a}{n} \quad \text{für ein } n \in \mathbb{N};$$

$$x_0 := a;\ \ x_i := x_0 + ih,\ i = 1, 2, \ldots, n;$$

$$y_i := f(x_i),\ i = 0, 1, \ldots, n;\ \ z_i := f(x_i + h/2),\ i = 0, 1, \ldots, n-1.$$

Rechteckformel

$$\int_a^b f(x)\,\mathrm{d}x = h \cdot \sum_{i=0}^{n-1} z_i + R(f)$$

heißt **Rechteckformel** (seltener auch: **Tangententrapezformel**) der numerischen Integration, da das Integral durch eine Summe von Rechteckflächen approximiert wird. $R(f)$ heißt **Restglied** der Quadraturformel und gehorcht der Abschätzung

$$|R(f)| \leq (b-a)\frac{h^2}{24} \cdot \max\{|f''(x)| : a \leq x \leq b\},$$

falls f zweimal **stetig differenzierbar** in $[a,b]$ ist, d. h. f'' existiert und ist stetig in $[a,b]$.

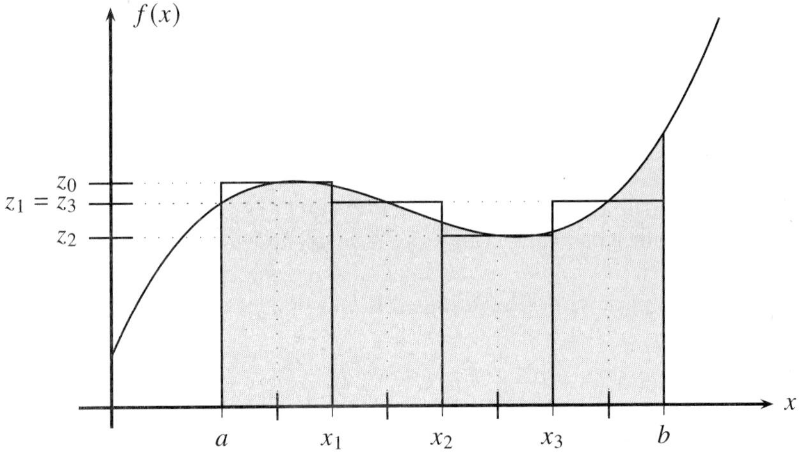

Sehnentrapezformel

$$\int_a^b f(x)\,\mathrm{d}x = \frac{h}{2}y_0 + h\sum_{i=1}^{n-1} y_i + \frac{h}{2}y_n + R(f)$$

heißt **Sehnentrapezformel** der numerischen Integration, da das Integral durch eine Summe von Trapezflächen approximiert wird, deren obere Begrenzung sich als Sehne des Funktionsgraphen ergibt. Das Restglied $R(f)$ gehorcht der Abschätzung

$$|R(f)| \leq (b-a)\frac{h^2}{12} \cdot \max\{|f''(x)| : a \leq x \leq b\},$$

falls f zweimal stetig differenzierbar in $[a,b]$ ist.

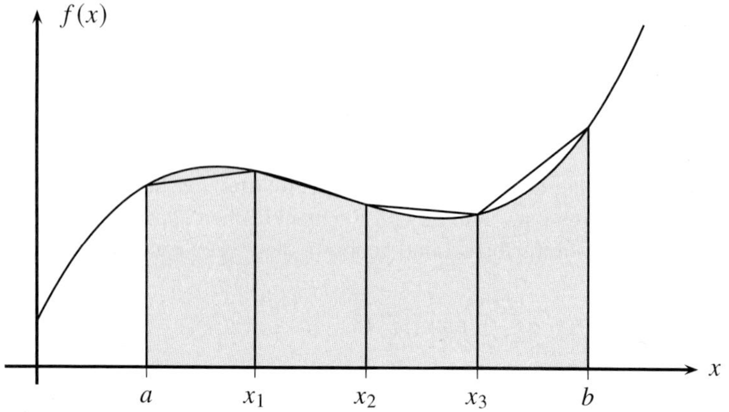

SIMPSON-Formel

$$\int_a^b f(x)\,\mathrm{d}x = \frac{h}{3}\left(y_0 + \sum_{i=1}^{\frac{n}{2}-1}(4y_{2i-1} + 2y_{2i}) + 4y_{n-1} + y_n\right) + R(f)$$

für eine gerade natürliche Zahl n heißt **SIMPSON-Formel** (THOMAS SIMPSON, 1710–1761) oder **KEPLERsche Fassregel** (JOHANNES KEPLER, 1571–1630) oder **Parabelformel** der numerischen Integration, da das Integral durch eine Summe von Integralen über Parabeln approximiert wird. Das Restglied $R(f)$ gehorcht der Abschätzung

$$|R(f)| \le (b-a)\frac{h^4}{180} \cdot \max\{|f^{(4)}(x)| : a \le x \le b\},$$

falls f viermal stetig differenzierbar in $[a, b]$ ist.

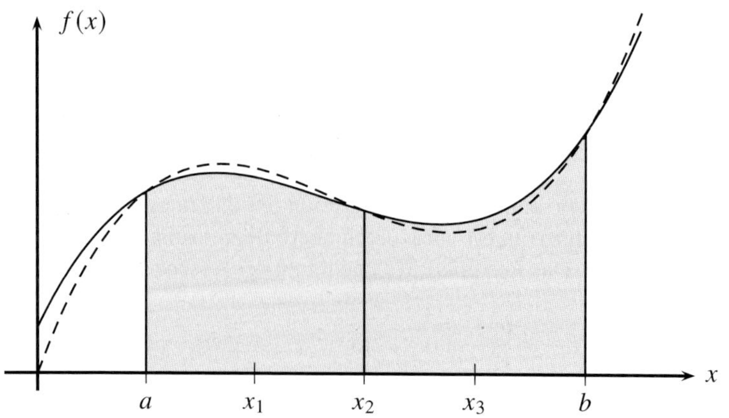

Monte Carlo-Integration

Sei $f : [a,b] \to \mathbb{R}$ integrierbar und beschränkt sowie o. B. d. A. nichtnegativ. Man betrachte das Rechteck

$$R := \left\{(x,y) : \ a \le x \le b \ \wedge \ 0 \le y \le \max_{[a,b]} f(x)\right\}$$

und erzeuge in R gleichverteilte Zufallszahlen $p_i := (x_i, y_i)$, $i = 1, 2, \ldots, n$ (statistisches Problem). Sei nun

$$n^* := \sum_{i=1}^{n} \mathbb{1}_{\{(x,y):\ y \le f(x)\}}(p_i)$$

die Anzahl der Punkte p_i, für die $y_i \le f(x_i)$ gilt. Dann gilt für hinreichend großes $n \in \mathbb{N}$ die Approximation

$$\int_a^b f(x)\ \mathrm{d}x \approx \frac{n^*}{n}(b-a) \cdot \max_{[a,b]} f(x).$$

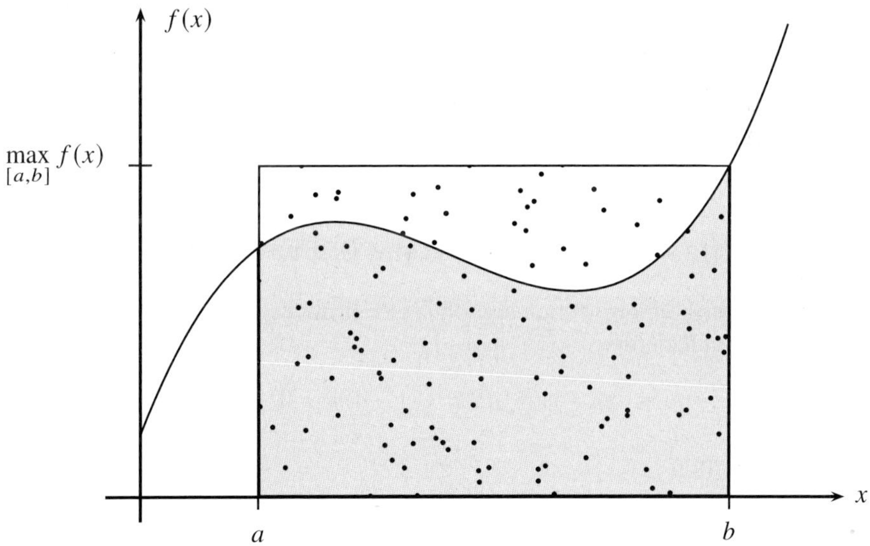

2.5 Differenzengleichungen

Bezeichnungen

Sei $f : \mathbb{D} \longrightarrow \mathbb{R}$ eine Funktion mit diskretem Definitionsbereich $\mathbb{D}$, d. h. die Menge $\mathbb{D}$ lässt sich bijektiv auf eine Teilmenge von $\mathbb{N}_0$ abbilden. Sei deshalb im Folgenden o. B. d. A. $\mathbb{D} = \mathbb{N}_0$ und $y_t := f(t)$, $t \in \mathbb{N}_0$. Eine Gleichung der Form

$$F(y_t, y_{t-1}, \ldots, y_{t-r}, t) = 0$$

mit einer Funktion F der $r + 2$ angegebenen Variablen (vgl. 4.1) heißt **Differenzengleichung r-ter Ordnung**. Mit dem Rückwärtsdifferenzenoperator ∇ („Nabla") (vgl. S. 108 in Abschnitt 1.7) kann sie in der Form

$$G(y_t, \nabla y_t, \nabla^2 y_t, \ldots, \nabla^r y_t, t) = 0$$

geschrieben werden, woher sie ihren Namen hat. Ist eine Seite der Differenzengleichung null, so heißt die Gleichung **implizit**. Kann die Differenzengleichung nach y_t aufgelöst werden, so heißt diese Darstellung **explizit**. Hier sollen nur einfache, doch bedeutende Funktionen G betrachtet werden. Man spricht von einer **linearen Differenzengleichung**, wenn G eine lineare Funktion der Differenzen $\nabla^i y_t$ ist:

$$G(y_t, \nabla y_t, \nabla^2 y_t, \ldots, \nabla^r y_t, t) = a_0 y_t + a_1 \nabla y_t + \ldots + a_r \nabla^r y_t + b.$$

Die lineare Differenzengleichung heißt **homogen**, wenn das absolute Glied b gleich null ist.

Lineare Differenzengleichungen erster Ordnung

Linear homogene Differenzengleichung erster Ordnung mit konstantem Koeffizienten

$$y_t = a y_{t-1} \quad \text{bzw.} \quad a \nabla y_t + (1 - a) y_t = 0,\ a \neq 0,$$

Allgemeine Lösung

$y_t = a^t y_0$

Die Folge $(y_t)_{t\in\mathbb{N}_0}$

– divergiert bestimmt gegen $+\infty$,	falls $a > 1$ und $y_0 > 0$,
– divergiert bestimmt gegen $-\infty$,	falls $a > 1$ und $y_0 < 0$,
– ist konstant y_0,	falls $a = 1$,
– ist streng monoton fallende Nullfolge,	falls $0 < a < 1$ und $y_0 > 0$,
– ist streng monoton wachsende Nullfolge,	falls $0 < a < 1$ und $y_0 < 0$,
– ist alternierende Nullfolge,	falls $-1 < a < 0$ und $y_0 \neq 0$,
– ist divergent, aber beschränkt,	falls $a = -1$ und $y_0 \neq 0$,
– divergiert unbestimmt,	falls $a < -1$ und $y_0 \neq 0$,
– ist konstant null,	falls $y_0 = 0$.

Linear inhomogene Differenzengleichung erster Ordnung mit konstantem Koeffizienten

$$y_t = ay_{t-1} + b \text{ bzw. } a\nabla y_t + (1-a)y_t - b = 0, \ a, b \neq 0,$$

Allgemeine Lösung

$$y_t = a^t\left(y_0 + \frac{b}{a-1}\right) - \frac{b}{a-1}, \quad \text{falls } a \neq 1,$$

$$y_t = y_0 + bt, \quad \text{falls } a = 1.$$

Ersetzt man y_0 durch ein $c \in \mathbb{R}$, so erhält man eine spezielle Lösung. Für die Konvergenz der Folge $(y_t)_{t\in\mathbb{N}_0}$ gilt Entsprechendes wie für die Lösungen der homogenen Gleichung, wobei $y_0 + b/(a-1)$ an die Stelle von y_0 tritt und eine **Niveauverschiebung** der Folge um $-b/(a-1)$ erfolgt.

Linear homogene Differenzengleichung erster Ordnung mit variablem Koeffizienten

$$y_t = a_{t-1}y_{t-1}, \ a_{t-1} \neq 0,$$

Allgemeine Lösung

$$y_t = y_0 \cdot \prod_{k=0}^{t-1} a_k$$

Linear inhomogene Differenzengleichung erster Ordnung mit variablen Koeffizienten

$$y_t = a_{t-1} y_{t-1} + b_{t-1}, \quad a_{t-1}, b_{t-1} \neq 0,$$

Allgemeine Lösung

$$y_t = y_0 \cdot \prod_{k=0}^{t-1} a_k + \sum_{i=0}^{t-2} b_i \prod_{k=i+1}^{t-1} a_k + b_{t-1}$$

Ist der **Anfangswert** y_0 bekannt, so spricht man von einer **speziellen Lösung**.

Lineare Differenzengleichungen zweiter Ordnung mit konstanten Koeffizienten

Linear homogene Differenzengleichung zweiter Ordnung mit konstanten Koeffizienten

$$y_t + a y_{t-1} + b y_{t-2} = 0 \text{ bzw. } b\nabla^2 y_t - a\nabla y_t + (1 + a - b) y_t = 0, \; b \neq 0$$

Allgemeine Lösung

- $y_t = c\left(\frac{-a + \sqrt{a^2 - 4b}}{2}\right)^t + d\left(\frac{-a - \sqrt{a^2 - 4b}}{2}\right)^t, \; c, d \in \mathbb{R},$ falls $a^2 > 4b$,
- $y_t = c\left(-\frac{a}{2}\right)^t + d \cdot t\left(-\frac{a}{2}\right)^t, \; c, d \in \mathbb{R},$ falls $a^2 = 4b$,
- $y_t = b^{t/2}(c \cdot \cos(\phi t) + d \cdot \sin(\phi t)), \; c, d \in \mathbb{R},$

  mit ϕ so, dass $\sin\phi = \sqrt{1 - \frac{a^2}{4b}}$ **und** $\cos\phi = -\frac{a}{2\sqrt{b}}$, falls $a^2 < 4b$.

Sind zwei aufeinander folgende Glieder y_τ und $y_{\tau+1}$ bekannt, so kann man daraus c und d berechnen und spricht dann von einer speziellen Lösung.

Linear inhomogene Differenzengleichung zweiter Ordnung mit konstanten Koeffizienten

$$y_t + a y_{t-1} + b y_{t-2} = c_{t-2}, \quad b, c_{t-2} \neq 0,$$

mit dem sogenannten **Störglied** c_{t-2}

Allgemeine Lösung

$y_t = y_t^h + y_t^p,$
wobei y_t^h die allgemeine Lösung der zugehörigen homogenen Differenzengleichung und y_t^p eine **partikuläre** Lösung der inhomogenen Differenzengleichung ist.

Die partikuläre Lösung kann man für die gängigsten (und unter Differenzenbildung reproduktiven) Funktionstypen des Störglieds – unabhängig von konstanten Faktoren – wie folgt erhalten:

- $c_{t-2} = c^{t-2}$

  Man wählt den Ansatz $y_t^p = \alpha c^t$, bildet dafür die Differenzengleichung und berechnet α aus dem Koeffizientenvergleich. Schlägt dieser fehl, wählt man $y_t^p = \alpha t c^t$ und versucht wieder die Berechnung von α. Gelingt auch dies nicht, so lautet der Ansatz $y_t^p = \alpha t^2 c^t$. Der Parameter α kann nun bestimmt werden, z. B.

  $$y_t - 4y_{t-1} + 4y_{t-2} = 3 \cdot 2^{t-2}$$
  $$y_t^p = \alpha 2^t \quad \longrightarrow \quad y_t^p - 4y_{t-1}^p + 4y_{t-2}^p = 0 \neq 3 \cdot 2^{t-2}$$
  $$y_t^p = \alpha t 2^t \quad \longrightarrow \quad y_t^p - 4y_{t-1}^p + 4y_{t-2}^p = 0 \neq 3 \cdot 2^{t-2}$$
  $$y_t^p = \alpha t^2 2^t \quad \longrightarrow \quad y_t^p - 4y_{t-1}^p + 4y_{t-2}^p = 8\alpha 2^{t-2} = 3 \cdot 2^{t-2} \quad \longrightarrow \quad \alpha = 3/8$$
  $$\longrightarrow \quad y_t^p = \frac{3}{8} t^2 2^t \quad \longrightarrow \quad y_t = c2^t + dt2^t + \frac{3}{8} t^2 2^t,\ c, d \in \mathbb{R}.$$

- $c_{t-2} = \gamma_1 \sin(c(t-2)) + \gamma_2 \cos(c(t-2))$

  Man wählt den Ansatz $y_t^p = \alpha \sin(ct) + \beta \cos(ct)$, bildet dafür die Differenzengleichung und berechnet α und β aus dem Koeffizientenvergleich. Schlägt dieser fehl, so lautet der Ansatz $y_t^p = \alpha t \sin(ct) + \beta t \cos(ct)$. Die Parameter α und β können nun bestimmt werden.

- $c_{t-2} = \gamma_0 + \gamma_1(t-2) + \gamma_2(t-2)^2 + \cdots + \gamma_n(t-2)^n$

  Man wählt den Ansatz $y_t^p = \alpha_0 + \alpha_1 t + \alpha_2 t^2 + \ldots + \alpha_n t^n =: p_n(t)$, bildet dafür die Differenzengleichung und berechnet die Parameter $\alpha_0, \ldots, \alpha_n$ aus dem Koeffizientenvergleich. Schlägt dieser fehl, so lautet der Ansatz $y_t^p = t \cdot p_n(t)$. Gelingt auch für diesen Ansatz der Koeffizientenvergleich nicht, so setzt man $y_t^p = t^2 \cdot p_n(t)$ und berechnet dafür schließlich die korrekten Parameter.

- $c_{t-2} = c$

  Für das Auffinden einer Gleichgewichtslösung $y^\star = y_t = y_{t-1} = y_{t-2}$ lautet die spezielle partikuläre Lösung

  $$y_t^p = -\frac{c}{1+a+b}, \quad \text{falls } 1 + a + b \neq 0,$$
  $$y_t^p = \frac{c}{a+2b} \cdot t, \quad \text{falls } 1 + a + b = 0 \text{ und } a + 2b \neq 0,$$
  $$y_t^p = -\frac{c}{2} \cdot t^2, \quad \text{falls } 1 + a + b = 0 \text{ und } a + 2b = 0.$$

2.6 Differenzialgleichungen

Bezeichnungen

Sei $y = f(x)$ eine in einem Intervall $I \subset \mathbb{R}$ r-mal differenzierbare Funktion. Eine Gleichung der Form

$$F(y, y', y'', \ldots, y^{(r)}, x) = 0$$

mit einer Funktion F der $r + 2$ angegebenen Variablen (vgl. 4.1) heißt **Differenzialgleichung r-ter Ordnung**. Genau wie eine Differenzengleichung ist sie eine **Funktionalgleichung**, d. h. die Lösungen dieser Gleichung sind Funktionen, nicht Zahlen. Ist eine Seite der Differenzialgleichung null, so heißt die Gleichung **implizit**. Kann die Differenzialgleichung nach $y^{(r)}$ aufgelöst werden, so heißt diese Darstellung **explizit**. Hier sollen nur einfache, doch bedeutende Funktionen F betrachtet werden. Man spricht von einer **linearen Differenzialgleichung**, wenn F eine lineare Funktion von y und der Ableitungen ist:

$$F(y, y', y'', \ldots, y^{(r)}, x) = a_0 y + a_1 y' + \ldots + a_r y^{(r)} + b.$$

Die lineare Differenzialgleichung heißt **homogen**, wenn das absolute Glied b gleich null ist. Weiterführende, hier nicht behandelte Probleme sind Anfangs- und Randwertprobleme sowie partielle Differenzialgleichungen, Systeme von Differenzialgleichungen und viele nichtlineare Differenzialgleichungen.

Lineare Differenzialgleichungen erster Ordnung

Linear homogene Differenzialgleichung erster Ordnung mit konstantem Koeffizienten

$$y' = ay, \; a \in \mathbb{R}$$

Allgemeine Lösung

$$y = c \cdot \mathrm{e}^{ax}, \; c \in \mathbb{R}$$

Ist der **Anfangswert** von y an einer Stelle x_0 bekannt, so berechnet man daraus c und spricht von einer **speziellen Lösung**. Die Gleichung beschreibt

– einen exponentiellen Wachstumsprozess, falls $a > 0$,

– einen exponentiellen Schrumpfungsprozess, falls $a < 0$.

Linear inhomogene Differenzialgleichung erster Ordnung mit konstanten Koeffizienten

$$y' = ay + b, \quad a, b \in \mathbb{R}, \; a, b \neq 0$$

Allgemeine Lösung

$$y = c \cdot \mathrm{e}^{ax} - \frac{b}{a}$$

Linear homogene Differenzialgleichung erster Ordnung mit variablem Koeffizienten

$$y' + g(x)y = 0$$

mit einer in einem Intervall I stetigen Funktion $g(x)$

Allgemeine Lösung

$$y = c \cdot \mathrm{e}^{-G(x)} \text{ mit } G(x) := \int_{x_0}^{x} g(t)\, \mathrm{d}t, \; x_0 \in I, \; c \in \mathbb{R}$$

Linear inhomogene Differenzialgleichung erster Ordnung mit variablen Koeffizienten

Die Gleichung

$$y' + g(x)y = h(x),$$

mit in einem Intervall I stetigen Funktionen $g(x)$ und $h(x)$, kann mittels **Variation der Konstanten** gelöst werden, indem die Konstante c in der allgemeinen Lösung der homogenen Differenzialgleichung durch eine Funktion $c(x)$ ersetzt wird. Daraus erhält man zunächst

$$y' + g(x)y = c'(x) \cdot e^{-G(x)} = h(x) \quad \Longleftrightarrow \quad c(x) = \int_{x_0}^{x} h(t)e^{G(t)}\, \mathrm{d}t + d, \; d \in \mathbb{R}.$$

Eine spezielle Lösung der inhomogenen Differenzialgleichung ergibt sich bspw. für $d = 0$:

$$y(x) = \int_{x_0}^{x} h(t)e^{G(t)-G(x)}\, \mathrm{d}t.$$

Die allgemeine Lösung der inhomogenen Differenzialgleichung lautet dann

$$y(x) = \int_{x_0}^{x} h(t)e^{G(t)-G(x)}\, \mathrm{d}t + c \cdot e^{-G(x)}, \; c \in \mathbb{R}.$$

Differenzialgleichungen erster Ordnung mit getrennten Variablen

Die **trennbare Differenzialgleichung erster Ordnung**,

$$y' = g(x)h(y), \; g(x) \neq 0,$$

kann durch **Trennung der Variablen** gemäß

$$\frac{\mathrm{d}y}{h(y)} = g(x)\,\mathrm{d}x \quad \text{bzw.} \quad \int \frac{\mathrm{d}y}{h(y)} = \int g(x)\,\mathrm{d}x$$

eventuell nach y aufgelöst werden.

Beispiel: $y' = \mathrm{e}^x y^2 \longrightarrow \int \frac{\mathrm{d}y}{y^2} = \int \mathrm{e}^x\,\mathrm{d}x \longrightarrow -\frac{1}{y} = \mathrm{e}^x + c, \; c \in \mathbb{R}$

$\longrightarrow \quad y = -\frac{1}{\mathrm{e}^x + c}, \; c \in \mathbb{R}, \; x \neq \ln(-c)$

Spezielle substituierbare Differenzialgleichungen erster Ordnung

Differenzialgleichungen vom Typ

$$y' = g(ax + by + c), \; a, b, c \in \mathbb{R},$$

können durch die Substitution $z := ax+by+c$ in die einfachere Differenzialgleichung

$$z' = a + bg(z)$$

überführt und mittels Variablentrennung gelöst werden.

Beispiel: $y' = (2x + 2y + 4)^2 \longrightarrow z := 2x + 2y + 4 \longrightarrow z' = 2 + 2z^2$

$\longrightarrow \quad \int \frac{\mathrm{d}z}{2 + 2z^2} = \int \mathrm{d}x \longrightarrow \frac{1}{2}\arctan z = x + c, \; c \in \mathbb{R}$

$\longrightarrow \quad z = \tan(2(x + c)) = 2x + 2y + 4$ (Rücksubstitution)

$\longrightarrow \quad y = \frac{1}{2}\tan(2(x + c)) - x - 2, \; c \in \mathbb{R}$

Differenzialgleichungen vom Typ

$$y' = g(y/x)$$

können durch die Substitution $z := y/x$ in die einfachere Differenzialgleichung

$$z' = (g(z) - z)/x$$

überführt und mittels Variablentrennung gelöst werden.

Beispiel: $y' = 3\frac{x}{y} + \frac{y}{x} \quad \longrightarrow \quad z := \frac{y}{x} \quad \longrightarrow \quad z' = \frac{y'x - y}{x^2} = \frac{y' - z}{x} = \frac{3}{zx}$

$$\longrightarrow \quad \int z \, \mathrm{d}z = \int \frac{3}{x} \, \mathrm{d}x \quad \longrightarrow \quad \frac{z^2}{2} = 3 \ln|x| + c, \; c \in \mathbb{R}$$

$$\longrightarrow \quad z = \sqrt{6 \ln|x| + 2c} = \frac{y}{x} \quad \text{(Rücksubstitution)}$$

$$\longrightarrow \quad y = x\sqrt{6 \ln|x| + 2c}, \; c \in \mathbb{R}, \; |x| \geq \mathrm{e}^{-c/3}$$

Differenzialgleichungen vom Typ

$$y' = g\left(\frac{ax + by + c}{dx + ey + f}\right), \; ae \neq bd,$$

können durch die Substitutionen

$$\overline{x} = x - \frac{bf - ce}{ae - bd} \quad \text{und} \quad \overline{y} = y - \frac{cd - af}{ae - bd}$$

in die einfachere Differenzialgleichung

$$\overline{y}' = \frac{d\overline{y}}{d\overline{x}} = g\left(\frac{a + b\overline{y}/\overline{x}}{d + e\overline{y}/\overline{x}}\right)$$

überführt werden. Diese ist von dem zuvor behandelten Typ ($y' = g(y/x)$) und kann entsprechend – mit anschließender Rücksubstitution – gelöst werden.

Beispiel: $y' = \left(\frac{x}{y+1}\right)^2 \quad \longrightarrow \quad \overline{x} := x, \; \overline{y} = y + 1 \quad \longrightarrow \quad \overline{y}' = \left(\frac{1}{\overline{y}/\overline{x}}\right)^2$

$$\longrightarrow \quad z := \frac{\overline{y}}{\overline{x}} \quad \longrightarrow \quad z' = \frac{1/z^2 - z}{\overline{x}} \quad \longrightarrow \quad \int \frac{\mathrm{d}z}{1/z^2 - z} = \int \frac{\mathrm{d}\overline{x}}{\overline{x}}$$

$$\longrightarrow \quad -\frac{1}{3} \ln|1 - z^3| = \ln|\overline{x}| + c, \; c \in \mathbb{R}$$

$$\longrightarrow \quad z = (1 - d \cdot |\overline{x}|^{-3})^{1/3} = \frac{\overline{y}}{\overline{x}}, \; d > 0$$

$$\longrightarrow \quad y = x \cdot (1 - d \cdot |x|^{-3})^{1/3} - 1$$

Totale Differenzialgleichung

Eine Differenzialgleichung der Form

$$g(x, y) + h(x, y) \cdot y' = 0$$

heißt **total**, wenn eine Funktion $F = F(x, y)$ existiert, die sowohl Stammfunktion von g bez. x als auch Stammfunktion von h bez. y ist, d. h. wenn gilt:

$$F'_x(x, y) = g(x, y) \quad \text{und} \quad F'_y(x, y) = h(x, y).$$

Satz

Eine Differenzialgleichung $g(x, y) + h(x, y) \cdot y' = 0$ ist genau dann total, wenn gilt:

$$g'_y(x, y) = h'_x(x, y).$$

Die allgemeine Lösung einer totalen Differenzialgleichung $g(x, y) + h(x, y) \cdot y' = 0$ lautet:

$$G(x, y) + \int \left(h(x, y) - G'_y(x, y)\right) \, \mathrm{d}y = c, \quad c \in \mathbb{R}$$

mit $G(x, y) = \displaystyle\int g(x, y) \, \mathrm{d}x$.

BERNOULLI-Differenzialgleichung

Eine **BERNOULLI-Differenzialgleichung** (JOHANN BERNOULLI, 1667 – 1748),

$$y' + g(x)y + h(x)y^\alpha = 0, \; \alpha \neq 1,$$

kann durch die Substitution $z := y^{1-\alpha}$ in die lineare Differenzialgleichung

$$z' + (1 - \alpha)g(x)z + (1 - \alpha)h(x) = 0$$

überführt und entsprechend gelöst werden. Wenn z die Lösung dieser linearen Differenzialgleichung ist, so lautet die Lösung der BERNOULLI-Differenzialgleichung für **ganzzahlige** Werte von α beispielsweise

$$y = \operatorname{sign}(z) \cdot |z|^{1/(1-\alpha)}.$$

RICCATI-Differenzialgleichung

Eine **RICCATI-Differenzialgleichung** (JACOPO FRANCESCO RICCATI, 1676 – 1754),

$$y' + g(x)y + h(x)y^2 = k(x),$$

kann im Allgemeinen nur gelöst werden, wenn man eine spezielle Lösung $\overline{y}$ schon kennt. Ist z die allgemeine Lösung der linearen Differenzialgleichung

$$z' - (g(x) + 2\overline{y}h(x))z - h(x) = 0,$$

so lautet die allgemeine Lösung der RICCATI-Differenzialgleichung

$$y = \overline{y} + 1/z.$$

Lineare Differenzialgleichungen zweiter Ordnung mit konstanten Koeffizienten

Linear homogene Differenzialgleichung zweiter Ordnung mit konstanten Koeffizienten

$$y'' + ay' + by = 0,\ a, b \in \mathbb{R},$$

Allgemeine Lösung

- Falls $a^2 > 4b$:
  $y = c \cdot \exp\left(\frac{-a + \sqrt{a^2 - 4b}}{2} \cdot x\right) + d \cdot \exp\left(\frac{-a - \sqrt{a^2 - 4b}}{2} \cdot x\right),\quad c, d \in \mathbb{R}.$
- Falls $a^2 = 4b$:
  $y = c \cdot \mathrm{e}^{-ax/2} + d \cdot x \cdot \mathrm{e}^{-ax/2},\quad c, d \in \mathbb{R}.$
- Falls $a^2 < 4b$:
  $y = c \cdot \mathrm{e}^{-ax/2} \cdot \sin\left(\sqrt{b - a^2/4} \cdot x + d\right),\quad c, d \in \mathbb{R}.$
  Diese Darstellung der allgemeinen Lösung ist äquivalent zu
  $y = \mathrm{e}^{-ax/2}\left(c^\star \cos\left(\sqrt{b - a^2/4} \cdot x\right) + d^\star \sin\left(\sqrt{b - a^2/4} \cdot x\right)\right),\quad c^\star, d^\star \in \mathbb{R}.$

Sind die Werte von y und y' an einer Stelle x_0 bekannt, so berechnet man daraus c und d und spricht dann von einer speziellen Lösung.

Linear inhomogene Differenzialgleichung zweiter Ordnung mit konstanten Koeffizienten

$$y'' + ay' + by = g(x),\ a, b \in \mathbb{R},$$

mit dem sogenannten **Störglied** $g(x)$

Allgemeine Lösung

$y = y_0 + y_p,$
wobei y_0 die allgemeine Lösung der zugehörigen homogenen Differenzialgleichung und y_p eine **partikuläre** Lösung der inhomogenen Differenzialgleichung ist.

Die partikuläre Lösung kann man für die gängigsten (und unter Differenziation reproduktiven) Funktionstypen des Störglieds – unabhängig von konstanten Faktoren – wie folgt erhalten:

- $g(x) = \mathrm{e}^{cx}$

  Ist c die **Doppellösung** der **charakteristischen Gleichung** $\lambda^2 + a\lambda + b = 0$ dieser Differenzialgleichung, ist also $a^2 = 4b$ und $c = -a/2$, so hat die partikuläre Lösung die Form $y_p = \alpha \cdot x^2 \mathrm{e}^{-ax/2}$. Ist c eine **einfache Lösung** der charakteristischen Gleichung, so ist $y_p = \alpha \cdot x\mathrm{e}\mathrm{e}^{-ax/2}$. Ist c **keine Lösung** der charakteristischen Gleichung, so ist $y_p = \alpha \cdot \mathrm{e}^{-ax/2}$ Der **Parameter** α ist jeweils so zu bestimmen, dass y_p eine Lösung der Differenzialgleichung ist.

  Beispiel: $y'' - 2y' + y = 3\mathrm{e}^{2x} \longrightarrow y_p = \alpha\mathrm{e}^{2x} \longrightarrow y_p' = 2\alpha\mathrm{e}^{2x}$

  $\longrightarrow y_p'' = 4\alpha\mathrm{e}^{2x} \longrightarrow 4\alpha\mathrm{e}^{2x} - 2 \cdot 2\alpha\mathrm{e}^{2x} + \alpha\mathrm{e}^{2x} = 3\mathrm{e}^{2x}$

  $\longrightarrow \alpha = 3 \longrightarrow y_p = 3\mathrm{e}^{2x} \longrightarrow y = c\mathrm{e}^{x} + dx\mathrm{e}^{x} + 3\mathrm{e}^{2x},\ c, d \in \mathbb{R}$

- $g(x) = \gamma_1 \sin(cx) + \gamma_2 \cos(cx)$

  Ist ic (i imaginäre Einheit!) eine Lösung der charakteristischen Gleichung, so ist $y_p = \alpha x \sin(cx) + \beta x \cos(cx)$. Ansonsten ist $y_p = \alpha \sin(cx) + \beta \cos(cx)$. Die Parameter α und β sind wiederum passend zu bestimmen.

  Beispiel: $y'' - 2y' + y = 2\sin x - 3\cos x \longrightarrow y_p = \alpha \sin x + \beta \cos x$

  $\longrightarrow y_p' = \alpha \cos x - \beta \sin x \longrightarrow y_p'' = -\alpha \sin x - \beta \cos x$

  $\longrightarrow y_p'' - 2y_p' + y_p = -2\alpha \cos x + 2\beta \sin x = 2\sin x - 3\cos x$

  $\longrightarrow \alpha = \dfrac{3}{2},\ \beta = 1 \longrightarrow y_p = 3/2 \sin x + \cos x$

  $\longrightarrow y = c\mathrm{e}^{x} + dx\mathrm{e}^{x} + \dfrac{3}{2}\sin x + \cos x,\ c, d \in \mathbb{R}$

- $g(x) = \gamma_0 + \gamma_1 x + \gamma_2 x^2 + \cdots + \gamma_n x^n$

  Ist in der Differenzialgleichung $b \neq 0$, so ist $y_p = \alpha_0 + \alpha_1 x + \cdots + \alpha_n x^n =: p_n(x)$. Ist $b = 0$, aber $a \neq 0$, so ist $y_p = x \cdot p_n(x)$. Ist $a = b = 0$, so ist $y_p = x^2 \cdot p_n(x)$. Die Parameter $\alpha_0, \ldots, \alpha_n$ sind wiederum passend zu bestimmen.

  Beispiel: $y'' - 2y' + y = 2x + 3x^3 \longrightarrow y_p = \alpha_0 + \alpha_1 x + \alpha_2 x^2 + \alpha_3 x^3$

  $\longrightarrow y_p' = \alpha_1 + 2\alpha_2 x + 3\alpha_3 x^2 \longrightarrow y_p'' = 2\alpha_2 + 6\alpha_3 x$

  $\longrightarrow y_p'' - 2y_p' + y_p =$

  $= (2\alpha_2 - 2\alpha_1 + \alpha_0) + (6\alpha_3 - 4\alpha_2 + \alpha_1)x + (-6\alpha_3 + \alpha_2)x^2 + \alpha_3 x^3 =$

  $= 2x + 3x^3$

  $\longrightarrow \alpha_3 = 3, \alpha_2 = 18, \alpha_1 = 56, \alpha_0 = 76 \longrightarrow y_p = 76 + 56x + 18x^2 + 3x^3$

  $\longrightarrow y = c\mathrm{e}^{x} + dx\mathrm{e}^{x} + 76 + 56x + 18x^2 + 3x^3,\ c, d \in \mathbb{R}$

Spezielle substituierbare Differenzialgleichungen zweiter Ordnung

Differenzialgleichungen vom Typ

$$y'' = g(x, y')$$

können durch die Substitution $z := y'$ in die Differenzialgleichung $z' = g(x, z)$ erster Ordnung überführt werden.

Differenzialgleichungen vom Typ

$$y'' = g(y, y')$$

können eventuell durch die Substitution $z(y) := y'(x(y))$ (mit der Umkehrfunktion $x(y)$ von $y(x)$) in die Differenzialgleichung erster Ordnung,

$$z' = \frac{\mathrm{d}z}{\mathrm{d}y} = \frac{g(y, z)}{z},$$

überführt werden. Ist z eine Lösung, so erhält man die Lösung der Differenzialgleichung zweiter Ordnung als Umkehrfunktion von

$$x(y) = \int \frac{\mathrm{d}y}{z(y)}.$$

3 Lineare Algebra

3.1 Vektoren

Bezeichnungen

Ein **Vektor** ist eine endliche, geordnete Menge, also ein Tupel, von Elementen aus einem gegebenen Körper K, meistens ist $K = \mathbb{R}$. Im Allgemeinen werden die Elemente untereinander angeordnet. Man spricht dann auch vom **Spaltenvektor**. Ordnet man die Elemente nebeneinander an, spricht man vom **Zeilenvektor**. Die Umstellung von dem einen in den anderen **Typ** heißt **Transposition**. Ein transponierter oder zu transponierender Vektor wird durch einen Apostroph gekennzeichnet:

$$\vec{a} := \begin{pmatrix} a_1 \\ \vdots \\ a_n \end{pmatrix}, \quad \vec{a}' := (a_1, a_2, \ldots, a_n).$$

Sprechweise: „a Strich“ oder „a transponiert“.

Die Anzahl der **Elemente** oder **Komponenten** eines Vektors heißt **Länge*** des Vektors. Zwei Vektoren heißen **gleich**, wenn sie

- vom selben Typ sind und
- gleiche Länge haben und
- komponentenweise übereinstimmen.

$\vec{a}$ heißt **kleiner** (bzw. **kleiner/gleich**, **größer**, **größer/gleich**) $\vec{b}$, wenn

- die Vektoren vom selben Typ und gleicher Länge sind und
- die Ungleichheit zwischen **allen** korrespondierenden Komponenten besteht: $a_i < b_i$ (bzw. $\leq, >, \geq$), $i = 1, \ldots, n$.

* Vorsicht: Manche Autoren verstehen unter der Länge eines Vektors dessen Betrag, vgl. S. 175 in diesem Abschnitt.

Zwei Vektoren vom selben Typ und gleicher Länge werden **addiert** (bzw. **subtrahiert**), indem man die entsprechenden Komponenten addiert bzw. subtrahiert.

Die Elemente des zugrunde liegenden Körpers K heißen **Skalare**. Ein Vektor wird **mit einem Skalar multipliziert**, indem man alle Komponenten mit ihm multipliziert.

$\vec{0} := (0, 0, \ldots, 0)'$ heißt **Nullvektor**,
$\vec{1} := (1, 1, \ldots, 1)'$ heißt **Einservektor**,
$\vec{e}_j := (0, \ldots, 0, \underset{\substack{\uparrow \\ j\text{-te Stelle}}}{1}, 0, \ldots, 0)'$ heißt j-ter **Einheitsvektor**.

Rechenregeln für Vektoren

Sei $K = \mathbb{R}$, alle Regeln gelten analog für Zeilenvektoren.

$\vec{a} + \vec{b} = \vec{b} + \vec{a}$	Kommutativgesetz der Addition
$\vec{a} + \vec{0} = \vec{0} + \vec{a} = \vec{a}$	neutrales Element bez. der Addition
$\vec{a} + (\vec{b} + \vec{c}) = (\vec{a} + \vec{b}) + \vec{c}$	Assoziativgesetz der Addition
$\vec{a} + (-\vec{a}) = \vec{0}$	inverses Element bez. der Addition
$c \cdot \vec{a} = \vec{a} \cdot c,\ c \in \mathbb{R}$	Kommutativgesetz der Skalarmultiplikation
$(c \cdot d) \cdot \vec{a} = c \cdot (d \cdot \vec{a}),\ c, d \in \mathbb{R}$	Assoziativgesetz der Skalarmultiplikation
$c \cdot (\vec{a} \pm \vec{b}) = c \cdot \vec{a} \pm c \cdot \vec{b},\ c \in \mathbb{R}$	Distributivgesetz für zwei Vektoren
$(c \pm d) \cdot \vec{a} = c \cdot \vec{a} \pm d \cdot \vec{a},\ c, d \in \mathbb{R}$	Distributivgesetz für zwei Skalare

Vektorraum

Ein **Vektorraum** oder **linearer Raum** V über dem Körper K (meistens $K = \mathbb{R}$) ist eine Menge von Elementen $\vec{a}, \vec{b}, \ldots$, für die gilt:

1. $\vec{a}, \vec{b} \in V \Rightarrow \vec{a} + \vec{b} \in V$
2. $\vec{a} \in V,\ c \in K \Rightarrow c \cdot \vec{a} \in V$
3. $\vec{a} + \vec{b} = \vec{b} + \vec{a} \quad \forall \vec{a}, \vec{b} \in V$
4. $\vec{a} + (\vec{b} + \vec{c}) = (\vec{a} + \vec{b}) + \vec{c} \quad \forall \vec{a}, \vec{b}, \vec{c} \in V$
5. $\exists \vec{0} \in V \ \forall \vec{a} \in V :\ \vec{a} + \vec{0} = \vec{a}$
6. $\forall \vec{a} \in V \ \exists -\vec{a} \in V :\ \vec{a} + (-\vec{a}) = \vec{0}$
7. $(c \cdot d) \cdot \vec{a} = c \cdot (d \cdot \vec{a}) \quad \forall c, d \in K \ \forall \vec{a} \in V$
8. $\exists 1 \in K \ \forall \vec{a} \in V :\ 1 \cdot \vec{a} = \vec{a}$
9. $c \cdot (\vec{a} + \vec{b}) = c \cdot \vec{a} + c \cdot \vec{b} \quad \forall c \in K \ \forall \vec{a}, \vec{b} \in V$
10. $(c + d) \cdot \vec{a} = c \cdot \vec{a} + d \cdot \vec{a} \quad \forall c, d \in K \ \forall \vec{a} \in V$

Der im Folgenden betrachtete Fall eines Vektorraums ist die Menge L_n der Vektoren gleichen Typs und gleicher Länge n über dem Körper $\mathbb{R}$ der reellen Zahlen. Für $\vec{a}_1, \ldots, \vec{a}_k \in L_n$ und $c_1, \ldots, c_k \in \mathbb{R}$ heißt

$$\sum_{i=1}^{k} c_i \cdot \vec{a}_i \in L_n$$

Linearkombination der $\vec{a}_i$. Sind alle $c_i > 0$ (bzw. ≥ 0, < 0, ≤ 0), so heißt die Linearkombination **positiv** (bzw. **nichtnegativ**, **negativ**, **nichtpositiv**), sind alle $c_i \geq 0$ und $c_1 + c_2 + \ldots + c_k = 1$, so heißt sie **konvex** oder **Konvexkombination**.

Die Menge aller Linearkombinationen

$$\sum_{i=1}^{k} c_i \cdot \vec{a}_i, \; c_i \in \mathbb{R}$$

bildet wieder einen Vektorraum, den von $\vec{a}_1, \ldots, \vec{a}_k$ **erzeugten** (oder **aufgespannten**) **Unterraum** von L_n. Als **unechte Unterräume** bezeichnet man den nur aus dem Nullvektor bestehenden **Nullraum** oder **Nullunterraum** sowie den Vektorraum L_n selbst. Alle anderen Unterräume heißen **echt**.

Lineare Unabhängigkeit

Die Vektoren $\vec{a}_1, \ldots, \vec{a}_k$ heißen **linear unabhängig**, wenn gilt:

$$\sum_{i=1}^{k} c_i \cdot \vec{a}_i = \vec{0} \Rightarrow c_1 = c_2 = \ldots = c_k = 0.$$

Sind Vektoren nicht linear unabhängig, so heißen sie **linear abhängig**. Demnach ist der Nullvektor und jede Menge von Vektoren, die den Nullvektor enthält, linear abhängig. Jeder einzelne Vektor $\vec{a} \neq \vec{0}$ ist linear unabhängig.

Regeln zur linearen Unabhängigkeit

Jede Teilmenge einer Menge von linear unabhängigen Vektoren ist linear unabhängig.

Sind die Vektoren $\vec{a}_1, \ldots, \vec{a}_k$ linear abhängig mit $\sum_{i=1}^{k} c_i \cdot \vec{a}_i = \vec{0}$ und $c_j \neq 0$, so lässt sich $\vec{a}_j$ als Linearkombination der übrigen Vektoren darstellen:

$$\vec{a}_j = \sum_{\substack{i=1 \\ i \neq j}}^{k} -\frac{c_i}{c_j} \vec{a}_i .$$

Ist $\vec{b}$ eine Linearkombination der $\vec{a}_1, \ldots, \vec{a}_k$, so sind die Vektoren $\vec{b}, \vec{a}_1, \ldots, \vec{a}_k$ linear abhängig.

Basis eines Vektorraums

Jedes endliche System von Vektoren besitzt eine Maximalzahl r linear unabhängiger Vektoren, den **Rang** dieses Vektorsystems. Besitzt ein Vektorraum eine maximale Anzahl n linear unabhängiger Vektoren, so heißt n **Dimension** des Vektorraums. Jedes System von n linear unabhängigen Vektoren in einem Vektorraum der Dimension n heißt **Basis** des Vektorraums. Die Vektoren der Basis heißen **Basisvektoren**. Jeder Vektor $\vec{b}$ des Vektorraums hat eine eindeutige Darstellung als Linearkombination der Basisvektoren $\vec{a}_1, \ldots, \vec{a}_n$:

$$\vec{b} = \sum_{i=1}^{n} x_i \, \vec{a}_i .$$

Die $x_i \in \mathbb{R}$ heißen **Koordinaten** von $\vec{b}$ bez. der Basis $\vec{a}_1, \ldots, \vec{a}_n$.

Regeln zum Rang eines Vektorsystems

Ist r der Rang eines Vektorsystems, so sind jeweils $r + 1$ (oder mehr) beliebige Vektoren dieses Systems linear abhängig.

Jeder Vektor eines Vektorsystems vom Rang r kann eindeutig als Linearkombination r unabhängiger Vektoren des Systems geschrieben werden.

Erweitert oder reduziert man ein Vektorsystem vom Rang r um einen Vektor, der sich als Linearkombination r linear unabhängiger Vektoren des Systems schreiben lässt, so ändert sich der Rang des Systems nicht.

Können die Vektoren $\vec{a}_1, \ldots, \vec{a}_n$ als Linearkombinationen der Vektoren $\vec{b}_1, \ldots, \vec{b}_k$ dargestellt werden, so ist der Rang des Systems $\vec{a}_1, \ldots, \vec{a}_n$ höchstens k.

Ist n die Dimension eines Vektorraums, so sind jeweils $n + 1$ (oder mehr) beliebige Vektoren dieses Raums linear abhängig.

Die Einheitsvektoren $\vec{e}_1, \ldots, \vec{e}_n$ bilden eine Basis des Vektorraums L_n der Vektoren der Länge n über $\mathbb{R}$. Die Koordinaten bez. dieser Basis sind gerade die Komponenten eines Vektors.

Ist $\vec{a}_1, \ldots, \vec{a}_n$ eine Basis des L_n und

$$\vec{b} = \sum_{i=1}^{n} x_i \, \vec{a}_i \neq \vec{0} \text{ mit } x_j \neq 0,$$

so ist auch $\vec{a}_1, \ldots, \vec{a}_{j-1}, \vec{b}, \vec{a}_{j+1}, \ldots, \vec{a}_n$ eine Basis von L_n. Ist $\vec{c}$ ein Vektor mit

$$\vec{c} = \sum_{i=1}^{n} y_i \, \vec{a}_i ,$$

so lauten seine Koordinaten y_i^* bez. der geänderten Basis wie folgt:

$$y_j^* = y_j / x_j \text{ und } y_i^* = y_i - y_j \cdot x_i / x_j, \; i = 1, \ldots, n, \; i \neq j .$$

Dieses Verfahren heißt **elementare Basistransformation**.

Skalarprodukt und Metrik

Eine Abbildung $s : L \times L \to \mathbb{R}$ auf dem Kreuzprodukt eines Vektorraums L mit Werten im Körper $\mathbb{R}$ heißt **Skalarprodukt** oder **skalares Produkt** oder **inneres Produkt** in L, wenn s die folgenden Eigenschaften besitzt:

1. $s(\alpha\vec{a} + \beta\vec{b}, \vec{c}) = \alpha s(\vec{a}, \vec{c}) + \beta s(\vec{b}, \vec{c}),\ \alpha, \beta \in \mathbb{R}$ (Linearität)
2. $s(\vec{a}, \vec{b}) = s(\vec{b}, \vec{a})$ (Symmetrie)
3. $s(\vec{a}, \vec{a}) \geq 0 \wedge \left(s(\vec{a}, \vec{a}) = 0 \Leftrightarrow \vec{a} = \vec{0}\right)$ (positive Definitheit)

Schreibweisen: $s(\vec{a}, \vec{b})$, $\langle\vec{a},\ \vec{b}\rangle$, $\vec{a}' \cdot \vec{b}$.

Ein Vektorraum mit einem Skalarprodukt heißt **Euklidischer Raum** (Euklid, 365 – 300 v. Chr.).

Eine Abbildung $d : L \times L \to \mathbb{R}_0^+$ heißt **Metrik** oder **Abstand** in L, wenn sie folgende Eigenschaften besitzt:

1. $d(\vec{a}, \vec{b}) + d(\vec{b}, \vec{c}) \geq d(\vec{a}, \vec{c})$ (Dreiecksungleichung)
2. $d(\vec{a}, \vec{b}) = d(\vec{b}, \vec{a})$ (Symmetrie)
3. $d(\vec{a}, \vec{b}) = 0 \Leftrightarrow \vec{a} = \vec{b}$

Ein Vektorraum mit einer Metrik heißt **metrischer Raum**.

Im Folgenden sei $L = \mathbb{R}^n := \{(x_1, \ldots, x_n)' :\ x_i \in \mathbb{R}\}$, also der **$n$-dimensionale reelle Euklidische Raum** mit dem Skalarprodukt

$$\vec{a}'\vec{b} = (a_1, \ldots, a_n)\begin{pmatrix} b_1 \\ \vdots \\ b_n \end{pmatrix} := \sum_{i=1}^{n} a_i\, b_i .$$

Mithilfe des Skalarprodukts wird der **Betrag** oder die **Norm** eines Vektors definiert:

$$|\vec{a}| := \sqrt{\vec{a}'\,\vec{a}} = \sqrt{\sum_{i=1}^{n} a_i^2} .$$

Der Betrag hat folgende Eigenschaften:

1. $|\vec{a}| \geq 0 \wedge \left(|\vec{a}| = 0 \Leftrightarrow \vec{a} = \vec{0}\right)$,
2. $|\alpha\vec{a}| = |\alpha| \cdot |\vec{a}|$, wobei $|\alpha|$ der „normale" Betrag einer reellen Zahl ist,
3. $|\vec{a} + \vec{b}| \leq |\vec{a}| + |\vec{b}|$ (Dreiecksungleichung).

Die zu diesem Skalarprodukt bzw. zu dieser Norm gehörige Metrik, die sogenannte **Euklidische Metrik**, ist dann

$$d(\vec{a},\vec{b}) = |\vec{a}-\vec{b}| = \sqrt{(\vec{a}-\vec{b})'(\vec{a}-\vec{b})} = \sqrt{\sum_{i=1}^{n}(a_i-b_i)^2}.$$

Regeln zum Skalarprodukt

$\vec{a}'\vec{b} = \vec{b}'\vec{a}$ (Kommutativgesetz)

$\vec{a}'(\vec{b}+\vec{c}) = \vec{a}'\vec{b}+\vec{a}'\vec{c},$
$(\vec{a}+\vec{b})'\vec{c} = \vec{a}'\vec{c}+\vec{b}'\vec{c}$ (Distributivgesetze)

Ist $\phi := \sphericalangle(\vec{a},\vec{b})$ der (kleinere) Winkel zwischen zwei Vektoren $\vec{a},\vec{b}$ des zwei- oder dreidimensionalen reellen Euklidischen Raums in Radiant ($0 \leq \phi \leq \pi$), so gilt:

$$\cos\phi = \frac{\vec{a}'\vec{b}}{|\vec{a}||\vec{b}|}.$$

In höherdimensionalen Euklidischen Räumen ist dies die Definition des Begriffs **Winkel** zwischen zwei Vektoren. Der Kosinus von ϕ wird auch als **Richtungskosinus** bezeichnet.

$\left|\frac{\vec{a}}{|\vec{a}|}\right| = 1.$ Ein Vektor mit dem Betrag 1 heißt **normierter Vektor**.

$\big||\vec{a}|-|\vec{b}|\big| \leq |\vec{a}-\vec{b}|.$ Die Gleichheit gilt genau dann, wenn $\vec{a}=\vec{0}$ oder $\vec{b}=\vec{0}$ oder $\vec{a}=\alpha\vec{b}$, $\alpha \in \mathbb{R}$, also wenn $\vec{a}$ und $\vec{b}$ linear abhängig sind. Man beachte, dass die äußeren Betragsstriche der linken Seite den „normalen" Betrag einer reellen Zahl bedeuten. Dieser ist der Spezialfall des Vektorbetrags im eindimensionalen Raum.

$|\vec{a}'\vec{b}| \leq |\vec{a}|\,|\vec{b}|.$ (Cauchy-Schwarzsche oder Bunjakowskische Ungleichung; Viktor Jakowlewitsch Bunjakowski, 1804 – 1889) Die Gleichheit gilt genau dann, wenn $\vec{a}$ und $\vec{b}$ linear abhängig sind.

$\vec{1}'\vec{a} = \vec{a}'\vec{1} = \sum_{i=1}^{n} a_i.$ Der Einservektor $\vec{1}$ heißt daher auch **summierender Vektor**.

Zwei Vektoren $\vec{a}$ und $\vec{b}$ heißen **orthogonal** oder **senkrecht**, Schreibweise: $\vec{a} \perp \vec{b}$, wenn $\vec{a}'\vec{b} = 0$. Damit ist der Nullvektor $\vec{0}$ zu jedem Vektor orthogonal. Ein System von Vektoren heißt **Orthogonalsystem**, wenn es den Nullvektor nicht enthält und die Vektoren paarweise orthogonal sind. Sind sie darüber hinaus alle normiert, so spricht man von einem **Orthonormalsystem**. Jedes Orthogonalsystem ist linear unabhängig. Jeder EUKLIDische Vektorraum endlicher Dimension besitzt eine Orthonormalbasis, z. B. $\vec{e}_1, \ldots, \vec{e}_n$ im $\mathbb{R}^n$. Allgemein lässt sich eine Orthonormalbasis aus einer beliebigen Basis $\vec{a}_1, \ldots, \vec{a}_n$ durch das **SCHMIDTsche Orthonormalisierungsverfahren** (ERHARD SCHMIDT, 1876 – 1959) konstruieren:

$$\vec{b}_1, \ldots, \vec{b}_n \text{ mit } \vec{b}_1 := \vec{a}_1 \text{ und } \vec{b}_k := \vec{a}_k - \sum_{i=1}^{k-1} \frac{\vec{a}_k' \vec{b}_i}{|\vec{b}_i|^2} \cdot \vec{b}_i,\ k = 2, 3, \ldots, n,$$

ist Orthogonalbasis und

$$\frac{\vec{b}_1}{|\vec{b}_1|}, \ldots, \frac{\vec{b}_n}{|\vec{b}_n|}$$

ist Orthonormalbasis.

Vektorprodukt

Die folgende Abbildung von $\mathbb{R}^3 \times \mathbb{R}^3 \to \mathbb{R}^3$ heißt **Vektorprodukt**:

$$\begin{pmatrix} a_1 \\ a_2 \\ a_3 \end{pmatrix} \times \begin{pmatrix} b_1 \\ b_2 \\ b_3 \end{pmatrix} := \begin{pmatrix} a_2 \cdot b_3 - a_3 \cdot b_2 \\ a_3 \cdot b_1 - a_1 \cdot b_3 \\ a_1 \cdot b_2 - a_2 \cdot b_1 \end{pmatrix}$$

Regeln zum Vektorprodukt

$\vec{a} \times \vec{a} = \vec{0}$

$\vec{a} \times \vec{b} = -(\vec{b} \times \vec{a})$

$\alpha(\vec{a} \times \vec{b}) = (\alpha\vec{a}) \times \vec{b} = \vec{a} \times (\alpha\vec{b}) \quad \forall \alpha \in \mathbb{R}$

$(\vec{a} \times \vec{b}) + (\vec{a} \times \vec{c}) = \vec{a} \times (\vec{b} + \vec{c})$

$|\vec{a} \times \vec{b}|^2 = |\vec{a}|^2 \cdot |\vec{b}|^2 - (\vec{a}'\vec{b})^2$

$(\vec{a} \times \vec{b}) \perp \{\alpha\vec{a} + \beta\vec{b} : \ \alpha, \beta \in \mathbb{R}\}$

$\vec{a}$, $\vec{b}$, $(\vec{a} \times \vec{b})$ bilden eine **Rechtsschraubung**.

$|\vec{a} \times \vec{b}|$ ist die Fläche des von $\vec{a}$ und $\vec{b}$ aufgespannten Parallelogramms.

$(\vec{a} \times \vec{b}) = \vec{0} \Leftrightarrow \vec{a} = \vec{0} \ \vee \ \vec{b} = \vec{0} \ \vee \ \vec{a} \parallel \vec{b}$ (d. h. $\vec{a}$ parallel $\vec{b}$)

$|\vec{a} \times \vec{b}| = |\vec{a}| \cdot |\vec{b}| \cdot \sin \sphericalangle(\vec{a}, \vec{b})$

3.2 Matrizen

Bezeichnungen

Eine **Matrix** (Mehrzahl: **Matrizen**) ist ein zweidimensionales, rechteckiges Schema von $m \cdot n$ Elementen (im Allgemeinen reellen Zahlen) in m Zeilen und n Spalten:

$$\vec{A} := \vec{A}_{(m,n)} := (a_{ij}) := \begin{pmatrix} a_{11} & a_{12} & \dots & a_{1n} \\ a_{21} & a_{22} & \dots & a_{2n} \\ \vdots & \vdots & & \vdots \\ a_{m1} & a_{m2} & \dots & a_{mn} \end{pmatrix}.$$

Die Elemente a_{ij} sind durch zwei Indizes bestimmt, den **Zeilenindex** i und den **Spaltenindex** j.

Matrizen mit gleicher Zeilen- und Spaltenanzahl heißen **quadratisch**. Die Elemente a_{ii} einer quadratischen Matrix mit gleichem Zeilen- und Spaltenindex heißen **Diagonalelemente**, die anderen **Nichtdiagonalelemente**. Die Menge aller Diagonalelemente einer Matrix heißt **Hauptdiagonale** der Matrix. Die Menge $\{a_{12}, a_{23}, \dots, a_{n-1,n}\}$ heißt **obere Nebendiagonale**, die Menge $\{a_{21}, a_{32}, \dots, a_{n,n-1}\}$ **untere Nebendiagonale**, die Menge $\{a_{1n}, a_{2,n-1}, \dots, a_{n1}\}$ **Gegendiagonale** der quadratischen Matrix.

Eine Matrix mit m Zeilen und n Spalten heißt **vom Typ** (m,n) oder vom Typ $m \times n$ oder $(m \times n)$-Matrix. Ein Zeilenvektor mit n Elementen ist eine $(1 \times n)$-Matrix, ein Spaltenvektor mit m Elementen eine $(m \times 1)$-Matrix. Die Zeilen einer $(m \times n)$-Matrix können als Zeilenvektoren geschrieben werden, die Spalten als Spaltenvektoren:

$$\vec{A} = \begin{pmatrix} \vec{a}'_i \\ \vdots \\ \vec{a}'_m \end{pmatrix} \text{ mit } \vec{a}'_i := (a_{i1}, a_{i2}, \dots, a_{in})$$

$$\vec{A} = (\vec{a}_1, \dots, \vec{a}_n) \text{ mit } \vec{a}_j := \begin{pmatrix} a_{1j} \\ \vdots \\ a_{mj} \end{pmatrix}.$$

Der von den Vektoren $\vec{a}'_i$ aufgespannte Unterraum des $\mathbb{R}^n$ heißt **Zeilenraum**, der von den $\vec{a}_j$ aufgespannte Unterraum des $\mathbb{R}^m$ heißt **Spaltenraum der Matrix**.

Zwei Matrizen heißen **gleich**, wenn sie vom selben Typ sind und elementweise übereinstimmen. Analog definiert man Ungleichungen für Matrizen vom selben Typ. Zwei oder mehr Matrizen mit gleicher Anzahl m von Zeilen und gleicher Anzahl n von Spalten heißen **gleichartig**.

Besondere Matrizen

$$\vec{0}_{(m,n)} := \begin{pmatrix} 0 & \dots & 0 \\ \vdots & & \vdots \\ 0 & \dots & 0 \end{pmatrix}$$

heißt $(m \times n)$-**Nullmatrix**.

$$\vec{1}_{(m,n)} := \begin{pmatrix} 1 & \dots & 1 \\ \vdots & & \vdots \\ 1 & \dots & 1 \end{pmatrix}$$

heißt $(m \times n)$-**Einsmatrix** oder **Einsermatrix** oder **summierende Matrix**.

$$\vec{E}_{(n,n)} := \begin{pmatrix} 1 & 0 & \dots & 0 \\ 0 & 1 & \dots & 0 \\ \vdots & \vdots & \ddots & \vdots \\ 0 & 0 & \dots & 1 \end{pmatrix}$$

heißt ***n*-reihige Einheitsmatrix**.

$$\vec{S}_{(n,n)} := \begin{pmatrix} a & 0 & \dots & 0 \\ 0 & a & \dots & 0 \\ \vdots & \vdots & \ddots & \vdots \\ 0 & 0 & \dots & a \end{pmatrix}$$

heißt ***n*-reihige Skalarmatrix**.

$$\vec{D}_{(n,n)} := \begin{pmatrix} a_{11} & 0 & \dots & 0 \\ 0 & a_{22} & \dots & 0 \\ \vdots & \vdots & \ddots & \vdots \\ 0 & 0 & \dots & a_{nn} \end{pmatrix}$$

heißt ***n*-reihige Diagonalmatrix**.

$\vec{A} = \vec{A}_{(n,n)}$ heißt **obere (untere) Dreiecksmatrix**, wenn $a_{ij} = 0$ für alle $i > j$ $(i < j)$.

Werden in einer $(m \times n)$-Matrix $\vec{A}$ p $(p > 0)$ Zeilen und q $(q > 0)$ Spalten gestrichen, so entsteht eine **Teilmatrix** $\vec{A}^*$ von $\vec{A}$. Es ist $\vec{A}^*$ vom Typ $(m - p) \times (n - q)$.

Transposition

Die **Transposition einer Matrix** $\vec{A} = (a_{ij})$ ist die Operation, nach welcher die Zeilen der Matrix zu Spalten – und damit die Spalten zu Zeilen – werden. Die Elemente der **transponierten Matrix** $\vec{A}'$ erhält man aus den Elementen von $\vec{A}$ durch Vertauschung des Zeilen- und des Spaltenindexes:

$$\vec{A}' := (a_{ji}).$$

Damit geht eine $(m \times n)$-Matrix durch Transposition in eine $(n \times m)$-Matrix über. Quadratische Matrizen bleiben vom selben Typ quadratisch. Die Transponierte einer transponierten Matrix ist wieder die Ausgangsmatrix:

$$(\vec{A}')' = \vec{A}.$$

Gilt bereits $\vec{A}' = \vec{A}$, so heißt $\vec{A}$ **symmetrisch**. Eine symmetrische Matrix ist also stets quadratisch. $\vec{0}_{(n,n)}$, $\vec{1}_{(n,n)}$ und jede Diagonalmatrix sind symmetrisch. Für jede beliebige Matrix $\vec{A}$ ist $\vec{A}\vec{A}'$ eine symmetrische Matrix (zur Matrizenmultiplikation siehe später). Eine obere (untere) Dreiecksmatrix geht durch Transposition in eine untere (obere) Dreiecksmatrix über. Gilt $\vec{A}' = -\vec{A}$, also $a_{ji} = -a_{ij}$ für alle i, j, so heißt $\vec{A}$ **schiefsymmetrisch** oder **antisymmetrisch**. Insbesondere gilt für die Diagonalelemente $a_{ii} = -a_{ii} = 0$. Jede quadratische Matrix $\vec{A}$ ist darstellbar als

$$\vec{A} = \frac{1}{2}(\vec{A} + \vec{A}') + \frac{1}{2}(\vec{A} - \vec{A}'),$$

wobei der erste Summand symmetrisch und der zweite Summand antisymmetrisch ist.

Eine quadratische Matrix $\vec{A}_{(n,n)}$ heißt **orthogonal**, wenn gilt:

$$\vec{A}'\vec{A} = \vec{A}\vec{A}' = \vec{E}$$

(zur Matrizenmultiplikation siehe später).

Multiplikation mit einem Skalar

Man multipliziert eine Matrix $\vec{A}_{(m,n)}$ von links oder rechts mit einem Skalar, also einem Element des zugrunde liegenden Körpers (im Allgemeinen einer reellen Zahl), indem man jedes Element der Matrix mit dem Skalar multipliziert:

$$c \cdot \vec{A} := \vec{A} \cdot c := (c \cdot a_{ij}),\ c \in K.$$

Regeln zur Multiplikation mit einem Skalar

Eine Matrix bleibt nach skalarer Multiplikation vom selben Typ.

$(c \cdot \vec{A})' = c \cdot \vec{A}'$

$c \cdot \vec{A} = \vec{A} \cdot c,$ (Kommutativgesetz)

$(c \cdot d) \cdot \vec{A} = c \cdot (d \cdot \vec{A}),$ (Assoziativgesetz)

$(c + d) \cdot \vec{A} = c \cdot \vec{A} + d \cdot \vec{A}.$ (Distributivgesetz)

Die bereits im vorigen Abschnitt erwähnte Matrix $-\vec{A}$ ist definiert als $(-1) \cdot \vec{A}$. Eine Skalarmatrix erhält man aus der Einheitsmatrix durch skalare Multiplikation:

$$\mathbf{S}_{(n,n)} := \begin{pmatrix} a & 0 & \dots & 0 \\ 0 & a & \dots & 0 \\ \vdots & \vdots & \ddots & \vdots \\ 0 & 0 & \dots & a \end{pmatrix} = a \cdot \vec{E},\ a \in K.$$

Operationen zwischen Matrizen

Die **Addition** zweier Matrizen $\vec{A}_{(m,n)}$ und $\vec{B}_{(m,n)}$ vom selben Typ ist durch die **elementweise** Addition, also die Addition **korrespondierender** Elemente, definiert. Die **Summe** zweier Matrizen ist eine Matrix vom Typ ihrer **Summanden**:

$$\vec{A} + \vec{B} := (a_{ij} + b_{ij}) = \begin{pmatrix} a_{11} + b_{11} & a_{12} + b_{12} & \dots & a_{1n} + b_{1n} \\ \vdots & \vdots & & \vdots \\ a_{m1} + b_{m1} & a_{m2} + b_{m2} & \dots & a_{mn} + b_{mn} \end{pmatrix}.$$

Regeln für die Matrizenaddition

$\vec{A} + \vec{B} = \vec{B} + \vec{A}$ (Kommutativgesetz)

$(\vec{A} + \vec{B}) + \vec{C} = \vec{A} + (\vec{B} + \vec{C})$ (Assoziativgesetz)

$c \cdot (\vec{A} + \vec{B}) = c \cdot \vec{A} + c \cdot \vec{B}$ (Distributivgesetz mit Skalarmultiplikation)

$\vec{A} + \vec{0} = \vec{0} + \vec{A} = \vec{A}$ ($\vec{0}$ ist neutrales Element der Matrizenaddition)

$(\vec{A} + \vec{B})' = \vec{A}' + \vec{B}'.$

Die **Subtraktion** der Matrix $\vec{B}_{(m,n)}$ von $\vec{A}_{(m,n)}$ lässt sich auf die Addition zurückführen. Die **Differenz** $\vec{A} - \vec{B}$ ist die Matrix der elementweisen Differenzen:

$$\vec{A} - \vec{B} := \vec{A} + (-1) \cdot \vec{B} = (a_{ij} - b_{ij}).$$

Insbesondere ist $\vec{A} - \vec{A} = \vec{0}$.

Die **Multiplikation** zweier Matrizen $\vec{A}_{(k,m)}$ und $\vec{B}_{(m,n)}$ ist nur definiert, wenn die Spaltenanzahl des linken Faktors mit der Zeilenanzahl des rechten Faktors übereinstimmt. Das **Produkt** hat dann die Zeilenanzahl des linken und die Spaltenanzahl des rechten Faktors:

$$\vec{A}_{(k,m)} \cdot \vec{B}_{(m,n)} := \left(\sum_{\ell=1}^{m} a_{i\ell} \cdot b_{\ell j} \right) = \vec{C}_{(k,n)}.$$

Schreibt man $\vec{A}$ als Schema von Zeilenvektoren und $\vec{B}$ als Schema von Spaltenvektoren, so ergeben sich die Elemente des Produkts $\vec{C}$ als Skalarprodukte wie folgt:

$$\vec{A}_{(k,m)} = \begin{pmatrix} a_1' \\ \vdots \\ a_k' \end{pmatrix}, \; \vec{B}_{(m,n)} = (\vec{b}_1, \ldots, \vec{b}_n) \text{ und } \vec{C}_{(k,n)} = (c_{ij}) \text{ mit } c_{ij} := \vec{a}_i' \vec{b}_j.$$

FALKsches Schema zur Matrizenmultiplikation

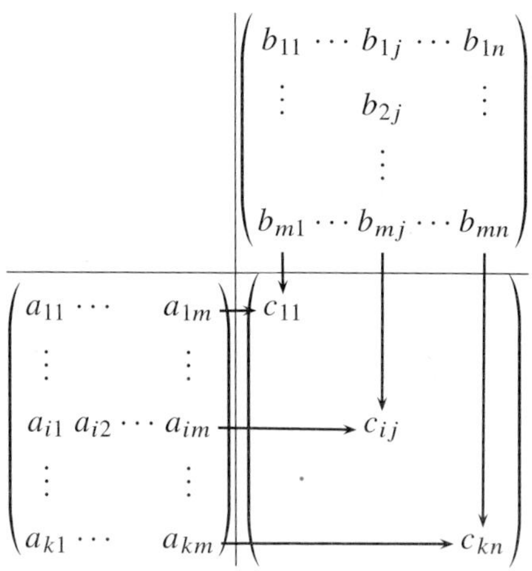

Spezialfälle

$\vec{A}_{(1,m)}\vec{B}_{(m,n)} = \vec{a}'\vec{B} = \vec{C}_{(1,n)} = \vec{c}'$

$\vec{A}_{(k,m)}\vec{B}_{(m,1)} = \vec{A}\vec{b} = \vec{C}_{(k,1)} = \vec{c}$

$\vec{A}_{(1,m)}\vec{B}_{(m,1)} = \vec{a}'\vec{b} = \vec{C}_{(1,1)} = c$ (Skalarprodukt, inneres Produkt)

$\vec{A}_{(k,1)}\vec{B}_{(1,n)} = \vec{a}\vec{b}' = \vec{C}_{(k,n)}$ (**dyadisches Produkt**, **äußeres Produkt**)

Das Kommutativgesetz gilt für die Matrizenmultiplikation **nicht**. Es gilt jedoch in der Menge der Diagonalmatrizen gleichen Typs. Gilt für zwei Matrizen $\vec{A}$ und $\vec{B}$ die Vertauschbarkeit $\vec{A}\vec{B} = \vec{B}\vec{A}$, so nennt man $\vec{A}$ und $\vec{B}$ ein **kommutatives Matrizenpaar**. Ein kommutatives Matrizenpaar erfordert stets quadratische Matrizen gleichen Typs.

Kommutative Matrizenpaare

$\vec{A}_{(n,n)}\vec{0}_{(n,n)} = \vec{0}_{(n,n)}\vec{A}_{(n,n)} = \vec{0}_{(n,n)}$

$\vec{A}_{(n,n)}\vec{E}_{(n,n)} = \vec{E}_{(n,n)}\vec{A}_{(n,n)} = \vec{A}_{(n,n)}$ ($\vec{E}$ ist **neutrales Element** der Matrizenmultiplikation.)

$\vec{A}_{(n,n)}\vec{A}_{(n,n)} = \vec{A}_{(n,n)}\vec{A}_{(n,n)}$

$\vec{A}_{(n,n)}\vec{A}'_{(n,n)} = \vec{A}'_{(n,n)}\vec{A}_{(n,n)}$, falls $\vec{A}$ symmetrisch, schiefsymmetrisch oder orthogonal.

Regeln zur Matrizenmultiplikation

$\left(\vec{A}_{(k,m)}\vec{B}_{(m,n)}\right)' = \vec{B}'_{(m,n)}\vec{A}'_{(k,m)}$

$\left(\vec{A}_1\vec{A}_2\cdot\dots\cdot\vec{A}_m\right)' = \vec{A}'_m\cdot\dots\cdot\vec{A}'_2\vec{A}'_1$, falls definiert

$\left(\vec{A}_{(k,\ell)}\vec{B}_{(\ell,m)}\right)\vec{C}_{(m,n)} = \vec{A}_{(k,\ell)}\left(\vec{B}_{(\ell,m)}\vec{C}_{(m,n)}\right)$ (Assoziativgesetz)

$$\left.\begin{aligned}\vec{A}_{(k,m)}\left(\vec{B}_{(m,n)} + \vec{C}_{(m,n)}\right) &= \vec{A}_{(k,m)}\vec{B}_{(m,n)} + \vec{A}_{(k,m)}\vec{C}_{(m,n)}\\ \left(\vec{A}_{(k,m)} + \vec{B}_{(k,m)}\right)\vec{C}_{(m,n)} &= \vec{A}_{(k,m)}\vec{C}_{(m,n)} + \vec{B}_{(k,m)}\vec{C}_{(m,n)}\end{aligned}\right\}\ \text{(Distributivgesetz)}$$

Aus $\vec{A}\vec{B} = \vec{0}$ folgt nicht, dass $\vec{A} = \vec{0}$ oder $\vec{B} = \vec{0}$. Für jede Matrix $\vec{A}$ sind $\vec{A}\vec{A}'$ und $\vec{A}'\vec{A}$ symmetrische Matrizen, letztere heißt **Gausssche Transformation** von $\vec{A}$.

Analog der Definition bei reellen Zahlen werden **Potenzen** einer quadratischen Matrix $\vec{A}_{(n,n)}$ eingeführt:

$$\vec{A}^0 := \vec{E}$$
$$\vec{A}^i := \vec{A}^{i-1}\vec{A},\ i \in \mathbb{N}.$$

Je zwei Potenzen einer quadratischen Matrix bilden ein kommutatives Paar:

$$\vec{A}^i\vec{A}^j = \vec{A}^j\vec{A}^i = \vec{A}^{i+j}.$$

Ein **Matrizenpolynom vom Grad *k*** in $\vec{A}$ ist der Ausdruck

$$P(\vec{A}) := \sum_{i=0}^{k} a_i\,\vec{A}^i,\ a_i \in \mathbb{R},\ a_k \neq 0.$$

Je zwei Matrizenpolynome P und Q derselben Matrix $\vec{A}$ bilden ein kommutatives Paar:

$$P(\vec{A})Q(\vec{A}) = Q(\vec{A})P(\vec{A}).$$

Seien $\vec{A}$ und $\vec{B}$ ein kommutatives Matrizenpaar, dann gilt folgender binomischer Satz:

$$\left(\vec{A} + \vec{B}\right)^n = \sum_{j=0}^{n} \binom{n}{j} \vec{A}^j\,\vec{B}^{n-j}.$$

Eine Matrix $\vec{A}_{(n,n)}$ heißt **idempotent**, falls $\vec{A}^2 = \vec{A}$. Eine Matrix $\vec{A}_{(n,n)}$ heißt **nilpotent** (lat.: nihil = nichts), wenn ein $k \in \mathbb{N}$ existiert mit $\vec{A}^k = \vec{0}$.

Kronecker-Produkt

Das **Kronecker-Produkt** (Leopold Kronecker, 1823 – 1891) oder **direkte Produkt** zweier Matrizen $\vec{A}_{(k,\ell)}$ und $\vec{B}_{(m,n)}$ ist eine Matrix vom Typ $(km) \times (\ell n)$:

$$\vec{A} \otimes \vec{B} := \begin{pmatrix} a_{11}\vec{B} & a_{12}\vec{B} & \dots & a_{1\ell}\vec{B} \\ \vdots & & & \vdots \\ a_{k1}\vec{B} & a_{k2}\vec{B} & \dots & a_{k\ell}\vec{B} \end{pmatrix} = \left(a_{ij}\vec{B}\right).$$

In dieser Darstellung des Kronecker-Produkts hat man es mit einer **Partitionierung** der Matrix $\vec{A} \otimes \vec{B}$ zu tun, da jedes $a_{ij}\vec{B}$ wiederum eine Matrix, eine sogenannte **Submatrix** oder **Teilmatrix**, darstellt. Das Kronecker-Produkt ist nicht kommutativ, d. h. im Allgemeinen ist $\vec{A} \otimes \vec{B} \neq \vec{B} \otimes \vec{A}$.

Regeln zum KRONECKER-Produkt

$(\vec{A} \otimes \vec{B}) \otimes \vec{C} = \vec{A} \otimes (\vec{B} \otimes \vec{C})$

$(c\vec{A}) \otimes \vec{B} = \vec{A} \otimes (c\vec{B}) = c(\vec{A} \otimes \vec{B})$

$(\vec{A} \otimes \vec{B})' = \vec{A}' \otimes \vec{B}'$

Für $\vec{A}_{(m_1,n_1)}, \vec{B}_{(m_2,n_2)}, \vec{C}_{(n_1,k_1)}, \vec{D}_{(n_2,k_2)}$ gilt: $(\vec{A} \otimes \vec{B})(\vec{C} \otimes \vec{D}) = (\vec{A}\vec{C}) \otimes (\vec{B}\vec{D})$.

$(\vec{A} \otimes \vec{B})^{-1} = \vec{A}^{-1} \otimes \vec{B}^{-1}$, falls $\vec{A}, \vec{B}$ regulär

$\vec{A}, \vec{B}$ orthogonal $\Rightarrow \vec{A} \otimes \vec{B}$ orthogonal

$\vec{A} \otimes \vec{B} = (\vec{A} \otimes \vec{E})(\vec{E} \otimes \vec{B})$

$(\vec{A} + \vec{B}) \otimes \vec{C} = (\vec{A} \otimes \vec{C}) + (\vec{B} \otimes \vec{C})$

$$\left(\sum_{i=1}^{k} \vec{A}_i\right) \otimes \left(\sum_{j=1}^{\ell} \vec{B}_j\right) = \sum_{i=1}^{k} \sum_{j=1}^{\ell} \left(\vec{A}_i \otimes \vec{B}_j\right)$$

Elementare Matrizenoperationen

Unter einer **elementaren Matrizenoperation** versteht man eine der folgenden Operationen:

- Multiplikation einer Zeile (bzw. Spalte) mit einem Skalar
- Addition einer Zeile (bzw. Spalte) zu einer anderen.

Gelegentlich werden auch Kombinationen, d. h. Hintereinanderausführen dieser Operationen als elementare Matrizenoperationen bezeichnet. So kann man die **Vertauschung zweier Zeilen** (bzw. Spalten) wie folgt erzeugen:

$$\begin{pmatrix} \vdots \\ \vec{a}_i' \\ \vdots \\ \vec{a}_j' \\ \vdots \end{pmatrix} \rightarrow \begin{pmatrix} \vdots \\ \vec{a}_i' + \vec{a}_j' \\ \vdots \\ \vec{a}_j' \\ \vdots \end{pmatrix} \rightarrow \begin{pmatrix} \vdots \\ \vec{a}_i' + \vec{a}_j' \\ \vdots \\ -\vec{a}_j' \\ \vdots \end{pmatrix} \rightarrow \begin{pmatrix} \vdots \\ \vec{a}_i' + \vec{a}_j' \\ \vdots \\ \vec{a}_i' \\ \vdots \end{pmatrix} \rightarrow \begin{pmatrix} \vdots \\ \vec{a}_i' + \vec{a}_j' \\ \vdots \\ -\vec{a}_i' \\ \vdots \end{pmatrix} \rightarrow \begin{pmatrix} \vdots \\ \vec{a}_j' \\ \vdots \\ -\vec{a}_i' \\ \vdots \end{pmatrix} \rightarrow \begin{pmatrix} \vdots \\ \vec{a}_j' \\ \vdots \\ \vec{a}_i' \\ \vdots \end{pmatrix}$$

Eine elementare Matrizenoperation – und damit auch Kombinationen aus diesen – entspricht der Multiplikation der Ausgangsmatrix mit einer adäquaten **Operationsmatrix**. Bei **Zeilenoperationen** wird diese **von links** multipliziert, bei **Spaltenoperationen** **von rechts**.

Einige Operationsmatrizen

Addition der j-ten Zeile zur i-ten Zeile ($i < j$):

$$\begin{pmatrix} \vec{e}_1' \\ \vdots \\ \vec{e}_i' + \vec{e}_j' \\ \vdots \\ \vec{e}_j' \\ \vdots \\ \vec{e}_n' \end{pmatrix} = \begin{array}{c} \begin{array}{ccccccc} & & i\text{-te Spalte} & & j\text{-te Spalte} & & \\ & & \downarrow & & \downarrow & & \end{array} \\ \begin{pmatrix} 1 & 0 & \dots & & & & 0 \\ 0 & \ddots & & & & & \vdots \\ \vdots & & 1 & & 1 & & \\ & & & \ddots & & & \\ & & & & 1 & & \\ & & & & & \ddots & 0 \\ 0 & \dots & & & & 0 & 1 \end{pmatrix} \end{array} \begin{array}{l} \\ \\ \\ \\ \leftarrow i\text{-te Zeile} \\ \\ \leftarrow j\text{-te Zeile} \\ \\ \\ \end{array}$$

Addition der j-ten Spalte zur i-ten Spalte ($i < j$):

$$(\vec{e}_1, \dots, \vec{e}_i + \vec{e}_j, \dots, \vec{e}_j, \dots, \vec{e}_n) = \begin{array}{c} \begin{array}{ccccccc} & & i\text{-te Spalte} & & j\text{-te Spalte} & & \\ & & \downarrow & & \downarrow & & \end{array} \\ \begin{pmatrix} 1 & 0 & \dots & & & & 0 \\ 0 & \ddots & & & & & \vdots \\ \vdots & & 1 & & 0 & & \\ & & & \ddots & & & \\ & & 1 & & 1 & & \\ & & & & & \ddots & 0 \\ 0 & \dots & & & & 0 & 1 \end{pmatrix} \end{array} \begin{array}{l} \\ \\ \\ \\ \leftarrow i\text{-te Zeile} \\ \\ \leftarrow j\text{-te Zeile} \\ \\ \\ \end{array}$$

Multiplikation der i-ten Zeile (bzw. Spalte) mit dem Skalar c:

$$\begin{pmatrix} \vec{e}_1' \\ \vdots \\ c \cdot \vec{e}_i' \\ \vdots \\ \vec{e}_n' \end{pmatrix} = (\vec{e}_1, \dots, c \cdot \vec{e}_i, \dots, \vec{e}_n) = \begin{array}{c} \begin{array}{ccccc} & & i\text{-te Spalte} & & \\ & & \downarrow & & \end{array} \\ \begin{pmatrix} 1 & \dots & 0 & \dots & 0 \\ \vdots & \ddots & & & \vdots \\ 0 & \dots & c & \dots & 0 \\ \vdots & & & \ddots & \vdots \\ 0 & \dots & 0 & \dots & 1 \end{pmatrix} \end{array} \begin{array}{l} \\ \\ \\ \\ \leftarrow i\text{-te Zeile} \\ \\ \\ \end{array}$$

Vertauschung der i-ten und j-ten Zeile (bzw. Spalte) $(i < j)$:

$$\begin{pmatrix} \vec{e}\,'_1 \\ \vdots \\ \vec{e}\,'_j \\ \vdots \\ \vec{e}\,'_i \\ \vdots \\ \vec{e}\,'_n \end{pmatrix} = (\vec{e}_1,\dots,\vec{e}_j,\dots,\vec{e}_i,\dots,\vec{e}_n) = \begin{pmatrix} 1 & \dots & \overset{\substack{i\text{-te Spalte}\\ \downarrow}}{0} & \dots & \overset{\substack{j\text{-te Spalte}\\ \downarrow}}{0} & \dots & 0 \\ \vdots & \ddots & & & & & \vdots \\ 0 & \dots & 0 & \dots & 1 & \dots & 0 \\ \vdots & & & \ddots & & & \vdots \\ 0 & \dots & 1 & \dots & 0 & \dots & 0 \\ \vdots & & & & & \ddots & \vdots \\ 0 & \dots & 0 & \dots & 0 & \dots & 1 \end{pmatrix} \begin{array}{l} \\ \\ \leftarrow i\text{-te Zeile} \\ \\ \leftarrow j\text{-te Zeile} \\ \\ \\ \end{array}$$

Operationsmatrizen dieser letzten Art heißen **Transpositionsmatrizen**. Beliebige Produkte dieser Matrizen heißen **Permutationsmatrizen** und sind stets orthogonal.

Quadratische Form

Die **quadratische Form** einer **symmetrischen** Matrix $\vec{A}_{(n,n)}$ ist die Menge der Ausdrücke

$$\vec{x}\,'\vec{A}\vec{x} = \sum_{i=1}^{n}\sum_{j=1}^{n} a_{ij}\,x_i\,x_j = \sum_{i=1}^{n}\left(a_{ii}\,x_i^2 + 2\sum_{j=i+1}^{n} a_{ij}\,x_i\,x_j\right)$$

für alle Vektoren $\vec{x}\,' = (x_1,\dots,x_n) \in \mathbb{R}^n$.

Regel zur quadratischen Form

Die quadratische Form einer Diagonalmatrix ist die mit den Diagonalelementen gewichtete Quadratsumme der x_i:

$$\vec{x}\,'\vec{D}\vec{x} = \sum_{i=1}^{n} d_{ii}\cdot x_i^2 .$$

Die Matrix $\vec{A}$ heißt

- **positiv definit**, falls $\vec{x}\,'\vec{A}\vec{x} > 0 \; \forall \vec{x} \neq \vec{0}$,[†]
- **positiv semidefinit**[‡], falls $\vec{x}\,'\vec{A}\vec{x} \geq 0 \; \forall \vec{x}$,
- **negativ definit**, falls $\vec{x}\,'\vec{A}\vec{x} < 0 \; \forall \vec{x} \neq \vec{0}$,
- **negativ semidefinit**, falls $\vec{x}\,'\vec{A}\vec{x} \leq 0 \; \forall \vec{x}$,
- **indefinit** in allen übrigen Fällen.

† Für komplexe Matrizen wird analog definiert: Eine Matrix $\vec{C} \in \mathbb{C}^{n\times n}$ heißt **HERMITEsch** (CHARLES HERMITE, 1822 – 1901), wenn $\vec{C} = \vec{C}^H := \overline{\vec{C}'}$ (konjugiert komplexe transponierte Matrix). Eine HERMITEsche Matrix $\vec{C} \in \mathbb{C}^{n\times n}$ heißt positiv definit, wenn $\vec{x}^H\vec{C}\vec{x} > 0 \; \forall \vec{x} \in \mathbb{C}^n \setminus \{\vec{0}\}$.

‡ Manche Autoren definieren Semidefinitheit enger als hier, nämlich für den Fall, dass ein $\vec{x} \neq \vec{0}$ existiert mit $\vec{x}\,'\vec{A}\vec{x} = 0$.

Regeln zur Definitheit von Matrizen

$$\vec{A} = \underbrace{\frac{\vec{A}+\vec{A}'}{2}}_{\substack{\text{symm.}\\ \text{Anteil } S}} + \underbrace{\frac{\vec{A}-\vec{A}'}{2}}_{\substack{\text{schiefsymm.}\\ \text{Anteil } T}}$$

für alle (auch nicht-symmetrische) $\vec{A} \in \mathbb{R}^{n\times n}$

Es gilt:

- $\vec{x}'\vec{T}\vec{x} = 0, \ \forall x \in \mathbb{R}^n$
- $\vec{A}$ positiv definit $\iff$ $\vec{S}$ positiv definit
  (Deswegen beschränkt sich die Diskussion der Definitheit von Matrizen oft auf symmetrische Matrizen.)

Positiv definite Matrizen haben lauter positive Diagonalelemente, $a_{ii} > 0 \, \forall i$, positiv semidefinite Matrizen haben lauter nichtnegative Diagonalelemente, $a_{ii} \geq 0 \, \forall i$.

$\vec{A}$ positiv definit $\Rightarrow$ $\vec{A}$ invertierbar

$\vec{A}$ positiv definit $\Rightarrow$ $\vec{A}^r$, $r \in \mathbb{N}$, positiv definit

$\vec{A}$ positiv definit $\iff$ $-\vec{A}$ negativ definit

$\vec{A}$ positiv definit $\iff$ $\vec{A}'$ positiv definit

$\vec{A}$ positiv definit $\iff$ $\vec{A}^{-1}$ positiv definit

$\vec{A}, \vec{B} \in \mathbb{R}^{n\times n}$ positiv definit $\Rightarrow$ $\vec{A} + \vec{B}$ positiv definit

$\vec{A}, \vec{B} \in \mathbb{R}^{n\times n}$ positiv (semi-)definit und $\vec{A}\vec{B} = \vec{B}\vec{A}$ $\Rightarrow$ $\vec{A} \cdot \vec{B}$ positiv (semi-)definit

$\vec{A}_{(n,n)}$ und $\vec{B}_{(n,n)}$ positiv (semi-)definit $\Rightarrow$ $\vec{C}_{(n,n)} = (a_{ij} \cdot b_{ij})$ positiv (semi-)definit (komponentenweise Multiplikation)

$\vec{B} \in \mathbb{R}^{m\times n}$ Matrix mit linear unabh. Spalten $\Rightarrow$ $\vec{B}'\vec{B}$ positiv definit

$\vec{B}$ wie oben, $\vec{A} \in \mathbb{R}^{m\times m}$ positiv definit $\Rightarrow$ $\vec{B}'\vec{A}\vec{B}$ positiv definit

Existiert eine obere Dreiecksmatrix $\vec{R}$ (ohne Nullzeilen und -spalten) so, dass $\vec{A} = \vec{R}'\vec{R}$, dann ist $\vec{A}$ positiv definit (**Cholesky-Zerlegung**, André-Louis Cholesky, 1875 – 1918).

Speziell **für symmetrische Matrizen** $\vec{A}$ gelten:

- Ist $\vec{A}_{(n,n)}$ symmetrisch, so existiert ein Skalar c, sodass $\vec{A}_{(n,n)} + c\vec{E}_{(n,n)}$ positiv definit ist.

- Ist $\vec{A}_{(n,n)}$ **diagonaldominant**, d. h. gilt

$$a_{ii} > \sum_{\substack{j=1 \\ j \neq i}}^{n} |a_{ij}|, \quad \forall i = 1, 2, \ldots, n,$$

so ist $\vec{A}$ positiv definit.
- $\vec{A}$ positiv definit $\Longleftrightarrow$ alle Hauptabschnittsdeterminanten von $\vec{A}_{(n,n)}$ größer null (Entsprechend ist $\vec{A}$ negativ definit genau dann, wenn alle geraden Hauptabschnittsdeterminanten von $\vec{A}_{(n,n)}$ größer null und alle ungeraden Hauptabschnittsdeterminanten von $\vec{A}_{(n,n)}$ kleiner null sind.)
- $\vec{A}$ positiv definit $\Longleftrightarrow$ alle Eigenwerte von $\vec{A}$ sind größer null
- $\vec{A}$ positiv semidefinit $\Longleftrightarrow$ alle Eigenwerte von $\vec{A}$ sind größer oder gleich null
- $\vec{A}$ negativ definit $\Longleftrightarrow$ alle Eigenwerte von $\vec{A}$ sind kleiner null
- $\vec{A}$ negativ semidefinit $\Longleftrightarrow$ alle Eigenwerte von $\vec{A}$ sind kleiner oder gleich null

Umkehrmatrix

Existiert zu einer **quadratischen** Matrix $\vec{A}_{(n,n)}$ eine Matrix $\vec{B}_{(n,n)}$ mit $\vec{A}\vec{B} = \vec{E}$, dann heißt $\vec{B}$ **Umkehrmatrix**, **inverse Matrix** oder **Inverse** von $\vec{A}$ und wird mit $\vec{A}^{-1}$ bezeichnet. Wenn die Inverse einer Matrix existiert, ist sie eindeutig und es gilt

$$\vec{A}\vec{A}^{-1} = \vec{A}^{-1}\vec{A} = \vec{E},$$

d. h. $\vec{A}$ und $\vec{A}^{-1}$ bilden ein kommutatives Paar. Existiert $\vec{A}^{-1}$, so heißt $\vec{A}$ **regulär**, **nichtsingulär** oder **invertierbar**, anderenfalls heißt $\vec{A}$ **singulär**. $\vec{A}^{-1}$ existiert, wenn die Zeilenvektoren (und damit auch die Spaltenvektoren) von $\vec{A}$ linear unabhängig sind.

Regeln zur Umkehrmatrix

$$\left(\vec{A}^{-1}\right)^{-1} = \vec{A}$$

$$\left(\vec{A}^{-1}\right)' = \left(\vec{A}'\right)^{-1}$$

$$\vec{E}^{-1} = \vec{E}$$

$$\begin{pmatrix} d_{11} & 0 & \ldots & 0 \\ 0 & \ddots & & \vdots \\ \vdots & & & 0 \\ 0 & \ldots & 0 & d_{nn} \end{pmatrix}^{-1} = \begin{pmatrix} d_{11}^{-1} & 0 & \ldots & 0 \\ 0 & \ddots & & \vdots \\ \vdots & & & 0 \\ 0 & \ldots & 0 & d_{nn}^{-1} \end{pmatrix}, \quad d_{ii} \neq 0 \;\forall i$$

$\left(c\vec{A}\right)^{-1} = c^{-1}\vec{A}^{-1},\ c \neq 0$

$\left(\vec{A}\vec{B}\right)^{-1} = \vec{B}^{-1}\vec{A}^{-1}$

$\left(\vec{A}_1\vec{A}_2 \cdot \ldots \cdot \vec{A}_m\right)^{-1} = \vec{A}_m^{-1} \cdot \ldots \cdot \vec{A}_2^{-1}\vec{A}_1^{-1}$

Die Inverse einer symmetrischen Matrix ist symmetrisch.

Die Inverse einer orthogonalen Matrix ist ihre Transponierte.

Die „Division" einer Matrix $\vec{A}_{(m,n)}$ durch eine **reguläre** Matrix $\vec{B}$ erfolgt als Multiplikation mit der Inversen von $\vec{B}$. Der „Quotient" von $\vec{A}$ und $\vec{B}$ lautet

$$\vec{C}_{(m,n)} = \vec{A}\vec{B}^{-1}, \text{falls } \vec{B} \text{ vom Typ } n \times n \text{ ist,}$$
$$\vec{C}_{(m,n)} = \vec{B}^{-1}\vec{A}, \text{falls } \vec{B} \text{ vom Typ } m \times m \text{ ist.}$$

Ähnliche Matrizen

Zwei $(n \times n)$-Matrizen $\vec{A}$ und $\vec{B}$ heißen **ähnlich**, wenn es eine reguläre Matrix $\vec{T}$ (**Transformationsmatrix**) gibt, so dass $\vec{B} = \vec{T}^{-1}\vec{A}\vec{T}$. Daraus folgt $\vec{A} = \vec{T}\vec{B}\vec{T}^{-1}$.

Regeln zu ähnlichen Matrizen

Jede $(n \times n)$-Matrix $\vec{A}$ ist zu sich selbst ähnlich.

$\vec{A}, \vec{B}$ ähnlich und $s \in \mathbb{R} \Rightarrow s\vec{A}$ und $s\vec{B}$ ähnlich.

$\vec{A}, \vec{B}$ ähnlich und $\vec{B}, \vec{C}$ ähnlich $\Rightarrow \vec{A}, \vec{C}$ ähnlich. (Transitivität)

Zu jeder symmetrischen Matrix $\vec{A}$ gibt es eine orthogonale Matrix $\vec{T}$, sodass $\vec{T}^{-1}\vec{A}\vec{T}$ eine Diagonalmatrix $\vec{D}$ ist, also $\vec{T}^{-1}\vec{A}\vec{T} = \vec{D}$. $\vec{A}$ und $\vec{D}$ sind also ähnlich.

Kongruente Matrizen

Zwei $(n \times n)$-Matrizen $\vec{A}$ und $\vec{B}$ heißen **kongruent**, wenn es eine orthogonale Matrix $\vec{P}$ gibt, so dass $\vec{B} = \vec{P}'\vec{A}\vec{P}$.

Regeln zu kongruenten Matrizen

Jede $(n \times n)$- Matrix $\vec{A}$ ist zu sich selbst kongruent.

$\vec{A}, \vec{B}$ kongruent und $s \in \mathbb{R} \Rightarrow s\vec{A}$ und $s\vec{B}$ kongruent.

$\vec{A}, \vec{B}$ kongruent und $\vec{B}, \vec{C}$ kongruent $\Rightarrow \vec{A}, \vec{C}$ kongruent. (Transitivität)

Allgemeine Umkehrmatrix

Ist $\vec{A}_{(m,n)}$ eine **beliebige** Matrix und $\vec{B}$ eine Matrix mit den Eigenschaften

1. $\vec{A}\vec{B}$ ist symmetrisch,
2. $\vec{B}\vec{A}$ ist symmetrisch,
3. $\vec{A}\vec{B}\vec{A} = \vec{A}$ und
4. $\vec{B}\vec{A}\vec{B} = \vec{B}$,

so heißt $\vec{B}$ **allgemeine Umkehrmatrix**, **generalisierte Inverse** oder **Pseudoinverse** von $\vec{A}$ und wird mit $\vec{A}^-$ bezeichnet.

Regeln zur allgemeinen Umkehrmatrix

Ist $\vec{A}$ regulär, so ist $\vec{A}^- = \vec{A}^{-1}$.

Ist $\vec{A}$ vom Typ $m \times n$, so ist $\vec{A}^-$ vom Typ $n \times m$.

Jede Matrix hat eine eindeutige Pseudoinverse.

$\vec{A}_{(m,n)} = \vec{0}_{(m,n)} \Rightarrow \vec{A}^- = \vec{0}_{(n,m)}$

$(\vec{A}^-)^- = \vec{A}$

$(\vec{A}^-)' = (\vec{A}')^-$

$(\vec{A}\vec{A}')^- = (\vec{A}')^-\vec{A}^-$

$(\vec{A}\vec{A}^-)^- = \vec{A}\vec{A}^-$ und $(\vec{A}^-\vec{A})^- = \vec{A}^-\vec{A}$

Die Pseudoinverse einer symmetrischen Matrix ist symmetrisch.

Eine symmetrische Matrix und ihre Pseudoinverse bilden ein kommutatives Matrizenpaar.

Ist $\vec{A}$ symmetrisch und idempotent, so ist $\vec{A}^- = \vec{A}$.

Mit $d_{ii}^- := \begin{cases} d_{ii}^{-1}, d_{ii} \neq 0, \\ 0, \quad d_{ii} = 0 \end{cases}$ ist

$$\begin{pmatrix} d_{11} & 0 & \dots & 0 \\ 0 & \ddots & & \vdots \\ \vdots & & & 0 \\ 0 & \dots & 0 & d_{nn} \end{pmatrix}^- = \begin{pmatrix} d_{11}^- & 0 & \dots & 0 \\ 0 & \ddots & & \vdots \\ \vdots & & & 0 \\ 0 & \dots & 0 & d_{nn}^- \end{pmatrix}.$$

Die Matrizen $\vec{A}\vec{A}^-$, $\vec{A}^-\vec{A}$, $\vec{E} - \vec{A}\vec{A}^-$ und $\vec{E} - \vec{A}^-\vec{A}$ sind symmetrisch und idempotent.

$(c\vec{A})^- = c^{-1}\vec{A}^-,\ c \neq 0$

$\vec{A} = \vec{A}_1 + \ldots + \vec{A}_m$ mit $\vec{A}_i\vec{A}'_j = \vec{0}$ und $\vec{A}'_i\vec{A}_j = \vec{0}\ \forall i \neq j \Rightarrow \vec{A}^- = \vec{A}_1^- + \ldots + \vec{A}_m^-$

$\vec{A}_{(m,n)}$ beliebig, $\vec{B}_{(n,n)}$ regulär $\Rightarrow\ (\vec{A}\vec{B})(\vec{A}\vec{B})^- = \vec{A}\vec{A}^-$

$\vec{A}'\vec{A} = \vec{A}\vec{A}' \Rightarrow\ \vec{A}^-\vec{A} = \vec{A}\vec{A}^-$ und $(\vec{A}^n)^- = (\vec{A}^-)^n\ \forall n \in \mathbb{N}$

$\vec{A}^- = \vec{A}' \ \Leftrightarrow\ \vec{A}'\vec{A}$ idempotent

Die Spaltenräume von $\vec{A}$ und $\vec{A}\vec{A}^-$ (bzw. von $\vec{A}^-$ und $\vec{A}^-\vec{A}$) stimmen überein.

$\vec{A}_{(m,n)}, \vec{B}_{(n,n)}$ mit $n \leq m$ und $(\vec{A}'\vec{A})^2\vec{B} = \vec{A}'\vec{A}\ \Rightarrow\ \vec{A}^- = \vec{B}'\vec{A}'$

Bedingte Umkehrmatrix

Ist $\vec{A}_{(m,n)}$ eine **beliebige** Matrix und $\vec{B}$ eine Matrix mit

$$\vec{A}\vec{B}\vec{A} = \vec{A},$$

so heißt $\vec{B}$ **bedingte Umkehrmatrix** oder **bedingte Inverse** von $\vec{A}$ und wird mit $\vec{A}^c$ bezeichnet.

Regeln zur bedingten Umkehrmatrix

Ist $\vec{A}$ regulär, so ist $\vec{A}^c = \vec{A}^{-1}$ eindeutig.

Ist $\vec{A}$ vom Typ $m \times n$, so ist $\vec{A}^c$ vom Typ $n \times m$.

Jede Matrix hat eine bedingte Inverse, möglicherweise auch mehrere.

Die Pseudoinverse ist auch bedingte Inverse.

Für jede bedingte Inverse $\vec{A}^c$ einer beliebigen Matrix $\vec{A}$ sind $\vec{A}^c\vec{A}$ und $\vec{A}\vec{A}^c$ idempotent.

Ist $\vec{a} \in \mathbb{R}^n$ Element des Zeilen- **und** des Spaltenraums der Matrix $\vec{A}_{(n,n)}$, so ist $\vec{a}'\vec{A}^c\vec{a}$ konstant für alle bedingten Inversen $\vec{A}^c$ von $\vec{A}$.

Ist $(\vec{A}'\vec{A})^c$ eine bedingte Inverse von $\vec{A}'\vec{A}$, so ist $\vec{A}^c = (\vec{A}'\vec{A})^c\vec{A}'$ eine bedingte Inverse von $\vec{A}$.

3.3 Matrizenfunktionen

Spur

Die **Spur** einer quadratischen Matrix $\vec{A}_{(n,n)}$ ist die Summe ihrer Diagonalelemente:

$$\mathrm{sp}(\vec{A}) := \sum_{i=1}^{n} a_{ii}.$$

Regeln zur Spur

$\mathrm{sp}(\vec{A}) = \mathrm{sp}(\vec{A}')$

$\mathrm{sp}(c\vec{A}) = c \cdot \mathrm{sp}(\vec{A})$

$\mathrm{sp}(\vec{A} \pm \vec{B}) = \mathrm{sp}(\vec{A}) \pm \mathrm{sp}(\vec{B})$

$\mathrm{sp}(\vec{A}_{(m,n)}\vec{B}_{(n,m)}) = \mathrm{sp}(\vec{B}_{(n,m)}\vec{A}_{(m,n)}) = \sum_{i=1}^{m}\sum_{j=1}^{n} a_{ij}b_{ji}$

$\mathrm{sp}(\vec{a}\vec{b}') = \mathrm{sp}(\vec{a}'\vec{b}) = \vec{a}'\vec{b} = \sum_{i=1}^{n} a_i b_i$

$\mathrm{sp}(\vec{E}_{(n,n)}) = n$

$\mathrm{sp}(\vec{A}_{(n,n)}) = \mathrm{sp}\big(\vec{B}^{-1}_{(n,n)}\vec{A}_{(n,n)}\vec{B}_{(n,n)}\big)$, $\vec{B}$ regulär

Für $\vec{A} = \vec{A}_{(m,n)}$ gilt: $\mathrm{sp}(\vec{A}\vec{A}') = \mathrm{sp}(\vec{A}'\vec{A}) = \sum_{i=1}^{m}\sum_{j=1}^{n} a_{ij}^2 = 0 \Leftrightarrow \vec{A} = \vec{0}$

$\mathrm{sp}(\vec{A} \otimes \vec{B}) = \mathrm{sp}(\vec{A})\mathrm{sp}(\vec{B})$

$\mathrm{sp}(\vec{A}\vec{A}^-) = \mathrm{sp}(\vec{A}^-\vec{A}) = \mathrm{sp}(\vec{A}\vec{A}^c) = \mathrm{sp}(\vec{A}^c\vec{A})$

Ist $\vec{A}^k = \vec{0}$ für ein $k \in \mathbb{N}$, so ist $\mathrm{sp}(\vec{A}) = 0$.

$\mathrm{sp}(\vec{A}^k\vec{B}^k) = \mathrm{sp}(\vec{B}^k\vec{A}^k)$, $k \in \mathbb{N}$

Sind $\vec{A}$ und $\vec{B}$ symmetrisch, so ist $\mathrm{sp}\big((\vec{A}\vec{B})^2\big) \leq \mathrm{sp}(\vec{A}^2\vec{B}^2)$.

Ist $\vec{A}$ positiv semidefinit, so ist $\mathrm{sp}(\vec{A}) \geq 0$.
Ist $\vec{A}$ positiv definit, so ist $\mathrm{sp}(\vec{A}) > 0$.

Sind $\vec{A}$ und $\vec{B}$ positiv semidefinit, so ist $\mathrm{sp}(\vec{A}\vec{B}) \geq 0$ und $\mathrm{sp}(\vec{A}\vec{B}) = 0$ genau dann, wenn $\vec{A}\vec{B} = \vec{0}$.

Rang

Der **Rang** einer Matrix $\vec{A}_{(m,n)} = (\vec{a}_1, \ldots, \vec{a}_n)$ ist die maximale Anzahl r von linear unabhängigen Spaltenvektoren $\vec{a}_i$:

$$\operatorname{rg}(\vec{A}) = r :\Leftrightarrow \quad \exists i_1, \ldots, i_r \in \{1, 2, \ldots, n\} : \vec{a}_{i_1}, \ldots, \vec{a}_{i_r} \text{ linear unabhängig und}$$

$$\forall i_1, \ldots, i_{r+1} \in \{1, 2, \ldots, n\} : \vec{a}_{i_1}, \ldots, \vec{a}_{i_{r+1}} \text{ linear abhängig.}$$

Der Rang einer Matrix ist stets auch gleich der maximalen Anzahl linear unabhängiger Zeilenvektoren und der Zeilenzahl der größten regulären Teilmatrix, was in der Literatur gelegentlich als Definition verwendet wird. Es gilt also stets die Ungleichung

$$\operatorname{rg}\left(\vec{A}_{(m,n)}\right) \leq \min(m, n).$$

Gilt im konkreten Fall das Gleichheitszeichen, so heißt $\vec{A}$ **von vollem Rang**. Gilt die Ungleichung strikt, so hat $\vec{A}$ einen **Rangabfall** von $\min(m, n) - \operatorname{rg}(\vec{A})$.

Regeln zum Rang

$\operatorname{rg}(\vec{A}) = \operatorname{rg}(\vec{A}')$

Der Rang einer Matrix ist invariant unter elementaren Matrizenoperationen.

$\operatorname{rg}(\vec{A}\vec{A}') = \operatorname{rg}(\vec{A})$

$\operatorname{rg}(\vec{A}\vec{B}) \leq \min\left(\operatorname{rg}(\vec{A}), \operatorname{rg}(\vec{B})\right)$

Sind $\vec{B}_{(m,m)}$ und $\vec{C}_{(n,n)}$ regulär, so gilt für $\vec{A} = \vec{A}_{(m,n)}$:
$\operatorname{rg}(\vec{B}\vec{A}) = \operatorname{rg}(\vec{A}\vec{C}) = \operatorname{rg}(\vec{B}\vec{A}\vec{C}) = \operatorname{rg}(\vec{A})$.

$\operatorname{rg}(\vec{A} + \vec{B}) \leq \operatorname{rg}(\vec{A}) + \operatorname{rg}(\vec{B})$

$\operatorname{rg}(\vec{0}_{(m,n)}) = 0$

$\operatorname{rg}(\vec{A}_{(m,n)}) = r \;\Rightarrow\; \operatorname{sp}\left(\vec{E}_{(m,m)} - \vec{A}(\vec{A}'\vec{A})^{-}\vec{A}'\right) = m - r$

$\vec{A}_{(n,n)} \neq \vec{0} \;\wedge\; \vec{A} = \vec{A}' \;\Rightarrow\; \operatorname{rg}(\vec{A}) \geq \operatorname{sp}(\vec{A})^2 / \operatorname{sp}(\vec{A}^2)$.
Gleichheit gilt genau dann, wenn $k \in \mathbb{N}$ existiert mit $\vec{A}^2 = k\vec{A}$.

Determinante

Die **Determinante** einer quadratischen Matrix $\vec{A}_{(n,n)}$ ist folgendermaßen definiert:

$$\det(\vec{A}) := |\vec{A}| := \sum (-1)^{\#(i_1, \ldots, i_n)} a_{1i_1} \cdot \ldots \cdot a_{ni_n},$$

wobei die Summation über alle Permutationen $(i_1, \ldots, i_n)$ von $(1, \ldots, n)$ erfolgt und $\#(i_1, \ldots, i_n)$ die Anzahl der Inversionen in der Permutation $(i_1, \ldots, i_n)$ bedeutet.

Regeln zur Determinante

$|\vec{A}| = |\vec{A}'|$

$a_{ij} \in \mathbb{R} \Rightarrow |\vec{A}| \in \mathbb{R}$

$|\vec{A}| \neq 0 \Leftrightarrow \vec{A}$ regulär, d. h. $\vec{A}^{-1}$ existiert.

Vertauscht man in einer Matrix zwei Zeilen (bzw. Spalten), so ändert die Determinante ihr Vorzeichen.

Multipliziert man einen Zeilenvektor (bzw. Spaltenvektor) der Matrix $\vec{A}$ mit dem Skalar c und heißt die resultierende Matrix $\vec{B}$, so ist $|\vec{B}| = c|\vec{A}|$.

Ist ein Zeilen- (bzw. Spalten-)vektor der Matrix $\vec{A}$ der Nullvektor, so ist $|\vec{A}| = 0$.

Sind zwei Zeilen (bzw. Spalten) der Matrix $\vec{A}$ identisch, so ist $|\vec{A}| = 0$.

Addiert man das c-fache, $c \in \mathbb{R}$, einer Zeile (bzw. Spalte) einer Matrix zu einer anderen Zeile (bzw. Spalte), so ändert sich der Wert der Determinante nicht.

$|\vec{A}\vec{B}| = |\vec{A}| \cdot |\vec{B}|$

Ist $\vec{D}_{(n,n)}$ Dreiecks- oder Diagonalmatrix, so ist $|\vec{D}| = d_{11} \cdot d_{22} \cdot \ldots \cdot d_{nn}$.

$|\vec{E}_{(n,n)}| = 1$

$|\vec{A}^{-1}| = 1/|\vec{A}|$

$|(\vec{a}_1, \ldots, \vec{b} + \vec{c}, \ldots, \vec{a}_n)| = |(\vec{a}_1, \ldots, \vec{b}, \ldots, \vec{a}_n)| + |(\vec{a}_1, \ldots, \vec{c}, \ldots, \vec{a}_n)|$

Diese Beziehung gilt analog für Zeilenvektoren.

Die Determinante der ersten i Zeilen und Spalten einer Matrix $\vec{A}_{(n,n)}$, $i = 1, \ldots, n$, heißt i-te **Hauptabschnittsdeterminante** von $\vec{A}_{(n,n)}$:

$|a_{11}| = a_{11}$ – 1. Hauptabschnittsdeterminante

$$\begin{vmatrix} a_{11} & a_{12} \\ a_{21} & a_{22} \end{vmatrix} \quad - \text{ 2. Hauptabschnittsdeterminante}$$

$$\begin{vmatrix} a_{11} & a_{12} & a_{13} \\ a_{21} & a_{22} & a_{23} \\ a_{31} & a_{32} & a_{33} \end{vmatrix} \quad - \text{ 3. Hauptabschnittsdeterminante}$$

$$\vdots$$

$$\begin{vmatrix} a_{11} & \ldots & a_{n3} \\ \vdots & \ddots & \vdots \\ a_{n1} & \ldots & a_{nn} \end{vmatrix} = |\vec{A}| \quad - \text{ } n\text{-te Hauptabschnittsdeterminante}$$

Berechnung zwei- und dreireihiger Determinanten

$$\begin{vmatrix} a_{11} & a_{12} \\ a_{21} & a_{22} \end{vmatrix} = a_{11} \cdot a_{22} - a_{12} \cdot a_{21}$$

$$\begin{vmatrix} a_{11} & a_{12} & a_{13} \\ a_{21} & a_{22} & a_{23} \\ a_{31} & a_{32} & a_{33} \end{vmatrix} = (a_{11}a_{22}a_{33} + a_{12}a_{23}a_{31} + a_{13}a_{21}a_{32}) - (a_{31}a_{22}a_{13} + a_{32}a_{23}a_{11} + a_{33}a_{21}a_{12})$$

Man fügt zur Berechnung einer dreireihigen Determinante die ersten beiden Spalten der Matrix nochmals als vierte und fünfte Spalte an, addiert dann die Produkte der Elemente auf den Diagonalen von links oben nach rechts unten und subtrahiert die Produkte der Elemente auf den Gegendiagonalen von links unten nach rechts oben (**Regel von Sarrus**, Piere Frederic Sarrus, 1798 – 1861):

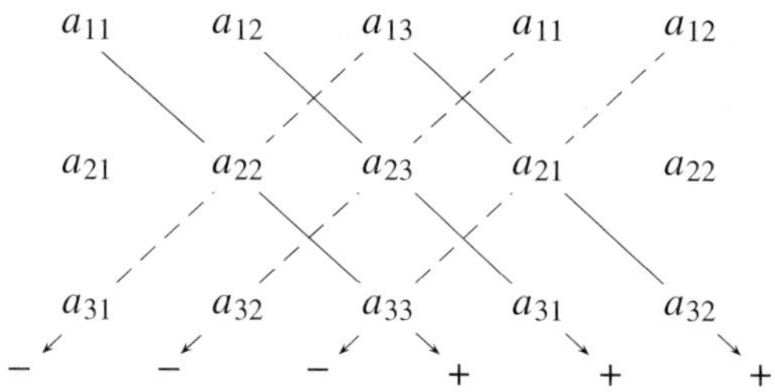

Entwicklungssätze

Durch Streichen der i-ten Zeile und der j-ten Spalte der Matrix $\vec{A}_{(n,n)}$ erhält man eine $\big((n-1) \times (n-1)\big)$-Teilmatrix. Deren Determinante

$$M_{ij} := \begin{vmatrix} a_{11} & \dots & a_{1,j-1} & a_{1,j+1} & \dots & a_{1n} \\ \vdots & & \vdots & \vdots & & \vdots \\ a_{i-1,1} & \dots & & & \dots & a_{i-1,n} \\ a_{i+1,1} & \dots & & & \dots & a_{i+1,n} \\ \vdots & & \vdots & \vdots & & \vdots \\ a_{n1} & \dots & a_{n,j-1} & a_{n,j+1} & \dots & a_{nn} \end{vmatrix}$$

heißt zu a_{ij} gehöriger **Minor** oder $(n-1)$-reihige **Unterdeterminante**.

$$A_{ij} := (-1)^{i+j} \cdot M_{ij}$$

heißt zu a_{ij} gehörige **Adjunkte** oder **Kofaktor** oder **algebraisches Komplement** von $\vec{A}$.

Die folgenden beiden **Entwicklungssätze von de Laplace** (Pierre Simon de Laplace, 1749 – 1827) ermöglichen eine rekursive Berechnung einer n-reihigen Determinante durch die Entwicklung in eine gewogene Summe $(n-1)$-reihiger Minoren entlang einer Zeile bzw. Spalte.

Entwicklungssätze

$$|\vec{A}| = \sum_{j=1}^{n} a_{ij} A_{ij}, \; i = 1, \ldots, n.$$

$$|\vec{A}| = \sum_{i=1}^{n} a_{ij} A_{ij}, \; j = 1, \ldots, n.$$

Berechnung der Umkehrmatrix

Zur Berechnung der Inversen einer regulären Matrix $\vec{A}_{(n,n)}$ gibt es mehrere Verfahren, die je nach Größe der Matrix mehr oder weniger rechenintensiv oder speicherintensiv sind. Einige Verfahren nutzen spezielle Eigenschaften der Matrix $\vec{A}$, wie zum Beispiel Symmetrie. Die Anwendung des folgenden Satzes ist sehr rechenintensiv, jedoch für kleine Matrizen gut durchführbar und anschaulich.

Satz

$$\vec{A}^{-1} = \frac{1}{|\vec{A}|} \begin{pmatrix} A_{11} & A_{12} & \ldots & A_{1n} \\ \vdots & \vdots & & \vdots \\ A_{n1} & A_{n2} & \ldots & A_{nn} \end{pmatrix}' = \frac{1}{|\vec{A}|} \begin{pmatrix} A_{11} & A_{21} & \ldots & A_{n1} \\ \vdots & \vdots & & \vdots \\ A_{1n} & A_{2n} & \ldots & A_{nn} \end{pmatrix}.$$

Für eine zweireihige Matrix ergibt sich die einfache Regel:

$$\begin{pmatrix} a_{11} & a_{12} \\ a_{21} & a_{22} \end{pmatrix}^{-1} = \frac{1}{a_{11}a_{22} - a_{12}a_{21}} \begin{pmatrix} a_{22} & -a_{12} \\ -a_{21} & a_{11} \end{pmatrix}.$$

Ein anderes Verfahren formalisiert lediglich die Tatsache, dass eine reguläre Matrix $\vec{A}_{(n,n)}$ durch sukzessive elementare Matrizenoperationen in die Einheitsmatrix überführt werden kann. Dabei entspricht eine elementare Zeilenoperation der Multiplikation von $\vec{A}$ mit einer Operationsmatrix von links, eine Spaltenoperation der Multiplikation von rechts. Sei $\vec{B}_1, \ldots, \vec{B}_k$ die Folge der zu den Spaltenoperationen gehörigen Operationsmatrizen, $\vec{C}_1, \ldots, \vec{C}_\ell$ die den Zeilenoperationen entsprechenden Matrizen, wobei der Wechsel zwischen Zeilen- und Spaltenoperation nicht berücksichtigt werden muss. Das folgende Schema verdeutlicht das Vorgehen beispielhaft:

$$\begin{array}{c|c} \vec{A} & \vec{E} \\ \hline \vec{E} & \end{array} \longrightarrow \begin{array}{c|c} \vec{A}\vec{B}_1 & \vec{E} \\ \hline \vec{B}_1 & \end{array} \longrightarrow \begin{array}{c|c} \vec{C}_1\vec{A}\vec{B}_1 & \vec{C}_1 \\ \hline \vec{B}_1 & \end{array} \longrightarrow \begin{array}{c|c} \vec{C}_2\vec{C}_1\vec{A}\vec{B}_1 & \vec{C}_2\vec{C}_1 \\ \hline \vec{B}_1 & \end{array} \longrightarrow$$

$$\begin{array}{c|c} \vec{C}_2\vec{C}_1\vec{A}\vec{B}_1\vec{B}_2 & \vec{C}_2\vec{C}_1 \\ \hline \vec{B}_1\vec{B}_2 & \end{array} \longrightarrow \ldots \longrightarrow \begin{array}{c|c} \vec{E} & \overbrace{\vec{C}_\ell \cdot \ldots \cdot \vec{C}_1}^{=:\vec{C}} \\ \hline \underbrace{\vec{B}_1 \cdot \ldots \cdot \vec{B}_k}_{=:\vec{B}} & \end{array}$$

Dann ist $\vec{A}^{-1} = \vec{B}\vec{C}$.

Weitere Verfahren ergeben sich aus den Lösungsalgorithmen für lineare Gleichungssysteme.

Berechnung der allgemeinen Umkehrmatrix

Zur Berechnung der generalisierten Inversen, die ja zu jeder Matrix $\vec{A}_{(m,n)}$ eindeutig existiert, kann der folgende Algorithmus verwendet werden:

1. Berechne $\vec{B} := \vec{A}'\vec{A}$
2. Setze $\vec{C}_1 := \vec{E}_{(n,n)}$
3. Berechne $r := \mathrm{rg}(\vec{A})$
4. Berechne für $i = 1, 2, \ldots, r-1$: $\quad \vec{C}_{i+1} := \frac{1}{i}\mathrm{sp}(\vec{C}_i\vec{B})\vec{E}_{(n,n)} - \vec{C}_i\vec{B}$
5. $\vec{A}^- = \dfrac{r}{\mathrm{sp}(\vec{C}_r\vec{B})}\vec{C}_r\vec{A}'$.

Der dritte Schritt kann entfallen, wenn man jeweils nach der Berechnung von $\vec{C}_{i+1}$ überprüft, ob $\vec{C}_{i+1}\vec{B} = \vec{0}$ ist. Das kleinste i mit dieser Eigenschaft ist gleich dem Rang von $\vec{A}$.

3.4 Lineare Gleichungssysteme

Bezeichnungen

Ein System der Form

$$\begin{aligned} a_{11}x_1 + a_{12}x_2 + \ldots + a_{1n}x_n &= b_1 \\ a_{21}x_1 + a_{22}x_2 + \ldots + a_{2n}x_n &= b_2 \\ \vdots \qquad\qquad\qquad & \quad \vdots \\ a_{m1}x_1 + a_{m2}x_2 + \ldots + a_{mn}x_n &= b_m \end{aligned}$$

heißt **lineares Gleichungssystem mit m Gleichungen in den Unbekannten** $x_1, \ldots, x_n$.

Die kompakte **Matrix-Vektor-Notation** dieses Systems lautet

$$\vec{A}\vec{x} = \vec{b}$$

mit der **Koeffizientenmatrix**, $\vec{A} = \vec{A}_{(m,n)}$, dem **Vektor der Unbekannten**, $\vec{x} = \vec{x}_{(n,1)}$, und dem **Vektor der rechten Seite**, $\vec{b} = \vec{b}_{(m,1)}$.

Ist $\left\{\begin{matrix} m < n \\ m = n \\ m > n \end{matrix}\right\}$, so heißt das System $\left\{\begin{matrix} \textbf{unterbestimmt} \\ \textbf{bestimmt} \\ \textbf{überbestimmt}. \end{matrix}\right.$

Ist $\left\{\begin{matrix} \vec{b} = \vec{0} \\ \vec{b} \neq \vec{0} \end{matrix}\right\}$, so heißt das System $\left\{\begin{matrix} \textbf{homogen} \\ \textbf{inhomogen}. \end{matrix}\right.$

Existiert eine **Lösung** $\vec{x}$, so heißt das Gleichungssystem **lösbar** oder **konsistent**, gibt es keine Lösung, so heißt es **unlösbar** oder **inkonsistent**, gibt es genau eine Lösung, so heißt es **eindeutig lösbar**, gibt es mehrere Lösungen, so heißt es **mehrdeutig lösbar**. Ist ein System lösbar, so interessiert die Anzahl der Lösungen und der **Lösungsraum** $\mathbb{L}$, d. h. die Menge aller Lösungen. Ist es unlösbar, so erhebt sich die Frage nach einer **besten approximativen Lösung**. Ein unlösbares Gleichungssystem ist widersprüchlich, d. h. es gibt mindestens zwei Gleichungen in ihm, deren linke Seiten sich anders verhalten als die rechten. Es interessiert dann auch, welche Gleichungen im Widerspruch stehen und wie der Widerspruch behebbar ist.

Lösbarkeit

Regeln zu linearen Gleichungssystemen

Das lineare Gleichungssystem $\vec{A}\vec{x} = \vec{b}$ ist genau dann lösbar, wenn $\text{rg}\big((\vec{A},\vec{b})\big) = \text{rg}(\vec{A})$ ist mit der um $\vec{b}$ als $(n+1)$-te Spalte **erweiterten Koeffizientenmatrix** $(\vec{A},\vec{b})$.

Ein bestimmtes lineares Gleichungssystem ist genau dann eindeutig lösbar, wenn die Koeffizientenmatrix regulär ist.

Ein homogenes lineares Gleichungssystem ist stets lösbar durch den Nullvektor. Dieser heißt **triviale Lösung**.

Ein mehrdeutig lösbares lineares Gleichungssystem hat unendlich viele Lösungen. Diese bilden einen Vektorraum, den Lösungsraum oder die **Lösungsmannigfaltigkeit**.

Das lineare Gleichungssystem $\vec{A}\vec{x} = \vec{b}$ ist genau dann lösbar, wenn $\vec{A}\vec{A}^{-}\vec{b} = \vec{b}$ ist.

Ist $\text{rg}(\vec{A}_{(m,n)}) = m$, so ist $\vec{A}\vec{x} = \vec{b}$ lösbar.

Ist $\vec{A}_{(m,n)}\vec{x} = \vec{b}$ lösbar und $\vec{A}^c$ eine beliebige bedingte Inverse von $\vec{A}$, so lautet der Lösungsraum

$$\mathbb{L} = \left\{\vec{x} \in \mathbb{R}^n \,:\, \vec{x} = \vec{A}^c\vec{b} + \left(\vec{E}_{(n,n)} - \vec{A}^c\vec{A}\right)\vec{y} \;\wedge\; \vec{y} \in \mathbb{R}^n\right\}.$$

Ist $\vec{A}\vec{x} = \vec{b}$ eindeutig lösbar, so lautet die Lösung $\vec{x} = \vec{A}^{-}\vec{b}$ und es ist $\vec{A}^{-}\vec{b} = \vec{A}^c\vec{b}$ für alle bedingten Inversen $\vec{A}^c$ von $\vec{A}$.

Sei $\vec{A}_{(m,n)}\vec{x} = \vec{b}$ ein lösbares Gleichungssystem mit $\text{rg}(\vec{A}) = r$. Seien o. B. d. A. die ersten r Zeilenvektoren von $\vec{A}$ linear unabhängig, dann sind also die letzten $m - r$ Gleichungen des Systems **redundant**, d. h. zur Bestimmung des Lösungsraums überflüssig, und können daher ignoriert werden. Aus der so reduzierten Koeffizientenmatrix bilden r linear unabhängige Spaltenvektoren die Teilmatrix $\vec{B}_{(r,r)}$, die restlichen die Matrix $\vec{C}_{(r,n-r)}$. Die der Zweiteilung der Spaltenvektoren entsprechende Aufteilung des Vektors $\vec{x}$ führt zu Vektoren $\vec{y}_{(r,1)}$ und $\vec{z}_{(n-r,1)}$. Das auf r Zeilen reduzierte Gleichungssystem lautet nun:

$$\vec{B}\vec{y} + \vec{C}\vec{z} = \vec{b}$$

Es hat die **allgemeine Lösung**:

$$\vec{y} = \vec{B}^{-1}\vec{b} - \vec{B}^{-1}\vec{C}\vec{z}$$

mit $\vec{z} \in \mathbb{R}^{n-r}$ beliebig, d. h. der Lösungsraum ist

$$\mathbb{L} = \left\{\begin{pmatrix}\vec{y}\\ \vec{z}\end{pmatrix} \,:\, \vec{y} = \vec{B}^{-1}\vec{b} - \vec{B}^{-1}\vec{C}\vec{z} \;\wedge\; \vec{z} \in \mathbb{R}^{n-r}\right\}.$$

$\vec{z}$ heißt Vektor der **freien Variablen**, $\vec{y}$ Vektor der **Basisvariablen**. $\vec{y} = \vec{B}^{-1}\vec{b}$ heißt **partikuläre** oder **spezielle Lösung**.

Zur Konsistenz des homogenen Systems $\vec{A}_{(m,n)}\vec{x} = \vec{0}$:

	Das Gleichungssystem ist		
	unterbestimmt	bestimmt	überbestimmt
$\vec{A}$ hat vollen Rang	$\text{rg}(\vec{A}) = m < n$ unendlich viele Lösungen	$\text{rg}(\vec{A}) = m = n$ $\mathbb{L} = \{\vec{0}\}$	$\text{rg}(\vec{A}) = n < m$ $\mathbb{L} = \{\vec{0}\}$
$\vec{A}$ hat Rangabfall	$\text{rg}(\vec{A}) < m < n$	$\text{rg}(\vec{A}) < m = n$	$\text{rg}(\vec{A}) < n < m$
	unendlich viele Lösungen		

Zur Konsistenz des inhomogenen Systems $\vec{A}_{(m,n)}\vec{x} = \vec{b}$:

		Das Gleichungssystem ist		
		unterbestimmt	bestimmt	überbestimmt
$r = r_e$	$\vec{A}$ hat vollen Rang	$\text{rg}(\vec{A}) = m < n$ unendlich viele Lösungen	$\text{rg}(\vec{A}) = m = n$ $\mathbb{L} = \{\vec{A}^{-1}\vec{b}\}$	$\text{rg}(\vec{A}) = n < m$ $\mathbb{L} = \{\vec{A}_*^{-1}\vec{b}_*\}$
$r = r_e$	$\vec{A}$ hat Rangabfall	$\text{rg}(\vec{A}) < m < n$	$\text{rg}(\vec{A}) < m = n$	$\text{rg}(\vec{A}) < n < m$
		unendlich viele Lösungen		
$r \neq r_e$	keine Lösung			

mit $r = \text{rg}(\vec{A})$ und $r_e = \text{rg}\big((\vec{A}, \vec{b})\big)$. $\vec{A}_*$ und b_* ergeben sich durch Streichen der redundanten Zeilen des überbestimmten Gleichungssystems.

Lösung mittels der Inversen

Häufig hat man es mit einem bestimmten linearen Gleichungssystem mit regulärer Koeffizientenmatrix zu tun:

$$\vec{A}_{(n,n)}\vec{x} = \vec{b}.$$

Die eindeutig bestimmte Lösung dieses Systems ergibt sich bei der Kenntnis der Inversen von $\vec{A}$ zu $\vec{x} = \vec{A}^{-1}\vec{b}$.

Cramer-Regel

Wiederum bei bestimmten linearen Gleichungssystemen $\vec{A}_{(n,n)}\vec{x} = \vec{b}$ mit regulärer Koeffizientenmatrix, jedoch wegen des hohen Rechenaufwands nur bei kleineren Systemen zu empfehlen, führt die Cramer-Regel (Gabriel Cramer, 1704 – 1752) zur eindeutigen Lösung $\vec{x} = (x_1, \ldots, x_n)'$:

$$x_j = |(\vec{a}_1, \ldots, \vec{a}_{j-1}, \vec{b}, \vec{a}_{j+1}, \ldots, \vec{a}_n)| / |\vec{A}|, \; j = 1, 2, \ldots, n.$$

Entwickelt man die Determinante im Zähler nach der j-ten Spalte, so ergibt sich mittels der Adjunkten A_{kj} von $\vec{A}$ die alternative Schreibweise:

$$x_j = \frac{1}{|\vec{A}|} \cdot \sum_{k=1}^{n} b_k A_{kj}, \; j = 1, 2, \ldots, n.$$

Gauss-Verfahren

Sei $\vec{A}_{(m,n)}\vec{x} = \vec{b}$ ein lineares Gleichungssystem. Das **Gausssche Eliminationsverfahren** oder **Triangularisierungsverfahren** gliedert sich in zwei Teile. Im ersten Teil wird die Koeffizientenmatrix durch elementare Matrizenoperationen auf „obere Dreiecksgestalt“ gebracht. Dies heißt, dass alle a_{ij} mit $i > j$ null werden sollen. Dabei werden Zeilenoperationen stets auf $\vec{b}$ und Spaltenoperationen entsprechend auf $\vec{x}'$ angewandt. Dadurch geht $\vec{A}$ über in $\vec{D}$, $\vec{b}$ in $\vec{c}$ und $\vec{x}$ in $\vec{y}$:

$$\begin{array}{c|c} \vec{A} & \vec{b} \\ \hline \vec{x}' & \end{array} \longrightarrow \begin{array}{c|c} \vec{D} & \vec{c} \\ \hline \vec{y}' & \end{array}$$

Im zweiten Teil wird die Lösung x_j – beginnend mit x_n – durch sukzessives Einsetzen bereits ermittelter Lösungen $x_{j+1}, \ldots, x_n$ gewonnen.

Algorithmus zum ersten Teil

Seien o. B. d. A. alle Zeilen- und Spaltenvektoren von $\vec{A}$ vom Nullvektor verschieden.

1. Ist $a_{11} = 0$, so vertauscht man erste und i-te Zeile in $\vec{A}$ und in $\vec{b}$, wobei $a_{i1} \neq 0$ sein muss.[§] Das System

$$\begin{aligned} a_{11}x_1 + a_{12}x_2 + a_{13}x_3 + \ldots + a_{1n}x_n &= b_1 \\ a_{21}x_1 + a_{22}x_2 + a_{23}x_3 + \ldots + a_{2n}x_n &= b_2 \\ \vdots \qquad\qquad\qquad &= \vdots \\ a_{m1}x_1 + a_{m2}x_2 + a_{m3}x_3 + \ldots + a_{mn}x_n &= b_m \end{aligned}$$

geht dann durch elementare Zeilenoperationen über in das System

$$\begin{aligned} a_{11}^{(1)}x_1 + a_{12}^{(1)}x_2 + a_{13}^{(1)}x_3 + \ldots + a_{1n}^{(1)}x_n &= b_1^{(1)} \\ a_{22}^{(1)}x_2 + a_{23}^{(1)}x_3 + \ldots + a_{2n}^{(1)}x_n &= b_2^{(1)} \\ \vdots \qquad\qquad\qquad & \quad \vdots \\ a_{m2}^{(1)}x_2 + a_{m3}^{(1)}x_3 + \ldots + a_{mn}^{(1)}x_n &= b_m \end{aligned}$$

mit $a_{1j}^{(1)} = a_{ij}$ für $j = 1, 2, \ldots, n$ und $b_1^{(1)} = b_i$.

2. Sei nun $j_2 \geq 2$ der Index der ersten vom Nullvektor verschiedenen Spalte in $\vec{A}^{(1)}$ – unter Nichtbeachtung der ersten Gleichung. Sei $i \geq 2$ der kleinste Zeilenindex mit $a_{ij_2}^{(1)} \neq 0$. Dann vertausche man zweite und i-te Gleichung. Ist $j_2 > 2$, so

§ Aus Gründen der Rechengenauigkeit sollte $|a_{i1}|$ möglichst groß sein. Jedoch ist es bei Berechnung des Verfahrens ohne PC-Unterstützung sinnvoll, a_{ij} so zu wählen, dass die Division einfach durchzuführen ist.

sind $x_2, \ldots, x_{j_2-1}$ freie Variablen und werden der rechten Seite zugeordnet. Durch elementare Zeilenoperationen kommt man zu dem System

$$\begin{aligned}
a_{11}^{(1)}x_1 + a_{1j_2}^{(1)}x_{j_2} + a_{1,j_2+1}^{(1)}x_{j_2+1} + \ldots + a_{1n}^{(1)}x_n &= b_1^{(1)} - \sum_{k=2}^{j_2-1} a_{1k}^{(1)}x_k \\
a_{2j_2}^{(2)}x_{j_2} + a_{2,j_2+1}^{(2)}x_{j_2+1} + \ldots + a_{2n}^{(2)}x_n &= b_2^{(2)} \\
a_{3,j_2+1}^{(2)}x_{j_2+1} + \ldots + a_{3n}^{(2)}x_n &= b_3^{(2)} \\
\vdots \qquad &\qquad \vdots \\
a_{m,j_2+1}^{(2)}x_{j_2+1} + \ldots + a_{mn}^{(2)}x_n &= b_m^{(2)}
\end{aligned}$$

mit $a_{2\ell}^{(2)} = a_{i\ell}^{(1)}$ für $\ell = j_2, j_2+1, \ldots, n$ und $b_2^{(2)} = b_i^{(1)}$.

3. Das Verfahren wird analog fortgesetzt. Nach $r-1$ Schritten mit $r = \operatorname{rg}(\vec{A})$ erhält man das folgende triangularisierte System:

$$\begin{aligned}
a_{11}^{(1)}x_1 + a_{1j_2}^{(1)}x_{j_2} + \ldots + a_{1j_r}^{(1)}x_{j_r} &= b_1^{(1)} - \sum_{\substack{k=2 \\ k \neq j_2, \ldots, j_r}}^{n} a_{1k}^{(1)}x_k \\
a_{2j_2}^{(2)}x_{j_2} + \ldots + a_{2j_r}^{(2)}x_{j_r} &= b_2^{(2)} - \sum_{\substack{k=j_2+1 \\ k \neq j_3, \ldots, j_r}}^{n} a_{2k}^{(2)}x_k \\
\ddots \qquad \vdots \quad &\quad \vdots \\
a_{rj_r}^{(r)}x_{j_r} &= b_r^{(r)} - \sum_{k=j_r+1}^{n} a_{rk}^{(r)}x_k \\
0 &= b_{r+1}^{(r)} \\
\vdots \quad &\quad \vdots \\
0 &= b_m^{(r)}
\end{aligned}$$

Das Gleichungssystem ist genau dann lösbar, wenn gilt:

$$b_{r+1}^{(r)} = \ldots = b_m^{(r)} = 0.$$

Ist das der Fall, kann im zweiten Teil die Lösung – ggf. durch Festlegung freier Variablen – gewonnen werden.

Algorithmus zum zweiten Teil

1. $x_{j_r} = \dfrac{1}{a_{rj_r}^{(r)}} b_r^{(r)} - \dfrac{1}{a_{rj_r}^{(r)}} \displaystyle\sum_{k=j_r+1}^{n} a_{rk}^{(r)} x_k$

2. $$x_{j_{r-1}} = \frac{1}{a^{(r-1)}_{r-1,j_{r-1}}} b^{(r-1)}_{r-1} - \frac{1}{a^{(r-1)}_{r-1,j_{r-1}}} \sum_{\substack{k=j_{r-1}+1 \\ k \neq j_r}}^{n} a^{(r-1)}_{r-1,k} x_k - \frac{1}{a^{(r-1)}_{r-1,j_{r-1}}} a^{(r-1)}_{r-1,j_r} \cdot x_{j_r}$$

3. Das Einsetzverfahren wird analog fortgesetzt. Nach r Schritten erhält man schließlich
$$x_1 = \frac{1}{a^{(1)}_{11}} b^{(1)}_1 - \frac{1}{a^{(1)}_{11}} \sum_{\substack{k=2 \\ k \neq j_2,\ldots,j_r}}^{n} a^{(1)}_{1k} x_k - \frac{1}{a^{(1)}_{11}} a^{(1)}_{1j_2} \cdot x_{j_2}.$$

Beispiel: Lösen des linearen Gleichungssystems

$$\begin{aligned} -2x_1 - 2x_2 + x_3 &= -3 \\ x_1 + x_2 + 2x_3 &= 4 \\ 2x_2 + 4x_3 &= -2 \end{aligned}$$

	x_1	x_2	x_3	
Tab. 0	[-2]	-2	1	-3
	1	1	2	4
	0	2	4	-2
Tab. 1a	-2	-2	1	-3
	0	0	2,5	2,5
	0	2	4	-2

↗ Zeilentausch:

	x_1	x_2	x_3	
Tab. 1b	-2	-2	1	-3
	0	[2]	4	-2
	0	0	2,5	2,5
Tab. 2	-2	-2	1	-3
	0	2	4	-2
	0	0	2,5	2,5

Es folgt aus Tab. 2:

letzte Zeile: $2{,}5x_3 = 2{,}5 \Longrightarrow x_3 = 1$ (I)

zweite Zeile: $2x_2 + 4x_3 = -2 \underset{(I)}{\Longrightarrow} x_2 = -3$ (II)

erste Zeile: $-2x_1 - 2x_2 + x_3 = -3 \underset{(I),(II)}{\Longrightarrow} x_1 = 5$ (III)

JORDAN-Verfahren

Sei $\vec{A}_{(m,n)}\vec{x} = \vec{b}$ ein lineares Gleichungssystem. Das **Eliminationsverfahren nach JORDAN** (MARIE ENNEMOND CAMILLE JORDAN, 1838 – 1922) substituiert die Unbekannten durch die Elemente der rechten Seite.

1. Man wählt zunächst ein Element $a_{zs} \neq 0$ von $\vec{A}$.¶ Es heißt **Pivotelement** oder **Pivot**. Die zugehörige Zeile mit dem Index z heißt **Pivotzeile**, die s-te Spalte **Pivot-**

¶ Aus Gründen der Rechengenauigkeit sollte $|a_{zs}|$ möglichst groß sein. Jedoch ist es bei Berechnung des Verfahrens ohne PC-Unterstützung sinnvoll, a_{zs} so zu wählen, dass die Division einfach durchzuführen ist.

spalte. Die Transformationsregeln für die Elemente der Koeffizientenmatrix, die zur Substitution von x_s durch b_z führen, lauten für

- das Pivotelement: $a^*_{zs} = \dfrac{1}{a_{zs}}$
- die restliche Pivotzeile: $b^*_z = \dfrac{b_z}{a_{zs}}, \quad a^*_{zj} = \dfrac{a_{zj}}{a_{zs}}, \; j = 1, \ldots, n, \; j \neq s$
- die restliche Pivotspalte: $a^*_{is} = -\dfrac{a_{is}}{a_{zs}}, \; i = 1, \ldots, m, \; i \neq z$
- die restlichen Elemente: $\left.\begin{aligned} b^*_i &= b_i - \frac{b_z a_{is}}{a_{zs}}, \\ a^*_{ij} &= a_{ij} - \frac{a_{zj}\, a_{is}}{a_{zs}}, \end{aligned}\right\} \quad \begin{aligned} &i = 1, \ldots, m, \; i \neq z, \\ &j = 1, \ldots, n, \; j \neq s \end{aligned}$

2. Im nächsten Schritt wird das nächste Pivotelement ausgewählt: wiederum dem Betrage nach möglichst groß, aber so, dass es weder in der Pivotzeile noch in der Pivotspalte der (des) vorigen Schritte(s) liegt. Die Transformationsregeln werden entsprechend angewandt.
3. Es sind zur Lösung des Systems r solcher Austauschschritte nötig, wobei $r = \text{rg}(\vec{A})$ ist. Hat $\vec{A}$ einen Rangabfall und sind alle Unbekannten substituiert worden, so lassen sich an Gleichungen, die nicht Pivotzeilen entsprechen, die Beziehungen zwischen den Elementen der rechten Seite ablesen, die für die Lösbarkeit des Systems erfüllt sein müssen. Ist es lösbar, gibt es unendlich viele Lösungen.

S sei die Menge der Indizes aller bisher gewählten Pivotspalten, $\overline{S} = \{1, 2, \ldots, m\} \backslash S$ und Z sei die Menge der Indizes aller bisher gewählten Pivotspalten, $\overline{Z} = \{1, 2, \ldots, n\} \backslash Z$. Dann kann nach jedem Iterationsschritt ein Gleichungssystem nach folgendem Muster aufgestellt werden:

$$b^*_z = x_s + \sum_{j \in \overline{S}} a^*_{zj}\, x_j \quad \text{für jedes } z \in Z,$$

wobei s jeweils die zur Pivotzeile z gehörende Pivotspalte ist und

$$b^*_z = \sum_{j \in \overline{S}} a^*_{zj}\, x_j \quad \text{für jedes } z \in \overline{Z}.$$

Beispiel: Lösen des linearen Gleichungssystems

$$\begin{aligned} -2x_1 - 2x_2 + x_3 &= -3 \\ x_1 + x_2 + 2x_3 &= 4 \\ 2x_2 + 4x_3 &= -2 \end{aligned}$$

Tab. 0		x_1	x_2	x_3
b_1	−3	−2	−2	[1]
b_2	4	1	1	2
b_3	−2	0	2	4

⟶

Tab. 1		x_1	x_2	b_1
x_3	−3	−2	−2	1
b_2	10	5	5	−2
b_3	10	8	[10]	−4

⟶

Tab. 2		x_1	b_3	b_1
x_3	−1	−0,4	0,2	0,2
b_2	5	[1]	−0,5	0
x_2	1	0,8	0,1	−0,4

⟶

Tab. 3		b_2	b_3	b_1
x_3	1	0,4	0	0,2
x_1	5	1	−0,5	0
x_2	−3	−0,8	0,5	−0,4

Die Lösung steht in den ersten beiden Spalten des Schlusstableaus:

$$x_1 = 5,\ x_2 = -3,\ x_3 = 1.$$

Die Inverse der Koeffizientenmatrix erhält man durch Umordnen der letzten drei Zeilen und Spalten so, dass die Zeilen- und Spaltenbezeichnungen in ihrer natürlichen Reihenfolge stehen:

$$\vec{A}^{-1} = \begin{pmatrix} 0 & 1 & -0{,}5 \\ -0{,}4 & -0{,}8 & 0{,}5 \\ 0{,}2 & 0{,}4 & 0 \end{pmatrix}$$

Hinweis: Rückführung von Tableau 1 in ein lineares Gleichungssystem:

$$\begin{aligned} -3 &= x_3 - 2x_1 - 2x_2 \\ 10 &= 5x_1 + 5x_2 \\ 10 &= 8x_1 + 10x_2 \end{aligned}$$

Zeilenoperationsverfahren

Sei $\vec{A}_{(m,n)}\vec{x} = \vec{b}$ ein lineares Gleichungssystem. Dem JORDAN-Verfahren ähnlich ist das **Zeilenoperationsverfahren**. Durch elementare Zeilenoperationen führt man $\vec{A}$ – oder einen Teil davon – in eine Matrix aus Spalten-Einheitsvektoren über. Dieselben Transformationen wendet man auf die Einheitsmatrix an.

1. Man wählt zunächst ein Element $a_{zs} \neq 0$ von $\vec{A}$ als Pivotelement.‖ Die Transformationsregeln für die Elemente der Koeffizientenmatrix sowie die entsprechenden Elemente der Einheitsmatrix lauten für
   - die Pivotzeile: $a^*_{zj} = a_{zj}/a_{zs},\ j = 1, \ldots, n$
   - die restlichen Elemente: $$\left.\begin{aligned} b^*_i &= b_i - \frac{b_z a_{is}}{a_{zs}}, \\ a^*_{ij} &= a_{ij} - \frac{a_{zj}\, a_{is}}{a_{zs}}, \end{aligned}\right\} \quad \begin{aligned} &i = 1, \ldots, m,\ i \neq z, \\ &j = 1, \ldots, n,\ j \neq s \end{aligned}$$

‖ Aus Gründen der Rechengenauigkeit sollte $|a_{zs}|$ möglichst groß sein. Jedoch ist es bei Berechnung des Verfahrens ohne PC-Unterstützung sinnvoll, a_{zs} so zu wählen, dass die Division einfach durchzuführen ist.

2. Im nächsten Schritt wird das nächste Pivotelement ausgewählt: wiederum dem Betrage nach möglichst groß, aber so, dass es weder in der Pivotzeile noch in der Pivotspalte der (des) vorigen Schritte(s) liegt. Die Transformationsregeln werden entsprechend angewandt.
3. Es sind zur Lösung des Systems r solcher Schritte nötig, wobei $r = \text{rg}(\vec{A})$ ist. Ist $\vec{A}$ regulär und stellt man die Spalten-Einheitsvektoren zur Einheitsmatrix sowie die Vektoren der mittransformierten Einheitsmatrix entsprechend um, so ergeben diese die Inverse von $\vec{A}$.
4. Hat $\vec{A}$ einen Rangabfall, so lassen sich nach dem letzten möglichen Iterationsschritt an der mittransformierten Einheitsmatrix die Beziehungen zwischen den Elementen der rechten Seite ablesen, die für die Lösbarkeit des Systems erfüllt sein müssen. Ist es lösbar, gibt es unendlich viele Lösungen.
5. Ist man an $\vec{A}^{-1}$ nicht interessiert, so kann man statt der Einheitsmatrix gleich den Vektor $\vec{b}$ der rechten Seite mittransformieren, was Rechenzeit spart und sofort zur Lösung – falls eindeutig existent – führt.

Beispiel: Lösen des linearen Gleichungssystems

$$\begin{aligned} -2x_1 - 2x_2 + x_3 &= -3 \\ x_1 + x_2 + 2x_3 &= 4 \\ 2x_2 + 4x_3 &= -2 \end{aligned}$$

	x_1	x_2	x_3	b_1	b_2	b_3	
Tab. 0	−2	−2	1	1	0	0	−3
	[1]	1	2	0	1	0	4
	0	2	4	0	0	1	−2
Tab. 1	0	0	5	1	2	0	5
	1	1	2	0	1	0	4
	0	[2]	4	0	0	1	−2
Tab. 2	0	0	[5]	1	2	0	5
	1	0	0	0	1	−0,5	5
	0	1	2	0	0	0,5	−1
Tab. 3	0	0	1	0,2	0,4	0	1
	1	0	0	0	1	−0,5	5
	0	1	0	−0,4	−0,8	0,5	−3

Durch Umordnen der Zeilen des letzten Tableaus so, dass im ersten Feld eine Einheitsmatrix steht, erhält man in der letzten Spalte die Lösung

$$x_1 = 5,\ x_2 = -3,\ x_3 = 1$$

und im zweiten Feld die Inverse der Koeffizientenmatrix

$$\vec{A}^{-1} = \begin{pmatrix} 0 & 1 & -0{,}5 \\ -0{,}4 & -0{,}8 & 0{,}5 \\ 0{,}2 & 0{,}4 & 0 \end{pmatrix}$$

Hinweis: Rückführung von Tableau 1 in ein lineares Gleichungssystem:

$$\begin{pmatrix} 0 \\ 1 \\ 0 \end{pmatrix} x_1 + \begin{pmatrix} 0 \\ 1 \\ 2 \end{pmatrix} x_2 + \begin{pmatrix} 5 \\ 2 \\ 4 \end{pmatrix} x_3 = \begin{pmatrix} 1 \\ 0 \\ 0 \end{pmatrix} b_1 + \begin{pmatrix} 2 \\ 1 \\ 0 \end{pmatrix} b_2 + \begin{pmatrix} 0 \\ 0 \\ 1 \end{pmatrix} b_3$$

mit $b_1 = -3$, $b_2 = 4$, $b_3 = -2$ aus der letzten Spalte des Starttableaus.

Approximative Lösung

Ist das lineare Gleichungssystem $\vec{A}_{(m,n)}\vec{x} = \vec{b}$ inkonsistent, so ist man dennoch häufig an einer approximativen Lösung interessiert, d. h. an einem Vektor $\vec{x}$, so dass $\vec{A}\vec{x} - \vec{b}$ möglichst klein ist im Sinne der EUKLIDischen Vektornorm.

$$|\vec{A}\vec{x} - \vec{b}| = \sqrt{(\vec{A}\vec{x} - \vec{b})'(\vec{A}\vec{x} - \vec{b})}.$$

Der Vektor $\vec{y}$ heißt **beste approximative Lösung** des inkonsistenten Systems $\vec{A}\vec{x} = \vec{b}$, wenn gilt:

1. $\forall \vec{x} \in \mathbb{R}^n : |\vec{A}\vec{x} - \vec{b}| \geq |\vec{A}\vec{y} - \vec{b}|$ und
2. für alle $\vec{x} \neq \vec{y}$ mit $|\vec{A}\vec{x} - \vec{b}| = |\vec{A}\vec{y} - \vec{b}|$ ist $|\vec{x}| > |\vec{y}|$.

Satz

Die beste approximative Lösung $\vec{y}$ des inkonsistenten Systems $\vec{A}\vec{x} = \vec{b}$ existiert stets und ist eindeutig gegeben durch $\vec{y} = \vec{A}^{-}\vec{b}$. Ferner ist

$$|\vec{A}\vec{y} - \vec{b}|^2 = \vec{b}' \left(\vec{E}_{(m,m)} - \vec{A}\vec{A}^{-} \right) \vec{b}.$$

Jeder Vektor, der die Bedingung (1.) erfüllt, heißt **Kleinst-Quadrate-Lösung**, da er die Summe der Abweichungsquadrate vom Zustand der Gleichheit $\vec{A}\vec{x} = \vec{b}$ minimiert:

$$|\vec{A}\vec{x} - \vec{b}|^2 = \sum_{i=1}^{m} \left(\sum_{j=1}^{n} a_{ij}\, x_j - b_i \right)^2 \quad \text{min!}$$

Während die beste approximative Lösung eindeutig ist, kann es mehrere Kleinst-Quadrate-Lösungen geben. So ist z. B. die beste approximative Lösung $\vec{y} = \vec{A}^{-}\vec{b}$ stets auch Kleinst-Quadrate-Lösung. Ist $\vec{A}\vec{A}^{c}$ symmetrisch für eine bedingte Inverse $\vec{A}^{c}$ von $\vec{A}$, so ist auch $\vec{y} = \vec{A}^{c}\vec{b}$ Kleinst-Quadrate-Lösung.

3.5 Das Eigenwertproblem

Eigenwerte und Eigenvektoren

Existiert zu einer quadratischen Matrix $\vec{A}_{(n,n)}$ ein Skalar λ und ein Vektor $\vec{x}_{(n,1)} \neq \vec{0}$ mit

$$\vec{A}\vec{x} = \lambda\vec{x},$$

so heißt λ **Eigenwert** oder **charakteristischer Wert** von $\vec{A}$ und $\vec{x}$ zu λ gehöriger **Eigenvektor** oder **charakteristischer Vektor** von $\vec{A}$.

Charakteristische Gleichung

Das Eigenwertproblem

$$\vec{A}\vec{x} = \lambda\vec{x}$$

kann wie folgt als homogenes lineares Gleichungssystem geschrieben werden:

$$(\vec{A} - \lambda\vec{E})\vec{x} = \vec{0}.$$

Dieses hat bekanntlich genau dann eine nichttriviale Lösung, wenn die Koeffizientenmatrix singulär ist, d. h. wenn ihre Determinante, die sogenannte **charakteristische Determinante** von $\vec{A}$, null ist:

$$|\vec{A} - \lambda\vec{E}| = 0.$$

Diese Gleichung heißt **charakteristische Gleichung** des Eigenwertproblems $\vec{A}\vec{x} = \lambda\vec{x}$. Die charakteristische Determinante kann als Polynom n-ten Grades in λ aufgefasst werden. Nach dem Fundamentalsatz der Algebra hat $\vec{A}_{(n,n)}$ also genau n komplexe Eigenwerte, wenn man sie gemäß ihrer Vielfachheit als Nullstellen dieses **charakteristischen Polynoms** zählt. Gemäß ihrer Vielfachheit k_j heißen sie **k_j-fache Eigenwerte**. Dabei ist $\sum\limits_j k_j = n$.

Eigenwertsätze

1. $\vec{A}$ und $\vec{A}'$ haben dieselben Eigenwerte.
2. Eine Matrix besitzt genau dann den Eigenwert null, wenn sie singulär ist.
3. Zu einem k-fachen Eigenwert gibt es höchstens k linear unabhängige Eigenvektoren.
4. Eigenvektoren verschiedener Eigenwerte sind linear unabhängig.
5. Hat $\vec{A}$ die Eigenwerte $\lambda_1, \ldots, \lambda_n$, so besitzt $c\vec{A}$, $c \in \mathbb{R}$, die Eigenwerte $c\lambda_1, \ldots, c\lambda_n$.
6. Hat $\vec{A}$ die Eigenwerte $\lambda_1, \ldots, \lambda_n$, so besitzt $\vec{A} + c\vec{E}$, $c \in \mathbb{R}$, die Eigenwerte $\lambda_1 + c, \ldots, \lambda_n + c$.
7. Hat $\vec{A}$ die Eigenwerte $\lambda_1, \ldots, \lambda_n$, so besitzt $\vec{A}^m$, $m \in \mathbb{N}$, die Eigenwerte $\lambda_1^m, \ldots, \lambda_n^m$.

8. Hat $\vec{A}$ die Eigenwerte $\lambda_1, \ldots, \lambda_n$ und ist $\vec{A}$ regulär, so besitzt $\vec{A}^{-1}$ die Eigenwerte $1/\lambda_1, \ldots, 1/\lambda_n$.
9. Ähnliche Matrizen haben dieselben Eigenwerte.
10. Ist $\vec{x}$ Eigenvektor von $\vec{A}$ zum Eigenwert λ, so ist auch $c\vec{x}$ Eigenvektor zu $\lambda, c \in \mathbb{C}$.
11. Zu einem reellen Eigenwert einer Matrix $\vec{A}_{(n,n)}$ existiert stets auch ein Eigenvektor in $\mathbb{R}^n$.
12. Ist $\lambda \in \mathbb{C}\backslash\mathbb{R}$ Eigenwert einer Matrix, so ist auch die konjugiert komplexe Zahl $\overline{\lambda}$ Eigenwert dieser Matrix.
13. Hat $\vec{A}$ lauter verschiedene, reelle Eigenwerte, so existiert eine reguläre Matrix $\vec{B}$ und eine Diagonalmatrix $\vec{D}$ mit $\vec{B}^{-1}\vec{A}\vec{B} = \vec{D}$, d. h. $\vec{A}$ ist **diagonalähnlich**.
14. Ist $\vec{B} = \vec{C}^{-1}\vec{A}\vec{C}$ und ist $\vec{x}$ Eigenvektor von $\vec{A}$ zum Eigenwert λ, so ist $\vec{y} = \vec{C}^{-1}\vec{x}$ Eigenvektor von $\vec{B}$ zum selben Eigenwert.
15. Die Matrix $\vec{A}_{(n,n)}$ ist genau dann diagonalähnlich, wenn sie n linear unabhängige Eigenvektoren besitzt.
16. Die Eigenwerte einer Diagonalmatrix sind genau ihre Diagonalelemente.
17. Zu jeder reellen Matrix $\vec{A}_{(n,n)}$ existiert eine (komplexe) reguläre Matrix $\vec{B}$ und eine (komplexe) Dreiecksmatrix $\vec{D}$ mit $\vec{D} = \vec{B}^{-1}\vec{A}\vec{B}$, wobei die Diagonalelemente von $\vec{D}$ die Eigenwerte von $\vec{A}$ sind. Sind alle Eigenwerte von $\vec{A}$ reell, so kann $\vec{B}$ **orthogonal** gewählt werden, d. h. $\vec{B}^{-1} = \vec{B}'$ bzw. $\vec{B}\vec{B}' = \vec{E}$.
18. Alle Eigenwerte einer reellen symmetrischen Matrix sind reell.
19. Eigenvektoren zu verschiedenen Eigenwerten einer reellen symmetrischen Matrix sind orthogonal.
20. Zu einem k-fachen Eigenwert einer reellen symmetrischen Matrix gibt es genau k linear unabhängige Eigenvektoren.
21. Zu einer reellen symmetrischen Matrix $\vec{A}$ existiert eine orthogonale Matrix $\vec{B}$, sodass $\vec{B}'\vec{A}\vec{B} = \vec{D}$, wobei $\vec{D}$ Diagonalmatrix mit den Eigenwerten von $\vec{A}$ als Diagonalelementen ist. Die Spaltenvektoren von $\vec{B}$ sind die zugehörigen Eigenvektoren.
22. Die Spur einer quadratischen Matrix ist gleich der Summe ihrer Eigenwerte.
23. Hat die symmetrische Matrix $\vec{A}_{(n,n)}$ die Eigenwerte $\lambda_1, \ldots, \lambda_n$, so ist
$$\sum_{i=1}^{n} \lambda_i^2 = \sum_{i=1}^{n} \sum_{j=1}^{n} a_{ij}^2.$$
24. Hat $\vec{A}_{(n,n)}$ lauter reelle Eigenwerte, von denen genau k ungleich null sind, so gilt
$$\operatorname{sp}(\vec{A})^2 \leq k \cdot \operatorname{sp}(\vec{A}^2).$$
25. Der Rang einer quadratischen Matrix ist nicht kleiner als die Anzahl ihrer von null verschiedenen Eigenwerte.
26. Das Produkt der Eigenwerte einer reellen quadratischen Matrix ist gleich ihrer Determinante.

4 Analysis mehrerer Variablen

4.1 Funktionen

Funktionen mehrerer Variablen

Eine **Funktion mehrerer Variablen** ist eine Abbildung, deren Definitionsbereich Teilmenge eines Kreuzprodukts von Mengen ist. Hier soll nur der für Praktiker wichtigste Fall betrachtet werden, dass nämlich der **Definitionsbereich** $\mathbb{D}$ der Funktion f eine **Teilmenge des** $\mathbb{R}^n$, $n \in \mathbb{N}$, ist und der Wertebereich eine Teilmenge der reellen Zahlen:

$$f : \mathbb{D} \to \mathbb{R} \quad \text{oder} \quad f = \{(x_1, \ldots, x_n, y) : (x_1, \ldots, x_n) \in \mathbb{D} \wedge y = f(x_1, \ldots, x_n)\} .$$

Die **unabhängigen Variablen** bilden einen Vektor des $\mathbb{R}^n$:

$$\vec{x}' = (x_1, \ldots, x_n) \in \mathbb{D} \subset \mathbb{R}^n .$$

In der Analysis wird der Transpositionsstrich gelegentlich weggelassen, wenn die Unterscheidung in Zeilen- und Spaltenvektoren ohne Bedeutung ist. Bei der Funktion mehrerer Variablen handelt es sich um eine Verallgemeinerung des Konzepts der Funktion einer Variablen.

Darstellungsformen

Die Darstellung einer reellen (genauer: reellwertigen) Funktion mehrerer Variablen kann erfolgen in Gestalt

- einer Funktionsgleichung,
- einer Wertetabelle und/oder
- eines Graphen, falls $n \leq 2$.

Die Darstellung einer Funktion **mittels Funktionsgleichung** heißt **analytische Darstellung** und kann in vier Varianten erfolgen.

1. **Explizite einfache Funktionsgleichung**:

   $$y = f(x_1, \ldots, x_n), \ (x_1, \ldots, x_n) \in \mathbb{D},$$

   wobei links nur die **abhängige Größe** y, also das Ergebnis der Abbildung steht. Der Term der rechten Seite hängt nur ab von den Variablen $x_1, \ldots, x_n$, nicht aber von y.

2. **Explizite zusammengesetzte Funktionsgleichungen**:

$$y = \begin{cases} f_1(x_1,\ldots,x_n), & (x_1,\ldots,x_n) \in A_1 \\ f_2(x_1,\ldots,x_n), & (x_1,\ldots,x_n) \in A_2 \\ \vdots & \vdots \\ f_m(x_1,\ldots,x_n) & \text{sonst, d. h. } (x_1,\ldots,x_n) \in \mathbb{D}\setminus \bigcup\limits_{i=1}^{m-1} A_i \end{cases}$$

   mit Funktionen $f_1,\ldots,f_m$ der Variablen $x_1,\ldots,x_n$ und Mengen $A_i \subset \mathbb{D}$, die paarweise disjunkt sind.

3. **Implizite Funktionsgleichungen**:

$$g(x_1,\ldots,x_n,y) = 0,\ (x_1,\ldots,x_n) \in \mathbb{D},$$

   mit einer Funktion g der $n+1$ Variablen $x_1,\ldots,x_n,y$.

4. **Funktionsgleichung in Parameterform**:

$$(x_1,\ldots,x_n,y) = (g_1(t),\ldots,g_{n+1}(t))$$

   für **Parameterwerte** $t \in \{s \in \mathbb{R} : (g_1(s),\ldots,g_n(s)) \in \mathbb{D}(f)\}$ und mit Funktionen $g_1,\ldots,g_{n+1}$ von t. Formal ist eine Funktion von n Variablen in Parameterform eine $\mathbb{R}^{n+1}$-wertige Funktion der Variablen t. Im Allgemeinen wird es sich **nicht** um eine Funktion $y = f(x_1,\ldots,x_n)$ im Sinne einer **eindeutigen** Abbildung handeln.

Die Darstellung einer Funktion f von n Variablen mittels **Wertetabelle** erfordert eine **Tabelle mit** n **Eingängen**. Das folgende **Beispiel** einer Tabelle mit vier Eingängen, die den Variablen u, v, w, x mit deren konkreten Werten u_i, v_i, w_i und x_i entsprechen, soll den Aufbau einer mehrdimensionalen Tabelle verdeutlichen:

		u_1		u_2		u_3		u_4	
		w_1	w_2	w_1	w_2	w_1	w_2	w_1	w_2
	x_1								
v_1	x_2								
	x_3								
	x_1								
v_2	x_2								
	x_3								

Jedes Feld im Tabelleninneren entspricht eindeutig einer Kombination der Variablenwerte und nimmt den zugehörigen Funktionswert auf. Die Auswahl der Variablenwerte sollte sich danach richten, welcher Abschnitt des Funktionsverlaufs besonders interessiert und wie stark die Funktionswerte sich ändern. Bei starker Veränderung der Funktionswerte sollten die Variablenwerte dichter gewählt werden. Durch eine große Anzahl n der Variablen und/oder eine große Anzahl von Variablenwerten wird diese Darstellung jedoch schnell unübersichtlich und sehr aufwändig.

Der **Graph** einer Funktion $y = f(x_1, \ldots, x_n)$ ist definiert als

$$\{(x_1, \ldots, x_n, y) : (x_1, \ldots, x_n) \in \mathbb{D}(f) \land y = f(x_1, \ldots, x_n)\}.$$

Obgleich er für jede Anzahl n von Variablen definiert ist, kann er als Teilmenge des $\mathbb{R}^{n+1}$ höchstens für $n \leq 2$ „graphisch" in einem kartesischen Koordinatensystem dargestellt werden. Diese Darstellung beruht natürlich nur auf einer endlichen Zahl von Variablenwerten, also auf einer Wertetabelle. Für $n = 2$ und die Funktion $y = f(x_1, x_2)$ werden die Punkte $\left(x_1^{(i)}, x_2^{(j)}, y_{ij}\right) \in \mathbb{R}^3$ im Allgemeinen zur besseren Augenführung entlang den Zeilen und Spalten der Wertetabelle durch Strecken verbunden. Das entsprechende **Gitternetz** (**Oberflächen-** oder auch **Surfaceplot**) vermittelt den Eindruck einer im Raum gekrümmten Fläche, gibt streng genommen jedoch nur an den Kreuzungspunkten die Funktionswerte wieder.

Die folgende Abbildung zeigt den Oberflächenplot für die Funktion

$$y = \sin(x_2) \cdot \cos(x_2 - x_1),$$

allerdings ohne Skalierung der Achsen.

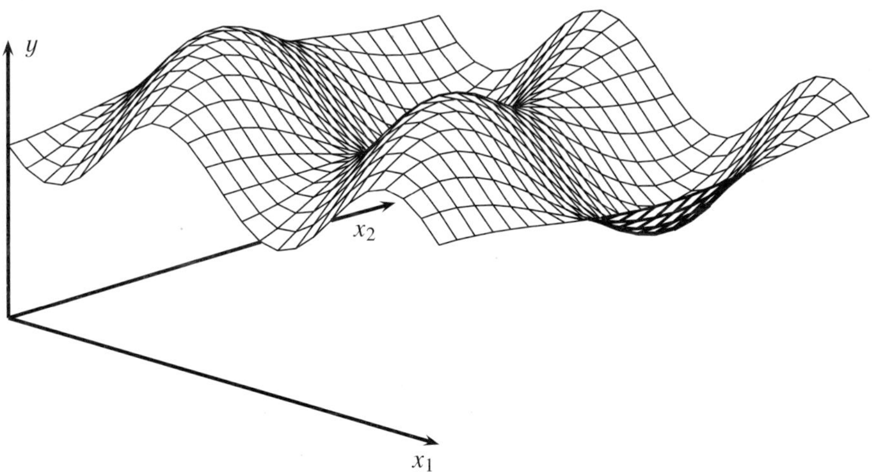

Projektionen

Eine **Projektion** oder einen **Schnitt** einer Funktion $y = f(x_1, \ldots, x_n)$ erhält man durch zusätzliche restriktive Bedingungen an die Variablen $x_1, \ldots, x_n$ und/oder y. Ist eine solche Bedingung durch eine in den Größen $x_1, \ldots, x_n, y$ **lineare Gleichung** gegeben, so wird der Funktionsgraph auf die durch die Gleichung definierte **Hyperebene** im $\mathbb{R}^{n+1}$ projiziert, d. h. es werden nur die Punkte des Graphen dargestellt, die besagte Gleichung erfüllen. Im dreidimensionalen Raum $\mathbb{R}^3$ ist eine Hyperebene eine Ebene im üblichen Sinne, im $\mathbb{R}^2$ ist sie eine Gerade. Von besonderem Interesse sind die durch Gleichungen der Art $x_i = c$ bzw. $y = c$ für ein festes $c \in \mathbb{R}$ gegebenen **achsenparallelen Hyperebenen**.

Von **Horizontalschnitten** spricht man im Fall der Funktion $y = f(x_1, x_2)$, wenn der Graph auf die horizontale Ebene $y = c$, $c \in \mathbb{R}$, projiziert wird. Die Schnittstellen, die sogenannten **Höhenschichtlinien** (auch **Isoquanten** oder **Isohypsen**), sind Punktmengen im $\mathbb{R}^3$:

$$\{(x_1, x_2, x_3) : (x_1, x_2) \in \mathbb{D}(f) \ \wedge \ f(x_1, x_2) = c \ \wedge \ x_3 = c\},$$

können aber unter vorläufiger Nichtbeachtung von $y = c$ als Graph der impliziten Funktion

$$g(x_1, x_2) := f(x_1, x_2) - c = 0$$

mit der Variablen x_1 und der „abhängigen Größe“ x_2 im zweidimensionalen kartesischen Koordinatensystem dargestellt werden. Die Information $y = c$ kann an die zugehörige Höhenschichtlinie herangeschrieben werden. Mehrere solcher Isohypsen vermitteln einen Eindruck vom Verlauf der Funktion, wie die Höhenschichtlinien in Landkarten den Eindruck vom Gelände vermitteln. Eine Darstellung einer Funktion durch mehrere Höhenschichtlinien wird als **Konturplot** bezeichnet.

Die folgende Abbildung zeigt den Konturplot für die Funktion

$$y = \sin(x_2) \cdot \cos(x_2 - x_1).$$

Im Gegensatz zur vorhergehenden Abbildung sind die Achsen hier skaliert.

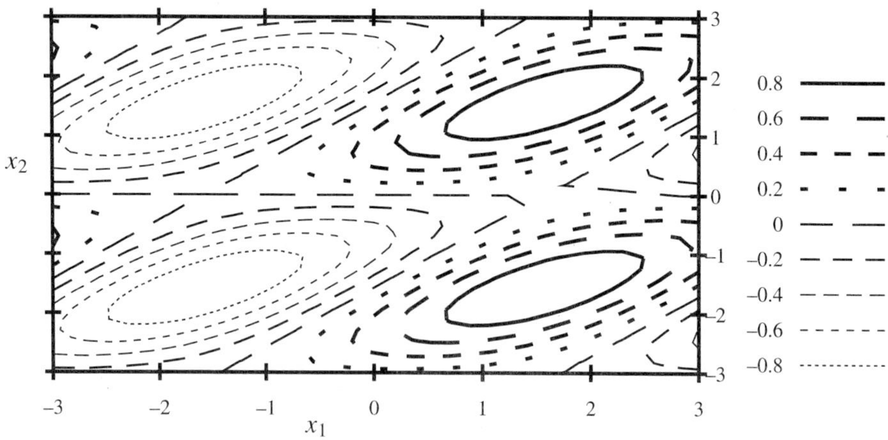

Die graphische Darstellung von Funktionen mit zwei unabhängigen Variablen ist auch durch die Unterlegung eines Oberflächenplots mit einem Konturplot möglich, ein Beispiel hierzu liefert die folgende Grafik für die gedämpfte Sinusschwingung

$$f(x_1, x_2) = \frac{\sin\left(\sqrt{x_1^2 + x_2^2} + 0{,}01\right)}{\sqrt{x_1^2 + x_2^2} + 0{,}01}.$$

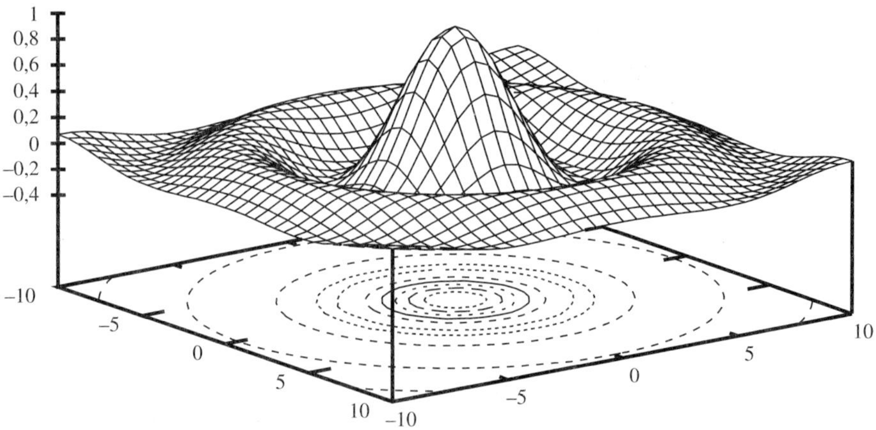

Von **Vertikalschnitten** spricht man im Falle der Funktion $y = f(x_1, x_2)$, wenn der Graph auf eine zur y-Achse parallele Ebene $x_2 = ax_1 + b$, $a, b \in \mathbb{R}$, projiziert wird. Von besonderem Interesse sind die **achsenparallelen Vertikalprojektionen** $x_1 = c$ bzw. $x_2 = c$, $c \in \mathbb{R}$. Die entstehenden Schnittstellen können im zweidimensionalen kartesischen (x_2, y)- bzw. (x_1, y)-Koordinatensystem dargestellt werden. Gemeinsam bilden sie im (x_1, x_2, y)-Koordinatensystem das Gitternetz des Funktionsgraphen.

Linearität und Homogenität

Die Funktion $y = f(x_1, \ldots, x_n)$ heißt **linear**, wenn Konstanten $a_0, a_1, \ldots, a_n \in \mathbb{R}$ existieren mit

$$y = a_0 + a_1 x_1 + \cdots + a_n x_n.$$

n	y	geometrische Bezeichnung
0	a_0	Punkt
1	$a_0 + a_1 x_1$	Gerade
2	$a_0 + a_1 x_1 + a_2 x_2$	Ebene
> 2	$a_0 + \sum_{i=1}^{n} a_i x_i$	Hyperebene des $\mathbb{R}^{n+1}$

Die Funktion $y = f(x_1, \ldots, x_n)$ heißt **homogen vom Grade *r***, wenn für alle $c \in \mathbb{R}$ gilt:

$$c^r y = f(cx_1, \ldots, cx_n).$$

$r \in \mathbb{R}$ heißt dann **Homogenitätsgrad** von f. Für $r = 1$ heißt f **linear homogen**, für $r = 2$ **quadratisch homogen** etc.

EULERsche Homogenitätsrelation:
Existieren für eine vom Grade r homogene Funktion $y = f(x_1, \ldots, x_n)$ alle partiellen Ableitungen $\partial f / \partial x_i$ und sind diese stetig, so gilt:

$$r \cdot y = \sum_{i=1}^{n} \frac{\partial f}{\partial x_i} \cdot x_i.$$

Stetigkeit

Die Stetigkeit einer Funktion mehrerer Variablen ist eine weitgehend offensichtliche Verallgemeinerung der Stetigkeit von Funktionen einer Variablen.

Der **Grenzwert** der Funktion $f : \mathbb{R}^n \to \mathbb{R}$ an der Stelle $(x_1^\star, \ldots, x_n^\star) \in \mathbb{R}^n$ existiert und ist gleich y_0, wenn gilt:

$$\forall \varepsilon > 0 \; \exists \delta > 0 \; \forall x_i \in \left(x_i^\star - \delta, x_i^\star + \delta\right) \setminus \left\{x_i^\star\right\}, \; i = 1, \ldots, n : \; |f(x_1, \ldots, x_n) - y_0| < \varepsilon.$$

Zu jedem (noch so kleinen) $\varepsilon > 0$ soll also ein **randloser** oder **offener δ-Würfel**

$$\mathop{\times}_{i=1}^{n} (x_i^\star - \delta, x_i^\star + \delta) \subset \mathbb{R}^n$$

um $(x_1^\star, \ldots, x_n^\star)$ existieren, sodass die Funktionswerte für alle Argumente dieses Bereichs um weniger als ε von y_0 abweichen. Der Würfel wird in der Definition **punktiert**, d. h. sein Mittelpunkt $(x_1^\star, \ldots, x_n^\star)$ wird entfernt, da die Funktion in diesem Punkt selbst nicht definiert sein muss. Statt des δ-Würfels wird häufig die offene **δ-Umgebung** oder **δ-Kugel**

$$U_\delta\left(x_1^\star, \ldots, x_n^\star\right) := \left\{(x_1, \ldots, x_n) : \sqrt{\sum_{i=1}^{n} (x_i - x_i^\star)^2} < \delta\right\}$$

verwendet, was zu einer äquivalenten Definition führt.

Schreibweisen: $\lim\limits_{\substack{x_i \to x_i^\star \\ i=1,\ldots,n}} f(x_1, \ldots, x_n) = y_0$, $\lim\limits_{\vec{x} \to \vec{x}^\star} f(\vec{x}) = y_0$, $f(x_1, \ldots, x_n) \underset{\substack{x_i \to x_i^\star \\ i=1,\ldots,n}}{\longrightarrow} y_0$.

Der Grenzwert von $f(\vec{x})$ an der Stelle $\vec{x}^\star \in \mathbb{R}$ **existiert uneigentlich** und ist gleich $+\infty$ bzw. $-\infty$, wenn gilt:

$$\forall y \in \mathbb{R}^+ \; \exists \delta > 0 \; \forall \vec{x} \in U_\delta(\vec{x}^\star)\backslash\{\vec{x}^\star\} : \; f(\vec{x}) > y \; (\text{bzw. } < -y).$$

Schreibweisen: $\lim\limits_{\substack{x_i \to x_i^\star \\ i=1,\dots,n}} f(x_1,\dots,x_n) = \pm\infty$, $\lim\limits_{\vec{x}\to\vec{x}^\star} f(\vec{x}) = \pm\infty$, $f(x_1,\dots,x_n) \underset{\substack{x_i \to x_i^\star \\ i=1,\dots,n}}{\longrightarrow} \pm\infty$.

Der Grenzwert von $f : \mathbb{R}^n \to \mathbb{R}$ an der Stelle $\vec{x}^\star \in \mathbb{R}^n$ existiert und ist gleich y_0 genau dann, wenn für **jede** Folge $(\vec{a}^{(k)})_{k\in\mathbb{N}}$ in $\mathbb{R}^n$ mit $\vec{a}^{(k)} \underset{k\to\infty}{\longrightarrow} \vec{x}^\star$ gilt: $f(\vec{a}^{(k)}) \underset{k\to\infty}{\longrightarrow} y_0$. Die Begriffe der Folge in $\mathbb{R}^n$ und ihrer Konvergenz ergeben sich analog zum eindimensionalen Fall.

Die Funktion $f : \mathbb{R}^n \to \mathbb{R}$ heißt an der Stelle $\vec{x}^\star \in \mathbb{D}(f)$ **(lokal) stetig**, wenn gilt:

$$\lim_{\vec{x}\to\vec{x}^\star} f(\vec{x}) = f(\vec{x}^\star).$$

$\vec{x}^\star$ heißt dann **Stetigkeitsstelle** von f, ansonsten **Unstetigkeitsstelle**.

Die Funktion $f : \mathbb{R}^n \to \mathbb{R}$ heißt in dem Gebiet $G \subset \mathbb{R}^n$ **(global) stetig**, wenn sie in jedem Punkt des Gebietes (lokal) stetig ist.

Die Funktion $f : \mathbb{R}^n \to \mathbb{R}$ heißt in $G \subset \mathbb{R}^n$ **gleichmäßig stetig**, wenn gilt:

$$\forall \varepsilon > 0 \; \exists \delta > 0 \; \forall \vec{x}^{(1)}, \vec{x}^{(2)} \in G : \; |\vec{x}^{(1)} - \vec{x}^{(2)}| < \delta \Rightarrow \left| f(\vec{x}^{(1)}) - f(\vec{x}^{(2)}) \right| < \varepsilon.$$

4.2 Differenzialrechnung

Partielle Ableitungen

Die **(erste) partielle Ableitung** oder **partielle Ableitung erster Ordnung** nach x_i ist definiert durch

$$\frac{\partial f}{\partial x_i} := \lim_{h\to 0} \frac{f(x_1,\dots,x_i+h,\dots,x_n) - f(x_1,\dots,x_i,\dots,x_n)}{h}.$$

Sie ist nichts anderes als die Ableitung der Funktion, wenn man diese nur als Funktion der einzigen Variablen x_i auffasst. Entsprechend übertragen sich Sätze und Berechnungsregeln. ∂ heißt **partieller Differenzialoperator**. Alternative Schreibweisen:

$$\frac{\partial y}{\partial x_i},\; f'_{x_i},\; y'_{x_i},\; \frac{\partial}{\partial x_i} f(x_1,\dots,x_n),\; \frac{\partial}{\partial x_i} f(\vec{x}).$$

Die **k-te partielle Ableitung** oder **partielle Ableitung k-ter Ordnung**, $k \in \mathbb{N}$, nach x_i ist rekursiv definiert durch:

$$\frac{\partial^k f}{\partial x_i^k} := \frac{\partial}{\partial x_i}\left(\frac{\partial^{k-1} f}{\partial x_i^{k-1}}\right) \text{ mit } \frac{\partial^1 f}{\partial x_i^1} := \frac{\partial f}{\partial x_i}.$$

Alternative Schreibweisen:

$$\frac{\partial^k y}{\partial x_i^k},\ f_{x_i}^{(k)},\ y_{x_i}^{(k)},\ \frac{\partial^k}{\partial x_i^k} f(x_1,\ldots,x_n),\ \frac{\partial^k}{\partial x_i^k} f(\vec{x}).$$

Differenziert man die k-te partielle Ableitung nach x_i nunmehr nach der Variablen x_j, so entsteht eine **gemischte partielle Ableitung**:

$$\frac{\partial^{k+1} f}{\partial x_j \partial x_i^k} := \frac{\partial}{\partial x_j}\left(\frac{\partial^k f}{\partial x_i^k}\right).$$

Reihenfolge des partiellen Differenzierens

Satz von SCHWARZ (HERMANN AMANDUS SCHWARZ, 1843 – 1921), **Satz von CLAIRAUT** (ALEXIS-CLAUDE CLAIRAUT, 1713 – 1765), **YOUNG Theorem** (WILLIAM HENRY YOUNG, 1863 – 1942):

Existieren zwei gemischte partielle Ableitungen, die sich nur in der Reihenfolge der Differenziation nach den verschiedenen Variablen unterscheiden, in einer Teilmenge des Definitionsbereichs und sind sie dort stetig, so sind sie identisch; d. h. die Reihenfolge des partiellen Differenzierens spielt bei Funktionen mit stetigen partiellen Ableitungen keine Rolle.

Kettenregel für Funktionen mehrerer Variablen

Seien $y = f(x_1,\ldots,x_n)$, $x_i = g_i(z_1,\ldots,z_m)$ mit $\mathbb{D}(g_i) = \mathbb{D} \subset \mathbb{R}^m$, $i = 1,2,\ldots,n$, und $(g_1(\vec{z}),\ldots,g_n(\vec{z})) \in \mathbb{D}(f)$ für alle $\vec{z} \in \mathbb{D}$. Existieren die partiellen Ableitungen $\partial f/\partial x_i$, $i = 1,\ldots,n$, und sind sie stetig, existieren ferner die partiellen Ableitungen $\partial g_i/\partial z_j$, $i = 1,\ldots,n$, dann existiert auch die partielle Ableitung $\partial f/\partial z_j$ und es ist

$$\frac{\partial f}{\partial z_j} = \sum_{i=1}^{n} \frac{\partial f}{\partial g_i} \cdot \frac{\partial g_i}{\partial z_j},\quad j = 1,\ldots,m.$$

Für den wichtigen Spezialfall, dass die x_i alle von **einer** Variablen – z. B. der Zeit t – abhängen, ergibt sich:

$$\frac{\mathrm{d}f}{\mathrm{d}t} = \sum_{i=1}^{n} \frac{\partial f}{\partial g_i} \cdot \frac{\mathrm{d}g_i}{\mathrm{d}t}.$$

$\mathrm{d}f/\mathrm{d}t$ heißt **vollständige** oder **totale Ableitung** von f nach t. Mithilfe der vollständigen Ableitung lässt sich eine Funktion $y = f(x)$ von einer Variablen in ihrer **impliziten** Darstellung differenzieren:

$$F(x, y) \equiv 0 \quad \Rightarrow \quad \frac{\mathrm{d}F}{\mathrm{d}x} = \frac{\partial F}{\partial x} \cdot \frac{\mathrm{d}x}{\mathrm{d}x} + \frac{\partial F}{\partial y} \cdot \frac{\mathrm{d}y}{\mathrm{d}x} = 0,$$

also

$$\frac{\mathrm{d}y}{\mathrm{d}x} = -\frac{\partial F/\partial x}{\partial F/\partial y}.$$

Partielles und totales Differenzial

Ist $y = f(x_1, \ldots, x_n)$ an der Stelle $\vec{x}^{(0)} = (x_1^{(0)}, \ldots, x_n^{(0)})$ partiell nach x_i differenzierbar, d. h. existiert die partielle Ableitung $\partial f/\partial x_i$ bei $\vec{x}^{(0)}$, dann heißt die in h lineare Funktion

$$\mathrm{d}_{x_i} f := \left.\frac{\partial f}{\partial x_i}\right|_{\vec{x}=\vec{x}^{(0)}} \cdot \mathrm{d}x_i := \left.\frac{\partial f}{\partial x_i}\right|_{\vec{x}=\vec{x}^{(0)}} \cdot h = f'_{x_i}(\vec{x}^{(0)}) \cdot h$$

partielles Differenzial von f nach x_i.

Gilt für $y = f(x_1, \ldots, x_n)$ an der Stelle $\vec{x}^{(0)}$ die Beziehung

$$f\left(x_1^{(0)} + h_1, \ldots, x_n^{(0)} + h_n\right) - f\left(x_1^{(0)}, \ldots, x_n^{(0)}\right)$$

$$= \sum_{i=1}^{n} \left.\frac{\partial f}{\partial x_i}\right|_{\vec{x}=\vec{x}^{(0)}} \cdot h_i + r(h_1, \ldots, h_n) \cdot \sqrt{\sum_{i=1}^{n} h_i^2}$$

mit einer Funktion $r : \mathbb{R}^n \to \mathbb{R}$ und

$$\lim_{\substack{h_i \to 0 \\ i = 1, \ldots, n}} r(h_1, \ldots, h_n) = 0,$$

so heißt f an der Stelle $\vec{x}^{(0)}$ **total** oder **vollständig differenzierbar** und

$$\mathrm{d}f := \sum_{i=1}^{n} \left.\frac{\partial f}{\partial x_i}\right|_{x_i=x_i^{(0)}} \cdot \mathrm{d}x_i := \sum_{i=1}^{n} f'_{x_i}(\vec{x}^{(0)}) \cdot h_i = \sum_{i=1}^{n} \mathrm{d}_{x_i} f$$

heißt **totales** oder **vollständiges Differenzial** von f an der Stelle $\vec{x} = \vec{x}^{(0)}$. Existieren alle partiellen Ableitungen $\partial f/\partial x_i$ und sind sie stetig (bei $\vec{x} = \vec{x}^{(0)}$), so ist f auch total differenzierbar.

Gradient

Sei $f : A \to \mathbb{R}$ differenzierbare Funktion auf $A \subset \mathbb{R}^m$, $m \in \mathbb{N}$, und sei weiterhin $\vec{x}^{(0)} := \left(x_1^{(0)}, x_2^{(0)}, \ldots, x_m^{(0)}\right) \in A$. Dann heißt der Vektor

$$\nabla f\left(\vec{x}^{(0)}\right) := \operatorname{grad} f\left(\vec{x}^{(0)}\right) := \left.\begin{pmatrix} \dfrac{\partial f}{\partial x_1} \\ \dfrac{\partial f}{\partial x_2} \\ \vdots \\ \dfrac{\partial f}{\partial x_m} \end{pmatrix}\right|_{\vec{x}=\vec{x}^{(0)}} = \begin{pmatrix} f'_{x_1}(\vec{x}^{(0)}) \\ f'_{x_2}(\vec{x}^{(0)}) \\ \vdots \\ f'_{x_n}(\vec{x}^{(0)}) \end{pmatrix}$$

der partiellen Ableitungen von f an der Stelle $\vec{x}^{(0)} \in A$ **Gradient** von f an der Stelle $\vec{x}^{(0)}$. Er zeigt in die Richtung des steilsten Anstiegs von f. Ein Maß für diesen Anstieg ist $|\operatorname{grad} f(\vec{x}^{(0)})|$.

Grundlegende Gleichung bei iterativen Maximierungsverfahren für **unimodale** Funktionen, d. h. Funktionen mit genau einem (lokalen) Maximum:

$$\vec{x}_{n+1} = \vec{x}_n + \lambda_n \cdot \operatorname{grad} f(\vec{x}_n).$$

λ_n heißt **Schrittweite** und kann von n abhängen.

Partielle Elastizitäten

Die **partielle Elastizität** einer Funktion $y = f(x_1, \ldots, x_n)$ nach der Variablen x_j gibt die Reaktivität von y auf die Änderung der verursachenden Größe x_j bei sonst gleichen Werten der übrigen Variablen x_i, $i \neq j$, an. Die **partielle Bogenelastizität** wird als Verhältnis der relativen Änderung von y zur relativen Änderung von x_j definiert:

$$\frac{\Delta y}{y} \bigg/ \frac{\Delta x_j}{x_j} = \frac{\Delta y}{\Delta x_j} \cdot \frac{x_j}{y} = \frac{f(x_1, \ldots, x_j + \Delta x_j, \ldots, x_n) - f(x_1, \ldots, x_n)}{\Delta x_j} \cdot \frac{x_j}{f(x_1, \ldots, x_n)}.$$

Während die partielle Bogenelastizität von der Größe der Änderung Δx_j abhängt, ist die **partielle Punktelastizität** η von y im Punkt $(x_1, \ldots, x_n)$ nach der Variablen x_j durch die Grenzwertbildung

$$\lim_{\Delta x_j \to 0} \frac{f(x_1, \ldots, x_j + \Delta x_j, \ldots, x_n) - f(x_1, \ldots, x_n)}{\Delta x_j} = \frac{\partial y}{\partial x_j}$$

davon unabhängig:

$$\eta(y|x_j) = \frac{\partial y}{\partial x_j} \cdot \frac{x_j}{y}.$$

y heißt bezüglich x_j

– **partiell elastisch**,	falls $\lvert\eta(y\lvert x_j)\rvert > 1$,
– **partiell vollkommen elastisch**,	falls $\lvert\eta(y\lvert x_j)\rvert = \infty$,
– **partiell unelastisch**,	falls $\lvert\eta(y\lvert x_j)\rvert \in (0; 1)$,
– **partiell vollkommen unelastisch**,	falls $\lvert\eta(y\lvert x_j)\rvert = 0$,
– **partiell proportional**,	falls $\lvert\eta(y\lvert x_j)\rvert = 1$.

Vektorielles Differenzieren

Sei $y = f(x_1, \ldots, x_n) = f(\vec{x})$, wobei der Transpositionsstrich des Vektors $\vec{x}$ im Allgemeinen weggelassen wird, wenn $\vec{x}$ als Argument einer Funktion auftritt. Es heißt

$$\frac{\partial f}{\partial \vec{x}} := \begin{pmatrix} \dfrac{\partial f}{\partial x_1} \\ \vdots \\ \dfrac{\partial f}{\partial x_n} \end{pmatrix}$$

Ableitung von f nach dem Vektor $\vec{x}$ oder **vektorielle Ableitung nach** $\vec{x}$, falls alle partiellen Ableitungen existieren.

Ist $y = f(x_{11}, x_{12}, \ldots, x_{mn}) = f(\vec{X})$ eine Funktion der $m \cdot n$ unabhängigen Variablen x_{ij}, $i = 1, \ldots, m$, $j = 1, \ldots, n$, mit $\vec{X} = (x_{ij})$ und existieren alle partiellen Ableitungen, so heißt

$$\frac{\partial f}{\partial \vec{X}} := \begin{pmatrix} \dfrac{\partial f}{\partial x_{11}} & \ldots & \dfrac{\partial f}{\partial x_{1n}} \\ \vdots & & \vdots \\ \dfrac{\partial f}{\partial x_{m1}} & \ldots & \dfrac{\partial f}{\partial x_{mn}} \end{pmatrix}$$

Ableitung von f nach der Matrix $\vec{X}$.

Ist $\vec{Y}$ eine $k \times \ell$-Matrix, deren Elemente $y_{pq} = f_{pq}(\vec{X})$ Funktionen einer $m \times n$-Matrix unabhängiger Variablen sind, und existieren alle partiellen Ableitungen, so heißt

$$\frac{\partial \vec{Y}}{\partial x_{ij}} := \begin{pmatrix} \dfrac{\partial y_{11}}{\partial x_{ij}} & \ldots & \dfrac{\partial y_{1\ell}}{\partial x_{ij}} \\ \vdots & & \vdots \\ \dfrac{\partial y_{k1}}{\partial x_{ij}} & \ldots & \dfrac{\partial y_{k\ell}}{\partial x_{ij}} \end{pmatrix}$$

partielle Ableitung der Matrix $\vec{Y}$ nach x_{ij}.

Ist $\vec{y} = (f_1(\vec{x}), \ldots, f_n(\vec{x}))'$ mit $\vec{x} = (x_1, \ldots, x_n)'$ und existieren alle partiellen Ableitungen, so heißt

$$\frac{\partial \vec{y}}{\partial \vec{x}} := \begin{pmatrix} \frac{\partial f_1(\vec{x})}{\partial x_1} & \ldots & \frac{\partial f_1(\vec{x})}{\partial x_n} \\ \vdots & & \vdots \\ \frac{\partial f_n(\vec{x})}{\partial x_1} & \ldots & \frac{\partial f_n(\vec{x})}{\partial x_n} \end{pmatrix}$$

JACOBI-Matrix (CARL GUSTAV JAKOB JACOBI, 1804 – 1851) oder **Funktionalmatrix** von $\vec{y}$.

Regeln zum vektoriellen Differenzieren

$$\frac{\partial}{\partial \vec{x}}(\vec{a}'\vec{x}) = \frac{\partial}{\partial \vec{x}}(\vec{x}'\vec{a}) = \vec{a}.$$

$$\frac{\partial}{\partial \vec{x}}(\vec{x}'\vec{A}\vec{x}) = 2\vec{A}\vec{x}, \text{ falls } \vec{A} \text{ symmetrisch.}$$

$$\frac{\partial}{\partial \vec{X}}(\vec{a}'\vec{X}\vec{b}) = \vec{a}\vec{b}'.$$

Ist $\vec{X}$ **symmetrisch**, d. h. Matrix der $n(n+1)/2$ Variablen x_{ij}, $i = 1, \ldots, n$, $j = i, \ldots, n$, und ist $\vec{D}_{\vec{a}\vec{a}'}$ die Diagonalmatrix mit den Diagonalelementen der Matrix $\vec{a}\vec{a}'$, $\vec{a} \in \mathbb{R}^n$, so ist

$$\frac{\partial}{\partial \vec{X}}(\vec{a}'\vec{X}\vec{a}) = 2\vec{a}\vec{a}' - \vec{D}_{\vec{a}\vec{a}'}.$$

Mit den Adjunkten X_{ij} der Matrix $\vec{X}$ ist

$$\frac{\partial |\vec{X}|}{\partial \vec{X}} = (X_{ij}).$$

Ist $\vec{X}$ symmetrisch und $\vec{D}_{(X_{ij})}$ die Diagonalmatrix mit den Adjunkten X_{ii} als Diagonalelementen, so ist

$$\frac{\partial |\vec{X}|}{\partial \vec{X}} = 2(X_{ij}) - \vec{D}_{(X_{ij})}.$$

Ist $\vec{X}$ symmetrisch und regulär und $\vec{D}_{\vec{X}^{-1}}$ die Diagonalmatrix mit den Diagonalelementen von $\vec{X}^{-1}$, so ist

$$\frac{\partial}{\partial \vec{X}}(\ln |\vec{X}|) = 2\vec{X}^{-1} - \vec{D}_{\vec{X}^{-1}}.$$

Ist $\vec{X}$ regulär und Δ_{ij} die Matrix mit einer Eins in der i-ten Zeile und j-ten Spalte und Nullen sonst, so ist

$$\frac{\partial \vec{X}^{-1}}{\partial x_{ij}} = -\vec{X}^{-1}\Delta_{ij}\vec{X}^{-1}.$$

Ist $\vec{X}$ symmetrisch und regulär und Δ^*_{ij} die Matrix mit Einsen an den Positionen (i, j) und (j, i) und Nullen sonst, so ist

$$\frac{\partial \vec{X}^{-1}}{\partial x_{ij}} = -\vec{X}^{-1}\Delta^*_{ij}\vec{X}^{-1}.$$

Ist $\vec{Y}$ eine $k \times k$-Matrix mit Elementen $y_{pq} = f_{pq}(\vec{X})$ und ist $\vec{Y}^* = (Y_{pq})$ die Matrix der Adjunkten von $\vec{Y}$, so ist

$$\frac{\partial |\vec{Y}|}{\partial x_{ij}} = \operatorname{sp}\left(\vec{Y}^* \frac{\partial \vec{Y}'}{\partial x_{ij}}\right).$$

Für $\vec{y} = \vec{A}_{(n,n)}\vec{x} + \vec{b}$ ist $\dfrac{\partial \vec{y}}{\partial \vec{x}} = \vec{A}$.

Statistische Anwendungen

Sei $\vec{V}_{(n,n)}$ eine positiv definite (symmetrische) Matrix. Dann ist

$$\frac{\partial}{\partial \vec{y}} \exp\left(-\frac{1}{2}(\vec{x}-\vec{y})'\vec{V}^{-1}(\vec{x}-\vec{y})\right) = \exp\left(-\frac{1}{2}(\vec{x}-\vec{y})'\vec{V}^{-1}(\vec{x}-\vec{y})\right)\vec{V}^{-1}(\vec{x}-\vec{y})$$

$$\frac{\partial}{\partial \vec{V}^{-1}} \exp\left(-\frac{1}{2}(\vec{x}-\vec{y})'\vec{V}^{-1}(\vec{x}-\vec{y})\right)$$
$$= \exp\left(-\frac{1}{2}(\vec{x}-\vec{y})'\vec{V}^{-1}(\vec{x}-\vec{y})\right) \cdot \left(\frac{1}{2}\vec{D}_{(\vec{x}-\vec{y})(\vec{x}-\vec{y})'} - (\vec{x}-\vec{y})(\vec{x}-\vec{y})'\right)$$

$$\frac{\partial}{\partial \vec{V}}\left((\vec{x}-\vec{y})'\vec{V}^{-1}(\vec{x}-\vec{y})\right) = -2\vec{V}^{-1}(\vec{x}-\vec{y})(\vec{x}-\vec{y})'\vec{V}^{-1} + \vec{D}_{V^{-1}(\vec{x}-\vec{y})(\vec{x}-\vec{y})'\vec{V}^{-1}},$$

wobei $\vec{D}_{\vec{A}}$ stets die Diagonalmatrix mit den Diagonalelementen der Matrix $\vec{A}$ bedeutet.

4.3 Anwendungen der Differenzialrechnung

Extremwerte bei zwei Variablen

Eine Funktion $y = f(x_1, x_2)$ besitzt an der Stelle $(x_1^\star, x_2^\star) \in \mathbb{D}(f)$ ein **lokales** oder **relatives Maximum** (bzw. **Minimum**), wenn gilt:

$$\exists \delta > 0 \; \forall (x_1, x_2) \in U_\delta(x_1^\star, x_2^\star) \cap \mathbb{D}(f) : f(x_1, x_2) \leq f(x_1^\star, x_2^\star)$$
$$\big(\text{bzw. } f(x_1, x_2) \geq f(x_1^\star, x_2^\star)\big).$$

Gilt die Ungleichung strikt für alle $(x_1, x_2) \neq (x_1^\star, x_2^\star)$ in einer solchen δ-Umgebung, so heißt das lokale Maximum (bzw. Minimum) **echt**.

Eine Funktion $y = f(x_1, x_2)$ besitzt an der Stelle $(x_1^\star, x_2^\star) \in \mathbb{D}(f)$ ein **globales** oder **absolutes Maximum** (bzw. **Minimum**), wenn gilt:

$$\forall (x_1, x_2) \in \mathbb{D}(f) \setminus \big\{(x_1^\star, x_2^\star)\big\} : f(x_1, x_2) \leq f(x_1^\star, x_2^\star)$$
$$\big(\text{bzw. } f(x_1, x_2) \geq f(x_1^\star, x_2^\star)\big).$$

Gilt die Ungleichung strikt, so heißt das Maximum (bzw. Minimum) **echt**.

Eine **notwendige** Bedingung an eine **Extremstelle** einer differenzierbaren Funktion, also Maximal- oder Minimalstelle, ist die **Stationarität**. Die Stelle $(x_1^\star, x_2^\star) \in \mathbb{D}(f)$ heißt **stationär**, wenn gilt:

$$\left.\frac{\partial f}{\partial x_1}\right|_{(x_1,x_2)=(x_1^\star,x_2^\star)} = 0 \text{ und } \left.\frac{\partial f}{\partial x_2}\right|_{(x_1,x_2)=(x_1^\star,x_2^\star)} = 0,$$

d. h. $\operatorname{grad} f(x_1^\star, x_2^\star) = \vec{0}$.

Eine **hinreichende** Bedingung ist die folgende:

Sei $y = f(x_1, x_2)$ **zweimal stetig differenzierbar**, d. h. existieren alle partiellen Ableitungen bis zur zweiten Ordnung und seien diese stetig, sei ferner

$$\left.\frac{\partial f}{\partial x_1}\right|_{(x_1,x_2)=(x_1^\star,x_2^\star)} = 0 \text{ und } \left.\frac{\partial f}{\partial x_2}\right|_{(x_1,x_2)=(x_1^\star,x_2^\star)} = 0$$

sowie

$$\left.\frac{\partial^2 f}{\partial x_1^2} \cdot \frac{\partial^2 f}{\partial x_2^2} - \left(\frac{\partial^2 f}{\partial x_1 \partial x_2}\right)^2\right|_{(x_1,x_2)=(x_1^\star,x_2^\star)} > 0.$$

Dann ist $(x_1^\star, x_2^\star)$ eine (lokale) Extremstelle. f hat bei $(x_1^\star, x_2^\star)$ ein (lokales) Maximum (bzw. Minimum), falls gilt:

$$\left.\frac{\partial^2 f}{\partial x_1^2}\right|_{(x_1,x_2)=(x_1^\star,x_2^\star)} < 0 \quad (\text{bzw.} > 0).$$

Ist dagegen

$$\left.\frac{\partial^2 f}{\partial x_1^2} \cdot \frac{\partial^2 f}{\partial x_2^2} - \left(\frac{\partial^2 f}{\partial x_1 \partial x_2}\right)^2\right|_{(x_1,x_2)=(x_1^\star,x_2^\star)} < 0,$$

so heißt $(x_1^\star, x_2^\star)$ **Sattelpunkt** oder **Jochpunkt** von f.

Extremwerte bei mehr als zwei Variablen

Eine Funktion $y = f(x_1, \ldots, x_n)$ besitzt an der Stelle $\vec{x}^\star = (x_1^\star, \ldots, x_n^\star) \in \mathbb{D}(f)$ ein **lokales** oder **relatives Maximum** (bzw. **Minimum**), wenn gilt:

$$\exists \delta > 0\ \forall \vec{x} \in U_\delta(\vec{x}^\star) \cap \mathbb{D}(f) : f(\vec{x}) \leq f(\vec{x}^\star)\ \big(\text{bzw. } f(\vec{x}) \geq f(\vec{x}^\star)\big).$$

Gilt die Ungleichung strikt für alle $\vec{x} \neq \vec{x}^\star$ in einer solchen δ-Umgebung, so heißt das lokale Maximum (bzw. Minimum) **echt**.

Eine Funktion $y = f(x_1, \ldots, x_n)$ besitzt an der Stelle $\vec{x}^\star \in \mathbb{D}(f)$ ein **globales** oder **absolutes Maximum** (bzw. **Minimum**), wenn gilt:

$$\forall \vec{x} \in \mathbb{D}(f) \setminus \{\vec{x}^\star\} : f(\vec{x}) \leq f(\vec{x}^\star)\ \big(\text{bzw. } f(\vec{x}) \geq f(\vec{x}^\star)\big).$$

Gilt die Ungleichung strikt, so heißt das Maximum (bzw. Minimum) **echt**.

Eine **notwendige** Bedingung an eine Extremstelle einer differenzierbaren Funktion ist die Stationarität. Die Stelle $\vec{x}^\star \in \mathbb{D}(f)$ heißt **stationär**, wenn gilt:

$$\left.\frac{\partial f}{\partial x_i}\right|_{\vec{x}=\vec{x}^\star} = 0 \ \forall i = 1, 2, \ldots, n,$$

d. h. grad $f(\vec{x}^\star) = \vec{0}$.

Eine **hinreichende** Bedingung ist die folgende:
Sei $y = f(x_1, \ldots, x_n)$ zweimal stetig differenzierbar und grad $f(\vec{x}^\star) = \vec{0}$. Bezeichne $\vec{H}$ die **Hesse-Matrix** an der Stelle $\vec{x}^\star$ (Ludwig Otto Hesse, 1811 – 1874)

$$\vec{H} := \left.\begin{pmatrix} \dfrac{\partial^2 f}{\partial x_1^2} & \cdots & \dfrac{\partial^2 f}{\partial x_1 \partial x_n} \\ \vdots & & \vdots \\ \dfrac{\partial^2 f}{\partial x_n \partial x_1} & \cdots & \dfrac{\partial^2 f}{\partial x_n^2} \end{pmatrix}\right|_{\vec{x}=\vec{x}^\star}$$

und H_i die i-te Hauptabschnittsdeterminante von $\vec{H}$. (H_i ist die Determinante der ersten i Zeilen und Spalten von $\vec{H}$. $H := H_n = \det \vec{H}$ wird **Hesse-Determinante** genannt.)

Dann besitzt f an der Stelle $\vec{x}^\star$ ein (lokales)

- Maximum, falls $(-1)^i H_i > 0$ für alle $i = 1, \ldots, n$, also falls $\vec{H}$ negativ definit ist,
- Minimum, falls $H_i > 0$ für alle $i = 1, \ldots, n$, also falls $\vec{H}$ positiv definit ist.

Extremwerte unter Nebenbedingungen

Bei der Suche nach Extremwerten der **Zielfunktion** $y = f(x_1, \ldots, x_n)$ sind in ökonomischen und technischen Anwendungen häufig **Nebenbedingungen** oder **Restriktionen** zu beachten. Dabei handelt es sich im Allgemeinen um Gleichungen und/oder Ungleichungen in den Variablen $x_1, \ldots, x_n$. Lösungsmöglichkeiten bei Vorliegen einer linearen Zielfunktion mit linearen Ungleichungen bietet die **lineare Optimierung** oder **lineare Planungsrechnung**. Probleme mit **nichtlinearen** Restriktionen behandeln z. B. die **konvexe Optimierung** und die **ganzzahlige Optimierung** (Integer-Optimierung). Als Anwendungen der Differenzialrechnung bei Funktionen mehrerer Variablen sollen hier das **Lagrange-Verfahren** (Joseph Louis Lagrange, 1736–1813) und die **Karush-Kuhn-Tucker-Bedingungen** (William Karush, 1917–1997, Harold William Kuhn, 1925–2014, Albert William Tucker, 1905–1995) angegeben werden.

Lagrange-Verfahren

Die Funktion $y = f(x_1, \ldots, x_n)$ sei unter den Nebenbedingungen

$$g_j(x_1, \ldots, x_n) = 0, \; j = 1, \ldots, m,$$

zu maximieren oder minimieren. Die Funktionen $f, g_1, \ldots, g_m$ seien **stetig differenzierbar**, d. h. die (ersten) partiellen Ableitungen existieren und sind stetig. Die **Lagrange-Funktion**

$$L\,(x_1, \ldots, x_n, \lambda_1, \ldots, \lambda_m) := f(x_1, \ldots, x_n) + \sum_{j=1}^{m} \lambda_j g_j(x_1, \ldots, x_n)$$

ist partiell nach den x_i und nach den **Lagrange-Multiplikatoren** λ_j zu differenzieren. Die Stationarität der Lagrange-Funktion ist eine **notwendige Bedingung** für das Vorliegen eines (lokalen) Extremwerts von f unter den angegebenen Nebenbedingungen. Dies führt zu dem Folgenden im Allgemeinen nichtlinearen Gleichungssystem:

$$\frac{\partial L}{\partial x_i} = 0, \; \forall i = 1, \ldots, n, \quad \text{und}$$

$$\frac{\partial L}{\partial \lambda_j} = 0, \; \forall j = 1, \ldots, m.$$

Zur Verifikation eines Maximums oder Minimums sind noch weitere Überlegungen nötig.

Eine **hinreichende** Bedingung für ein Maximum (bzw. Minimum) einer mindestens zweifach stetig differenzierbaren Funktion $y = f(x_1, x_2)$ unter der (einzigen) Nebenbedingung $g(x_1, x_2) = 0$ lautet (neben der notwendigen Bedingung der Stationarität der LAGRANGE-Funktion):

$$\frac{\partial^2 L}{\partial x_1^2}\left(\frac{\partial g}{\partial x_2}\right)^2 - 2 \cdot \frac{\partial^2 L}{\partial x_1 \partial x_2} \cdot \frac{\partial g}{\partial x_1} \cdot \frac{\partial g}{\partial x_2} + \frac{\partial^2 L}{\partial x_2^2}\left(\frac{\partial g}{\partial x_1}\right)^2 < 0 \text{ (bzw. } > 0).$$

KARUSH-KUHN-TUCKER-Bedingungen

Die Zielfunktion $y = f(\vec{x})$ mit $\vec{x} = (x_1, \ldots, x_n)$ sei unter den Nebenbedingungen

$$g_j(\vec{x}) \leq c_j \quad \text{mit } c_j \geq 0 \ \forall j = 1, \ldots, m,$$

zu maximieren oder minimieren. Die Funktionen $f, g_1, \ldots, g_m$ seien **stetig differenzierbar**, d. h. die (ersten) partiellen Ableitungen existieren und sind stetig.

Dann ist für jeden KKT-Punkt $(\vec{x}^\star, \vec{\lambda}^\star) = (x_1^\star, \ldots, x_n^\star, \lambda_1^\star, \ldots, \lambda_m^\star)$, der den folgenden KARUSH-KUHN-TUCKER-Bedingungen, kurz KKT-Bedingungen, genügt, die notwendige Bedingung für das Vorliegen einer Maximal- bzw. einer Minimalstelle erfüllt:

1. KKT-Bedingung: Für die **LAGRANGE-Funktion**

$$L(x_1, \ldots, x_n, \lambda_1, \ldots, \lambda_m) := f(x_1, \ldots, x_n) + \sum_{j=1}^{m} \lambda_j \left(c_j - g_j(x_1, \ldots, x_n)\right)$$

sind alle ersten partiellen Ableitungen nach x_i, $i = 1, \ldots, n$, gleich Null:

$$\left.\frac{\partial L}{\partial x_i}\right|_{(\vec{x}^\star, \vec{\lambda}^\star)} = 0 \ \forall i = 1, \ldots, n.$$

2. KKT-Bedingung: Es sind alle $\lambda_j^\star \leq 0$ für eine Minimalstelle bzw. alle $\lambda_j^\star \geq 0$ für eine Maximalstelle an $\vec{x}^\star$ und es gilt

$$\lambda_j^\star \cdot \left(c_j - g_j(\vec{x}^\star)\right) = 0 \ \forall j = 1, \ldots, m.$$

3. KKT-Bedingung: Alle Nebenbedingungen müssen erfüllt sein.

Bei konvexen Optimierungsproblemen, bei denen die Nebenbedingungen eine konvexe zulässige Menge bilden, d. h. alle $g_j(\vec{x})$ sind konvex, und bei denen die Zielfunktion streng konkav bzw. streng konvex ist, sind die KKT-Bedingungen notwendige und hinreichende Bedingungen für eine globale Maximal- bzw. Minimalstelle.

4.4 Integralrechnung

Integrale von Funktionen zweier Variablen

Im folgenden wird der RIEMANNsche Integralbegriff von Funktionen einer Variablen auf Funktionen von **zwei** Variablen übertragen. Die Menge $Z := \{R_1, \ldots, R_n\}$ von **achsenparallelen Rechtecken** $R_i = [a_i, b_i] \times [c_i, d_i]$ heißt **Zerlegung** des achsenparallelen Rechtecks $R = [a, b] \times [c, d] \subset \mathbb{R}^2$, wenn gilt:

$$\bigcup_{i=1}^{n} R_i = R \quad \text{und} \quad \overset{\circ}{R}_i \cap \overset{\circ}{R}_j = \emptyset \text{ für alle } i \neq j.$$

Dabei heißt $\overset{\circ}{R}_i$ **Inneres** oder **offener Kern** von R_i und ist wie folgt definiert:

$$\overset{\circ}{R}_i := \{\vec{x} \in R_i \mid \exists \varepsilon > 0 : U_\varepsilon(\vec{x}) \subset R_i\} = (a_i, b_i) \times (c_i, d_i).$$

Es handelt sich also um das Rechteck ohne seinen **Rand**.

Eine Funktion $t : R \longrightarrow \mathbb{R}$ heißt **Treppenfunktion auf** $\boldsymbol{R}$, wenn es eine Zerlegung Z von R gibt, sodass t konstant auf jedem offenen Kern der Rechtecke $R_i = [a_i, b_i] \times [c_i, d_i]$ ist. Ist t_i der Wert von t in $\overset{\circ}{R}_i$, so heißt

$$\int_R t(\vec{x})\, \mathrm{d}\vec{x} := \iint_R t(x_1, x_2)\, \mathrm{d}x_2\, \mathrm{d}x_1 := \sum_{i=1}^{n} t_i(b_i - a_i)(d_i - c_i)$$

(RIEMANN-)Integral von t über R. Die Begriffe **obere** und **untere Treppenfunktion**, **Oberintegral** oder **Obersumme** und **Unterintegral** oder **Untersumme** werden analog Abschnitt 2.3 definiert. Sind Oberintegral und Unterintegral einer Funktion $f : R \longrightarrow \mathbb{R}$ gleich, so heißt dieser Wert **(RIEMANN-)Integral** von f über R und wird mit

$$\int_R f(\vec{x})\, \mathrm{d}\vec{x} \quad \text{bzw.} \quad \int_a^b \int_c^d f(x_1, x_2)\, \mathrm{d}x_2\, \mathrm{d}x_1, \quad a, b, c, d \in \mathbb{R},$$

bezeichnet. f heißt dann in R **(RIEMANN-)integrierbar**. Die Funktion f heißt **Integrand**, die x_i heißen **Integrationsvariablen**.

Eine Teilmenge G des $\mathbb{R}^2$ heißt **beschränkt**, wenn es ein achsenparalleles Rechteck R gibt mit $G \subset R$. Eine Funktion $f : G \longrightarrow \mathbb{R}$ heißt **beschränkt**, wenn es ein $c \in \mathbb{R}$ gibt, so dass für alle $\vec{x} \in G$ gilt: $|f(\vec{x})| < c$.

Satz

Ist $f : G \to \mathbb{R}$ beschränkt, $G \subset \mathbb{R}^2$ **Jordan-messbar** und die Menge der Unstetigkeitsstellen von f eine Menge vom **Jordan-Maß** null (Fast jede beschränkte Menge $G \subset \mathbb{R}^2$ erfüllt in der Praxis diese Bedingungen.), so existiert das Integral

$$\int_R \overline{f}(\vec{x})\ \mathrm{d}\vec{x}$$

der **Fortsetzung**

$$\overline{f}(\vec{x}) := \begin{cases} f(\vec{x}), \vec{x} \in G \\ 0, \quad\ \ \vec{x} \in R \setminus G \end{cases}$$

von f und ist unabhängig von der Wahl von R. Dieser Wert heißt **Integral von f über G**:

$$\int_G f(\vec{x})\ \mathrm{d}\vec{x} \quad \text{bzw.} \quad \iint_G f(x_1, x_2)\ \mathrm{d}x_2\ \mathrm{d}x_1 .$$

Die meisten Regeln aus Abschnitt 2.3 können analog übertragen werden. Die besondere Bedeutung von Integralen von nichtnegativen Funktionen zweier Variablen ist ihre Interpretierbarkeit als **Volumen** des von ihrem Graphen und der Ebene $z = 0$ begrenzten Raumes.

Integrale von Funktionen mehrerer Variablen

Integrale von Funktionen von n Variablen werden analog eingeführt. An die Stelle der achsenparallelen Rechtecke treten dann **achsenparallele Quader** $Q_i \subset \mathbb{R}^n$:

$$Q_i := \mathop{\times}_{j=1}^{n} \left[a_j^{(i)}, b_j^{(i)}\right] .$$

Eine Funktion $t : Q \to \mathbb{R}$ heißt **Treppenfunktion** auf $Q = \mathop{\times}_{j=1}^{n} \left[a_j, b_j\right]$, wenn es eine Zerlegung $Z = \{Q_1, \ldots, Q_m\}$ von Q gibt, sodass t konstant auf jedem offenen Kern $\overset{\circ}{Q}_i$ der Quader Q_i ist. Ist t_i der Wert von t in $\overset{\circ}{Q}_i$, so heißt

$$\int_Q t(\vec{x})\ \mathrm{d}\vec{x} := \int_Q \cdots \int t(x_1, \ldots, x_n)\ \mathrm{d}x_n\ \ldots\ \mathrm{d}x_1 := \sum_{i=1}^{m} t_i \prod_{j=1}^{n} \left(b_j^{(i)} - a_j^{(i)}\right)$$

(**Riemann-**)**Integral** von t über Q. Das Integral einer Funktion $y = f(x_1, \ldots, x_n)$ über Q bzw. über einer beschränkten, Jordan-messbaren Menge $G \subset \mathbb{R}^n$ wird entsprechend dem vorigen Absatz definiert.

Satz von Fubini

Die Definition des Integrals einer Funktion mehrerer Variablen ist zu dessen Berechnung ebenso wenig geeignet wie im Fall einer Variablen. Dort führt der Hauptsatz der Differential- und Integralrechnung sowie die Kenntnis einiger Stammfunktionen und einiger Integrationsregeln im Allgemeinen zum Ziel. Hier führt nun ein **Reduktionssatz von Fubini** (Guido Fubini, 1879 – 1943) unter recht schwachen Voraussetzungen Integrale von Funktionen mehrerer Variablen auf mehrere Integrale einer Variablen zurück, wodurch die Berechnungsmethoden für eindimensionale Integrale zur Verfügung stehen.

Eine Funktion $y = f(x_1, \ldots, x_n)$ heißt **finit**, wenn sie in $\mathbb{R}^n$ beschränkt ist und wenn sie für große $|\vec{x}|$ „verschwindet", d. h. wenn gilt:

$$\forall \varepsilon > 0\ \exists c > 0\ \forall \vec{x} : |\vec{x}| > c \Rightarrow |f(\vec{x})| < \varepsilon.$$

Satz

Ist $f : \mathbb{R}^n \to \mathbb{R}$ integrierbar und finit, ist weiter $1 \leq m < n$ und existiert für alle $\vec{x} \in \mathbb{R}^m$ das Integral

$$\underset{\mathbb{R}^{n-m}}{\int \cdots \int} f(x_1, \ldots, x_m, x_{m+1}, \ldots, x_n)\ \mathrm{d}x_n \ \ldots\ \mathrm{d}x_{m+1},$$

so gilt

$$\underset{\mathbb{R}^{n}}{\int \cdots \int} f(x_1, \ldots, x_n)\ \mathrm{d}x_n \ \ldots\ \mathrm{d}x_1$$

$$= \underset{\mathbb{R}^{m}}{\int \cdots \int} \left(\underset{\mathbb{R}^{n-m}}{\int \cdots \int} f(x_1, \ldots, x_n)\ \mathrm{d}x_n \ \ldots\ \mathrm{d}x_{m+1} \right) \mathrm{d}x_m \ \ldots\ \mathrm{d}x_1.$$

Ist eine Funktion $f : G \to \mathbb{R}$ auf einem beschränkten Gebiet $G \subset \mathbb{R}^n$ beschränkt, so ist etwa ihre **Fortsetzung**

$$\overline{f}(\vec{x}) = \begin{cases} f(\vec{x}), & \vec{x} \in G \\ 0, & \vec{x} \in \mathbb{R}^n \setminus G \end{cases}$$

finit. Ist $f : \mathbb{R}^n \to \mathbb{R}$ finit und hat die Menge ihrer Unstetigkeitsstellen das Jordan-Maß null, so ist f integrierbar. Soll eine auf einem beschränkten Gebiet G beschränkte Funktion $f : G \to \mathbb{R}$ über G integriert werden, so kann man also statt ihrer die Fortsetzung $\overline{f}(\vec{x})$ integrieren. Für $m = 1$ und $n = 2$ reduziert der Satz von Fubini die

Berechnung auf das sukzessive Lösen zweier einfacher Integrale, eines sogenannten **Doppelintegrals**. Für $n > 2$ kommt man durch fortgesetzte Anwendung des Satzes bei in der Praxis im Allgemeinen erfüllten Voraussetzungen zu einer Schachtelung von n einfachen Integralen, einem sogenannten **Mehrfachintegral**.

Spezielle Doppel- und Dreifachintegrale

Fläche zwischen zwei Funktionsgraphen

$$A = \int_a^b \int_{f(x)}^{g(x)} \mathrm{d}y \ \mathrm{d}x = \int_a^b (g(x) - f(x)) \ \mathrm{d}x$$

Flächenschwerpunkt (S_x, S_y)

$$S_x = \frac{1}{A} \int_a^b \int_{f(x)}^{g(x)} x \ \mathrm{d}y \ \mathrm{d}x$$

$$S_y = \frac{1}{A} \int_a^b \int_{f(x)}^{g(x)} y \ \mathrm{d}y \ \mathrm{d}x$$

Volumen eines auf der (x, y)-Ebene stehenden Körpers

Das Volumen eines Körpers, der auf der (x, y)-Ebene steht, der außerdem auf der x-Achse nach unten durch die Konstante a und nach oben durch die Konstante b sowie bez. der y-Achse nach unten durch die Funktion $g(x)$ und nach oben durch die Funktion $h(x)$ begrenzt ist und dessen „Oberfläche" schließlich durch die Funktion $f(x, y)$ gegeben ist, lautet:

$$V = \int_a^b \int_{g(x)}^{h(x)} f(x, y) \ \mathrm{d}y \ \mathrm{d}x.$$

Volumen eines Körpers

Steht in der zuvor genannten Situation der Körper nicht flach auf der (x, y)-Ebene, sondern besitzt eine durch $f_u(x, y)$ gegebene „Unterfläche", so lautet sein Volumen:

$$V = \int_a^b \int_{g(x)}^{h(x)} \int_{f_u(x,y)}^{f(x,y)} \mathrm{d}z \ \mathrm{d}y \ \mathrm{d}x.$$

Volumenschwerpunkt (S_x, S_y, S_z)

$$S_x = \frac{1}{V} \int_a^b \int_{g(x)}^{h(x)} \int_{f_u(x,y)}^{f(x,y)} x \; \mathrm{d}z \; \mathrm{d}y \; \mathrm{d}x$$

$$S_y = \frac{1}{V} \int_a^b \int_{g(x)}^{h(x)} \int_{f_u(x,y)}^{f(x,y)} y \; \mathrm{d}z \; \mathrm{d}y \; \mathrm{d}x$$

$$S_z = \frac{1}{V} \int_a^b \int_{g(x)}^{h(x)} \int_{f_u(x,y)}^{f(x,y)} z \; \mathrm{d}z \; \mathrm{d}y \; \mathrm{d}x$$

Trägheitsmoment

Wird der zuvor beschriebene massehomogene Körper mit der spezifischen Dichte ρ um die z-Achse rotiert, so entsteht das **Trägheitsmoment**:

$$J_z = \rho \cdot \int_a^b \int_{g(x)}^{h(x)} \int_{f_u(x,y)}^{f(x,y)} (x^2 + y^2) \; \mathrm{d}z \; \mathrm{d}y \; \mathrm{d}x.$$

Variablentransformation

Beim Übergang von kartesischen Koordinaten (x, y, z) zu anderen Koordinaten (α, β, γ), die natürlich eineindeutig von (x, y, z) abhängen müssen, ist der Integrand mit dem Absolutbetrag der **Jacobi-Determinante** oder **Funktionaldeterminante**

$$J := \begin{vmatrix} \dfrac{\partial x}{\partial \alpha} & \dfrac{\partial y}{\partial \alpha} & \dfrac{\partial z}{\partial \alpha} \\ \dfrac{\partial x}{\partial \beta} & \dfrac{\partial y}{\partial \beta} & \dfrac{\partial z}{\partial \beta} \\ \dfrac{\partial x}{\partial \gamma} & \dfrac{\partial y}{\partial \gamma} & \dfrac{\partial z}{\partial \gamma} \end{vmatrix}$$

zu multiplizieren. Es gilt also die Identität

$$\iiint f(x, y, z) \; \mathrm{d}z \; \mathrm{d}y \; \mathrm{d}x = \iiint |J| \cdot f(x(\alpha, \beta, \gamma), y(\alpha, \beta, \gamma), z(\alpha, \beta, \gamma)) \; \mathrm{d}\gamma \; \mathrm{d}\beta \; \mathrm{d}\alpha,$$

wobei der Integrationsbereich der linken Seite, also bez. (x, y, z), auf der rechten Seite der Gleichung der Abbildung $(x, y, z) \mapsto (\alpha, \beta, \gamma)$ zu unterziehen ist.

Transformation von kartesischen zu Zylinderkoordinaten

$$z = z, \qquad x = r \cdot \cos\varphi, \qquad y = r \cdot \sin\varphi$$

$$J = \left|\frac{\partial(z,x,y)}{\partial(\varphi,r,z)}\right| = \begin{vmatrix} 0 & -r\cdot\sin\varphi & r\cdot\cos\varphi \\ 0 & \cos\varphi & \sin\varphi \\ 1 & 0 & 0 \end{vmatrix} = -r$$

Volumen des Rotationsparaboloids $z = x^2 + y^2$ für $z \in [0, z_o]$

$$V = \int_0^{z_o} \int_{-\sqrt{z}}^{\sqrt{z}} \int_{-\sqrt{z-x^2}}^{\sqrt{z-x^2}} \mathrm{d}y\ \mathrm{d}x\ \mathrm{d}z$$

$$= \int_0^{2\pi} \int_0^{\sqrt{z_o}} \int_{r^2}^{z_o} r\ \mathrm{d}z\ \mathrm{d}r\ \mathrm{d}\varphi$$

$$= \frac{\pi}{2} \cdot z_o^2$$

Transformation von kartesischen zu Kugelkoordinaten

$$z = r \cdot \cos\vartheta, \qquad x = r \cdot \cos\varphi \cdot \sin\vartheta, \qquad y = r \cdot \sin\varphi \cdot \sin\vartheta$$

$$J = \left|\frac{\partial(z,x,y)}{\partial(r,\vartheta,\varphi)}\right| = \begin{vmatrix} \cos\vartheta & \cos\varphi\cdot\sin\vartheta & \sin\varphi\cdot\sin\vartheta \\ -r\cdot\sin\vartheta & r\cdot\cos\varphi\cdot\cos\vartheta & r\cdot\sin\varphi\cdot\cos\vartheta \\ 0 & -r\cdot\sin\varphi\cdot\sin\vartheta & r\cdot\cos\varphi\cdot\sin\vartheta \end{vmatrix} = r^2 \cdot \sin\vartheta$$

Volumen einer Halbkugel mit Radius R

$$V = \int_0^{R} \int_{-\sqrt{R^2-z^2}}^{\sqrt{R^2-z^2}} \int_{-\sqrt{R^2-z^2-x^2}}^{\sqrt{R^2-z^2-x^2}} \mathrm{d}y\ \mathrm{d}x\ \mathrm{d}z$$

$$= \int_0^{R} \int_0^{\pi/2} \int_0^{2\pi} r^2 \cdot \sin\vartheta\ \mathrm{d}\varphi\ \mathrm{d}\vartheta\ \mathrm{d}r$$

$$= \frac{2\pi}{3} \cdot R^3$$

Teil II

Statistik

Symbole und Abkürzungen

Deskriptive Statistik

X	Merkmal
N	Umfang (der Grundgesamtheit)
n	Umfang (der Erhebung)
k	Anzahl der Klassen/Gruppen
$\nu = 1, \ldots, n$	Index für die Merkmalsträger
$i = 1, \ldots, k$	Index für die Klassen/Gruppen
x_ν	Merkmalsausprägung des ν-ten Trägers
$x_{<\nu>}$	ν. kleinster Wert (ν-ter Wert im aufsteigend sortierten Datensatz)
x_i	Merkmalsausprägung in der Gruppe i oder Klassenmitte der i-ten Klasse
n_i	absolute Häufigkeit in Klasse/Gruppe i
p_i	relative Häufigkeit in Klasse/Gruppe i
$p_i \cdot 100\%$	prozentuale Häufigkeit in Klasse/Gruppe i
x_i^u bzw. x_{iu}	Klassenuntergrenze der i-ten Klasse
x_i^o bzw. x_{io}	Klassenobergrenze der i-ten Klasse
Δ_i bzw. Δ_{x_i}	Breite der i-ten Klasse
$F_n(x)$	empirische Verteilungsfunktion an der Stelle x
$\overline{F}_n(x)$	komplementäre empirische Verteilungsfunktion
$f_n(x)$	Häufigkeitsdichte (empirische Dichte) an der Stelle x
x_p	Perzentil (Quantil, Fraktil) der Ordnung p
$\tilde{x}$	Median
$\overline{x}$	arithmetisches Mittel
$\overline{x}_g$	geometrisches Mittel
$\overline{x}_h$	harmonisches Mittel
x_b	Bereichsmitte
x_d	Modus
$d_{x_{0,5}}$	mittlere absolute Abweichung vom Median

s^{*2}	Varianz in der Grundgesamtheit, unkorrigierte Stichprobenvarianz
s^2	empirische Varianz, korrigierte Stichprobenvarianz
s^*	Standardabweichung der Grundgesamtheit, unkorrigierte Stichproben-Standardabweichung
s	korrigierte Stichproben-Standardabweichung
vk^*	Variationskoeffizient in der Grundgesamtheit, unkorrigierter Stichproben-Variationskoeffizient
vk	korrigierter Stichproben-Variationskoeffizient
PA_p	Perzentilsabstand der Ordnung p
x^T	Merkmalssumme
π_ν	Merkmalssummenanteil des ν-ten Trägers
L_ν	kumulierter Merkmalssummenanteil des ν-ten Trägers
C_m	Konzentrationsrate
HI	HERFINDAHL-Index
A	Konzentrationsfläche
G	GINI-Koeffizient
n_{ij}	gemeinsame absolute Häufigkeit in Klasse/Gruppe i und j
p_{ij}	gemeinsame relative Häufigkeit in Klasse/Gruppe i und j
$n_{i\cdot}$, $n_{\cdot j}$	Randhäufigkeit der Klasse/Gruppe i bzw. j
$p_{i\|j}$	bedingte Häufigkeit von Klasse/Gruppe i bei gegebenem j
u_{ij}	Unabhängigkeitszahl in Klasse/Gruppe i und j
χ^2	quadratische Kontingenz
ϕ^2	mittlere quadratische Kontingenz
PK^*	PEARSON's Kontingenzkoeffizient
Q	YULE-Koeffizient
s_{XY}, $cov(X,Y)$	Kovarianz von X und Y
r	Korrelationskoeffizient (nach BRAVAIS-PEARSON)
U	Störterm
a, b	Regressionskoeffizienten
$\widehat{a}$, $\widehat{b}$	geschätzte Regressionskoeffizienten
B	Bestimmtheitsmaß
$SE_{\widehat{b}}$	Standardfehler von $\widehat{b}$
t	Prüfgröße, t-Statistik

Wahrscheinlichkeitsrechnung

Ω	Ergebnismenge, Ergebnisraum
$\omega \in \Omega$	Ergebnis, Elementarereignis
$A \subset \Omega$	Ereignis
$A \| B$	A unter der Bedingung B
$\mathrm{P}(A)$	Wahrscheinlichkeit für das Ereignis A
X	Zufallsvariable
x	Realisation der Zuvallsvariablen X
$F(x)$	Verteilungsfunktion von X an der Stelle x
$f(x)$	Dichtefunktion von X an der Stelle x
x_P	Perzentil der Ordnung P
$\mu = E(X)$	Erwartungswert von X
$\sigma^2 = V(X)$	Varianz von X
σ	Standardabweichung
μ'_r	r-tes Nullmoment
μ_r	r-tes Zentralmoment
μ^*_r	r-tes Standardmoment
$P_{i.}$, $P_{.j}$	Randwahrscheinlichkeitsfunktion
$f_X(x)$	Randdichte von X
$F_X(x)$	Randverteilungsfunktion von X
$P_{i\|y}$, $P_{j\|x}$	bedingte Wahrscheinlichkeitsfunktion
$\mu'_{r,s}$	Produktmoment um Null der Ordnung $r + s$
$\mu_{r,s}$	Zentrales Produktmoment der Ordnung $r + s$
$Cov(X,Y)$	Kovarianz von X und Y
ρ	Korrelationskoeffizient
Re	Rechtecksverteilung
Ld	linkssteile Dreiecksverteilung
Rd	rechtssteile Dreiecksverteilung
Sd	symmetrische Dreiecksverteilung
m	Anzahl der unterschiedlichen Ausprägungen der Kugeln
N	Anzahl aller Kugeln in der Urne
M	Anzahl der roten Kugeln in der Urne
P	Anteil roter Kugeln in der Urne
Q	Anteil nicht-roter Kugeln in der Urne
n	Anzahl der Ziehungen, Stichprobenumfang

k	Anzahl roter Kugeln in der Stichprobe
c	Erfolgszahl
M_i	Anzahl der Kugeln in der Urne mit Farbe i, $i = 1, 2, \ldots, m$ $(m > 2)$
P_i	Anteil der Kugeln in der Urne mit Farbe i, $i = 1, 2, \ldots, m$ $(m > 2)$
k_i	Anzahl der Kugeln mit Farbe i in der Stichprobe
Be	Bernoulli-Verteilung
Bi	Binomialverteilung
Ge	Geometrische Verteilung
Hy	Hypergeometrische Verteilung
Mn	Multi- oder Polynomialverteilung
Mh	Multivariate hypergeometrische Verteilung
Nb	Negative Binomialverteilung
Nh	Negative hypergeometrische Verteilung
NMn	Negative Multinomialverteilung
NMh	Negative multivariate hypergeometrische Verteilung
Ps	Pascal-Verteilung
No	Normalverteilung
Ln	lognormale Verteilung
Nz	zweidimensionale Normalverteilung
χ^2	χ^2-Verteilung
ν	Anzahl der Freiheitsgrade
t	t-Verteilung
Fi	F-Verteilung

Inferenz

Θ	(unbekannter) Parameter(-vektor)
$\vec{X}$	Stichprobenvektor
$\vec{x}$	Realisation des Stichprobenvektors
$\Psi(\vec{X})$	Stichprobenfunktion
$\widehat{\Theta}_n$	Schätzfunktion, Schätzer für den Parameter Θ
$\widehat{\vartheta}_n$	Schätzwert (Schätzvektor), Realisation der Schätzfunktion $\widehat{\Theta}_n$
$B(\widehat{\Theta}_n)$	Verzerrung, Bias
MSE	mittlerer quadratischer Fehler
$\overline{X_n^r}$	r-tes Stichprobenmoment um Null

μ'_r	r-tes Grundgesamtheitsmoment um Null
$L(\Theta\|\vec{x})$	Likelihood-Funktion
$L^*(\Theta\|\vec{x})$	Log-Likelihood-Funktion
$1-\alpha$	Aussagesicherheit, statistische Sicherheit
ε	absoluter Schätzfehler
ε_r	relativer Schätzfehler
H_0	Nullhypothese
H_1	Gegenhypothese, Alternativhypothese
G_n	Prüfgröße, Testgröße
g_n	Realisation der Prüfgröße
K_α	Ablehnbereich, kritischer Bereich
$\overline{K}_\alpha$	Annahmebereich
α	Signifikanzniveau
α_{emp}	empirisches Signifikanzniveau
α^*	Wahrscheinlichkeit für einen Fehler 1. Art
β^*	Wahrscheinlichkeit für einen Fehler 2. Art
$GF(\Theta)$	Gütefunktion
$OC(\Theta)$	OC-Funktion
u_{ij}	Unabhängigkeitszahlen
χ^2	Prüfgröße
E_{ij}, E_i	erwartete Besetzungszahlen

1 Deskriptive Statistik

1.1 Univariate Datensätze

Merkmale und Merkmalsausprägungen

Es ist X das interessierende **Merkmal** in einer Gruppe von N **Merkmalsträgern**, die in der **Grundgesamtheit** zusammengefasst werden. In einer Erhebung wird an n Merkmalsträgern die Ausprägung x des Merkmals X gemessen, n bezeichnet den **Umfang der Erhebung**.

Merkmale werden an verschiedenen Skalen gemessen:

- **Nominalskala**: Merkmalsausprägungen können nur als gleich bzw. ungleich unterschieden werden. Es gibt keine inhaltlich sinnvolle Anordnung (Reihenfolge) der verschiedenen Merkmalsausprägungen.
- **Ordinalskala**: Merkmalsausprägungen können als gleich, kleiner oder größer unterschieden werden. Es gibt eine inhaltlich sinnvolle Anordnung (Reihenfolge) der verschiedenen Merkmalsausprägungen, allerdings sind die Abstände (Differenzen) zwischen verschiedenen Merkmalsausprägungen inhaltlich nicht sinnvoll interpretierbar.
- **Kardinalskala**: Merkmalsausprägungen können als gleich, kleiner oder größer unterschieden werden, Abstände (Differenzen) zwischen verschiedenen Merkmalsausprägungen sind inhaltlich sinnvoll interpretierbar. Kardinale Merkmale werden unter anderem nach der Mächtigkeit der Ausprägungsmenge unterschieden in
  - **diskrete Merkmale**: Die Anzahl der möglichen Merkmalsausprägungen ist abzählbar.
  - **quasi-stetige Merkmale**: Die Anzahl der möglichen Merkmalsausprägungen ist abzählbar, aber so umfangreich, dass das Merkmal bei der statistischen Analyse wie ein stetiges Merkmal behandelt wird.
  - **stetige Merkmale**: Die Anzahl der möglichen Merkmalsausprägungen ist überabzählbar, was in der statistischen Analyse zu einer **Klassierung** (Einteilung der Merkmalsausprägungen in Klassen) führt.

Für kardinale Merkmale werden weiterhin verschiedene Skalen unterschieden:

- **Intervallskala**: Für die Merkmalsausprägungen gibt es keinen natürlichen Nullpunkt und keine natürlichen Einheiten.
- **Differenzenskala**: Für die Merkmalsausprägungen gibt es keinen natürlichen Nullpunkt, aber es gibt natürliche Einheiten.
- **Verhältnisskala**: Für die Merkmalsausprägungen gibt es einen natürlichen Nullpunkt, aber keine natürlichen Einheiten.
- **Absolutskala**: Für die Merkmalsausprägungen gibt es einen natürlichen Nullpunkt und natürliche Einheiten.

Zur Kennzeichnung verschiedener Ausprägungen wird x folgendermaßen indiziert:

x_ν	– Merkmalsausprägung des ν-ten Trägers, wobei
$\nu = 1, \ldots, n$	– Index für die Merkmalsträger;
$x_{<\nu>}$	– ν. kleinster Wert (ν-ter Wert im aufsteigend sortierten Datensatz), wobei
$<\nu>= 1, \ldots, n$	– Rangzahl des Merkmalsträgers;
x_i	– Merkmalsausprägung in der i-ten Gruppe, wobei
$i = 1, \ldots, k$	– Index für die unterschiedlichen möglichen Ausprägungen und
k	– Anzahl der unterschiedlichen möglichen Ausprägungen bzw.
x_i	– Klassenmitte der i-ten Klasse (bei Klassierung eines stetigen Merkmals), wobei
$i = 1, \ldots, k$	– Index für die Klassen und
k	– Anzahl der Klassen.
x_i^u bzw. x_{iu}	– Klassenuntergrenze der i-ten Klasse,
x_i^o bzw. x_{io}	– Klassenobergrenze der i-ten Klasse, es gilt $x_{i-1}^o = x_i^u$,
Δ_i bzw. Δ_{x_i}	– Breite der i-ten Klasse.

Häufigkeiten

Bei der Erhebung des Merkmals wird zunächst die **Häufigkeit** des Auftretens bestimmter Ausprägungen ermittelt:

- Die **absolute Häufigkeit** n_i bezeichnet die **Anzahl** der Merkmalsträger mit einer Ausprägung in der i-ten Gruppe bzw. in der i-ten Klasse:

$$n_i = \#(X = x_i) \text{ bzw. } n_i = \#(x_i^u < X \le x_i^o)$$

Es gilt $\sum\limits_{i=1}^{k} n_i = n$.

- Die **relative Häufigkeit** p_i bezeichnet den **Anteil** der Merkmalsträger mit einer Ausprägung in der i-ten Gruppe bzw. in der i-ten Klasse:

$$p_i = n_i/n = p(X = x_i) \text{ bzw. } p_i = n_i/n = p(x_i^u < X \le x_i^o)$$

Es gilt $\sum\limits_{i=1}^{k} p_i = 1$.

- Die **prozentuale Häufigkeit** $p_i \cdot 100\%$ bezeichnet die **Anzahl** der Merkmalsträger mit einer Ausprägung in der i-ten Gruppe bzw. in der i-ten Klasse **in Prozent**.

Empirische Verteilungsfunktion und Dichte

Die **empirische Verteilungsfunktion** $F_n(x)$ bezeichnet den Anteil der Merkmalsträger, die eine Merkmalsausprägung von höchstens x aufweisen:

$$F_n(x) = p(X \le x)$$

Zur Bestimmung der empirischen Verteilungsfunktion muss das Merkmal mindestens ordinal sein. Je nachdem, ob Einzel-, gruppierte oder klassierte Daten vorliegen, werden folgende Formeln angewendet:

- Einzeldaten:
  $F_n(x_{<\nu>}) = \nu/n$ und
$$F_n(x) = \begin{cases} 0 & \text{für } x < x_{<1>} \\ F_n(x_{<\nu>}) & \text{für } x_{<\nu>} \le x < x_{<\nu+1>},\ \nu = 1, \ldots, n-1 \\ 1 & \text{für } x \ge x_{<n>} \end{cases}$$
- Gruppierte Daten:
  $F_n(x_i) = \sum\limits_{j=1}^{i} p_j$ und
$$F_n(x) = \begin{cases} 0 & \text{für } x < x_1 \\ F_n(x_i) & \text{für } x_i \le x < x_{i+1},\ i = 1, \ldots, k-1 \\ 1 & \text{für } x \ge x_k \end{cases}$$
- Klassierte Daten:
  $F_n(x_i^o) = \sum\limits_{j=1}^{i} p_j$ bzw. $F_n(x_i^u) = \sum\limits_{j=1}^{i-1} p_j$ und
$$F_n(x) = \begin{cases} 0 & \text{für } x \le x_1^u \\ F_n(x_i^u) + (x - x_i^u)\,\dfrac{p_i}{\Delta_i} & \text{für } x_i^u < x \le x_i^o,\ i = 1, \ldots, k \\ 1 & \text{für } x > x_k^o \end{cases}$$

Die **komplementäre empirische Verteilungsfunktion** $\overline{F}(x)$ bezeichnet den Anteil der Merkmalsträger, die eine Merkmalsausprägung von mehr als x aufweisen:

$$\overline{F}_n(x) = 1 - F_n(x) = p(X > x)$$

Die **Häufigkeitsdichte (empirische Dichte)** $f_n(x)$ wird nur für klassierte Daten berechnet und bezeichnet die Höhe der Rechtecke im Histogramm (s. S. 252).

$$f_n(x) = \begin{cases} p_i/\Delta_i & \text{für } x_i^u < x \leq x_i^o \\ 0 & \text{sonst.} \end{cases}$$

Parameter

Lageparameter

Empirische Perzentile (Quantile, Fraktile)

Das Perzentil x_p der Ordnung $0 < p < 1$ ist diejenige Merkmalsausprägung, die von $p \cdot 100\%$ der Merkmalsträger nicht überschritten wird. Die Bestimmung des Perzentils ist nicht immer eindeutig, da sie über die Umkehrung der Verteilungsfunktion erfolgt:

- für umkehrbare empirische Verteilungsfunktionen:

$$x_p = F_n^{-1}(p) \iff F_n(x_p) = p$$

- für nicht umkehrbare empirische Verteilungsfunktionen: **Verallgemeinerte empirische Perzentilsfunktion**

$$x_p = \min\{x | F_n(x) \geq p\}$$

Spezielle Perzentile

$x_{0,5} = \tilde{x}$ – **Median**

$x_{0,25}$; $x_{0,75}$ – unteres/oberes **Quartil**

$x_{1/3}$; $x_{2/3}$ – unteres/oberes **Terzil**

Formeln zur Bestimmung von Perzentilen

- **Natürliches Perzentil**: Formel für nicht klassierte Daten (Einzeldaten), nur Beobachtungswerte sind als Perzentile zugelassen:

  $x_p = x_{<-[-np]_G>}$

- Formel für Einzeldaten, alle Werte im Intervall $[x_{<1>};\ x_{<n>}]$ sind zugelassen:

$$x_p = \begin{cases} x_{<1>} & \text{für } 0 < p \leq 1/n \\ x_{<\nu>} + (pn - \nu)(x_{<\nu+1>} - x_{<\nu>}) & \text{für } \dfrac{\nu}{n} < p \leq \dfrac{\nu+1}{n};\ \nu = 1, \ldots, n-1 \end{cases}$$

- **Spezielle Formel für den Median** bei Vorlage von Einzeldaten:

$$\tilde{x} = \begin{cases} x_{<k+1>} & \text{für } n = 2k+1 \\ (x_{<k>} + x_{<k+1>})/2 & \text{für } n = 2k \end{cases}$$

- Formel für klassierte Daten:

$$x_p = x_i^u + \frac{p - F_n(x_i^u)}{p_i}\,\Delta_i \quad \text{für } F_n(x_i^u) < p \leq F_n(x_i^o)$$

Arithmetisches Mittel (Durchschnitt, Schwerpunkt)

Das arithmetische Mittel $\overline{x}$ ist die durchschnittliche Merkmalsausprägung.

- Einzeldaten:

$$\overline{x} = \frac{1}{n}\sum_{\nu=1}^{n} x_\nu$$

- Gruppierte Daten:

$$\overline{x} = \frac{1}{n}\sum_{i=1}^{k} x_i n_i = \sum_{i=1}^{k} x_i p_i$$

- Klassierte Daten:

$$\overline{x} = \frac{1}{n}\sum_{i=1}^{k} \overline{x}_i n_i = \sum_{i=1}^{k} \overline{x}_i p_i \quad \text{– Berechnung aus Klassenmittelwerten } \overline{x}_i$$

$$\overline{x} \approx \frac{1}{n}\sum_{i=1}^{k} x_i n_i = \sum_{i=1}^{k} x_i p_i \quad \text{– Näherung aus Klassenmitten } x_i$$

Geometrisches Mittel

Das geometrische Mittel $\overline{x}_g$ ist ein spezieller Mittelwert für Merkmale, bei denen das Produkt von Ausprägungen interpretierbar ist (z. B. Wachstums- oder Zinsfaktoren).

- Einzeldaten:

$$\overline{x}_g = \sqrt[n]{\prod_{\nu=1}^{n} x_\nu}$$

- Gruppierte Daten / klassierte Daten (näherungsweise):

$$\overline{x}_g = \sqrt[n]{\prod_{i=1}^{k} x_i^{n_i}}$$

Harmonisches Mittel

Das harmonische Mittel $\overline{x}_h$ ist ein spezieller Mittelwert für Merkmale, deren Ausprägungen in Einheiten mit Quotientenform (z. B. €/kg) gemessen werden und bei denen die Gewichtung in der Zählereinheit (im Beispiel in €) vorliegt.

- Einzeldaten:
  $$\overline{x}_h = \frac{n}{\sum\limits_{\nu=1}^{n} \frac{1}{x_\nu}}$$
- Gruppierte Daten / klassierte Daten (näherungsweise):
  $$\overline{x}_h = \frac{n}{\sum\limits_{i=1}^{k} \frac{1}{x_i} n_i} = \frac{1}{\sum\limits_{i=1}^{k} \frac{1}{x_i} p_i}$$

Bereichsmitte

$$x_b = \frac{x_{<1>} + x_{<n>}}{2}$$

Modus

Der Modus x_d ist die Ausprägung mit der größten Häufigkeit bzw. die Klassenmitte der Klasse mit der höchsten Häufigkeitsdichte. Die Angabe des Modus ist nur für **unimodale** (eingipflige) Verteilungen sinnvoll.

Streuungsparameter

Mittlere absolute Abweichung vom Median

- Einzeldaten:
  $$d_{x_{0,5}} = \frac{1}{n} \sum_{\nu=1}^{n} |x_\nu - \widetilde{x}|$$
- Gruppierte Daten / klassierte Daten (näherungsweise):
  $$d_{x_{0,5}} = \frac{1}{n} \sum_{i=1}^{k} |x_i - \widetilde{x}| n_i$$

Varianz (mittlere quadratische Abweichung vom Mittelwert)

- **Varianz in der Grundgesamtheit** ($n = N$) **/ unkorrigierte Stichprobenvarianz**
  - Einzeldaten:
    $$s^{*2} = \frac{1}{n} \sum_{\nu=1}^{n} (x_\nu - \overline{x})^2 = \left(\frac{1}{n} \sum_{\nu=1}^{n} x_\nu^2 \right) - \overline{x}^2$$

- Gruppierte Daten / klassierte Daten (näherungsweise):

$$s^{*2} = \frac{1}{n}\sum_{i=1}^{k}(x_i - \overline{x})^2 n_i = \left(\frac{1}{n}\sum_{i=1}^{k} x_i^2 n_i\right) - \overline{x}^2$$

- **Empirische Varianz / korrigierte Stichprobenvarianz**
  - Einzeldaten:

$$s^2 = \frac{1}{n-1}\sum_{\nu=1}^{n}(x_\nu - \overline{x})^2 = \left(\frac{1}{n-1}\sum_{\nu=1}^{n} x_\nu^2\right) - \frac{n}{n-1}\overline{x}^2$$

  - Gruppierte Daten / klassierte Daten (näherungsweise):

$$s^2 = \frac{1}{n-1}\sum_{i=1}^{k}(x_i - \overline{x})^2 n_i = \left(\frac{1}{n-1}\sum_{i=1}^{k} x_i^2 n_i\right) - \frac{n}{n-1}\overline{x}^2$$

- **Umrechnung**: $s^2 = \frac{n}{n-1}s^{*2}$

Varianzzerlegung bei klassierten Daten

- Mittelwert der i-ten Klasse:

$$\overline{x}_i = \frac{1}{n_i}\sum_{j=1}^{n_i} x_{ij}$$

- Varianz der i-ten Klasse:

$$s_i^2 = \frac{1}{n_i}\sum_{j=1}^{n_i}(x_{ij} - \overline{x}_i)^2 = \left(\frac{1}{n_i}\sum_{j=1}^{n_i} x_{ij}^2\right) - \overline{x}_i^2$$

- Interne Varianz (mittlere Varianz in den Klassen):

$$s_w^2 = \frac{1}{n}\sum_{i=1}^{k} s_i^2 n_i$$

- Externe Varianz (Varianz zwischen den Klassen):

$$s_b^2 = \frac{1}{n}\sum_{i=1}^{k}(\overline{x}_i - \overline{x})^2 n_i$$

- Gesamtvarianz:

$$s^{*2} = s_w^2 + s_b^2 = \frac{1}{n}\sum_{i=1}^{k}\sum_{j=1}^{n_i}(x_{ij} - \overline{x})^2$$

Eigenschaften der Varianz

- Nichtnegativität: $s^{*2} \geq 0$ und $s^2 \geq 0$
- Nicht-Linearität: Für $Y = a + bX$ gilt ${s_Y^*}^2 = b^2 \cdot {s_X^*}^2$.

Standardabweichung

$s^* = \sqrt{s^{*2}}$ – Standardabweichung in der Grundgesamtheit bzw. unkorrigierte Stichprobenstandardabweichung

$s = \sqrt{s^2}$ – korrigierte Stichprobenstandardabweichung

Variationskoeffizient

$vk^* = s^*/\overline{x}$ – Variationskoeffizient in der Grundgesamtheit bzw. unkorrigierter Stichproben-Variationskoeffizient

$vk = s/\overline{x}$ – korrigierter Stichproben-Variationskoeffizient

Perzentilsabstände

- Zentraler Perzentilsabstand der Ordnung p:

  $PA_p = x_{(1+p)/2} - x_{(1-p)/2}$

  Speziell: $PA_{0,5} = x_{0,75} - x_{0,25}$ – Quartilsabstand

  $PA_{1/3} = x_{2/3} - x_{1/3}$ – Terzilsabstand

  $PA_{0,9} = x_{0,95} - x_{0,05}$ – mittlere 90%-Breite
- Unterer Perzentilsabstand der Ordnung p:

  $PA_p^u = x_p - x_{<1>}$
- Oberer Perzentilsabstand der Ordnung p:

  $PA_p^o = x_{<n>} - x_{1-p}$

Spannweite (100%-Breite)

$sw = x_{<n>} - x_{<1>}$

Lageregel

Mit der Lageregel kann die **Schiefe einer Verteilung** beurteilt werden:

$$\overline{x} - \widetilde{x} \begin{cases} > 0 & \Rightarrow \text{linkssteile (rechtsschiefe) Verteilung} \\ = 0 & \Rightarrow \text{symmetrische Verteilung} \\ < 0 & \Rightarrow \text{rechtssteile (linksschiefe) Verteilung} \end{cases}$$

Grafiken zur Darstellung empirischer Daten

Fünf-Zahlen-Darstellung

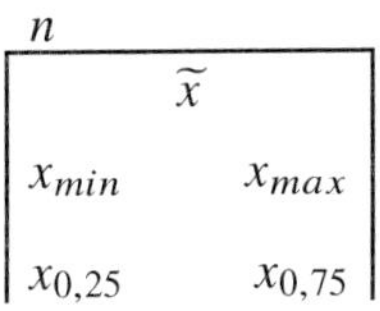

Box-and-Whiskers-Plot

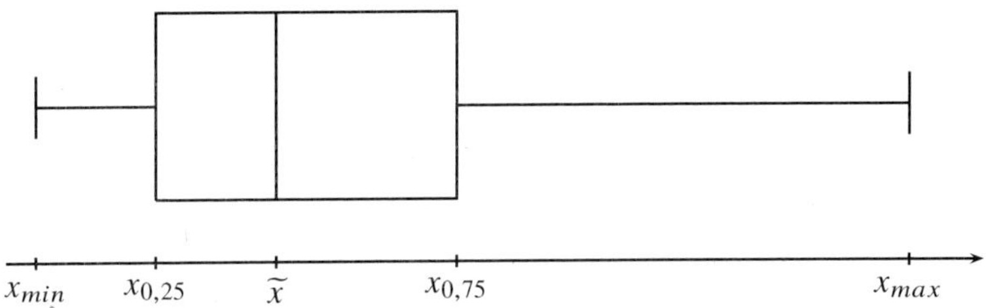

Boxplot

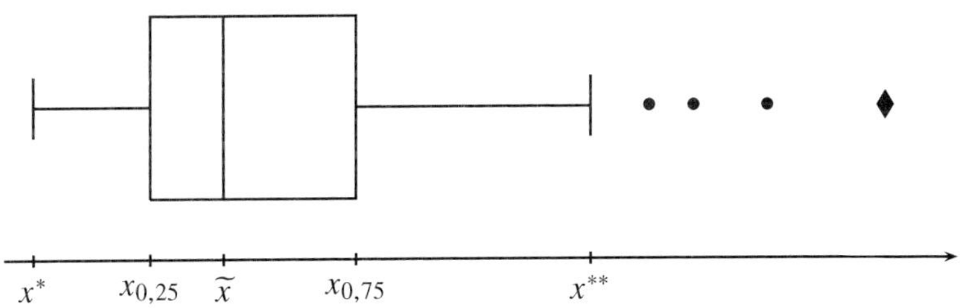

Erläuterungen zum Box-Plot:

$PA_{0,5} := x_{0,75} - x_{0,25}$ zentraler Perzentilsabstand der Ordnung 0,5

x^* – kleinster Wert im Intervall $[x_{0,25} - 1,5\,PA_{0,5}\,;\; x_{0,25}]$

x^{**} – größter Wert im Intervall $[x_{0,75}\,;\; x_{0,75} + 1,5\,PA_{0,5}]$

• ; ♦ – Symbole für Ausreißer

• – gewöhnliche Ausreißer im Intervall
$[x_{0,25} - 3\,PA_{0,5}\,;\; x_{0,25} - 1,5\,PA_{0,5}[$ oder in
$]x_{0,75} + 1,5\,PA_{0,5}\,;\; x_{0,75} + 3\,PA_{0,5}]$

♦ – extreme Ausreißer im Intervall
$]-\infty\,;\; x_{0,25} - 3\,PA_{0,5}[$ oder in $]x_{0,75} + 3\,PA_{0,5}\,;\; +\infty[$

Stabdiagramm

Stabdiagramme sind zur Darstellung der absoluten oder relativen Häufigkeiten nominaler, ordinaler oder kardinaler unklassierter Daten geeignet.

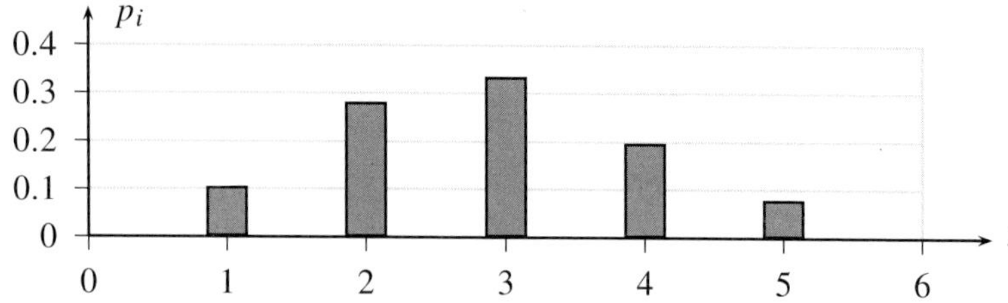

Treppenfunktion

Treppenfunktionen sind zur Darstellung der empirischen Verteilungsfunktion ordinaler oder kardinaler unklassierter Daten geeignet.

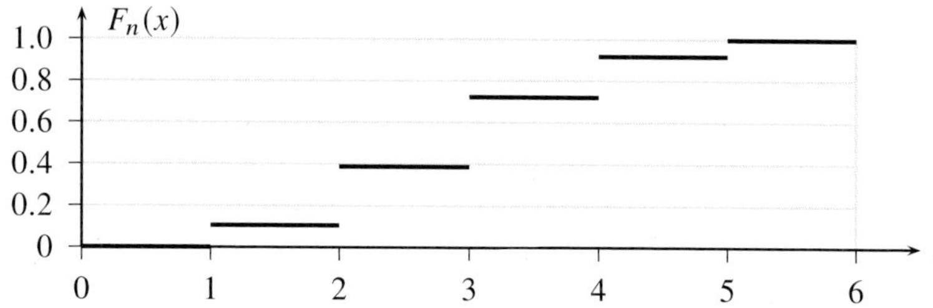

Histogramm

Histogramme sind zur Darstellung der Häufigkeitsverteilung klassierter Daten geeignet.

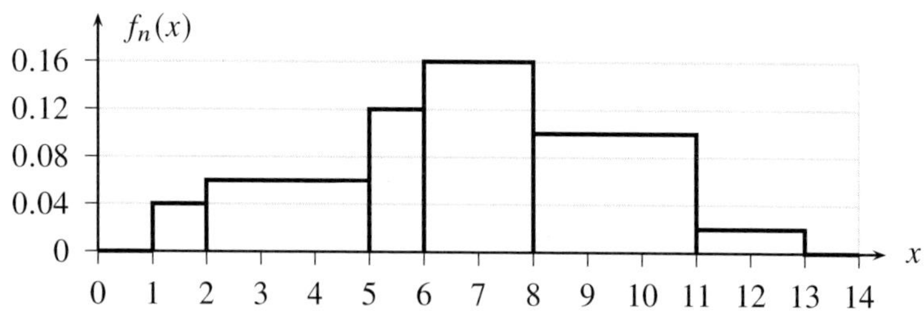

Polygonzug

Polygonzüge sind zur Darstellung der Verteilungsfunktion klassierter Daten geeignet.

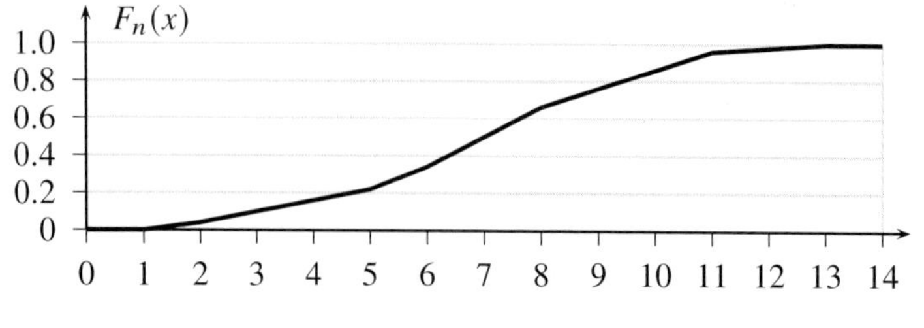

Konzentrationsmessung

Absolute Konzentration

Es wird von hoher **(absoluter) Konzentration** gesprochen, wenn auf eine geringe **Anzahl** von Merkmalsträgern ein hoher Anteil der Merkmalssumme x^T entfällt. Vorausgesetzt wird dabei ein Merkmal, dessen Ausprägungen nicht-negativ und sinnvoll summierbar sind.

- Berechnung der Merkmalssummen:

$x^T = \sum_{\nu=1}^{n} x_\nu = n\,\overline{x}$ – Einzeldaten

$x^T = \sum_{i=1}^{k} x_i\, n_i = n\,\overline{x}$ – grupperierte Daten / klassierte Daten (näherungsweise)

- Merkmalssummenanteile (einfach):

$\pi_\nu = \dfrac{x_{<\nu>}}{x^T}$ – Einzeldaten

$\pi_i = \dfrac{x_i\, n_i}{x^T}$ – grupperierte Daten / klassierte Daten (näherungsweise)

- Merkmalssummenanteile (kumuliert):

$L_\nu = \sum_{\kappa=1}^{\nu} \pi_\kappa$ – Einzeldaten

$L_i = \sum_{j=1}^{i} \pi_j$ – grupperierte Daten / klassierte Daten (näherungsweise)

Konzentrationsraten

$$C_m = \pi_n + \pi_{n-1} + \ldots + \pi_{n-m+1} = \sum_{j=1}^{m} \pi_{n-j+1} = 1 - L_{n-m}; \quad 1 \leq m \leq n$$

C_m ist der auf die m größten Träger entfallende Merkmalssummenanteil.

Die Konzentrationsraten können in einer **Konzentrationskurve** dargestellt werden. Dabei werden die Rangzahlen der Merkmalsträger absteigend sortiert auf der Abszisse, und die zugehörigen Konzentrationsraten auf der Ordinate abgetragen.

HERFINDAHL-Index

(ORRIS CLEMENS HERFINDAHL, 1918 – 1972)

$$HI := \begin{cases} \sum_{\nu=1}^{n} \pi_\nu^2 & \text{mit} \quad \frac{1}{n} \leq HI \leq 1 \quad \text{– Einzeldaten} \\ \sum_{i=1}^{k} \pi_i^2 & \text{mit} \quad \frac{1}{k} \leq HI \leq 1 \quad \text{– gruppierte/klassierte Daten} \end{cases}$$

Der HERFINDAHL-Index HI misst die Stärke der (absoluten) Konzentration. Es ist $HI = 1$ bei höchster absoluter Konzentration (ein Merkmalsträger hat die gesamte Merkmalssumme, alle anderen Merkmalsträger haben die Ausprägung Null), und $HI = 1/n$ bzw. $HI = 1/k$ bei fehlender absoluter Konzentration (alle Merkmalsträger haben die gleiche Merkmalsausprägung bzw. auf alle Klassen entfällt der gleiche Anteil der Merkmalssumme).

Relative Konzentration (Disparität)

Es wird von hoher **relativer Konzentration** bzw. **Disparität** gesprochen, wenn auf einen geringen **Anteil** von Merkmalsträgern ein hoher Anteil der Merkmalssumme x^T entfällt. Vorausgesetzt wird dabei ein Merkmal, dessen Ausprägungen nicht-negativ und sinnvoll summierbar sind.

Die relative Konzentration wird im Folgenden nur für unklassierte Daten betrachtet, da im Falle der Klassierung grundsätzlich von einer gleichmäßigen Verteilung der Merkmalssumme innerhalb der einzelnen Klassen ausgegangen wird. Insbesondere bei einer geringen Anzahl von Klassen kann dies zu einer erheblichen Fehlinterpretation der tatsächlich vorliegenden Verteilung führen.

Die Darstellung der relativen Konzentration erfolgt mit der **LORENZ-Kurve**. Dabei werden die Werte der empirischen Verteilungsfunktion $F_n(x_\nu)$ (auf der Abszisse) den kumulierten Merkmalssummenanteilen L_ν (auf der Ordinate) gegenübergestellt. Bei fehlender Disparität (alle Merkmalsträger haben die gleiche Merkmalsausprägung) ist die LORENZ-Kurve gleich der 45°-Linie. Mit steigender Disparität verläuft die LORENZ-Kurve unterhalb der 45°-Linie zunehmend in Richtung der Abszisse.

Die **Konzentrationsfläche** A ist die zwischen der 45°-Linie und der LORENZ-Kurve eingeschlossene Fläche:

$$A = \sum_{\nu=1}^{n} \frac{2\nu - n - 1}{2n} \pi_\nu$$

Die Konzentrationsfläche ist maximal, $A_{max} = 0{,}5(n-1)/n$, bei höchster relativer Konzentration (ein Merkmalsträger hat die gesamte Merkmalssumme, alle anderen Merkmalsträger haben die Ausprägung Null). Bei fehlender Disparität ist die Konzentrationsfläche minimal, $A_{min} = 0$.

Der **GINI-Koeffizient** (CORRADO GINI, 1884 – 1965) G ist ein normiertes Maß für die relative Konzentration. Bei fehlender Disparität ist $G = 0$, bei maximaler Disparität ist $G = 1$. Zur Berechnung von G wird die Konzentrationsfläche A durch die maximal mögliche Konzentrationsfläche A_{max} geteilt:

$$G = \frac{A}{0{,}5\left(1 - \frac{1}{n}\right)} = \sum_{\nu=1}^{n} \frac{2\nu - n - 1}{n - 1} \pi_\nu$$

LORENZkurve und Konzentrationsfläche (MAX OTTO LORENZ, 1876 – 1959)

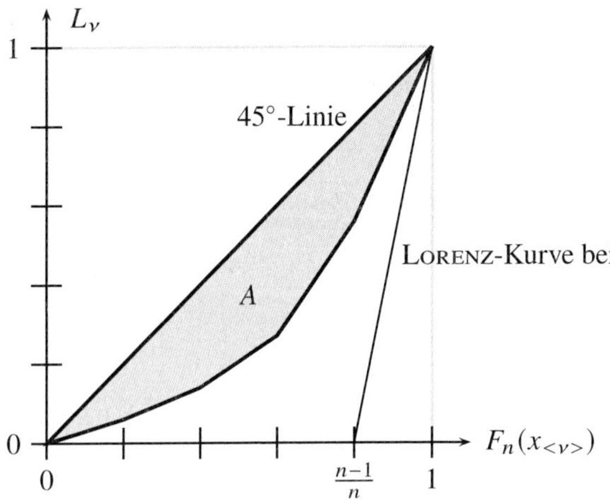

1.2 Bivariate Datensätze

Bezeichnungen

Bivariate Datensätze resultieren aus Erhebungen, bei denen an jedem Merkmalsträger zwei Merkmale X und Y betrachtet werden. Ebenso wie bei univariaten Daten können die Merkmale aufbereitet werden als

- **Reihendaten**: Einzeldaten in Form einer Reihe von Datenpaaren (x_ν, y_ν) für die Merkmalsträger $\nu = 1, \ldots, n$,
- **Datentabellen**: gruppierte oder klassierte Daten in Form einer **zweidimensionalen Häufigkeitstabelle** (**Kontingenztabelle**)

$X \downarrow$ $Y \rightarrow$	y_1	y_2	$\ldots$	y_j	$\ldots$	y_ℓ	$n_{i\cdot}$
x_1	n_{11}	n_{12}	$\ldots$	n_{1j}	$\ldots$	$n_{1\ell}$	$n_{1\cdot}$
x_2	n_{21}	n_{22}	$\ldots$	n_{2j}	$\ldots$	$n_{2\ell}$	$n_{2\cdot}$
$\vdots$	$\vdots$	$\vdots$	$\vdots$	$\vdots$	$\vdots$	$\vdots$	$\vdots$
x_i	n_{i1}	n_{i2}	$\ldots$	n_{ij}	$\ldots$	$n_{i\ell}$	$n_{i\cdot}$
$\vdots$	$\vdots$	$\vdots$	$\vdots$	$\vdots$	$\vdots$	$\vdots$	$\vdots$
x_k	n_{k1}	n_{k2}	$\ldots$	n_{kj}	$\ldots$	$n_{k\ell}$	$n_{k\cdot}$
$n_{\cdot j}$	$n_{\cdot 1}$	$n_{\cdot 2}$	$\ldots$	$n_{\cdot j}$	$\ldots$	$n_{\cdot \ell}$	n

Dabei bezeichnen

- $n_{ij} = \#(X = x_i \wedge Y = y_j)$ bzw. $n_{ij} = \#(x_i^u < X \leq x_i^o \wedge y_j^u < Y \leq y_j^o)$ **gemeinsame absolute Häufigkeiten** und daraus resultierend
- $p_{ij} = n_{ij}/n$ **gemeinsame relative Häufigkeiten**,
- $n_{i.} = \sum_{j=1}^{\ell} n_{ij}$ – i-te Zeilensumme und $n_{.j} = \sum_{i=1}^{k} n_{ij}$ – j-te Spaltensumme: **Randhäufigkeiten**, absolute Häufigkeiten eines Merkmals (unabhängig vom jeweils anderen Merkmal).

Für den Umfang der Erhebung gilt $n = \sum_{i=1}^{k} \sum_{j=1}^{\ell} n_{ij}$.

Weiterhin können **bedingte Häufigkeiten** definiert werden:

- $p_{i|j} = n_{ij}/n_{.j}$ – relative Häufigkeit der Ausprägung x_i bzw. der Ausprägungen in Klasse i unter allen Merkmalsträgern mit Ausprägung y_j bzw. mit Ausprägungen in Klasse j, kurz „x_i unter der Bedingung y_j“.
- $p_{j|i} = n_{ij}/n_{i.}$ – analog: relative Häufigkeit von „y_j unter der Bedingung x_i“.

Assoziationsmessung

Zwei Merkmale X und Y heißen **statistisch unabhängig**, wenn folgende äquivalente Bedingungen erfüllt sind:

1. $p_{ij} = p_{i.} \cdot p_{.j} \;\forall\, i,j$

   $$\frac{n_{ij}}{n} = \frac{n_{i.}}{n} \cdot \frac{n_{.j}}{n} \;\forall\, i,j$$
2. $p_{i|j} = p_{i|j^*} \;\forall\, j \neq j^* \wedge \forall\, i$ oder $p_{j|i} = p_{j|i^*} \;\forall\, i \neq i^* \wedge \forall\, j$
3. $p_{i|j} = p_{i.} \;\forall\, i,j$ oder $p_{j|i} = p_{.j} \;\forall\, i,j$

Wenn (mindestens) eine dieser Bedingungen nicht erfüllt ist, heißen die Merkmale **statistisch abhängig**. Die Stärke der statistischen Abhängigkeit kann unterschiedlich groß sein. Eine starke statistische Abhängigkeit liegt bspw. dann vor, wenn aufgrund der Ausprägung des einen Merkmals sicher auf die Ausprägung des anderen Merkmals geschlossen werden kann. Die **Assoziationsmessung** erlaubt eine Beurteilung der Stärke der statistischen Abhängigkeit und kann für beliebige (auch nominale) Merkmale angewandt werden.

Maßzahlen zur Beurteilung der Stärke des statistischen Zusammenhangs

Die nachfolgend vorgestellten Maßzahlen basieren in der Regel auf der Berechnung von Abweichungen der beobachteten Häufigkeiten zu den **Unabhängigkeitszahlen**,

$$u_{ij} = \frac{n_{i.}\, n_{.j}}{n}.$$

Diese sind die (fiktiven) gemeinsamen absoluten Häufigkeiten, die sich bei statistischer Unabhängigkeit der betrachteten Merkmale einstellen müssten.

Für alle Maßzahlen gilt: Der Wert 0 stellt sich nur bei statistischer Unabhängigkeit der betrachteten Merkmale ein. Je größer der (betragsmäßige) Wert der Maßzahl ist, um so stärker ist die Ausprägung der statischen Abhängigkeit. Eine inferentielle Beurteilung der statistischen Unabhängigkeit kann z. B. mit einem χ^2-Unabhängigkeitstest erfolgen, s. S. 308.

- **Quadratische Kontingenz χ^2**

$$\chi^2 = \sum_{i=1}^{k} \sum_{j=1}^{\ell} \frac{(n_{ij} - u_{ij})^2}{u_{ij}} = n\left(\left[\sum_{i=1}^{k} \sum_{j=1}^{\ell} \frac{n_{ij}^2}{n_{i.}\, n_{.j}}\right] - 1\right)$$

Es ist $0 \leq \chi^2 \leq n \cdot \min(k-1, \ell-1)$.

- **Mittlere quadratische Kontingenz ϕ^2**

$\phi^2 = \chi^2 / n$ mit $0 \leq \phi^2 \leq \min(k-1, \ell-1)$.

- **PEARSON's Kontingenzkoeffizient**

$$PK^* = \sqrt{\frac{\chi^2}{\chi^2 + n}} \cdot \sqrt{\frac{1 + \min(k-1, \ell-1)}{\min(k-1, \ell-1)}}$$

Es ist $0 \leq PK^* \leq 1$.

- **YULE Koeffizient für eine Vier-Felder-Tafel** (GEORGE UDNY YULE, 1871 – 1951)

$$Q = \frac{n_{11}n_{22} - n_{12}n_{21}}{n_{11}n_{22} + n_{12}n_{21}}$$

Es ist $-1 \leq Q \leq 1$ und es gilt: $Q = 0 \iff X, Y$ sind statistisch unabhängig.

Korrelation

Nachfolgend werden zwei Maßzahlen für die Messung der Stärke des **linearen Zusammenhangs** zweier Merkmale X und Y vorgestellt. Sowohl X als auch Y müssen dabei kardinal sein.

Für alle Maßzahlen gilt: Der Wert 0 stellt sich nur bei linearer Unabhängigkeit (fehlener Korrelation) der betrachteten Merkmale ein. Bei Werten kleiner als Null ist von einem negativen, bei Werten größer als Null von einem positiven linearen Zusammenhang auszugehen. Je größer der (betragsmäßige) Wert der Maßzahl ist, um so größer ist die Stärke der linearen Abhängigkeit. Eine inferentielle Beurteilung der linearen Unabhängigkeit kann z. B. mit dem t-Test der Regressionsanalyse erfolgen.

Kovarianz

$$cov(X,Y) = s_{XY} = \begin{cases} \dfrac{1}{n}\sum\limits_{\nu=1}^{n}(x_\nu - \overline{x})(y_\nu - \overline{y}) = \dfrac{1}{n}\sum\limits_{\nu=1}^{n} x_\nu\, y_\nu - \overline{x}\,\overline{y} & \text{– Reihendaten} \\ \dfrac{1}{n}\sum\limits_{i=1}^{k}\sum\limits_{j=1}^{\ell}(x_i - \overline{x})(y_j - \overline{y})n_{ij} = & \\ \qquad = \dfrac{1}{n}\sum\limits_{i=1}^{k}\sum\limits_{j=1}^{\ell} x_i\, y_j n_{ij} - \overline{x}\,\overline{y} & \text{– Datentabellen} \end{cases}$$

Korrelationskoeffizient (nach Bravais-Pearson)(Auguste Bravais, 1811 – 1863, Karl Pearson, 1857 – 1936)

$$r = \frac{s_{XY}}{s_X\, s_Y}, \quad -1 \le r \le +1,$$

mit s_X, s_Y (unkorrigierte) Standardabweichung von X bzw. Y

$$r = \begin{cases} \dfrac{\sum\limits_{\nu=1}^{n} x_\nu\, y_\nu - n\,\overline{x}\,\overline{y}}{\sqrt{\left(\sum\limits_{\nu} x_\nu^2 - n\,\overline{x}^2\right)\left(\sum\limits_{\nu} y_\nu^2 - n\,\overline{y}^2\right)}} & \text{– Reihendaten} \\ \dfrac{\sum\limits_{i=1}^{k}\sum\limits_{j=1}^{\ell} x_i\, y_j\, n_{ij} - n\,\overline{x}\,\overline{y}}{\sqrt{\left(\sum\limits_{i} x_i^2\, n_{i.} - n\,\overline{x}^2\right)\left(\sum\limits_{j} y_j^2\, n_{.j} - n\,\overline{y}^2\right)}} & \text{– Datentabellen} \end{cases}$$

Lineare Einfachregression

Für zwei Merkmale X und Y wird die **Modellgleichung**

$$Y = a + b\,X + U$$

mit X – unabhängige Variable (Regressor)
Y – abhängige Variable (Regressand)
U – Störterm, Fehlervariable
a, b – Regressionskoeffizienten

angenommen.

Die unbekannten Koeffizienten a und b werden mit der **Kleinst-Quadrate-Methode** unter Verwendung der **Schätzgleichung**

$$\widehat{y}_\nu = \widehat{a} + \widehat{b}\,x_\nu$$

geschätzt.

Es ergeben sich folgende **KQ-Schätzer der Regressionskoeffizienten**:

$$\widehat{a} = \frac{\sum y_\nu \sum x_\nu^2 - \sum y_\nu x_\nu \sum x_\nu}{n \sum x_\nu^2 - \left(\sum x_\nu\right)^2} = \overline{y} - \widehat{b}\,\overline{x}$$

$$\widehat{b} = \frac{n \sum y_\nu x_\nu - \sum x_\nu \sum y_\nu}{n \sum x_\nu^2 - \left(\sum x_\nu\right)^2} = \frac{s_{XY}}{s_X^2} = r\,\frac{s_Y}{s_X}$$

Zur Beurteilung der Güte der Schätzgleichung erfolgt eine **Zerlegung der Varianz des Regressanden**:

$$\underbrace{\frac{1}{n}\sum(y_\nu - \overline{y})^2}_{s_Y^2} = \underbrace{\frac{1}{n}\sum(\widehat{y}_\nu - \overline{y})^2}_{s_{\widehat{Y}}^2} + \underbrace{\frac{1}{n}\sum(y_\nu - \widehat{y}_\nu)^2}_{s_{Y-\widehat{Y}}^2}$$

s_Y^2 – Gesamtvarianz (unkorrigiert)

$s_{\widehat{Y}}^2$ – durch die Regression „erklärte“ Varianz (**externe Varianz**, Varianz **auf** der Regressionsgeraden)

$s_{Y-\widehat{Y}}^2$ – durch die Regression „nicht erklärte“ Varianz (**interne Varianz**, Varianz **um** die Regressionsgerade oder **Restvarianz**)

Das **Bestimmtheitsmaß** B ist gleich dem Quotienten aus externer Varianz zur Gesamtvarianz:

$$B = \frac{s_{\widehat{Y}}^2}{s_Y^2} = \frac{s_{XY}^2}{s_X^2\, s_Y^2}$$

Für $B = 1$ wird die Streuung des Merkmals Y zu 100% durch die Streuung des Merkmals X erklärt. Bei der linearen Einfachregression liegt dann ein perfekter linearer Zusammenhang zwischen X und Y vor. Für $B = 0$ lässt sich die Streuung des Merkmals Y nicht durch die Regression erklären, es liegt dann kein linearer Zusammenhang vor.

Das Bestimmheitsmaß kann auch für nicht-lineare Modellgleichungen und für Regressionsmodelle mit mehreren unabhängigen Variablen (multiple Regression) berechnet werden. Allerdings gilt nur bei der linearen Einfachregression $B = r^2$.

Exkurs: Regressionsanalyse bei der linearen Einfachregression

Annahme: Die Störgröße U ist normalverteilt.

Dann ist

$$[\widehat{b} - t_{n-2;1-\alpha/2} SE_{\widehat{b}};\ \widehat{b} + t_{n-2;1-\alpha/2} SE_{\widehat{b}}]$$

das zentrale Konfidenzintervall für b mit

$$SE_{\widehat{b}} = \sqrt{\frac{\sum_{i=1}^{n}(y_i - \widehat{y}_i)^2/(n-2)}{\sum_{i=1}^{n}(x_i - \overline{x})^2}} \quad \text{– Standardfehler von } \widehat{b}.$$

Der Signifikanztest für die Hypothesen

$$H_0 : b = b_0 \text{ gegen } H_1 : b \neq b_0$$

hat die Prüfgröße: $t = |\widehat{b} - b_0|/SE_{\widehat{b}}$.
H_0 wird verworfen, falls $t > t_{n-2;1-\alpha/2}$.

Falls $b_0 = 0$, wird die Prüfgröße t auch t-**Statistik** genannt und bei Ablehnung von H_0 heißt b signifikant (von Null verschieden).

2 Wahrscheinlichkeitsrechnung

2.1 Ereignisse und Wahrscheinlichkeiten

Ergebnisse und Ereignisse

Eine Menge Ω heißt **Ergebnismenge** oder **Ergebnisraum**, wenn jedem Versuchsausgang eines Zufallsexperiments genau ein Element ω aus Ω zugeordnet ist. Die Elemente $\omega \in \Omega$ heißen **Ergebnisse**.

Jede Teilmenge $A \subseteq \Omega$ heißt **Ereignis**. Spezielle Ereignisse sind

- **sicheres Ereignis:** Ω mit $\Omega \subseteq \Omega$
  Das sichere Ereignis ist eine unechte Teilmenge von Ω.
- **unmögliches Ereignis:** $\varnothing = \{\ \}$ (leere Menge)
  Ein unmögliches Ereignis ist eine unechte Teilmenge von Ω.
- **Zufallsereignis**: A mit $A \subset \Omega$
  Ein Zufallsereignis ist eine echte Teilmenge von Ω.
- **Elementarereignis**: $A \subset \Omega$ mit $\#A = 1$
  Ein Elementarereignis ist ein einelementiges Zufallsereignis, kann also mit einem Ergebnis identifiziert werden.
- **Gegenereignis**: $\overline{A} = \Omega \setminus A$
  Gegenteiliges Ereignis des Zufallsereignisses A, sicheres Ereignis Ω außer A: Das Ereignis A tritt nicht ein.

Da Ereignisse Mengen sind, können die Gesetze der Mengenlehre auch für Ereignisse angewendet werden, s. Teil I, Abschnitt 1.2, S. 21 ff. Zusätzlich können **bedingte Ereignisse** definiert werden:

- $A|B$ heißt A **unter der Bedingung** B oder auch A **konditioniert auf** B.
- Das konditionierende Ereignis $B \neq \varnothing$ ist eingetreten und wird als neue Ergebnismenge $\Omega^* := B$ definiert. Man betrachtet dann nur jenen „Teil" eines anderen Ereignisses A, der in B liegt.
- Es gilt $(A|B) \cup (\overline{A}|B) = B$, und damit $A \cup \overline{A} = \Omega$, sowie $(A|B) \cap (\overline{A}|B) = \varnothing$

Vollständiges Ereignissystem

Ein **vollständiges Ereignissystem** (**Klasseneinteilung**) ist eine Zerlegung der Ergebnismenge Ω in k disjunkte, nicht-leere Teilmengen $A_1, A_2, \ldots, A_k$.

$A_i \neq \varnothing \; \forall i$ **und**

$A_i \cap A_j = \varnothing \; \forall i \neq j$ **und**

$\bigcup_{i=1}^{k} A_i = \Omega.$

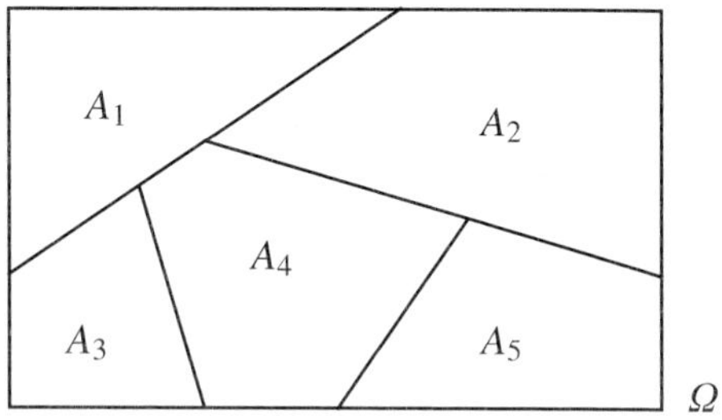

Wahrscheinlichkeiten

Wahrscheinlichkeitsbegriffe

Wahrscheinlichkeitsbegriff von KOLMOGOROV

(ANDREI NIKOLAJEWITSCH KOLMOGOROW, 1903 – 1987)

Eine Abbildung P, die jedem Ereignis $A \subseteq \Omega$ eine reelle Zahl $\mathrm{P}(A)$ zuordnet, heißt **Wahrscheinlichkeitsmaß**, wenn sie die folgenden drei Axiome erfüllt:

(1) $\mathrm{P}(A) \geq 0 \;\; \forall A \subseteq \Omega$ (**Nicht-Negativität**),

(2) $\mathrm{P}(\Omega) = 1$ (**Normierung**),

(3) $\mathrm{P}(\bigcup_{i=1}^{\infty} A_i) = \sum_{i=1}^{\infty} \mathrm{P}(A_i)$, wobei $A_i \cap A_j = \varnothing \;\; \forall i \neq j$ (σ-**Additivität**).

LAPLACE-Wahrscheinlichkeit

Die **LAPLACE-Wahrscheinlichkeit** (PIERRE SIMON DE LAPLACE, 1749 – 1827), auch **klassische** oder **objektive Prior-Wahrscheinlichkeit**, für das Eintreffen des Ereignisses A ist definiert als

$$\mathrm{P}(A) := \frac{N(A)}{N}$$

mit

$N(A) = \#A$ – Anzahl der für A **günstigen** Fälle (Ergebnisse) in Ω und

$N = \#\Omega$ – Anzahl der **überhaupt und als gleichmöglich** erachteten Fälle.

Objektive Posterior-Wahrscheinlichkeit

Die **Objektive Posterior-Wahrscheinlichkeit** (auch **statistische** oder **freqentistische Wahrscheinlichkeit**) für das Eintreffen des Ereignisses A ist definiert als

$$\mathrm{P}(A) := \lim_{n\to\infty} \frac{n(A)}{n}$$

mit

n – Stichprobenumfang und

$n(A)$ – absolute Häufigkeit der zu A gehörenden Realisationen.

Diese Wahrscheinlichkeitsdefinition ist eine direkte Folgerung aus dem **Gesetz der großen Zahlen**: Mit zunehmendem Stichprobenumfang n nähert sich die relative Häufigkeit des Ereignisses A der Wahrscheinlichkeit $\mathrm{P}(A)$ an.

Subjektive Wahrscheinlichkeit

Die **subjektive Wahrscheinlichkeit** kann als Grad der Überzeugung einer Person für das Eintreffen des Ereignisses A aufgefasst werden. Die Zahlenangabe für $\mathrm{P}(A)$ beruht auf Einsicht, Einschätzung, Intuition oder Erkenntnis und ist personengebunden.

Bedingte Wahrscheinlichkeiten und Unabhängigkeit

Die Wahrscheinlichkeit von B unter der Bedingung A mit $\mathrm{P}(A) > 0$,

$$\mathrm{P}(B|A) := \frac{\mathrm{P}(A \cap B)}{\mathrm{P}(A)},$$

heißt **bedingte Wahrscheinlichkeit**. Die Bedingung A ist eingetreten, wird also zum neuen sicheren Ereignis, und die Wahrscheinlichkeitsmasse über A ist auf Eins zu normieren: $\mathrm{P}(A|A) = 1$.

Unabhängigkeit zweier Ereignisse

Zwei Ereignisse A und B heißen **stochastisch unabhängig**, wenn die folgenden (äquivalenten) Bedingungen erfüllt sind:

- **1. Formulierung**: $\mathrm{P}(A \cap B) = \mathrm{P}(A) \cdot \mathrm{P}(B)$
  Darstellung der gemeinsamen Wahrscheinlichkeit als Produkt der unbedingten Einzelwahrscheinlichkeiten
- **2. Formulierung**: $\mathrm{P}(A|B) = \mathrm{P}(A|\overline{B})$ oder $\mathrm{P}(B|A) = \mathrm{P}(B|\overline{A})$
  Gleichheit der bedingten Wahrscheinlichkeiten
- **3. Formulierung**: $\mathrm{P}(A|B) = \mathrm{P}(A)$ oder $\mathrm{P}(B|A) = \mathrm{P}(B)$
  Gleichheit von bedingter und unbedingter Wahrscheinlichkeit

Stets unabhängig voneinander sind:

- Ω und ein beliebiges Ereignis A,
- $\varnothing$ und ein beliebiges Ereignis A.

Stets abhängig voneinander sind:

- $A \neq \varnothing$ und $B \neq \varnothing$, falls $A \subset B \neq \Omega$ oder $B \subset A \neq \Omega$,
- $A \neq \varnothing$ und $B \neq \varnothing$, falls $A \cap B = \varnothing$, d. h. A und B einander ausschließen (diskunkte Ereignisse).

Unabhängigkeit von $n > 2$ Ereignissen

Bei mehr als zwei Ereignissen sind verschiedene Formen stochastischer Unabhängigkeit zu unterscheiden:

- **Paarweise stochastische Unabhängigkeit** von n Ereignissen $A_1, A_2, \ldots, A_n$ ist gegeben, wenn

$$\mathrm{P}(A_i \cap A_j) = \mathrm{P}(A_i) \cdot \mathrm{P}(A_j) \;\; \forall\, i \neq j;\; i, j = 1, \ldots, n.$$

- **Vollständige** oder **totale stochastische Unabhängigkeit** von n Ereignissen $A_1, A_2, \ldots, A_n$ ist gegeben, wenn

$$\mathrm{P}\left(\bigcap_{k=1}^{m} A_{i_k}\right) = \prod_{k=1}^{m} \mathrm{P}(A_{i_k})$$

für jedes m-Tupel $(i_1, \ldots, i_m)$ mit $1 \leq i_1 < i_2 < \ldots < i_m \leq n$.

Sätze für Wahrscheinlichkeiten

Grundlegende Formeln

$\mathrm{P}(\varnothing) = 0$ und $\mathrm{P}(\Omega) = 1$
$\mathrm{P}(\overline{A}) = 1 - \mathrm{P}(A)$ – **Gegenwahrscheinlichkeit**
$\mathrm{P}(\overline{A}|B) = 1 - \mathrm{P}(A|B)$ – Gegenwahrscheinlichkeit für bedingte Ereignisse
$A \subset B \;\Rightarrow\; \mathrm{P}(A) \leq \mathrm{P}(B)$

Additionssätze

$\mathrm{P}(A \cup B) = \mathrm{P}(A) + \mathrm{P}(B) - \mathrm{P}(A \cap B)$
$\mathrm{P}(A \cup B) = \mathrm{P}(A) + \mathrm{P}(B)$, falls $A \cap B = \varnothing$
$\mathrm{P}(A \cup B) = \mathrm{P}(B)$, falls $A \subset B$

Für n beliebige Ereignisse A_i gilt

$$\mathrm{P}\left(\bigcup_{i=1}^{n} A_i\right) = \sum_{i=1}^{n} \mathrm{P}(A_i) - \sum_{i<j} \mathrm{P}(A_i \cap A_j) + \sum_{i<j<k} \mathrm{P}(A_i \cap A_j \cap A_k) + \ldots + (-1)^{n-1}\,\mathrm{P}\left(\bigcap_{i=1}^{n} A_i\right).$$

Für drei Ereignisse A, B, C folgt:

$$\mathrm{P}(A \cup B \cup C) = \mathrm{P}(A) + \mathrm{P}(B) + \mathrm{P}(C) - \left[\mathrm{P}(A \cap B) + \mathrm{P}(A \cap C) + \mathrm{P}(B \cap C)\right] + \mathrm{P}(A \cap B \cap C).$$

Bilden die n Ereignisse $A_1, \ldots, A_n$ ein **vollständiges Ereignissystem**, so gilt

$$\mathrm{P}\left(\bigcup_{i=1}^{n} A_i\right) = \sum_{i=1}^{n} \mathrm{P}(A_i) = 1.$$

Multiplikationssätze

$\mathrm{P}(A \cap B) = \mathrm{P}(A) \cdot \mathrm{P}(B|A) = \mathrm{P}(B) \cdot \mathrm{P}(A|B)$

$\mathrm{P}(A \cap B) = \mathrm{P}(A) \cdot \mathrm{P}(B)$ **nur für unabhängige Ereignisse** A, B

Für beliebige Ereignisse $A_1, \ldots, A_n$ gilt:

$$WS\left(\bigcap_{i=1}^{n} A_i\right) = \mathrm{P}(A_1) \cdot \mathrm{P}(A_2|A_1) \cdot \mathrm{P}(A_3|A_1 \cap A_2) \cdot \ldots \cdot \mathrm{P}(A_n|A_1 \cap A_2 \cap \ldots \cap A_{n-1}).$$

Für vollständig unabhängige Ereignisse $A_1, \ldots, A_n$ gilt:

$$\mathrm{P}\left(\bigcap_{i=1}^{n} A_i\right) = \prod_{i=1}^{n} \mathrm{P}(A_i).$$

Für beliebige Ereignisse $A_1, \ldots, A_n$ gilt die **Bonferroni-Ungleichung**:

$$\mathrm{P}\left(\bigcap_{i=1}^{n} A_i\right) \geq 1 - \sum_{i=1}^{n} \mathrm{P}(\overline{A}_i).$$

Sätze für Differenzen

$\mathrm{P}(A \setminus B) = \mathrm{P}(A) - \mathrm{P}(A \cap B)$

$\mathrm{P}(A \setminus B) = \mathrm{P}(A) - \mathrm{P}(B)$, falls $B \subset A$

$\mathrm{P}(A \triangle B) = \mathrm{P}(A) + \mathrm{P}(B) - 2\,\mathrm{P}(A \cap B)$

$\mathrm{P}(A \triangle B) = \mathrm{P}(A) + \mathrm{P}(B)$, falls $A \cap B = \varnothing$

$\mathrm{P}(A \triangle B) = \mathrm{P}(A) - \mathrm{P}(B)$, falls $B \subset A$

Satz von der totalen Wahrscheinlichkeit

Bilden $A_1, \dots, A_n$ ein vollständiges Ereignissystem, dann gilt für jedes Ereignis B:

$$\mathrm{P}(B) = \mathrm{P}\left(\bigcup_{i=1}^{n}(B \cap A_i)\right) = \sum_{i=1}^{n} \mathrm{P}(B \cap A_i) = \sum_{i=1}^{n} \mathrm{P}(A_i) \cdot \mathrm{P}(B|A_i).$$

Theorem von Bayes

(Thomas Bayes, 1701 – 1761)

$$\mathrm{P}(A_i|B) = \frac{\mathrm{P}(B \cap A_i)}{\mathrm{P}(B)} = \frac{\mathrm{P}(B|A_i) \cdot \mathrm{P}(A_i)}{\sum_{j=1}^{n} \mathrm{P}(B|A_j) \cdot \mathrm{P}(A_j)}$$

Es heißen:

$\mathrm{P}(A_i)$ – **Prior-Wahrscheinlichkeit** für A_i,

$\mathrm{P}(A_i|B)$ – **Posterior-Wahrscheinlichkeit** für A_i (nach Eintreten von B).

2.2 Eindimensionale Zufallsvariablen

Zufallsvariable und Verteilungsfunktion

Eine Funktion X, die jedem Elementarereignis $\omega \in \Omega$ eindeutig eine reelle Zahl x so zuordnet, dass für jedes $x \in \mathbb{R}$ die Wahrscheinlichkeit

$$F(x) := \mathrm{P}\big(X(\omega) \leq x\big)$$

definiert ist, heißt **(eindimensionale reelle) Zufallsvariable**. Der Bezug auf das Argument ω in $X(\omega)$ wird in der Regel fortgelassen.

Die Funktionswerte x heißen **Realisationen** bzw. **Werte** von X. Je nachdem, ob die Anzahl möglicher Realisationen abzählbar oder überabzählbar ist, heißt die Zufallsvariable **diskret** oder **stetig**. Die möglichen Realisationen diskreter Zufallsvariablen werden mit x_i, $i = 1, 2, \dots$, gekennzeichnet.

$F(x) := \mathrm{P}(X \leq x)$, $x \in \mathbb{R}$, heißt **Verteilungsfunktion** und
$\overline{F}(x) := 1 - F(x) = \mathrm{P}(X > x)$, $x \in \mathbb{R}$, **komplementäre Verteilungsfunktion** der Zufallsvariablen X an der Stelle x.

Eigenschaften der Verteilungsfunktion

$0 \leq F(x) \leq 1$.
$F(x)$ ist monoton nicht fallend.
$F(x)$ ist wenigstens rechtsseitig stetig.
$F(x) \to 0$ für $x \to -\infty$ und $F(x) \to 1$ für $x \to +\infty$.
$\mathrm{P}(x_u < X \leq x_o) = F(x_o) - F(x_u)$.

Wahrscheinlichkeitsfunktion für diskrete Zufallsvariablen

$$\mathrm{P}(X = x) = \begin{cases} \mathrm{P}(X = x_i) = P_i & \text{für } x = x_i,\ i = 1, 2, \ldots, \\ 0 & \text{sonst.} \end{cases}$$

Eigenschaften der Wahrscheinlichkeitsfunktion

Definitionsbereich: $-\infty < x < +\infty$
Wertebereich: $0 \leq P_i \leq 1$
Normierung: $\sum\limits_i P_i = 1$
$F(x) = \mathrm{P}(X \leq x) = \sum\limits_{x_i \leq x} P_i,\ x \in \mathbb{R}$
$\mathrm{P}(X = x_i) = F(x_i) - F(x_{i-1})$ mit $F(x_0) = 0$

Dichte(funktion) für stetige Zufallsvariablen

Die **Dichtefunktion** (kurz: **Dichte**) ist die erste Ableitung der Verteilungsfunktion:

$$f(x) = \frac{\mathrm{d}F(x)}{\mathrm{d}x},\ x \in \mathbb{R}.$$

Umgekehrt ist die Verteilungsfuktion das Integral der Dichtefunktion:

$$F(x) = \int\limits_{-\infty}^{x} f(u)\, \mathrm{d}u,\ x \in \mathbb{R}.$$

Eigenschaften der Dichtefunktion

Definitionsbereich: $-\infty < x < +\infty$

Wertebereich: $f(x) \geq 0$

Normierung: $\int\limits_{-\infty}^{+\infty} f(x)\,\mathrm{d}x = 1$

Die Fläche unter der Dichtefunktion ist gleich Eins.

$\mathrm{P}(X = x^*) = \int\limits_{x^*}^{x^*} f(u)\,\mathrm{d}u = 0$

„Punktwahrscheinlichkeiten stetiger Zufallsvariablen sind Null.“

Es heißt $\{X = x^*\}$ **fast unmöglich**. Deshalb gilt bei einer **stetigen** Zufallsvariablen

$$\mathrm{P}(X \leq x_o) = \mathrm{P}(X < x_o) \text{ und } \mathrm{P}(X \geq x_u) = \mathrm{P}(X > x_u).$$

Sei $\mathbb{R}^* = \mathbb{R} \setminus \{x^*\}$, dann ist

$$\mathrm{P}(\mathbb{R}^*) = \int\limits_{\mathbb{R}^*} f(u)\,\mathrm{d}\,\mathrm{d}u = 1$$

und $\{X \in \mathbb{R}^*\}$ heißt **fast sicher**.

Parameter

Perzentile

Ein Wert x_P von X, für den

$$F(x_P) = \mathrm{P}(X \leq x_P) = P, \quad 0 < P < 1,$$

erfüllt ist, heißt **Perzentil** (Fraktil, Quantil) **der Ordnung** P.

- Für eine **diskrete Zufallsvariable** ergibt sich x_P nur eindeutig aus der **verallgemeinerten Perzentilsfunktion**

$$x_P = \min\{x \mid F(x) \geq P\},$$

  d. h. $x_P = x_i$, sodass $F(x_{i-1}) < P \leq F(x_i)$.

- Für eine **stetige Zufallsvariable** ergibt sich x_P umkehrbar eindeutig aus der als **Perzentilsfunktion** bezeichneten inversen Verteilungsfunktion

$$x_P = F^{-1}(P)\,.$$

Erwartungswert

$$\mu = E(X) = \begin{cases} \sum_i x_i\, P_i & \text{– diskrete Zufallsvariablen} \\ \int_{-\infty}^{+\infty} x\, f(x)\, \mathrm{d}x & \text{– stetige Zufallsvariablen} \end{cases}$$

Rechenregeln für Erwartungswerte

$E(a) = a$, mit $a \in \mathbb{R}$

$E(a + b\,X) = a + b\,E(X)$, mit $a, b \in \mathbb{R}$

$E\left(\sum_{i=1}^{n} X_i\right) = \sum_{i=1}^{n} E(X_i)$

$E\left(\prod_{i=1}^{n} X_i\right) = \prod_{i=1}^{n} E(X_i)$ bei Unabhängigkeit der X_i

$E[g(X)] \approx g[E(X)] + 0{,}5\, g''[E(X)]\, V(X)$, wenn $g(X)$ streng monoton und zweimal differenzierbar ist.

Varianz

$$\begin{aligned} \sigma^2 = V(X) = E\left((X-\mu)^2\right) &= E(X^2) - \mu^2 \\ = \sum_{i=1}^{n} (x_i - \mu)^2\, P_i &= \left(\sum_{i=1}^{n} x_i^2\, P_i\right) - \mu^2 \quad \text{– diskrete Zufallsvar.} \\ = \int_{-\infty}^{+\infty} (x-\mu)^2\, f(x)\, \mathrm{d}x &= \left(\int_{-\infty}^{+\infty} x^2\, f(x)\, \mathrm{d}x\right) - \mu^2 \quad \text{– stetige Zufallsv.} \end{aligned}$$

$\sigma = \sqrt{\sigma^2}$ heißt **Standardabweichung**.

Rechenregeln für Varianzen und Standardabweichungen

$V(a) = 0$, mit $a \in \mathbb{R}$

$V(a + b\,X) = b^2\, V(X)$, mit $a, b \in \mathbb{R}$

$\sigma(a + b\,X) = |b|\, \sigma(X)$, mit $a, b \in \mathbb{R}$

$V(a\,X \pm b\,Y) = a^2\, V(X) + b^2\, V(Y) \pm 2\,a\,b\,\mathrm{Cov}(X, Y)$, mit $a, b \in \mathbb{R}$

Falls X und Y unkorreliert:
$V(a\,X \pm b\,Y) = a^2\, V(X) + b^2\, V(Y)$.

$V\left(\sum_{i=1}^{n} X_i\right) = \sum_{i=1}^{n} V(X_i)$ bei paarweiser Unkorreliertheit der X_i

$V[g(X)] \approx \{g'[E(X)]\}^2\, V(X)$, wenn $g(X)$ streng monoton und zweimal differenzierbar ist.

Momente

Betrachtet man nicht $E(X)$ sondern $E(g(X))$, mit $g(X)$ als Funktion von X, so können spezielle **Momente** definiert werden. Für

- $g(X) = X^r;\ r = 0, 1, 2, \ldots,$
  erhält man die **Nullmomente** $\mu'_r := E(X^r)$,
- $g(X) = (X - \mu)^r;\ r = 0, 1, 2, \ldots,$
  erhält man die **Zentralmomente** $\mu_r := E[(X - \mu)^r]$,
- $g(X) = \left(\frac{X - \mu}{\sigma}\right)^r;\ r = 0, 1, 2, \ldots,$
  erhält man die **Standardmomente** $\mu^*_r := E\left[\left(\frac{X - \mu}{\sigma}\right)^r\right]$.

Zusammenhänge zwischen verschiedenen Momenten

$$\mu'_1 = E(X);\quad \mu'_2 = \sigma^2 + \mu^2$$
$$\mu_1 = 0;\quad \mu_2 = V(X) = E(X^2) - \mu^2$$
$$\mu^*_1 = 0;\quad \mu^*_2 = 1;\quad \mu^*_r = \frac{\mu_r}{\sigma^r} \quad \text{für } r \geq 3.$$

Ungleichungen für Zufallsvariablen

X, Y seien Zufallsvariablen und $\mu = E(X)$, $\sigma^2 = V(X)$. Dann gelten:

1. **Markov-Ungleichung** (Andrei Andrejewitsch Markov, 1856 – 1922)

$$\mathrm{P}(h(X) \geq a) \leq E(h(X))/a;\ a \in \mathbb{R}^+ \text{ und } h(X) \text{ positive reellwertige Funktion}$$

2. **Bienaymé-Tschebyscheff-Ungleichung** (Irénée-Jules Bienaymé, 1796 – 1878, Pafnuti Lwowitsch Tschebyscheff, 1821 – 1894)

$$\mathrm{P}(|X - \mu| \geq \delta) \leq \sigma^2/\delta^2;\quad \delta \in \mathbb{R}^+$$

3. **Cantelli-Ungleichung** (Francesco Cantelli, 1875 – 1966))

$$\mathrm{P}(X - \mu \leq a) \leq \sigma^2/(\sigma^2 + a^2) \qquad \text{für } a < 0$$
$$\mathrm{P}(X - \mu \leq a) \geq 1 - \sigma^2/(\sigma^2 + a^2) \text{ für } a \geq 0$$

4. **Jensen-Ungleichungen** (Johan Ludwig Jensen, 1859 – 1925)

$$g(E(X)) \leq E(g(X)) \text{ für konvexe Funktionen } g(x)$$
$$g(E(X)) \geq E(g(X)) \text{ für konkave Funktionen } g(x)$$

Spezialfall: $|E(X)|^r \leq (E(|X|))^r \leq E(|X|^r)$ für $r \geq 1$

5. **Cauchy-Schwarz-Ungleichung für Erwartungswerte** (Augustin Louis Cauchy, 1789 – 1857, Hermann Amandus Schwarz, 1843 – 1921)

$$E(|XY|^2) \leq E(|X|^2)E(|Y|^2)$$

6. **Dreiecksungleichung**

$$\sqrt{E((X+Y)^2)} \leq \sqrt{E(X^2)} + \sqrt{E(Y^2)}$$

2.3 Mehrdimensionale Zufallsvariablen

Die Formeln in diesem Abschnitt beziehen sich auf zweidimensionale Zufallsvariablen (X, Y), lassen sich aber analog auf mehrdimensionale Zufallsvariablen $(X_1, \ldots, X_n)$ übertragen.

Gemeinsame Verteilungsfunktion

Eine Funktion (X, Y), die jedem Elementarereignis $\omega \in \Omega$ eindeutig zwei reelle Zahlen x, y so zuordnet, dass für jedes $(x, y) \in \mathbb{R}^2$ die Wahrscheinlichkeit

$$F(x, y) := P\big(X \leq x,\ Y \leq y\big)$$

definiert ist, heißt **zweidimensionale reelle Zufallsvariable**. $F(x, y)$ heißt dann **zweidimensionale** oder **gemeinsame Verteilungsfunktion**.

Eigenschaften der gemeinsamen Verteilungsfunktion

$0 \leq F(x, y) \leq 1$.

$F(x)$ ist monoton nicht fallend in x und in y, d. h.

$$\begin{aligned} F(x_1, y) &\leq F(x_2, y) \quad \text{für } x_1 < x_2 \text{ und} \\ F(x, y_1) &\leq F(x, y_2) \quad \text{für } y_1 < y_2. \end{aligned}$$

$F(x, y)$ ist in jedem Argument wenigstens rechtsseitig stetig.

$F(x, y) \to 0$ für $x \to -\infty$ oder für $y \to -\infty$ und
$F(x) \to 1$ für $x \to +\infty$ und für $y \to +\infty$.

$\mathrm{P}(x_u < X \leq x_o,\ y_u < Y \leq y_o) = F(x_o, y_o) - F(x_u, y_o) - F(x_o, y_u) + F(x_u, y_u)$.

Gemeinsame Wahrscheinlichkeitsfunktion für diskrete Zufallsvariablen

$$P(X = x,\ Y = y) = \begin{cases} P(X = x_i,\ Y = y_i) = P_{ij} & \text{für } x = x_i, y = y_j \ \ i,j = 1,2,\ldots, \\ 0 & \text{sonst.} \end{cases}$$

Eigenschaften der gemeinsamen Wahrscheinlichkeitsfunktion

Definitionsbereich: $-\infty < x, y < +\infty$

Wertebereich: $0 \leq P_{ij} \leq 1$

Normierung: $\sum\limits_i \sum\limits_j P_{ij} = 1$

$P_{ij} = F(x_i, y_j) - F(x_{i-1}, y_j) - F(x_i, y_{j-1}) + F(x_{i-1}, y_{j-1})$
mit $F(x_0, y_0) = F(x_0, y_j) = F(x_i, y_0) = 0$

Gemeinsame Dichte(funktion) für stetige Zufallsvariablen

Die gemeinsame **Dichtefunktion** (kurz: **Dichte**) zweier stetiger Zufallsvariablen X und Y ist die zweite gemischte partielle Ableitung der gemeinsamen Verteilungsfunktion:

$$f(x,y) = \frac{\partial^2 F(x,y)}{\partial x\, \partial y},\ (x,y) \in \mathbb{R}^2.$$

Umgekehrt ist die gemeinsame Verteilungsfuktion das Integral der gemeinsamen Dichtefunktion:

$$F(x,y) = \int_{-\infty}^{y} \int_{-\infty}^{x} f(u,v)\ \mathrm{d}u\ \mathrm{d}v.$$

Eigenschaften der Dichtefunktion

Definitionsbereich: $-\infty < x < +\infty$ und $-\infty < y < +\infty$

Wertebereich: $f(x,y) \geq 0$

Normierung: $\int\limits_{-\infty}^{+\infty} \int\limits_{-\infty}^{+\infty} f(x,y)\ \mathrm{d}x\ \mathrm{d}y = 1$

Randverteilungen

Durch Summation bzw. Integration einer Variablen lässt sich die unabhängige Verteilung (**Randverteilung**) der anderen Zufallsvariablen herleiten. Im Folgenden sind die Formeln für X aufgeführt, die Formeln für Y lassen sich analog definieren.

Randwahrscheinlichkeitsfunktion von X

$$P_{i.} = \sum_j P_{ij}$$

Randdichte von X

$$f_X(x) = \int_{-\infty}^{+\infty} f(x, y)\, \mathrm{d}y$$

Randverteilungsfunktion von X

$$F_X(x) = F(x, \infty) = \mathrm{P}(X \leq x) = \begin{cases} \sum\limits_{x_i \leq x} P_{i.} \\ \int\limits_{-\infty}^{x} f_X(u)\, \mathrm{d}u \end{cases}$$

Bedingte Verteilungen

Durch Konstanthalten einer Variablen lässt sich die **bedingte Verteilung** der anderen Zufallsvariablen herleiten. Im Folgenden sind die Formeln für X aufgeführt, die Formeln für Y lassen sich analog definieren.

Bedingte Wahrscheinlichkeitsfunktion von X

$$P_{i|j} = \mathrm{P}(X = x_i | Y = y_j) = \frac{P_{ij}}{P_{.j}}$$

Bedingte Dichte von X

$$f(x|y) = \frac{f(x, y)}{f_Y(y)}$$

Bedingte Verteilungsfunktion von X

$$F(x|y_j) = \mathrm{P}(X \leq x \,|\, Y = y_j) = \sum_{x_i \leq x} P_{i|j}$$

$$F(x|y) = \mathrm{P}(X \leq x \,|\, Y = y) = \int_{-\infty}^{x} f(u|y)\, \mathrm{d}u$$

Stochastische Unabhängigkeit

Zwei Zufallsvariablen X und Y heißen **stochastisch unabhängig**, wenn die folgenden (äquivalenten) Bedingungen jeweils für alle $x, y \in \mathbb{R}$ bzw. für alle $i, j = 1, 2, \ldots$ erfüllt sind:

- **1. Formulierung**: $F(x, y) = F_X(x) \cdot F_Y(y)$
  Darstellung der gemeinsamen Verteilungsfunktion als Produkt der Randverteilungsfunktionen
- **2. Formulierung**: $P_{ij} = P_{i.} \cdot P_{.j}$ bzw. $f(x, y) = f_X(x) \cdot f_Y(y)$
  Darstellung der gemeinsamen Wahrscheinlichkeiten als Produkt der Randwahrscheinlichkeiten bzw. Darstellung der gemeinsamen Dichte als Produkt der Randdichten
- **3. Formulierung**: $P_{i|j} = P_{i.}$ bzw. $f(x|y) = f_X(x)$ oder
  $P_{j|i} = P_{.j}$ bzw. $f(y|x) = f_Y(y)$
  Gleichheit von bedingter und Randwahrscheinlichkeit bzw. -dichte.

Parameter

Produktmomente um Null

$$\mu'_{r,s} = E(X^r\, Y^s) = \begin{cases} \displaystyle\sum_i \sum_j x_i^r\, y_j^s\, P_{ij} \\ \displaystyle\int_{-\infty}^{+\infty}\int_{-\infty}^{+\infty} x^r\, y^s\, f(x, y)\, \mathrm{d}x\, \mathrm{d}y \end{cases}$$

heißt **Produktmoment um Null** der Ordnung $r + s$ mit $r, s \in \mathbb{N}_0$.

Spezielle Produktmomente um Null:

$\mu'_{0,0} = 1$

$\mu'_{1,0} = E(X) = \mu_X$ – unbedingter Erwartungswert von X

$\mu'_{0,1} = E(Y) = \mu_Y$ – unbedingter Erwartungswert von Y

Zentrale Produktmomente

$$\mu_{r,s} = E\Big((X - \mu_X)^r\, (Y - \mu_Y)^s\Big) = \begin{cases} \displaystyle\sum_i \sum_j (x_i - \mu_X)^r\, (y_j - \mu_Y)^s\, P_{ij} \\ \displaystyle\int_{-\infty}^{+\infty}\int_{-\infty}^{+\infty} (x - \mu_X)^r\, (y - \mu_Y)^s\, f(x, y)\, \mathrm{d}x\, \mathrm{d}y \end{cases}$$

heißt **zentrales Produktmoment** der Ordnung $r + s$ mit $r, s \in \mathbb{N}_0$.

Spezielle Produktmomente

$\mu_{0,0} = 1$

$\mu_{1,0} = \mu_{0,1} = 0$

$\mu_{2,0} = V(X) = \sigma_X^2$ – unbedingte Varianz von X

$\mu_{0,2} = V(Y) = \sigma_Y^2$ – unbedingte Varianz von Y

$\mu_{1,1} = Cov(XY) = \sigma_{X,Y}$ – **Kovarianz** von X und Y

$\rho = \dfrac{Cov(X,Y)}{s_X\, s_Y}$ – **Korrelationskoeffizient** von X und Y

Sätze zu Parametern zweidimensionaler Zufallsvariablen

$E(aX + bY + c) = aE(X) + bE(Y) + c$

$V(aX + bY + c) = a^2V(X) + b^2V(Y) + 2abCov(X,Y)$

$Cov(X,Y) = E(XY) - E(X)E(Y)$

$-1 \leq \rho \leq 1$

X, Y stochastisch unabhängig $\Rightarrow \quad E(XY) = E(X)E(Y)$

X, Y linear unabhängig $\iff X, Y$ **unkorreliert**, d. h. $\rho = 0$

2.4 Parametrische Verteilungen

Lineare Verteilungen

Rechtecksverteilung – $Re(a; b)$

X heißt in $[a;\ b]$ mit $a, b \in \mathbb{R}$ und $a < b$ **stetig gleich-** oder **rechtecksverteilt**, wenn die Dichte gegeben ist durch

$$f(x) = \begin{cases} 1/(b-a) & \text{für } a \leq x \leq b \\ 0 & \text{sonst.} \end{cases}$$

Verteilungsfunktion:

$$F(x) = \mathrm{P}(X \leq x) = \begin{cases} 0 & \text{für } x < a \\ \dfrac{x-a}{b-a} & \text{für } a \leq x \leq b \\ 1 & \text{für } x > b \end{cases}$$

Perzentilsfunktion:

$$F^{-1}(P) = x_P = a + (b-a)P; \quad 0 \le P \le 1$$

Parameter:

$E(X) = \mu \;\; = (a+b)/2$

$V(X) = \sigma^2 = (b-a)^2/12$

Dreiecksverteilungen

Linkssteile Dreiecksverteilung – $Ld(a;b)$ X heißt in $[a;\ b]$ mit $a, b \in \mathbb{R}$ und $a < b$ **linkssteil dreiecksverteilt**, wenn die Dichte gegeben ist durch

$$f(x) = \begin{cases} \dfrac{2(b-x)}{(b-a)^2} & \text{für } a \le x \le b \\ 0 & \text{sonst.} \end{cases}$$

Verteilungsfunktion:

$$F(x) = \mathrm{P}(X \le x) = \begin{cases} 0 & \text{für } x < a \\ 1 - \dfrac{(b-x)^2}{(b-a)^2} & \text{für } a \le x \le b \\ 1 & \text{für } x > b \end{cases}$$

Perzentilsfunktion:

$$F^{-1}(P) = x_P = b - (b-a)\sqrt{1-P}; \quad 0 \le P \le 1$$

Parameter:

$E(X) = \mu \;\; = (2a+b)/3$

$V(X) = \sigma^2 = (b-a)^2/18$

Rechtssteile Dreiecksverteilung – $Rd(a;b)$

X heißt in $[a;\ b]$ mit $a, b \in \mathbb{R}$ und $a < b$ **rechtssteil dreiecksverteilt**, wenn die Dichte gegeben ist durch

$$f(x) = \begin{cases} \dfrac{2(x-a)}{(b-a)^2} & \text{für } a \le x \le b \\ 0 & \text{sonst.} \end{cases}$$

Verteilungsfunktion:

$$F(x) = \mathrm{P}(X \le x) = \begin{cases} 0 & \text{für } x < a \\ \dfrac{(x-a)^2}{(b-a)^2} & \text{für } a \le x \le b \\ 1 & \text{für } x > b \end{cases}$$

Perzentilsfunktion:

$$F^{-1}(P) = x_P = a + (b-a)\sqrt{P}; \quad 0 \le P \le 1$$

Parameter:

$E(X) = \mu \;\; = (a + 2b)/3$

$V(X) = \sigma^2 = (b-a)^2/18$

Symmetrische Dreiecksverteilung – $Sd(a; b)$

X heißt in $[a;\; b]$ mit $a, b \in \mathbb{R}$ und $a < b$ **symmetrisch dreiecksverteilt**, wenn die Dichte gegeben ist durch

$$f(x) = \begin{cases} \dfrac{4(x-a)}{(b-a)^2} & \text{für } a \le x \le (a+b)/2 \\ \dfrac{4(b-x)}{(b-a)^2} & \text{für } (a+b)/2 \le x \le b \\ 0 & \text{sonst.} \end{cases}$$

Verteilungsfunktion:

$$F(x) = \mathrm{P}(X \le x) = \begin{cases} 0 & \text{für } x < a \\ \dfrac{2(x-a)^2}{(b-a)^2} & \text{für } a \le x \le (a+b)/2 \\ 1 - \dfrac{2(b-x)^2}{(b-a)^2} & \text{für } (a+b)/2 \le x \le b \\ 1 & \text{für } x > b \end{cases}$$

Perzentilsfunktion:

$$F^{-1}(P) = x_P = \begin{cases} a + (b-a)\sqrt{P/2} & \text{für } 0 \le P \le 0{,}5 \\ b + (a-b)\sqrt{(1-P)/2} & \text{für } 0{,}5 \le P \le 1 \end{cases}$$

Parameter:

$E(X) = \mu \;\; = (a+b)/2$

$V(X) = \sigma^2 = (b-a)^2/24$

Urnenmodellverteilungen

Bezeichnungen und Übersicht

Die Verteilung vieler diskreter Zufallsvariablen kann als Ziehung von Kugeln aus einer Urne modelliert werden. Dabei wird zunächst die **Zusammensetzung der Urne** betrachtet:

- **Dichotome Urne:** Die Urne enthält Kugeln in zwei Farben. Üblicherweise werden rote Kugeln (= Erfolge) und nicht-rote Kugeln (= Misserfolge) unterschieden. Es bezeichnen
  N – Anzahl aller Kugeln in der Urne
  M – Anzahl der roten Kugeln in der Urne
  $N - M$ – Anzahl nicht-roter Kugeln in der Urne
  $P = M/N$ – Anteil der roten Kugeln in der Urne
  $Q = 1 - P$ – Anteil nicht-roter Kugeln in der Urne
- **Polytome Urne:** Die Urne enthält Kugeln in $m > 2$ unterschiedlichen Farben. Es bezeichnen
  N – Anzahl aller Kugeln in der Urne
  M_i – Anzahl der Kugeln mit der Farbe i in der Urne, $i = 1, 2, \ldots, m$
  $P_i = M_i/N$ – Anteil der Kugeln mit der Farbe i in der Urne, $i = 1, 2, \ldots, m$
  Es gilt $\sum\limits_{i=1}^{m} M_i = N$ und $\sum\limits_{i=1}^{m} P_i = 1$.

n bezeichnet den Stichprobenumfang, also die Anzahl der Ziehungen aus der Urne. Bei mehr als einer Ziehung ist zu unterscheiden, ob die einzelnen **Ziehungen unabhängig („mit Zurücklegen")** oder **abhängig („ohne Zurücklegen")** voneinander erfolgen. Bei unabhängigen Ziehungen ist der Anteil P bzw. P_i für jede Ziehung identisch, während sich der Anteil bei abhängigen Ziehungen je nach Ergebnis vorangegangener Ziehungen verändern kann..

Die betrachtete Zufallsvariable ist je nach **Abbruchkriterium**

- bei Vorgabe des **Stichprobenumfangs** n:
  X – Anzahl der roten Kugeln in der Stichprobe mit Realisationen $k = 0, 1, \ldots$ bzw. $X_1, \ldots, X_m$ – Anzahl der Kugeln mit Farbe i in der Stichprobe, mögliche Realisationen sind $(k_1, \ldots, k_m)$ mit $k_i = 0, 1, \ldots$ für $i = 1, 2, \ldots, m$

- bei Vorgabe einer **Erfolgsszahl** c (bzw. mehrerer Erfolgszahlen bei polytomen Urnen):
  X – Anzahl der Ziehungen bis die c-te rote Kugel gezogen wird mit Realisationen $k = c, c+1, \ldots$.

Die folgende Übersicht dient dem Auffinden der passenden Verteilung bei Vorgabe der oben genannten Kriterien. Dabei bezeichnen

- Be – BERNOULLI-Verteilung,
- Bi – Binomialverteilung,
- Ge – Geometrische Verteilung,
- Hy – Hypergeometrische Verteilung,
- Mn – Multi- oder Polynomialverteilung,
- Mh – Multivariate hypergeometrische Verteilung,
- Nb – Negative Binomialverteilung,
- Nh – Negative hypergeometrische Verteilung,
- NMn – Negative Multinomialverteilung,
- NMh – Negative multivariate hypergeometrische Verteilung,
- Ps – PASCAL-Verteilung.

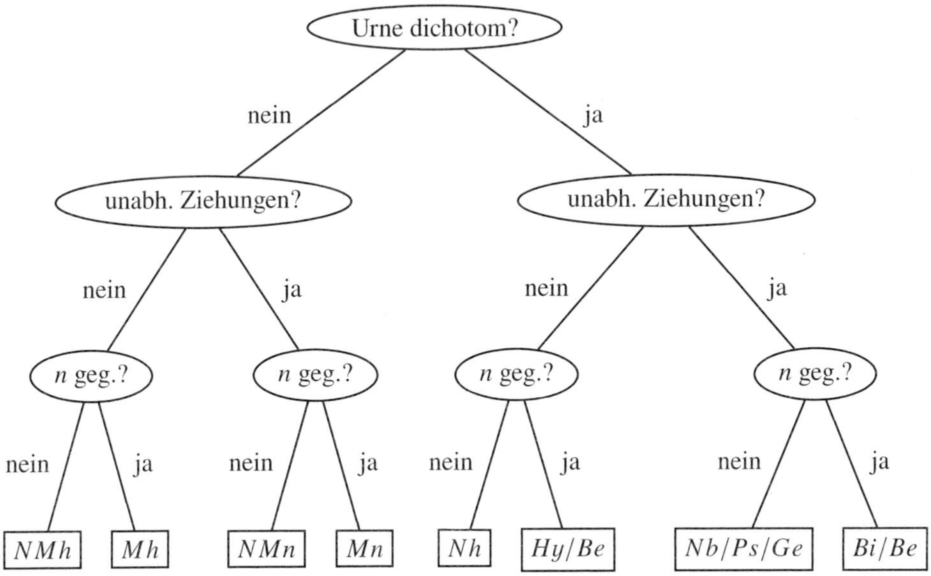

BERNOULLI-Verteilung – $Be(P)$

Ziehen einer Stichprobe von $n = 1$ Kugel aus einer dichotomen Urne. Die Zufallsvariable X ist die Anzahl der roten Kugeln in der Stichprobe, mögliche Realisationen von X sind damit $k = 0$ oder $k = 1$.

Wahrscheinlichkeitsfunktion:

$$\mathrm{P}(X = k) = \begin{cases} 1 - P & \text{für } k = 0 \\ P & \text{für } k = 1 \\ 0 & \text{sonst} \end{cases}$$

Verteilungsfunktion:

$$F(x) = \mathrm{P}(X \leq x) = \begin{cases} 0 & \text{für } x < 0 \\ 1 - P & \text{für } 0 \leq x < 1 \\ 1 & \text{für } x \geq 1 \end{cases}$$

Perzentilsfunktion:

$$F^{-1}(P^*) = x_{P^*} = \begin{cases} 0 & \text{für } 0 < P^* \leq 1 - P \\ 1 & \text{für } 1 - P < P^* \leq 1 \end{cases}$$

Parameter:

$E(X) = \mu \;\; = P$

$V(X) = \sigma^2 = PQ$

Binomialverteilung – $Bi(n; P)$

Ziehen einer Stichprobe mit Zurücklegen von n Kugeln aus einer dichotomen Urne. Die Zufallsvariable X ist die Anzahl der roten Kugeln in der Stichprobe, mögliche Realisationen von X sind damit $k = 0, 1, 2, \ldots, n$.

Wahrscheinlichkeitsfunktion:

$$\mathrm{P}(X = k) = \begin{cases} \binom{n}{k} P^k Q^{n-k} & \text{für } k = 0, 1, 2, \ldots, n \\ 0 & \text{sonst} \end{cases}$$

Verteilungsfunktion:

$$F(x) = \mathrm{P}(X \leq x) = \sum_{k=0}^{[x]_G} \mathrm{P}(X = k)$$

Parameter:

$E(X) = \mu \quad = nP$

$V(X) = \sigma^2 = nPQ$

Anmerkungen:

1. Liegen n unabhängige, identisch BERNOULLI-verteilte Zufallsvariablen vor, Schreibweise: $X_i \overset{iid}{\sim} Be(P)$ (**i.i.d.** für **independent and identically distributed**) und ist $X = \sum_{i=1}^{n} X_i$, dann gilt: $X \sim Bi(n; P)$.
2. Reproduktivität unter der Summenbildung:
   Sind $X_i \sim Bi(n_i; P)$ für $i = 1, 2, \ldots, m$ und unabhängig, dann gilt:
   $X = \sum_{i=1}^{m} X_i \sim Bi(n; P)$ mit $n = \sum_{i=1}^{m} n_i$.

Approximationen:

1. Für $X \sim Bi(n; P)$ mit $n > 10$ und $P < 0{,}05$ gilt: $X \overset{\text{approx}}{\sim} Po(\lambda)$ mit $\lambda = nP$.
2. Für $X \sim Bi(n; P)$ mit $nPQ \geq 9$ gilt: $X \overset{\text{approx}}{\sim} No(\mu; \sigma^2)$ mit $\mu = nP$ und $\sigma^2 = nPQ$.
   Für Approximationen diskreter durch stetige Verteilungen ist die **Stetigkeitskorrektur** zu beachten, z. B. Approximation durch die Normalverteilung bei ganzzahligen Realisationen k_u und k_o:

$$P(k_u \leq X \leq k_o) \approx \Phi\left(\frac{k_o + 0{,}5 - \mu}{\sigma}\right) - \Phi\left(\frac{k_u - 0{,}5 - \mu}{\sigma}\right)$$

$$P(k_u < X < k_o) \approx \Phi\left(\frac{k_o - 0{,}5 - \mu}{\sigma}\right) - \Phi\left(\frac{k_u + 0{,}5 - \mu}{\sigma}\right)$$

Negative Binomialverteilung – $Nb(c; P)$

Ziehen einer Stichprobe mit Zurücklegen bis zur c-ten roten Kugel aus einer dichotomen Urne. Die Zufallsvariable X ist die Anzahl **aller** Ziehungen, mögliche Realisationen von X sind damit $k = c,\ c+1,\ c+2,\ \ldots$.

Wahrscheinlichkeitsfunktion:

$$P(X = k) = \begin{cases} \binom{k-1}{c-1} P^c Q^{k-c} & \text{für } k = c,\ c+1,\ c+2,\ \ldots \\ 0 & \text{sonst} \end{cases}$$

Verteilungsfunktion:

$$F(x) = P(X \leq x) = \sum_{k=c}^{[x]_G} P(X = k)$$

Parameter:

$E(X) = \mu \quad = c/P$

$V(X) = \sigma^2 = cQ/P^2$

Anmerkungen:

1. Die negative Binomialverteilung ist ursprünglich für nicht-ganzzahlige Parameter c konzipiert. Im Rahmen der Urnenmodellverteilungen wird jedoch stets $c \in \mathbb{N}$ vorausgesetzt. Dieser Spezialfall wird **Pascal-Verteilung** genannt.
2. Für $c = 1$ (Ziehen bis zur ersten roten Kugel) heißt die negative Binomialverteilung auch **geometrische Verteilung** mit Wahrscheinlichkeitsfunktion $\mathrm{P}(X = k) = PQ^{k-1}$, $k = 1, 2, 3, \ldots$.

Hypergeometrische Verteilung – $Hy(n; N; M)$

Ziehen einer Stichprobe ohne Zurücklegen von n Kugeln aus einer dichotomen Urne. Die Zufallsvariable X ist die Anzahl der roten Kugeln in der Stichprobe.

Wahrscheinlichkeitsfunktion ($n \leq N,\ M < N$):

$$\mathrm{P}(X = k) = \begin{cases} \dfrac{\binom{M}{k}\binom{N-M}{n-k}}{\binom{N}{n}} & \text{für } \max(0;\ M + n - N) \leq k \leq \min(n; M) \\ 0 & \text{sonst} \end{cases}$$

Verteilungsfunktion:

$$F(x) = \mathrm{P}(X \leq x) = \sum_{k=0}^{[x]_G} \mathrm{P}(X = k)$$

Parameter:

$E(X) = \mu \quad = nP = nM/N$

$V(X) = \sigma^2 = nPQ\dfrac{N-n}{N-1} = n\dfrac{M}{N} \cdot \dfrac{N-M}{N} \cdot \dfrac{N-n}{N-1}$

Approximationen:

1. Für $X \sim Hy(n; N; M)$ mit $0{,}1 < M/N < 0{,}9$ und $n > 10$ und $n/N < 0{,}1$ gilt: $X \overset{\text{approx}}{\sim} Bi(n; P)$ mit $P = M/N$.
2. Für $X \sim Hy(n; N; M)$ mit $M/N \leq 0{,}1$ oder $M/N \geq 0{,}9$ und $n \geq 30$ und $n/N \leq 0{,}1$ gilt: $X \overset{\text{approx}}{\sim} Po(\lambda)$ mit $\lambda = nM/N$.
3. Für $X \sim Hy(n; N; M)$ mit $0{,}1 < M/N < 0{,}9$ und $n > 30$ und $n/N < 0{,}1$ gilt: $X \overset{\text{approx}}{\sim} No(\mu; \sigma^2)$ mit $\mu = n \cdot \dfrac{M}{N}$ und $\sigma^2 = n \cdot \dfrac{M}{N} \cdot \dfrac{N-M}{N} \cdot \dfrac{N-n}{N-1}$.

Multi- oder Polynomialverteilung – $Mn(n; P_1; \ldots; P_m)$

Ziehen einer Stichprobe mit Zurücklegen von n Kugeln aus einer polytomen Urne. Die Zufallsvariablen X_i, $i = 1, \ldots, m$, sind jeweils die Anzahl der Kugeln mit der Farbe i in der Stichprobe.

Wahrscheinlichkeitsfunktion:

$$P(X_1 = k_1, \ldots, X_m = k_m) = n! \prod_{i=1}^{m} \frac{P_i^{k_i}}{k_i!}$$

mit den Parametern $n \in \mathbb{N}$, $0 < P_i < 1$ und $\sum\limits_{i=1}^{m} P_i = 1$

sowie den Realisationen $0 \leq k_i \leq n$ und $\sum\limits_{i=1}^{m} k_i = n$.

Parameter:

$$E(X_i) = \mu_i = nP_i$$

$$V(X_i) = \sigma_i^2 = nP_iQ_i$$

$$Cov(X_i, X_j) = -nP_iP_j;\ i \neq j$$

$$\rho(X_i, X_j) = -\sqrt{\frac{P_iP_j}{(1-P_i)(1-P_j)}};\ i \neq j$$

$$E(X_i | X_j = k_j) = (n - k_j)P_i(1 - P_j)^{-1};\ i \neq j$$

$$V(X_i | X_j = k_j) = (n - k_j)\frac{P_i}{1 - P_j}\,\frac{1 - P_i - P_j}{1 - P_j};\ i \neq j$$

Multivariate hypergeometrische Verteilung – $Mh(n; N; M_1; \ldots; M_m)$

Ziehen einer Stichprobe ohne Zurücklegen von n Kugeln aus einer polytomen Urne. Die Zufallsvariablen X_i, $i = 1, \ldots, m$, sind jeweils die Anzahl der Kugeln mit der Farbe i in der Stichprobe.

Wahrscheinlichkeitsfunktion:

$$P(X_1 = k_1, \ldots, X_m = k_m) = \frac{\prod\limits_{i=1}^{m} \binom{M_i}{k_i}}{\binom{N}{n}}$$

mit den Parametern $n, N, M_i \in \mathbb{N}$, $n \leq N$ und $\sum\limits_{i=1}^{m} M_i = N$

sowie den Realisationen $\max(0;\ n - N + M_i) \leq k_i \leq \min(n;\ M_i)$ und $\sum\limits_{i=1}^{m} k_i = n$.

Parameter ($P_i = M_i/N,\ Q_i = (N - M_i)/N$):

$$E(X_i) = \mu_i = nP_i$$

$$V(X_i) = \sigma_i^2 = nP_iQ_i\frac{N-n}{N-1}$$

$$Cov(X_i, X_j) = -nP_iP_j\frac{N-n}{N-1};\ i \neq j$$

$$\rho(X_i, X_j) = -\sqrt{\frac{P_iP_j}{(1-P_i)(1-P_j)}};\ i \neq j$$

$$E(X_i|X_j = k_j) = (n-k_j)P_i(1-P_j)^{-1};\ i \neq j$$

$$V(X_i|X_j = k_j) = (n-k_j)\frac{P_i}{1-P_j}\,\frac{1-P_i-P_j}{1-P_j}\,\frac{N-M_j-n+k_j}{N-M_j-1};\ i \neq j$$

Verteilungen im Warteschlangenmodell

Poisson-Verteilung – $Po(\lambda)$

(Siméon Denis Poisson, 1781 – 1840)X – Anzahl der Ereignisse in einem gegebenen Zeitintervall

Wahrscheinlichkeitsfunktion:

$$P(X = k) = \begin{cases} \frac{\lambda^k}{k!}e^{-\lambda} & \text{für } k = 0, 1, 2, \ldots \\ 0 & \text{sonst} \end{cases}$$

Verteilungsfunktion:

$$F(x) = P(X \leq x) = \sum_{k=0}^{[x]_G} P(X = k)$$

Parameter:

$E(X) = \mu = \lambda$

$V(X) = \sigma^2 = \lambda$

Reproduktivität unter der Summenbildung:
Sind $X_i \sim Po(\lambda_i)$ für $i = 1, 2, \ldots, m$ und unabhängig, dann gilt:
$X = \sum_{i=1}^{m} X_i \sim Po(\lambda)$ mit $\lambda = \sum_{i=1}^{m} \lambda_i$.

Approximation:

Für $X \sim Po(\lambda)$ mit $\lambda \geq 9$ gilt: $X \overset{\text{approx}}{\sim} No(\mu; \sigma^2)$ mit $\mu = \lambda$ und $\sigma^2 = \lambda$.

Exponentialverteilung – $Ex(\lambda)$

X – Zeit zwischen dem Eintreffen zweier aufeinander folgender POISSON-verteilter Ereignisse

Dichte:

$$f(x) = \begin{cases} \lambda e^{-\lambda x} & \text{für } x \geq 0 \\ 0 & \text{sonst} \end{cases}$$

Verteilungsfunktion:

$$F(x) = P(X \leq x) = \begin{cases} 0 & \text{für } x < 0 \\ 1 - e^{-\lambda x} & \text{für } x \geq 0 \end{cases}$$

Perzentilsfunktion:

$$F^{-1}(P) = x_P = -\ln(1 - P)/\lambda,\ 0 < P < 1$$

Parameter:

$E(X) = \mu \;= 1/\lambda$

$V(X) = \sigma^2 = 1/\lambda^2$

Gamma- oder ERLANG-Verteilung – $Ga(\lambda; c)$

(AGNER KRARUP ERLANG, 1878 – 1919)

X – Zeit zwischen dem Eintreffen eines und des c-ten darauf folgenden POISSON-verteilten Ereignisses, $c = 1, 2, \ldots$

Dichte der Gamma-Verteilung ($c \in \mathbb{R}^+$):

$$f(x) = \begin{cases} \dfrac{\lambda(\lambda x)^{c-1} \exp(-\lambda x)}{\Gamma(c)} & \text{für } x > 0 \\ 0 & \text{sonst} \end{cases}$$

Für $c \in \mathbb{N}$ spricht man von einer ERLANG-Verteilung. Sie hat die Verteilungsfunktion

$$F(x) = P(X \leq x) = \begin{cases} 1 - e^{-\lambda x} \displaystyle\sum_{i=0}^{c-1} \frac{(\lambda x)^i}{i!} & \text{für } x \geq 0 \\ 0 & \text{für } x < 0 \end{cases}$$

Parameter:

$E(X) = \mu \;= c/\lambda$

$V(X) = \sigma^2 = c/\lambda^2$

Anmerkung:

Sind $X_i \sim Ex(\lambda)$ für $i = 1, 2, \ldots, c$ und unabhängig, dann gilt: $X = \sum_{i=1}^{c} X_i \sim Ga(\lambda; c)$

Normalverteilung und verwandte Verteilungen

Eindimensionale Normalverteilung – $No(\mu; \sigma^2)$

Dichte:

$$f(x) = \frac{1}{\sigma\sqrt{2\pi}} \exp\left(-\frac{(x-\mu)^2}{2\sigma^2}\right); \quad x \in \mathbb{R},\ \mu \in \mathbb{R},\ \sigma \in \mathbb{R}^+$$

Verteilungsfunktion:

$$F(x) = \mathrm{P}(X \leq x) = \Phi\left(\frac{x-\mu}{\sigma}\right)$$

$U = (X - \mu)/\sigma \sim No(0; 1)$ – standardnormalverteilte Zufallsvariable

Parameter:

$E(X) = \mu$

$V(X) = \sigma^2$

$x_{0,5} = \mu$

$x_{0,8413} = \mu + \sigma$

$x_P = \mu + u_P\,\sigma$, mit u_P Perzentil der Standard-Normalverteilung

Anmerkungen:

1. Für standardnormalverteilte Zufallsvariablen $U \sim No(0; 1)$ gilt: $\Phi(-u) = 1 - \Phi(u)$ und $-u_P = u_{1-P}$.
2. Reproduktivität unter der Summenbildung: Sind $X_i \sim No(\mu_i; \sigma_i^2)$ für $i = 1, 2, \ldots, n$ und unabhängig, dann gilt: $X = \sum_{i=1}^{n} X_i \sim No(\mu; \sigma^2)$ mit $\mu = \sum_{i=1}^{n} \mu_i$ und $\sigma^2 = \sum_{i=1}^{n} \sigma_i^2$.
3. Das arithmetische Mittel von n unabhängig und identisch normalverteilten Zufallsvariablen $X_i \overset{iid}{\sim} No(\mu; \sigma^2)$ ist wieder normalverteilt: $\overline{X} \sim No(\mu; \sigma^2/n)$

Lognormale Verteilung – $Ln(\mu^*; \sigma^{*2})$

Dichte:

$$f(x) = \begin{cases} \dfrac{1}{\sigma^*\sqrt{2\pi}} \dfrac{1}{x} \exp\left(-\dfrac{(\ln x - \mu^*)^2}{2\sigma^{*2}}\right) & \text{für } x > 0 \\ 0 & \text{sonst} \end{cases}$$

Verteilungsfunktion:

$$F(x) = \mathrm{P}(X \leq x) = \Phi\left(\frac{\ln x - \mu^*}{\sigma^*}\right)$$

Parameter:

$$
\begin{aligned}
E(X) &= \mu && = \exp(\mu^* + \sigma^{*2}/2) \\
V(X) &= \sigma^2 && = \exp(2\mu^* + \sigma^{*2})\left(\exp(\sigma^{*2}) - 1\right) \\
E(\ln X) &= \mu^* && = \ln\left(\frac{\mu^2}{\sqrt{\mu^2 + \sigma^2}}\right) \\
V(\ln X) &= \sigma^{*2} && = \ln\left(\frac{\sigma^2}{\mu^2} + 1\right) \\
\widetilde{x} &= \exp(\mu^*) \\
x_d &= \exp(\mu^* - \sigma^{*2})
\end{aligned}
$$

Anmerkungen:

1. Ist $X \sim Ln(\mu^*; \sigma^{*2})$, dann ist $Y = \ln X \sim No(\mu^*; \sigma^{*2})$.
2. Reproduktivität unter der Produktbildung:
   Sind $X_i \sim Ln(\mu_i^*; \sigma_i^{*2})$ für $i = 1, 2, \ldots, n$ und unabhängig, dann gilt:
   $X = \prod\limits_{i=1}^{n} X_i \sim Ln(\mu^*; \sigma^{*2})$ mit $\mu^* = \sum\limits_{i=1}^{n} \mu_i^*$ und $\sigma^{*2} = \sum\limits_{i=1}^{n} \sigma_i^{*2}$.
3. Das geometrische Mittel von n unabhängig und identisch lognormalverteilten Zufallsvariablen $X_i \overset{iid}{\sim} Ln(\mu^*; \sigma^{*2})$ ist wieder lognormalverteilt: $\overline{X}_g \sim Ln(\mu^*; \sigma^{*2}/n)$

Zweidimensionale Normalverteilung – $Nz(\mu_X; \mu_Y; \sigma_X^2; \sigma_Y^2; \rho)$

Dichte:

$$
f(x,y) = \frac{1}{2\pi\sigma_X\sigma_Y\sqrt{1-\rho^2}} \cdot \exp\left(-\frac{1}{2(1-\rho)^2}\left[\left(\frac{x-\mu_X}{\sigma_X}\right)^2 - 2\rho\frac{x-\mu_X}{\sigma_X}\frac{y-\mu_Y}{\sigma_Y} + \left(\frac{y-\mu_Y}{\sigma_Y}\right)^2\right]\right)
$$

mit $x, y \in \mathbb{R}$; $\mu_x, \mu_Y \in \mathbb{R}$; $\sigma_X, \sigma_Y \in \mathbb{R}^+$; $-1 < \rho < 1$

Parameter:

$$
\begin{aligned}
E(X) &= \mu_X \\
V(X) &= \sigma_X^2 \\
E(Y) &= \mu_Y \\
V(Y) &= \sigma_Y^2 \\
Cov(X,Y) &= \sigma_X\sigma_Y\rho \\
\rho(X,Y) &= \rho
\end{aligned}
$$

(Zentrale) χ^2-Verteilung – $\chi^2(\nu)$

Dichte ($\nu \in \mathbb{N}$):

$$f(x) = \begin{cases} \dfrac{1}{2^{\nu/2}\Gamma(\nu/2)} x^{(\nu/2)-1}\, \mathrm{e}^{-x/2} & \text{für } x \geq 0 \\ 0 & \text{sonst} \end{cases}$$

Verteilungsfunktion:

$$F(x) = \mathrm{P}(X \leq x) = \int_0^x f(u)\,\mathrm{d}u, \quad x \geq 0$$

Parameter:

$E(X) = \mu \;\; = \nu$

$V(X) = \sigma^2 = 2\nu$

Anmerkungen:

1. Reproduktivität unter der Summenbildung:
   Sind $X_i \sim \chi^2(\nu_i)$ für $i = 1, 2, \ldots, n$ und unabhängig, dann gilt:
   $X = \sum\limits_{i=1}^{n} X_i \sim \chi^2(\nu)$ mit $\nu = \sum\limits_{i=1}^{n} \nu_i$.
2. Sind $X_i \overset{iid}{\sim} No(\mu; \sigma^2)$ für $i = 1, 2, \ldots, n$, dann gilt:
   $$Y = \frac{\sum\limits_{i=1}^{n}(X_i - \mu)^2}{\sigma^2} = \frac{n\widetilde{S}^2}{\sigma^2} \sim \chi^2(n) \text{ mit } \widetilde{S}^2 = \frac{1}{n}\sum_{i=1}^{n}(X_i - \mu)^2.$$
3. Sind $X_i \overset{iid}{\sim} No(\mu; \sigma^2)$ für $i = 1, 2, \ldots, n$, dann gilt:
   $$Y = \frac{\sum\limits_{i=1}^{n}(X_i - \overline{X})^2}{\sigma^2} = \frac{(n-1)S^2}{\sigma^2} \sim \chi^2(n-1)$$
   mit $S^2 = \dfrac{1}{n-1}\sum\limits_{i=1}^{n}(X_i - \overline{X})^2$ und $\overline{X} = \dfrac{1}{n}\sum\limits_{i=1}^{n} X_i$.

Approximation:

Für $X \sim \chi^2(\nu)$ mit $\nu > 100$ gilt: $X \overset{\text{approx}}{\sim} No(\mu; \sigma^2)$ mit $\mu = \nu$ und $\sigma^2 = 2\nu$.

Für Perzentile $\chi^2_{\nu;P}$ der χ^2-Verteilung mit $\nu > 100$ gilt approximativ:

$\chi^2_{\nu;P} \approx 0{,}5(u_P + \sqrt{2\nu - 1})^2$ mit u_P Perzentil der Standard-Normalverteilung.

(Zentrale) t-Verteilung – $t(\nu)$

Dichte ($\nu \in \mathbb{N}$):

$$f(x) = \frac{\Gamma\left(\frac{\nu+1}{2}\right)}{\sqrt{\nu\pi}\,\Gamma(\nu/2)}\left(1+\frac{x^2}{\nu}\right)^{-(\nu+1)/2} \quad ; \quad x \in \mathbb{R}$$

Verteilungsfunktion:

$$F(x) = \mathrm{P}(X \leq x) = \int_{-\infty}^{x} f(u)\,\mathrm{d}u$$

Parameter:

$E(X) = \mu \ = 0$ für $\nu \geq 2$

$V(X) = \sigma^2 = \nu/(\nu-2)$ für $\nu \geq 3$

Anmerkungen:

1. Für Perzentile der t-Verteilung gilt: $t_{\nu;P} = -t_{\nu;1-P}$.
2. Sind $X_i \overset{iid}{\sim} No(\mu;\sigma^2)$ für $i = 1, 2, \ldots, n$, dann gilt:
   $Y = \dfrac{\overline{X}-\mu}{S}\sqrt{n} \sim t(n-1)$ mit $S^2 = \dfrac{1}{n-1}\sum_{i=1}^{n}(X_i - \overline{X})^2$ und $\overline{X} = \dfrac{1}{n}\sum_{i=1}^{n} X_i$.

Approximation:

Für $X \sim t(\nu)$ mit $\nu > 100$ gilt: $X \overset{\text{approx}}{\sim} No(\mu;\sigma^2)$ mit $\mu = 0$ und $\sigma^2 = 1$.

Für Perzentile $t_{\nu;P}$ der t-Verteilung mit $\nu > 200$ gilt approximativ:
$t_{\nu;P} \approx u_P$ mit u_P Perzentil der Standard-Normalverteilung.

(Zentrale) F-Verteilung – $Fi(\nu_1;\nu_2)$

Dichte ($\nu_1, \nu_2 \in \mathbb{N}$):

$$f(x) = \frac{\Gamma\left(\frac{\nu_1+\nu_2}{2}\right)}{\Gamma\left(\frac{\nu_1}{2}\right)\Gamma\left(\frac{\nu_2}{2}\right)}\left(\frac{\nu_1}{\nu_2}\right)^{\nu_1/2}\frac{x^{(\nu_1/2)-1}}{(1+\nu_1 x/\nu_2)^{(\nu_1+\nu_2)/2}}; \quad x \geq 0$$

Verteilungsfunktion:

$$F(x) = \mathrm{P}(X \leq x) = \int_{0}^{x} f(u)\ \mathrm{d}u,\ x \geq 0$$

Parameter:

$$E(X) = \mu \quad = \nu_2/(\nu_2 - 2) \text{ für } \nu_2 \geq 3$$

$$V(X) = \sigma^2 = \frac{2\nu_2^2(\nu_1 + \nu_2 - 2)}{\nu_1(\nu_2 - 2)^2(\nu_2 - 4)} \text{ für } \nu_2 \geq 5$$

Anmerkung:

1. Ist $X \sim Fi(\nu_1; \nu_2)$, so ist $1/X \sim Fi(\nu_2; \nu_1)$ und es gilt für die Perzentile: $x_{\nu_1;\nu_2;P} = 1/x_{\nu_2;\nu_1;1-P}$.
2. Sind $X_i \overset{iid}{\sim} No(\mu_X; \sigma_X^2)$ für $i = 1, 2, \ldots, n$ und $Y_j \overset{iid}{\sim} No(\mu_Y; \sigma_Y^2)$ für $j = 1, 2, \ldots, m$, dann gilt:

$$Z = \frac{S_X^2/\sigma_X^2}{S_Y^2/\sigma_Y^2} \sim Fi(n-1; m-1) \text{ und } Z^* = \frac{S_X^{*2}/\sigma_X^2}{S_Y^{*2}/\sigma_Y^2} \sim Fi(n; m)$$

mit $S_X^{*2} = \frac{1}{n}\sum_{i=1}^{n}(X_i - \mu_X)^2$ bzw. $S_X^2 = \frac{1}{n-1}\sum_{i=1}^{n}(X_i - \overline{X})^2$ und $\overline{X} = \frac{1}{n}\sum_{i=1}^{n} X_i$.

(Analog für S_Y^2 bzw. S_Y^{*2}.)

3 Inferenz

3.1 Punktschätzung

Bezeichnungen

Die Verteilung der Zufallsvariable X hängt von einem oder mehreren Parametern, $\Theta_1, \ldots, \Theta_m$, ab. Im Folgenden wird von $m = 1$ ausgegangen und der Parameter Θ genannt. Die Formeln und Erläuterungen können jedoch analog auf $m > 1$ angewandt werden.

Wenn der Parameter Θ unbekannt ist, kann eine Stichprobe vom Umfang $n \in \mathbb{N}$ aus der Grundgesamtheit gezogen und aus dem Stichprobenergebnis auf den Wert von Θ geschlossen werden. Dabei sind

- $\vec{X} = (X_1, \ldots, X_n)$ – Stichprobenvektor,
- $\vec{x} = (x_1, \ldots, x_n)$ – Realisation des Stichprobenvektors,
- $\Psi(\vec{X}) = \Psi(X_1, \ldots, X_n)$ – Stichprobenfunktion, z. B. Stichprobenmittelwert, Stichprobenvarianz,
- $\widehat{\Theta}_n = \Psi(X_1, \ldots, X_n)$ – Schätzfunktion, Schätzer für den Parameter Θ
- $\widehat{\vartheta}_n = \Psi(x_1, \ldots, x_n)$ – Schätzwert, Realisation der Schätzfunktion $\widehat{\Theta}_n$.

Sofern die **Stichprobenziehungen unabhängig** voneinander erfolgen, d. h. X_i i.i.d. für $i = 1, \ldots, n$, gelten für die

- **gemeinsame Verteilungsfunktion** von $\vec{X}$:

$$F(\vec{x} \,|\Theta) = \mathrm{P}(X_1 \leq x_1, \ldots, X_n \leq x_n \,|\Theta) = \prod_{i=1}^{n} F(x_i \,|\Theta)$$

- **gemeinsame Dichte** von $\vec{X}$, falls X_i stetig:

$$f(\vec{x} \,|\Theta) = f(x_1, \ldots, x_n \,|\Theta) = \prod_{i=1}^{n} f(x_i \,|\Theta)$$

- **gemeinsame Wahrscheinlichkeitsfunktion** von $\vec{X}$, falls X_i diskret:

$$P(\vec{X} = \vec{x} \,|\Theta) = P(X_1 = x_1, \ldots, X_n = x_n \,|\Theta) = \prod_{i=1}^{n} P(X_i = x_i \,|\Theta)$$

Einige Eigenschaften von Schätzern

Erwartungstreue, Mediantreue

Eine Schätzfunktion $\widehat{\Theta}_n$ für Θ heißt **erwartungstreu** (**unverzerrt, unbiased**), wenn

$$E(\widehat{\Theta}_n) = \Theta \;\; \forall\, n \in \mathbb{N}.$$

gilt. Die Differenz

$$B(\widehat{\Theta}_n) := E(\widehat{\Theta}_n) - \Theta$$

heißt **Verzerrung (Bias)** und ist der **systematische Schätzfehler**:

$$B(\widehat{\Theta}_n) \begin{cases} < 0 & \text{systematische Unterschätzung,} \\ = 0 & \text{Unverzerrtheit,} \\ > 0 & \text{systematische Überschätzung.} \end{cases}$$

Ein Schätzer $\widehat{\Theta}_n$ mit $B(\widehat{\Theta}_n) \neq 0$ heißt **asymptotisch erwartungstreu** (**asymptotisch unverzerrt**), wenn

$$\lim_{n \to \infty} E(\widehat{\Theta}_n) = \Theta \qquad \text{bzw.} \qquad \lim_{n \to \infty} B(\widehat{\Theta}_n) = \lim_{n \to \infty} E(\widehat{\Theta}_n - \Theta) = 0.$$

Eine Schätzfunktion $\widehat{\Theta}_n$ für Θ heißt **mediantreu**, wenn

$$P(\widehat{\Theta}_n \leq \Theta) = 0{,}5,$$

d. h. wenn Θ der Median der Verteilung von $\widehat{\Theta}_n$ ist.

Effizienz

Die gesamte Abweichung einer Schätzung wird mit dem **mittleren quadratischen Fehler** (= MSE, mean squared error) erfasst:

$$\begin{aligned} MSE(\widehat{\Theta}_n) := \;& E\left[(\widehat{\Theta}_n - \Theta)^2\right] \\ =\;& \underbrace{E\left[(\widehat{\Theta}_n - E(\widehat{\Theta}_n))^2\right]} + \underbrace{(E(\widehat{\Theta}_n) - \Theta)^2} \\ =\;& \qquad V(\widehat{\Theta}_n) \qquad\qquad + \quad B^2(\widehat{\Theta}_n) \end{aligned}$$

- Sind $\widehat{\Theta}_n^{(1)}$ und $\widehat{\Theta}_n^{(2)}$ zwei **erwartungstreue** Schätzer, dann heißt $\widehat{\Theta}_n^{(1)}$ **effizienter** (wirksamer) als $\widehat{\Theta}_n^{(2)}$, wenn

$$V\big(\widehat{\Theta}_n^{(1)}\big) < V\big(\widehat{\Theta}_n^{(2)}\big).$$

- Der erwartungstreue Schätzer mit der kleinst möglichen Varianz heißt **absolut effizient** oder **wirksamst**.

Konsistenz

Eine Schätzfunktion $\widehat{\Theta}_n$ für Θ heißt **konsistent**, wenn für $\widehat{\Theta}_n$ ein Gesetz der großen Zahlen gilt, d. h. $\widehat{\Theta}_n$ stochastisch gegen Θ konvergiert, etwa

- **einfach (schwach) konsistent**

$$\lim_{n\to\infty} \mathrm{P}(|\widehat{\Theta}_n - \Theta| > \varepsilon) = 0 \ \forall \varepsilon > 0 \quad \text{kurz: } \operatorname{plim}(\widehat{\Theta}_n) = \Theta;$$

- **konsistent im** MSE $\lim\limits_{n\to\infty} MSE(\widehat{\Theta}_n) = 0;$
- **stark konsistent** $\mathrm{P}\Big(\lim\limits_{n\to\infty} \widehat{\Theta}_n = \Theta\Big) = 1.$

Hinweise:

1. Wenn $\lim\limits_{n\to\infty} E(\widehat{\Theta}_n) = \Theta$ und $\lim\limits_{n\to\infty} V(\widehat{\Theta}_n) = 0$ sind, dann ist $\widehat{\Theta}_n$ MSE-konsistent.
2. Aus MSE-Konsistenz folgt $\operatorname{plim}(\widehat{\Theta}_n) = \Theta$.

Linearität

Eine Schätzfunktion $\widehat{\Theta}_n$ für Θ heißt **linear**, wenn $\widehat{\Theta}_n$ eine Linearkombination der X_i ist:

$$\widehat{\Theta}_n = a_0 + \sum_{i=1}^{n} a_i X_i \quad \text{mit} \quad a_0, a_i \in \mathbb{R} \ \forall\, i.$$

Eine Schätzfunktion heißt **BLU-Schätzer**, wenn sie

1. erwartungstreu (= **u**nverzerrt),
2. **l**inear und
3. am **b**esten ist; d. h. unter allen linearen und erwartungstreuen Schätzern die kleinste Varianz hat.

Normalität

Eine Schätzfunktion $\widehat{\Theta}_n$ für Θ heißt

- **normal**, wenn
$$\frac{\widehat{\Theta}_n - \mathrm{E}(\widehat{\Theta}_n)}{\sqrt{V(\widehat{\Theta}_n)}} \sim No(0;1);$$
- **asymptotisch normal**, wenn für $\widehat{\Theta}_n$ der zentrale Grenzwertsatz gilt:
$$\frac{\widehat{\Theta}_n - E(\widehat{\Theta}_n)}{\sqrt{V(\widehat{\Theta}_n)}} \overset{\text{asymp}}{\sim} No(0;1).$$
- **BAN**, wenn sie den **b**esten **a**symptotisch **n**ormalen Schätzer liefert, d. h. unter allen asymptotisch normalverteilten und erwartungstreuen Schätzern die kleinste Varianz hat.

Robustheit

Eine Schätzfunktion $\widehat{\Theta}_n$ für Θ heißt **robust**, wenn sie nicht sensibel auf Ausreißer reagiert. Als **Ausreißer** werden extreme Werte außerhalb eines aufgrund der zugrundeliegenden Verteilung der Grundgesamtheit erwarteten Wertebereichs bezeichnet.

Konstruktionsprinzipien für Schätzfunktionen

Momentenmethode

Das r**-te Stichprobenmoment** um Null

$$\overline{X_n^r} := \frac{1}{n}\sum_{i=1}^{n} X_i^r; \quad X_i \; iid; \quad r = 1,2,\ldots$$

schätzt das korrespondierende **Grundgesamtheitsmoment** um Null

$$\mu_r' = E(X^r)$$

erwartungstreu als

$$\widehat{\mu_r'} = \overline{X_n^r}.$$

Die Grundgesamtheitsmomente stehen in einem funktionalen Zusammenhang zu den Verteilungsparametern. Zur Schätzung der Parameter können die Stichprobenmomente in diese Funktionen eingesetzt und die Funktionen nach den Parametern aufgelöst werden.

Perzentilsmethode

Die **Perzentilsmethode** (Methode der Quantile oder der geordneten Stichprobenvariablen) arbeitet statt mit den Nullmomenten mit den Perzentilen.

Das Perzentil x_P einer **stetigen** Zufallsvariablen X mit der Dichte $f(x)$ wird durch das korrespondierende Perzentil in der Stichprobe, oft nach der Formel

$$\widehat{X}_P = X_{<[nP]_G+1>}, \quad [\cdot]_G \text{ – GAUSS-Klammer-Funktion,}$$

geschätzt. Die Perzentile der Grundgesamtheit stehen in einem funktionalen Zusammenhang zu den Verteilungsparametern. Zur Schätzung der Parameter können die Perzentile der Stichproben in diese Funktionen eingesetzt und die Funktionen nach den Parametern aufgelöst werden.

Maximum-Likelihood-Methode

Bei einer einfachen Stichprobe ist die **Likelihood-Funktion** definiert als

$$L(\Theta \mid \vec{x}) := \begin{cases} \prod\limits_{i=1}^{n} f(x_i \mid \Theta) & \text{– } X \text{ stetig,} \\ \prod\limits_{i=1}^{n} \mathrm{P}(X = x_i \mid \Theta) & \text{– } X \text{ diskret.} \end{cases}$$

Der Parameter Θ wird mit derjenigen Schätzfunktion $\widehat{\Theta}$ geschätzt, deren Wert bei gegebener Stichprobenrealisation $\vec{x}$ die Likelihood-Funktion $L(\Theta \mid \vec{x})$ maximiert.

Falls $L(\Theta \mid \vec{x})$ partiell nach Θ differenzierbar ist und kein Randoptimum vorliegt, wird das Maximum mithilfe des Differenzialkalküls ermittelt. Dazu wird die erste Ableitung von $L(\Theta \mid \vec{x})$ nach Θ bestimmt, diese gleich Null gesetzt und die Gleichung nach Θ aufgelöst. Zur Vereinfachung der Ableitung kann die Likelihood-Funktion zuvor logarithmiert werden:

$L^*(\Theta \mid \vec{x}) = \ln\left(L(\Theta \mid \vec{x})\right)$ heißt dann **Log-Likelihood-Funktion**.

3.2 Intervallschätzung

Prognoseintervalle

Ein **Prognoseintervall** PI (syn.: **Zufallsstreubereich**, **Schwankungsintervall**) ist ein in Lage und Breite **fester Bereich**, in dem ein vorgegebener Anteil $1-\alpha$ aller Realisationen $\widehat{\vartheta}_n$ von $\widehat{\Theta}_n$ liegen wird. $1-\alpha$ heißt **Aussagewahrscheinlichkeit** oder **statistische Sicherheit**.

Man unterscheidet

- zentrale Prognoseintervalle,

$$\vartheta_{n;\alpha/2} \leq \widehat{\Theta}_n \leq \vartheta_{n;1-\alpha/2},$$

  d. h. $P\big(\vartheta_{n;\alpha/2} \leq \widehat{\Theta}_n \leq \vartheta_{n;1-\alpha/2}\big) = 1-\alpha$,
- einseitig nach oben beschränkte Prognoseintervalle,

$$\widehat{\Theta}_n \leq \vartheta_{n;1-\alpha},$$

- einseitig nach unten beschränkte Prognoseintervalle,

$$\widehat{\Theta}_n \geq \vartheta_{n;\alpha}.$$

Schätzfehlerintervalle

Absoluter Schätzfehler

Die Zufallsvariable

$$\varepsilon := \widehat{\Theta}_n - \Theta$$

heißt **linearer** (absoluter) **Schätzfehler**. Die Verteilung von ε ist gegenüber der von $\widehat{\Theta}_n$ um Θ parallel nach links verschoben.

Schätzfehlerintervalle sind Prognoseintervalle, hier für den absoluten Schätzfehler:

- zentrales Schätzfehlerintervall,

$$\vartheta_{n;\alpha/2} - \Theta \leq \varepsilon \leq \vartheta_{n;1-\alpha/2} - \Theta,$$

- einseitig oben begrenztes Schätzfehlerintervall,

$$\varepsilon \leq \vartheta_{n;1-\alpha} - \Theta,$$

- einseitig unten begrenztes Schätzfehlerintervall,

$$\vartheta_{n;\alpha} - \Theta \leq \varepsilon.$$

Relativer Schätzfehler

Die Zufallsvariable

$$\varepsilon_r := \frac{\widehat{\Theta}_n - \Theta}{\Theta}$$

heißt **relativer Schätzfehler** mit den **Schätzfehlerintervallen**:

- zentrales Schätzfehlerintervall,

$$\frac{\vartheta_{n;\alpha/2} - \Theta}{\Theta} \leq \varepsilon_r \leq \frac{\vartheta_{n;1-\alpha/2} - \Theta}{\Theta},$$

- einseitig oben begrenztes Schätzfehlerintervall,

$$\varepsilon_r \leq \frac{\vartheta_{n;1-\alpha} - \Theta}{\Theta},$$

- einseitig unten begrenztes Schätzfehlerintervall,

$$\frac{\vartheta_{n;\alpha} - \Theta}{\Theta} \leq \varepsilon_r .$$

Erforderlicher Stichprobenumfang

In der folgenden Tabelle sind Formeln für den erforderlichen Stichprobenumfang zur Schätzung von P bzw. μ zusammengestellt, die auf der Normalapproximation der Verteilung von $\widehat{P}$ bzw. $\widehat{\mu}$ basieren. Zur Auswertung benötigt man präsumtive Werte für μ, σ und P. Bei Vorgabe des absoluten Fehlers ε sollte man P in Richtung auf 0,5 ansetzen, bei Vorgabe des relativen Fehlers ε_r in Richtung auf 0. $u = u_{1-\alpha/2}$ ist das Perzentil der Ordnung $1 - \alpha/2$ der Standard-Normalverteilung.

Fall	Stichprobe mit Zurücklegen	Stichprobe ohne Zurücklegen
$\boxed{\Theta = P}$		
ε gegeben	$n \geq \frac{u^2 P(1-P)}{\varepsilon^2}$	$n \geq \frac{N u^2 P(1-P)}{u^2 P(1-P) + (N-1)\varepsilon^2}$
ε_r gegeben	$n \geq \frac{u^2(1-P)}{\varepsilon_r^2 P}$	$n \geq \frac{N u^2 (1-P)}{u^2(1-P) + (N-1)\varepsilon_r^2 P}$
$\boxed{\Theta = \mu}$		
ε gegeben	$n \geq \frac{u^2\sigma^2}{\varepsilon^2}$	$n \geq \frac{N u^2 \sigma^2}{u^2\sigma^2 + (N-1)\varepsilon^2}$
ε_r gegeben	$n \geq \frac{u^2\sigma^2}{\varepsilon_r^2 \mu^2}$	$n \geq \frac{N u^2 \sigma^2}{u^2\sigma^2 + (N-1)\varepsilon_r^2 \mu^2}$

Konfidenzintervalle

Ein **Konfidenzintervall** KI (syn. **Vertrauens-**, **Mutungsintervall**) ist ein in Lage und/oder Breite **zufälliger Bereich**, der den unbekannten Parameter Θ mit Wahrscheinlichkeit $1 - \alpha$ überdeckt. $1 - \alpha$ heißt **Konfidenzniveau**.

Man unterscheidet

- zentrale Konfidenzintervalle,

$$\widehat{\Theta}_{n;\alpha/2} \leq \Theta \leq \widehat{\Theta}_{n;1-\alpha/2},$$

- einseitig nach oben beschränkte Konfidenzintervalle,

$$\Theta \leq \widehat{\Theta}_{n;1-\alpha},$$

- einseitig nach unten beschränkte Konfidenzintervalle,

$$\widehat{\Theta}_{n;\alpha} \leq \Theta.$$

Beispiele für zentrale Konfidenzintervalle

1. **Erwartungswert μ einer Normalverteilung**
   - bei bekanntem σ^2: $\overline{X}_n - u_{1-\alpha/2}\dfrac{\sigma}{\sqrt{n}} \leq \mu \leq \overline{X}_n + u_{1-\alpha/2}\dfrac{\sigma}{\sqrt{n}}$
   - bei unbekanntem σ^2: $\overline{X}_n - t_{n-1;1-\alpha/2}\dfrac{S_n}{\sqrt{n}} \leq \mu \leq \overline{X}_n + t_{n-1;1-\alpha/2}\dfrac{S_n}{\sqrt{n}}$

   mit $S_n^2 = \dfrac{1}{n-1}\sum_{i=1}^{n}(X_i - \overline{X}_n)^2 = \dfrac{1}{n-1}\sum_{i=1}^{n} X_i^2 - \dfrac{n}{n-1}\overline{X}_n^2$

2. **Varianz σ^2 einer Normalverteilung**
   - bei bekanntem μ mit $\widetilde{S}_n^2 = \dfrac{1}{n}\sum_{i=1}^{n}(X_i - \mu)^2$:

   $$\frac{n\widetilde{S}_n^2}{\chi^2_{n;1-\alpha/2}} \leq \sigma^2 \leq \frac{n\widetilde{S}_n^2}{\chi^2_{n;\alpha/2}}$$

   - bei unbekanntem μ mit $S_n^2 = \dfrac{1}{n-1}\sum_{i=1}^{n}(X_i - \overline{X}_n)^2 = \dfrac{1}{n-1}\sum_{i=1}^{n} X_i^2 - \dfrac{n}{n-1}\overline{X}_n^2$:

   $$\frac{(n-1)S_n^2}{\chi^2_{n-1;1-\alpha/2}} \leq \sigma^2 \leq \frac{(n-1)S_n^2}{\chi^2_{n-1;\alpha/2}}$$

3. **Anteil P einer Bernoulli-Verteilung**
   - approximativ mit der Normalverteilung unter Verwendung des zufälligen Stichprobenanteils $\Pi_n = X_n^T/n$ und $u = u_{1-\alpha/2}$:

   $$\frac{\Pi_n + \dfrac{u^2}{2n} - u\sqrt{\dfrac{\Pi_n(1-\Pi_n)}{n} + \dfrac{u^2}{4n^2}}}{1 + \dfrac{u^2}{n}} \leq P \leq \frac{\Pi_n + \dfrac{u^2}{2n} + u\sqrt{\dfrac{\Pi_n(1-\Pi_n)}{n} + \dfrac{u^2}{4n^2}}}{1 + \dfrac{u^2}{n}}$$

   - vereinfacht, wenn $u^2/n \ll 1$, $u^2/(2n) \ll \Pi_n$, $u^2/(4n) \ll \Pi_n(1-\Pi_n)$ mit $u = u_{1-\alpha/2}$:

   $$\Pi_n - u\sqrt{\frac{\Pi_n(1-\Pi_n)}{n}} \leq P \leq \Pi_n + u\sqrt{\frac{\Pi_n(1-\Pi_n)}{n}}$$

4. **Parameter λ einer Poisson-Verteilung**
   - exakt (Verwendung der zentralen χ^2-Verteilung) mit X_n^T als Anzahl der beobachteten Ereignisse und $f^* = 2X_n^T$ sowie $f = 2(X_n^T + 1)$:
     $$\frac{1}{2}\chi^2_{f^*;\alpha/2} \leq \lambda \leq \frac{1}{2}\chi^2_{f;1-\alpha/2}$$
   - vereinfacht, wenn $u^2/2 \ll X_n^T$, approximativ mit der Normalverteilung und $u = u_{1-\alpha/2}$:
     $$X_n^T - u\sqrt{X_n^T} \leq \lambda \leq X_n^T + u\sqrt{X_n^T}$$

3.3 Testtheorie

Grundlagen der Testtheorie

Ablauf eines Signifikanztests

1. Formulierung einer **Nullhypothese H_0** und einer **Alternativhypothese H_1**.
2. Wahl des Stichprobenumfangs n.
3. Festlegen einer Stichprobenfunktion $G_n := \Psi(\vec{X})$ als **Prüfgröße** (**Testgröße**) mit günstigen statistischen Eigenschaften.
4. Wahl des **Signifikanzniveaus** α.
5. Zerlegung des Wertebereichs der Testfunktion G_n in in zwei disjunkte Mengen, den **Ablehnbereich** K_α (**kritischer Bereich**) und den **Annahmebereich** $\overline{K}_\alpha$, so dass
   $$\mathrm{P}(G_n \in K_\alpha \mid H_0) \leq \alpha .$$
   Besteht K_α aus *einem* Intervall, heißt der Test **einseitig**. Wird K_α durch $\overline{K}_\alpha$ in zwei Intervalle aufgeteilt, heißt der Test **zweiseitig**.
6. Stichprobenziehung und Auswertung der Prüfgröße $G_n = \Psi(\vec{X})$ mit dem realisierten Stichprobenvektor $\vec{x}$ zu $g_n = \Psi(\vec{x})$.
7. Testentscheidung:
   $g \in K_\alpha \;\Rightarrow\; H_0$ wird auf dem Niveau α abgelehnt.
   $g \in \overline{K}_\alpha \;\Rightarrow\; H_0$ kann nicht abgelehnt werden.

Statt Schritt 5 bis 7 kann auch wie folgt verfahren werden:

5a. Wie 6. oben.

6a. Berechnung des **empirischen Signifikanzniveaus** α_{emp} als Wahrscheinlichkeit dafür, eine Teststatistik gleich oder extremer als die realisierte Testgröße g zu erhalten, wenn die Nullhypothese H_0 wahr ist.

7a. H_0 wird auf dem Niveau α verworfen, wenn $\alpha_{\text{emp}} \leq \alpha$.

Hypothesenformulierung

Beim Signifikanztest ist die **Nullhypothese** H_0 diejenige Hypothese, die verworfen (d. h. als Null und nichtig erwiesen) werden soll, wobei die Wahrscheinlichkeit einer irrtümlichen Ablehnung mit maximal α unter Kontrolle ist. Damit dies erreicht werden kann, ist die Hypothesenformulierung wie folgt vorzunehmen:

1. Man formuliert als H_1 das, was gezeigt werden soll bzw. als H_0 das, was widerlegt werden soll.
2. Man macht den Fehler mit dem größeren Verlust (Risiko) zum Fehler 1. Art, d. h. man wähle H_1 so, dass unter H_1 „nicht viel schief gehen kann".
3. Man formuliert H_1 so, dass es im Interesse des Prüfers liegt, H_1 nachzuweisen und H_0, die gegnerische Behauptung, zu widerlegen.
4. Zweiseitiger Test: Sollwert(e) (z. B. $\mu = \mu_0$) werden unter H_0 angegeben.

Richtige Entscheidungen und Fehlentscheidungen

Je nach Ausgang der Stichprobe und dem damit realisierten Wert der Prüfgröße g und der tatsächlich vorliegenden (aber zumeist unbekannten) Ausgangssituation sind bestimmte Entscheidungsalternativen möglich, die zusammen mit den zugehörigen Wahrscheinlichkeiten in der folgenden Tabelle aufgeführt werden.

Realität ⟶ Entscheidung ↓	H_0 trifft zu.	H_1 trifft zu.
H_0 akzeptieren ($\widehat{=}$ H_1 verwerfen) Wahrscheinlichkeit	Richtige Entscheidung $1 - \alpha^*$	Falsche Entscheidung **(Fehler 2. Art)** β^*
H_1 akzeptieren ($\widehat{=}$ H_0 verwerfen) Wahrscheinlichkeit	Falsche Entscheidung **(Fehler 1. Art)** α^*	Richtige Entscheidung $1 - \beta^*$

$1 - \alpha^*$ heißt **statistische Sicherheit** des Urteils, wenn H_0 vorliegt, während $1 - \beta^*$ die **statistische Sicherheit** des Urteils ist, wenn H_1 vorliegt. Im Gegensatz dazu ist das **Signifikanzniveau** α die gewählte obere Schranke für die Wahrscheinlichkeit des Fehlers 1. Art α^*.

Beurteilung eines Tests

In einem **Parametertest**, bei dem ein Parameter Θ Gegenstand der Hypothese ist, umfassen die Hypothesen jeweils reelle Werte:

$$H_0 : \Theta \in \Omega_0 \text{ gegen } H_1 : \Theta \in \Omega_1 = \Omega \setminus \Omega_0,$$

wobei in $\Omega \subseteq \mathbb{R}$ alle möglichen Werte für Θ enthalten sind und weder $\Omega_0 = \varnothing$ noch $\Omega_0 = \Omega$ gelten darf.

Zur Beurteilung eines Parametertests können folgende Funktionen herangezogen werden:

- **Gütefunktion**: Ablehnwahrscheinlichkeit des Tests in Abhängigkeit vom (wahren, aber unbekannten) Wert des Parameters Θ:

  $$GF(\Theta) = \mathrm{P}(G_n \in K_\alpha \mid \Theta)$$

  $GF(\Theta)$ liefert die Wahrscheinlichkeit für den Fehler 1. Art α^*, wenn $\Theta \in \Omega_0$, und die Wahrscheinlichkeit einer richtigen Entscheidung, wenn $\Theta \in \Omega_1$.

  Es ist $\alpha = \sup_{\Theta \in \Omega_0} GF(\Theta)$.

- **OC-Funktion**: Annahmewahrscheinlichkeit des Tests in Abhängigkeit vom (wahren, aber unbekannten) Wert des Parameters Θ:

  $$OC(\Theta) = \mathrm{P}(G_n \notin K_\alpha \mid \Theta) = 1 - GF(\Theta)$$

  $OC(\Theta)$ liefert die Wahrscheinlichkeit für den Fehler 2. Art β^*, wenn $\Theta \in \Omega_1$, und die Wahrscheinlichkeit einer richtigen Entscheidung, wenn $\Theta \in \Omega_0$.

  Es ist $\beta = \sup_{\Theta \in \Omega_1} OC(\Theta)$ die obere Schranke für die Wahrscheinlichkeit für den Fehler 2. Art.

Verschiedene Testverfahren können unter anderem mithilfe der OC- und der Gütefunktion beispielsweise anhand folgender Kriterien beurteilt werden:

1. Ein Test heißt **gleichmäßig bester** (**trennscharfer**) Test, wenn dessen Gütefunktion $GF(\Theta)$ über Ω_1 mindestens so groß ist wie die Gütefunktion $GF^*(\Theta)$ eines beliebigen anderen Niveau-α-Tests:

   $$GF(\Theta) \geq GF^*(\Theta) \;\; \forall\, \Theta \in \Omega_1,$$

   d. h. je steiler $GF(\Theta)$ (und damit auch $OC(\Theta)$) verlaufen, desto **trennschärfer** ist der Test. Ein einseitiger Test ist (unter ansonsten gleichen Voraussetzungen) trennschärfer als ein zweiseitiger Test.

2. Ein Test mit Niveau α heißt **konservativ**, wenn

   $$\sup_{\Theta \in \Omega_0} GF(\Theta) < \alpha,$$

   d. h. der Test schöpft α nicht voll aus.

3. Ein Test mit Niveau α heißt **unverzerrt** oder **unverfälscht**, wenn

   $$GF(\Theta) \geq \alpha \; \forall\, \Theta \in \Omega_1,$$

   d. h. die Nullhypothese wird, wenn sie nicht zutrifft (also $\Theta \in \Omega_1$), mit mindestens so großer Wahrscheinlichkeit verworfen wie im Falle ihres Zutreffens.

4. Ein Test heißt **konsistent**, wenn

$$\lim_{n \to \infty} \mathrm{P}(G_n \in K_\alpha \,|\, \Theta \in \Omega_1) = 1,$$

d. h. mit wachsendem Stichprobenumfang wird die Ablehnung einer unzutreffenden Nullhypothese immer sicherer.

Verteilungsgebundene Parametertests

Tests für einen Mittelwert

Gauss-Test

Hypothesen über μ einer Normalverteilung bei bekanntem σ^2

H_0	H_1	Prüfgröße	Ablehnbereich
$\mu \leq \mu_0$	$\mu > \mu_0$	$\dfrac{\overline{X}_n - \mu_0}{\sigma/\sqrt{n}}$	$(u_{1-\alpha};\ \infty)$
$\mu \geq \mu_0$	$\mu < \mu_0$	$\dfrac{\overline{X}_n - \mu_0}{\sigma/\sqrt{n}}$	$(-\infty;\ -u_{1-\alpha})$
$\mu = \mu_0$	$\mu \neq \mu_0$	$\dfrac{\lvert\overline{X}_n - \mu_0\rvert}{\sigma/\sqrt{n}}$	$(u_{1-\alpha/2};\ \infty)$

$\overline{X}_n = \frac{1}{n} \sum_{i=1}^{n} X_i$ (Stichprobenmittelwert)

t-Test

Hypothesen über μ einer Normalverteilung bei unbekanntem σ^2

H_0	H_1	Prüfgröße	Ablehnbereich
$\mu \leq \mu_0$	$\mu > \mu_0$	$\dfrac{\overline{X}_n - \mu_0}{S_n/\sqrt{n}}$	$(t_{n-1;1-\alpha};\ \infty)$
$\mu \geq \mu_0$	$\mu < \mu_0$	$\dfrac{\overline{X}_n - \mu_0}{S_n/\sqrt{n}}$	$(-\infty;\ -t_{n-1;1-\alpha})$
$\mu = \mu_0$	$\mu \neq \mu_0$	$\dfrac{\lvert\overline{X}_n - \mu_0\rvert}{S_n/\sqrt{n}}$	$(t_{n-1;1-\alpha/2};\ \infty)$

$S_n = \sqrt{\frac{1}{n-1} \sum (X_i - \overline{X}_n)^2}$ (korrigierte Stichprobenstandardabweichung)

mit $\overline{X}_n = \frac{1}{n} \sum_{i=1}^{n} X_i$ (Stichprobenmittelwert)

Test für λ
Test von Hypothesen über λ einer POISSON-Verteilung

H_0	H_1	Prüfgröße	Ablehnbereich
$\lambda \leq \lambda_0$	$\lambda > \lambda_0$	X	$\{x_o + 1, x_o + 2, \ldots\}$
$\lambda \geq \lambda_0$	$\lambda < \lambda_0$	X	$\{0,\ 1,\ \ldots,\ x_u - 1\}$
$\lambda = \lambda_0$	$\lambda \neq \lambda_0$	X	$\{0,\ 1,\ \ldots,\ x_u^* - 1\} \cup \{x_o^* + 1, x_o^* + 2, \ldots\}$

$$x_o \text{ so, dass } \sum_{i=0}^{x_o-1} \frac{\lambda_0^i}{i!} e^{-\lambda_0} < 1 - \alpha \leq \sum_{i=0}^{x_o} \frac{\lambda_0^i}{i!} e^{-\lambda_0}$$

$$x_u \text{ so, dass } \sum_{i=0}^{x_u-1} \frac{\lambda_0^i}{i!} e^{-\lambda_0} \leq \alpha < \sum_{i=0}^{x_u} \frac{\lambda_0^i}{i!} e^{-\lambda_0}$$

x_o^* und x_u^* wie oben, es muss nur α durch $\alpha/2$ ersetzt werden.

Für $\lambda_0 > 9$ kann die Normalapproximation mit Stetigkeitskorrektur verwendet werden.

Tests zum Vergleich von Mittelwerten

Tests für zwei unabhängige Stichproben
Vergleich der Erwartungswerte μ_1 und μ_2 von zwei Normalverteilungen bei unabhängigen Stichproben

$$X_{1i} \sim No(\mu_1; \sigma_1^2); \quad i = 1, 2, \ldots, n_1$$

$$\overline{X}_1 = \frac{1}{n_1} \sum_{i=1}^{n_1} X_{1i}; \quad S_1^2 = \frac{1}{n_1 - 1} \sum_{i=1}^{n_1} (X_{1i} - \overline{X}_1)^2$$

$$X_{2j} \sim No(\mu_2; \sigma_2^2); \quad j = 1, 2, \ldots, n_2$$

$$\overline{X}_2 = \frac{1}{n_2} \sum_{j=1}^{n_2} X_{2j}; \quad S_2^2 = \frac{1}{n_2 - 1} \sum_{j=1}^{n_2} (X_{2j} - \overline{X}_2)^2$$

Vergleich von μ_1 und μ_2 bei **bekannten** σ_1^2 und σ_2^2:

H_0	H_1	Prüfgröße	Ablehnbereich
$\mu_1 - \mu_2 \leq \delta$	$\mu_1 - \mu_2 > \delta$	$\frac{\overline{X}_1 - \overline{X}_2 - \delta}{\sigma_d}$	$(u_{1-\alpha};\ \infty)$
$\mu_1 - \mu_2 \geq \delta$	$\mu_1 - \mu_2 < \delta$	$\frac{\overline{X}_1 - \overline{X}_2 - \delta}{\sigma_d}$	$(-\infty;\ -u_{1-\alpha})$
$\mu_1 - \mu_2 = \delta$	$\mu_1 - \mu_2 \neq \delta$	$\frac{\lvert\overline{X}_1 - \overline{X}_2 - \delta\rvert}{\sigma_d}$	$(u_{1-\alpha/2};\ \infty)$

$$\sigma_d = \sqrt{\frac{\sigma_1^2}{n_1} + \frac{\sigma_2^2}{n_2}}$$

Vergleich von μ_1 und μ_2 bei **unbekannten**, aber als gleich vorausgesetzten σ_1^2 und σ_2^2:

H_0	H_1	Prüfgröße	Ablehnbereich
$\mu_1 - \mu_2 \leq \delta$	$\mu_1 - \mu_2 > \delta$	$\frac{\overline{X}_1 - \overline{X}_2 - \delta}{S_d}$	$(t_{f;1-\alpha};\ \infty)$
$\mu_1 - \mu_2 \geq \delta$	$\mu_1 - \mu_2 < \delta$	$\frac{\overline{X}_1 - \overline{X}_2 - \delta}{S_d}$	$(-\infty;\ -t_{f;1-\alpha})$
$\mu_1 - \mu_2 = \delta$	$\mu_1 - \mu_2 \neq \delta$	$\frac{\lvert\overline{X}_1 - \overline{X}_2 - \delta\rvert}{S_d}$	$(t_{f;1-\alpha/2};\ \infty)$

$$f = n_1 + n_2 - 2$$

$$S_d = \sqrt{\frac{(n_1 - 1)S_1^2 + (n_2 - 1)S_2^2}{n_1 + n_2 - 2}}\sqrt{\frac{n_1 + n_2}{n_1 n_2}}$$

Vergleich von μ_1 und μ_2 bei **unbekannten** und verschiedenen σ_1^2 und σ_2^2:

Vorgehensweise wie beim Test mit gleichen Varianzen, jedoch wird S_d ersetzt durch $S_d^* = \sqrt{\frac{S_1^2}{n_1} + \frac{S_2^2}{n_2}}$ und f wird ersetzt durch $f^* = \left(\frac{k^2}{n_1 - 1} + \frac{(1-k)^2}{n_2 - 1}\right)^{-1}$

mit $k = \frac{S_1^2/n_1}{S_1^2/n_1 + S_2^2/n_2}$. Bei Nicht-Ganzzahligkeit ist f^* aufzurunden.

Test für zwei abhängige (verbundene) Stichproben

Vergleich der Erwartungswerte μ_1 und μ_2 von zwei Normalverteilungen bei abhängigen Stichproben:

Es liegen n Wertepaare vor (X_{1i}, X_{2i}), $i = 1, \ldots, n$. Die n Differenzen

$$D_i = X_{i1} - X_{2i}$$

sind unabhängige Beobachtungen aus einer Normalverteilung mit

$$E(D_i) = \Delta \text{ und } V(D_i) = \sigma_D^2.$$

H_0	H_1	Prüfgröße	Ablehnbereich
$\Delta \leq \delta$	$\Delta > \delta$	$\overline{D}\sqrt{n} \,/\, S_D$	$(t_{n-1;1-\alpha};\ \infty)$
$\Delta \geq \delta$	$\Delta < \delta$	$\overline{D}\sqrt{n} \,/\, S_D$	$(-\infty;\ -t_{n-1;1-\alpha})$
$\Delta = \delta$	$\Delta \neq \delta$	$\lvert\overline{D}\rvert\sqrt{n} \,/\, S_D$	$(t_{n-1;1-\alpha/2};\ \infty)$

$$\overline{D} = \frac{1}{n}\sum_{i=1}^{n} D_i = \overline{X}_1 - \overline{X}_2$$

$$S_D^2 = \frac{1}{n-1}\sum(D_i - \overline{D})^2$$

Binomialtest

Hypothesen über P einer BERNOULLI- bzw. Binomialverteilung

H_0	H_1	Prüfgröße	Ablehnbedingung
$P \leq P_0$	$P > P_0$	X_n^T	$\{x_o + 1, x_o + 2, \ldots\}$
$P \geq P_0$	$P < P_0$	X_n^T	$\{0,\ 1,\ \ldots,\ x_u - 1\}$
$P = P_0$	$P \neq P_0$	X_n^T	$\{0,\ 1,\ \ldots,\ x_u^* - 1\} \cup \{x_o^* + 1, x_o^* + 2, \ldots\}$

Die Prüfgröße X_n^T ist die Anzahl der Erfolge.

$$x_o \text{ so, dass } \sum_{i=0}^{x_o-1}\binom{n}{i}P_0^i(1-P_0)^{n-i} < 1 - \alpha \leq \sum_{i=0}^{x_o}\binom{n}{i}P_0^i(1-P_0)^{n-i}$$

$$x_u \text{ so, dass } \sum_{i=0}^{x_u-1}\binom{n}{i}P_0^i(1-P_0)^{n-i} \leq \alpha < \sum_{i=0}^{x_u}\binom{n}{i}P_0^i(1-P_0)^{n-i}$$

x_o^* und x_u^* wie oben, es muss nur α durch $\alpha/2$ ersetzt werden.

Für $nP_0(1-P_0) > 9$ kann die Normalapproximation mit Stetigkeitskorrektur verwendet werden.

Aufgrund der Verwandtschaft der Binomialverteilung mit der F-Verteilung kann äquivalent folgendes Tableau für den Test herangezogen werden:

H_0	H_1	Prüfgröße	Ablehnbedingung
$P \leq P_0$	$P > P_0$	X_n^T	$\frac{P_0}{1-P_0} F_{f_1^*;f_2^*;1-\alpha} < \frac{x^T}{n-x^T+1}$
$P \geq P_0$	$P < P_0$	X_n^T	$\frac{1-P_0}{P_0} F_{f_1;f_2;1-\alpha} < \frac{n-x^T}{x^T+1}$
$P = P_0$	$P \neq P_0$	X_n^T	$\frac{P_0}{1-P_0} F_{f_1^*;f_2^*;1-\alpha/2} < \frac{x^T}{n-x^T+1}$ oder $\frac{1-P_0}{P_0} F_{f_1;f_2;1-\alpha/2} < \frac{n-x^T}{x^T+1}$

x^T ist Realisation der Prüfgröße X_n^T (Anzahl der Erfolge).

$f_1^* = 2(n - x^T + 1)$, $f_2^* = 2x^T$,
$f_1 = 2(x^T + 1)$, $f_2 = 2(n - x^T)$ (Freiheitsgrade)

Tests für eine Varianz

Hypothesen über σ^2 einer Normalverteilung bei **unbekanntem** μ

H_0	H_1	Prüfgröße	Ablehnbereich
$\sigma^2 \leq \sigma_0^2$	$\sigma^2 > \sigma_0^2$	$\frac{(n-1)S_n^2}{\sigma_0^2}$	$(\chi^2_{n-1;1-\alpha};\ \infty)$
$\sigma^2 \geq \sigma_0^2$	$\sigma^2 < \sigma_0^2$	$\frac{(n-1)S_n^2}{\sigma_0^2}$	$[0;\ \chi^2_{n-1;\alpha})$
$\sigma^2 = \sigma_0^2$	$\sigma^2 \neq \sigma_0^2$	$\frac{(n-1)S_n^2}{\sigma_0^2}$	$[0;\ \chi^2_{n-1;\alpha/2}) \cup (\chi^2_{n-1;1-\alpha/2};\ \infty)$

$$S_n^2 = \frac{1}{n-1} \sum_{i=1}^{n} (X_i - \overline{X}_n)^2$$

Für **bekanntes** μ ersetze $\chi^2_{n-1;\cdot}$ durch $\chi^2_{n;\cdot}$ und $(n-1)S_n^2$ durch $n\widetilde{S}_n^2 = \sum(X_i - \mu)^2$.

Tests zum Vergleich von Varianzen

Vergleich der Varianzen σ_1^2 und σ_2^2 zweier Normalverteilungen (F-Test)

$$X_{1i} \sim No(\mu_1;\sigma_1^2);\ i = 1,2,\ldots,n_1;$$

$$\overline{X}_1 = \frac{1}{n_1}\sum_{i=1}^{n_1} X_{1i};\ S_1^2 = \frac{1}{n_1-1}\sum_{i=1}^{n_1}(X_{1i}-\overline{X}_1)^2$$

$$X_{2j} \sim No(\mu_2;\sigma_2^2);\ j = 1,2,\ldots,n_2;$$

$$\overline{X}_2 = \frac{1}{n_2}\sum_{j=1}^{n_2} X_{2j};\ S_2^2 = \frac{1}{n_2-1}\sum_{j=1}^{n_2}(X_{2j}-\overline{X}_2)^2$$

H_0	H_1	Prüfgröße	Ablehnbereich
$\sigma_1^2 \le \sigma_2^2$	$\sigma_1^2 > \sigma_2^2$	S_1^2/S_2^2	$(F_{f_1;f_2;1-\alpha};\ \infty)$
$\sigma_1^2 \ge \sigma_2^2$	$\sigma_1^2 < \sigma_2^2$	S_1^2/S_2^2	$[0;\ F_{f_1;f_2;\alpha})$
$\sigma_1^2 = \sigma_2^2$	$\sigma_1^2 \ne \sigma_2^2$	S_1^2/S_2^2	$[0;\ F_{f_1;f_2;\alpha/2}) \cup (F_{f_1;f_2;1-\alpha/2};\ \infty)$

$f_1 = n_1 - 1$ und $f_2 = n_2 - 1$

Vergleich der Varianzen von $k > 2$ Normalverteilungen (BARTLETT-Test, MAURICE BARTLETT, 1910 – 2002)
$H_0:\ \sigma_1^2 = \sigma_2^2 = \ldots = \sigma_k^2 = \sigma^2$ gegen
$H_1:\ \sigma_i^2 \ne \sigma_j^2$ für mindestens ein Indexpaar $i \ne j$
Voraussetzung: Alle $n_j \ge 6$
H_0 wird verworfen, wenn $\chi^2 > \chi^2_{f;1-\alpha}$, wobei $f = k - 1$ und

$$\chi^2 = -\left(\sum_{j=1}^{k}(n_j-1)\left(\ln S_j^2 - \ln\widehat{S^2}\right)\right)\Big/ c \quad \text{mit}$$

$$S_j^2 = \frac{1}{n_j-1}\sum_{i=1}^{n_j}(X_{ij}-\overline{X}_j)^2 \quad \text{und} \quad \overline{X}_j = \frac{1}{n_j}\sum_{i=1}^{n_j}X_{ij},$$

$$\widehat{S^2} = \frac{1}{n-k}\sum_{j=1}^{k}(n_j-1)S_j^2 \quad \text{(Schätzer für die gleiche gemeinsame Varianz } \sigma^2\text{)},$$

$$n = \sum_{j=1}^{k} n_j,$$

$$c = 1 + \frac{1}{3(k-1)}\left(\sum_{j=1}^{k}\frac{1}{n_j-1} - \frac{1}{n-k}\right).$$

χ^2-Testverfahren

Test auf Unabhängigkeit zweier Merkmale

H_0: Zwei Merkmale X und Y sind **stochastisch unabhängig**
gegen
H_1: X und Y sind **stochastisch abhängig**

Ablauf des Tests:

1. Aufstellen der zweidimensionalen Tabelle der absoluten Häufigkeiten n_{ij} mit den Randhäufigkeiten $n_{i\cdot}$ und $n_{\cdot j}$ (wobei $n_{ij} \geq 10 \ \forall\, i, j$ sein sollen, ansonsten gröber gruppieren)
2. Berechnung der **Unabhängigkeitszahlen:** $u_{ij} := \dfrac{n_{i\cdot}\, n_{\cdot j}}{n} \ \forall\, i, j$
(wobei kein $u_{ij} < 1$ und weniger als 20 % kleiner als 5)
3. Bestimmen der **Prüfgröße:** $\chi^2 = \sum_{i=1}^{k} \sum_{j=1}^{m} \dfrac{(n_{ij} - u_{ij})^2}{u_{ij}} = \left(n \sum_{i=1}^{k} \sum_{j=1}^{m} \dfrac{n_{ij}^2}{n_{i\cdot}\, n_{\cdot j}} \right) - n$
4. Ablehnung von H_0, wenn $\chi^2 > \chi^2_{(k-1)(m-1);1-\alpha}$

Homogenitätstest

H_0: m Stichproben stammen aus derselben Verteilung, $m \geq 2$,
gegen
H_1: Mindestens zwei der Stichproben stammen aus unterschiedlichen Verteilungen.

Ablauf des Tests:

1. Die m Stichproben werden in einer zweidimensionalen Häufigkeitstabelle nach den k Realisationen bzw. Klassen von Realisationen der Zufallsvariablen geordnet. Es ist so zu gruppieren, dass $n_{ij} \geq 10 \ \forall\, i, j$ gilt.
2. Aus der Randverteilung dieser Tabelle schätzt man die Wahrscheinlichkeiten P_i für eine Beobachtung in Klasse i der unterstellten gleichen Verteilung als

$$\widehat{P}_i = \frac{n_{i\cdot}}{n}; \ i = 1, \ldots, k.$$

3. Man berechnet die erwarteten Besetzungszahlen

$$E_{ij} = n_{\cdot j}\, \widehat{P}_i; \quad j = 1, \ldots, m; \ i = 1, \ldots, k,$$

wobei kein E_{ij} kleiner als 1 und höchstens 20 % kleiner als 5 sein sollten.

4. Bestimmung der Prüfgröße

$$\chi^2 = \sum_{i=1}^{k} \sum_{j=1}^{m} \frac{(n_{ij} - E_{ij})^2}{E_{ij}} = \left(n \sum_{i=1}^{k} \sum_{j=1}^{m} \frac{n_{ij}^2}{n_{i}.n_{.j}} \right) - n\,.$$

5. Ablehnung von H_0 auf dem Niveau α, wenn

$$\chi^2 > \chi^2_{(k-1)(m-1);\;1-\alpha}$$

Anpassungstest

1. Fall: Vollspezifizierte Verteilungshypothese für X:

$$H_0:\quad F_X(x) = F_0(x \mid \vec{\Theta}),$$

wobei **alle Parameter** in $\vec{\Theta}$ bekannt sind, gegen

$$H_1:\quad F_X(x) \neq F_0(x \mid \vec{\Theta})$$

Der Test umfasst fünf Schritte:

1. Aus der Stichprobe wird die empirische Häufigkeitsverteilung mit den Klassenbesetzungszahlen n_i $(i = 1, 2, \ldots, k)$ aufgestellt, wobei $n_i \geq 10$ verlangt wird. Durch Zusammenfassung benachbarter Klassen muss dies ggf. erreicht werden.
2. Aus der hypothetischen Verteilung $F_0(x \mid \vec{\Theta})$ wird für jede Klasse die Wahrscheinlichkeit P_i berechnet, eine Beobachtung in dieser Klasse zu machen.
3. Es werden die erwarteten Besetzungszahlen

   $$E_i := n\,P_i$$

   berechnet. Kein E_i sollte kleiner als 1, höchstens 20 % kleiner als 5 sein. Ggf. sind weitere Klassen zusammenzufassen, oder es ist ganz anders zu klassieren.
4. Berechnung der Prüfgröße

   $$\chi^2 = \sum_{i=1}^{k} \frac{(n_i - E_i)^2}{E_i}\,.$$

   Dabei ist $k \geq 2$ die Anzahl der (verbliebenen) Klassen.
5. H_0 wird zugunsten von H_1 auf dem Niveau α abgelehnt, wenn

   $$\chi^2 > \chi^2_{k-1;1-\alpha}\,.$$

2. Fall: Teilspezifizierte Verteilungshypothese für X:

$$H_0: \quad F_X(x) = F_0(x \mid \vec{\Theta}),$$

wobei **einige oder alle Parameter** in $\vec{\Theta}$ nicht bekannt sind, gegen

$$H_1: \quad F_X(x) \neq F_0(x \mid \vec{\Theta}).$$

Zwei der fünf Schritte des vorstehenden Verfahrens sind zu ändern:

2a. Bevor die P_i berechnet werden können, müssen die $z \geq 1$ offen gelassenen Parameter aus der Stichprobe geschätzt werden, z. B. nach der ML-Methode.

5a. Der Ablehnbereich ergibt sich als

$$\chi^2 > \chi^2_{k-z-1;1-\alpha},$$

d. h. für jeden zu schätzenden Parameter ist ein Freiheitsgrad zu opfern.

4 Tabellen

4.1 Verteilungsfunktion $\Phi(u)$ der Standard-Normalverteilung

u	0,00	0,01	0,02	0,03	0,04	0,05	0,06	0,07	0,08	0,09
0,0	0,5000	0,5040	0,5080	0,5120	0,5160	0,5199	0,5239	0,5279	0,5319	0,5359
0,1	0,5398	0,5438	0,5478	0,5517	0,5557	0,5596	0,5636	0,5675	0,5714	0,5753
0,2	0,5793	0,5832	0,5871	0,5910	0,5948	0,5987	0,6026	0,6064	0,6103	0,6141
0,3	0,6179	0,6217	0,6255	0,6293	0,6331	0,6368	0,6406	0,6443	0,6480	0,6517
0,4	0,6554	0,6591	0,6628	0,6664	0,6700	0,6736	0,6772	0,6808	0,6844	0,6879
0,5	0,6915	0,6950	0,6985	0,7019	0,7054	0,7088	0,7123	0,7157	0,7190	0,7224
0,6	0,7257	0,7291	0,7324	0,7357	0,7389	0,7422	0,7454	0,7486	0,7517	0,7549
0,7	0,7580	0,7611	0,7642	0,7673	0,7704	0,7734	0,7764	0,7794	0,7823	0,7852
0,8	0,7881	0,7910	0,7939	0,7967	0,7995	0,8023	0,8051	0,8078	0,8106	0,8133
0,9	0,8159	0,8186	0,8212	0,8238	0,8264	0,8289	0,8315	0,8340	0,8365	0,8389
1,0	0,8413	0,8438	0,8461	0,8485	0,8508	0,8531	0,8554	0,8577	0,8599	0,8621
1,1	0,8643	0,8665	0,8686	0,8708	0,8729	0,8749	0,8770	0,8790	0,8810	0,8830
1,2	0,8849	0,8869	0,8888	0,8907	0,8925	0,8944	0,8962	0,8980	0,8997	0,9015
1,3	0,9032	0,9049	0,9066	0,9082	0,9099	0,9115	0,9131	0,9147	0,9162	0,9177
1,4	0,9192	0,9207	0,9222	0,9236	0,9251	0,9265	0,9279	0,9292	0,9306	0,9319
1,5	0,9332	0,9345	0,9357	0,9370	0,9382	0,9394	0,9406	0,9418	0,9429	0,9441
1,6	0,9452	0,9463	0,9474	0,9484	0,9495	0,9505	0,9515	0,9525	0,9535	0,9545
1,7	0,9554	0,9564	0,9573	0,9582	0,9591	0,9599	0,9608	0,9616	0,9625	0,9633
1,8	0,9641	0,9649	0,9656	0,9664	0,9671	0,9678	0,9686	0,9693	0,9699	0,9706
1,9	0,9713	0,9719	0,9726	0,9732	0,9738	0,9744	0,9750	0,9756	0,9761	0,9767
2,0	0,9772	0,9778	0,9783	0,9788	0,9793	0,9798	0,9803	0,9808	0,9812	0,9817
2,1	0,9821	0,9826	0,9830	0,9834	0,9838	0,9842	0,9846	0,9850	0,9854	0,9857
2,2	0,9861	0,9864	0,9868	0,9871	0,9875	0,9878	0,9881	0,9884	0,9887	0,9890
2,3	0,9893	0,9896	0,9898	0,9901	0,9904	0,9906	0,9909	0,9911	0,9913	0,9916
2,4	0,9918	0,9920	0,9922	0,9925	0,9927	0,9929	0,9931	0,9932	0,9934	0,9936
2,5	0,9938	0,9940	0,9941	0,9943	0,9945	0,9946	0,9948	0,9949	0,9951	0,9952
2,6	0,9953	0,9955	0,9956	0,9957	0,9959	0,9960	0,9961	0,9962	0,9963	0,9964
2,7	0,9965	0,9966	0,9967	0,9968	0,9969	0,9970	0,9971	0,9972	0,9973	0,9974
2,8	0,9974	0,9975	0,9976	0,9977	0,9977	0,9978	0,9979	0,9979	0,9980	0,9981
2,9	0,9981	0,9982	0,9982	0,9983	0,9984	0,9984	0,9985	0,9985	0,9986	0,9986
3,0	0,9987	0,9987	0,9987	0,9988	0,9988	0,9989	0,9989	0,9989	0,9990	0,9990
3,1	0,9990	0,9991	0,9991	0,9991	0,9992	0,9992	0,9992	0,9992	0,9993	0,9993
3,2	0,9993	0,9993	0,9994	0,9994	0,9994	0,9994	0,9994	0,9995	0,9995	0,9995
3,3	0,9995	0,9995	0,9995	0,9996	0,9996	0,9996	0,9996	0,9996	0,9996	0,9997
3,4	0,9997	0,9997	0,9997	0,9997	0,9997	0,9997	0,9997	0,9997	0,9997	0,9998

4.2 Perzentile der t-Verteilung

ν	$t_{0,60}$	$t_{0,70}$	$t_{0,80}$	$t_{0,90}$	$t_{0,95}$	$t_{0,975}$	$t_{0,99}$	$t_{0,995}$
1	0,325	0,727	1,376	3,078	6,314	12,706	31,821	63,657
2	0,289	0,617	1,061	1,886	2,920	4,303	6,965	9,925
3	0,277	0,584	0,978	1,638	2,353	3,182	4,541	5,841
4	0,271	0,569	0,941	1,533	2,132	2,776	3,747	4,604
5	0,267	0,559	0,920	1,476	2,015	2,571	3,365	4,032
6	0,265	0,553	0,906	1,440	1,943	2,447	3,143	3,707
7	0,263	0,549	0,896	1,415	1,895	2,365	2,998	3,499
8	0,262	0,546	0,889	1,397	1,860	2,306	2,896	3,355
9	0,261	0,543	0,883	1,383	1,833	2,262	2,821	3,250
10	0,260	0,542	0,879	1,372	1,812	2,228	2,764	3,169
11	0,260	0,540	0,876	1,363	1,796	2,201	2,718	3,106
12	0,259	0,539	0,873	1,356	1,782	2,179	2,681	3,055
13	0,259	0,538	0,870	1,350	1,771	2,160	2,650	3,012
14	0,258	0,537	0,868	1,345	1,761	2,145	2,624	2,977
15	0,258	0,536	0,866	1,341	1,753	2,131	2,602	2,947
16	0,258	0,535	0,865	1,337	1,746	2,120	2,583	2,921
17	0,257	0,534	0,863	1,333	1,740	2,110	2,567	2,898
18	0,257	0,534	0,862	1,330	1,734	2,101	2,552	2,878
19	0,257	0,533	0,861	1,328	1,729	2,093	2,539	2,861
20	0,257	0,533	0,860	1,325	1,725	2,086	2,528	2,845
21	0,257	0,532	0,859	1,323	1,721	2,080	2,518	2,831
22	0,256	0,532	0,858	1,321	1,717	2,074	2,508	2,819
23	0,256	0,532	0,858	1,319	1,714	2,069	2,500	2,807
24	0,256	0,531	0,857	1,318	1,711	2,064	2,492	2,797
25	0,256	0,531	0,856	1,316	1,708	2,060	2,485	2,787
26	0,256	0,531	0,856	1,315	1,706	2,056	2,479	2,779
27	0,256	0,531	0,855	1,314	1,703	2,052	2,473	2,771
28	0,256	0,530	0,855	1,313	1,701	2,048	2,467	2,763
29	0,256	0,530	0,854	1,311	1,699	2,045	2,462	2,756
30	0,256	0,530	0,854	1,310	1,697	2,042	2,457	2,750
40	0,255	0,529	0,851	1,303	1,684	2,021	2,423	2,704
50	0,255	0,528	0,849	1,299	1,676	2,009	2,403	2,678
60	0,254	0,527	0,848	1,296	1,671	2,000	2,390	2,660
80	0,254	0,526	0,846	1,292	1,664	1,990	2,374	2,639
100	0,254	0,526	0,845	1,290	1,660	1,984	2,364	2,626
120	0,254	0,526	0,845	1,289	1,658	1,980	2,358	2,617
∞	0,253	0,524	0,842	1,282	1,645	1,960	2,326	2,576

4.3 Perzentile der χ^2-Verteilung für $0 < P \leq 0{,}7$

ν	$\chi^2_{0,005}$	$\chi^2_{0,01}$	$\chi^2_{0,025}$	$\chi^2_{0,05}$	$\chi^2_{0,10}$	$\chi^2_{0,25}$	$\chi^2_{0,50}$	$\chi^2_{0,70}$
1	0,00	0,00	0,00	0,00	0,02	0,10	0,45	1,07
2	0,01	0,02	0,05	0,10	0,21	0,58	1,39	2,41
3	0,07	0,11	0,22	0,35	0,58	1,21	2,37	3,66
4	0,21	0,30	0,48	0,71	1,06	1,92	3,36	4,88
5	0,41	0,55	0,83	1,15	1,61	2,67	4,35	6,06
6	0,68	0,87	1,24	1,64	2,20	3,45	5,35	7,23
7	0,99	1,24	1,69	2,17	2,83	4,25	6,35	8,38
8	1,34	1,65	2,18	2,73	3,49	5,07	7,34	9,52
9	1,73	2,09	2,70	3,33	4,17	5,90	8,34	10,66
10	2,16	2,56	3,25	3,94	4,87	6,74	9,34	11,78
11	2,60	3,05	3,82	4,57	5,58	7,58	10,34	12,90
12	3,07	3,57	4,40	5,23	6,30	8,44	11,34	14,01
13	3,57	4,11	5,01	5,89	7,04	9,30	12,34	15,12
14	4,07	4,66	5,63	6,57	7,79	10,17	13,34	16,22
15	4,60	5,23	6,26	7,26	8,55	11,04	14,34	17,32
16	5,14	5,81	6,91	7,96	9,31	11,91	15,34	18,42
17	5,70	6,41	7,56	8,67	10,09	12,79	16,34	19,51
18	6,26	7,01	8,23	9,39	10,86	13,68	17,34	20,60
19	6,84	7,63	8,91	10,12	11,65	14,56	18,34	21,69
20	7,43	8,26	9,59	10,85	12,44	15,45	19,34	22,77
21	8,03	8,90	10,28	11,59	13,24	16,34	20,34	23,86
22	8,64	9,54	10,98	12,34	14,04	17,24	21,34	24,94
23	9,26	10,20	11,69	13,09	14,85	18,14	22,34	26,02
24	9,89	10,86	12,40	13,85	15,66	19,04	23,34	27,10
25	10,52	11,52	13,12	14,61	16,47	19,94	24,34	28,17
30	13,79	14,95	16,79	18,49	20,60	24,48	29,34	33,53
40	20,71	22,16	24,43	26,51	29,05	33,66	39,34	44,16
50	27,99	29,71	32,36	34,76	37,69	42,94	49,33	54,72
60	35,53	37,48	40,48	43,19	46,46	52,29	59,33	65,23
70	43,28	45,44	48,76	51,74	55,33	61,70	69,33	75,69
80	51,17	53,54	57,15	60,39	64,28	71,14	79,33	86,12
90	59,20	61,75	65,65	69,13	73,29	80,62	89,33	96,52
100	67,33	70,06	74,22	77,93	82,36	90,13	99,33	106,91
150	109,14	112,67	117,98	122,69	128,28	137,98	149,33	158,58
200	152,24	156,43	162,73	168,28	174,84	186,17	199,33	209,99
500	422,30	429,39	439,94	449,15	459,93	478,32	499,33	516,09

4.4 Perzentile der χ^2-Verteilung für $0{,}7 < P < 1$

ν	$\chi^2_{0,75}$	$\chi^2_{0,80}$	$\chi^2_{0,85}$	$\chi^2_{0,9}$	$\chi^2_{0,95}$	$\chi^2_{0,975}$	$\chi^2_{0,99}$	$\chi^2_{0,995}$
1	1,32	1,64	2,07	2,71	3,84	5,02	6,63	7,88
2	2,77	3,22	3,79	4,61	5,99	7,38	9,21	10,60
3	4,11	4,64	5,32	6,25	7,81	9,35	11,34	12,84
4	5,39	5,99	6,74	7,78	9,49	11,14	13,28	14,86
5	6,63	7,29	8,12	9,24	11,07	12,83	15,09	16,75
6	7,84	8,56	9,45	10,64	12,59	14,45	16,81	18,55
7	9,04	9,80	10,75	12,02	14,07	16,01	18,48	20,28
8	10,22	11,03	12,03	13,36	15,51	17,53	20,09	21,95
9	11,39	12,24	13,29	14,68	16,92	19,02	21,67	23,59
10	12,55	13,44	14,53	15,99	18,31	20,48	23,21	25,19
11	13,70	14,63	15,77	17,28	19,68	21,92	24,73	26,76
12	14,85	15,81	16,99	18,55	21,03	23,34	26,22	28,30
13	15,98	16,98	18,20	19,81	22,36	24,74	27,69	29,82
14	17,12	18,15	19,41	21,06	23,68	26,12	29,14	31,32
15	18,25	19,31	20,60	22,31	25,00	27,49	30,58	32,80
16	19,37	20,47	21,79	23,54	26,30	28,85	32,00	34,27
17	20,49	21,61	22,98	24,77	27,59	30,19	33,41	35,72
18	21,60	22,76	24,16	25,99	28,87	31,53	34,81	37,16
19	22,72	23,90	25,33	27,20	30,14	32,85	36,19	38,58
20	23,83	25,04	26,50	28,41	31,41	34,17	37,57	40,00
21	24,93	26,17	27,66	29,62	32,67	35,48	38,93	41,40
22	26,04	27,30	28,82	30,81	33,92	36,78	40,29	42,80
23	27,14	28,43	29,98	32,01	35,17	38,08	41,64	44,18
24	28,24	29,55	31,13	33,20	36,42	39,36	42,98	45,56
25	29,34	30,68	32,28	34,38	37,65	40,65	44,31	46,93
30	34,80	36,25	37,99	40,26	43,77	46,98	50,89	53,67
40	45,62	47,27	49,24	51,81	55,76	59,34	63,69	66,77
50	56,33	58,16	60,35	63,17	67,50	71,42	76,15	79,49
60	66,98	68,97	71,34	74,40	79,08	83,30	88,38	91,95
70	77,58	79,71	82,26	85,53	90,53	95,02	100,43	104,21
80	88,13	90,41	93,11	96,58	101,88	106,63	112,33	116,32
90	98,65	101,05	103,90	107,57	113,15	118,14	124,12	128,30
100	109,14	111,67	114,66	118,50	124,34	129,56	135,81	140,17
150	161,29	164,35	167,96	172,58	179,58	185,80	193,21	198,36
200	213,10	216,61	220,74	226,02	233,99	241,06	249,45	255,26
500	520,95	526,40	532,80	540,93	553,13	563,85	576,49	585,21

4.5 Perzentile der F-Verteilung für $P = 0{,}975$

$\nu_2 \downarrow$ / $\nu_1 \rightarrow$	1	2	3	4	5	6	7	8	9	10	25	50	100	500	∞
1	647,8	799,5	864,2	899,6	921,9	937,1	948,2	956,7	963,3	968,6	998,1	1008	1013	1017	1018
2	38,51	39,00	39,17	39,25	39,30	39,33	39,36	39,37	39,39	39,40	39,46	39,48	39,49	39,50	39,50
3	17,44	16,04	15,44	15,10	14,88	14,73	14,62	14,54	14,47	14,42	14,12	14,01	13,96	13,91	13,90
4	12,22	10,65	9,98	9,60	9,36	9,20	9,07	8,98	8,90	8,84	8,50	8,38	8,32	8,27	8,26
5	10,01	8,43	7,76	7,39	7,15	6,98	6,85	6,76	6,68	6,62	6,27	6,14	6,08	6,03	6,02
6	8,81	7,26	6,60	6,23	5,99	5,82	5,70	5,60	5,52	5,46	5,11	4,98	4,92	4,86	4,85
7	8,07	6,54	5,89	5,52	5,29	5,12	4,99	4,90	4,82	4,76	4,40	4,28	4,21	4,16	4,14
8	7,57	6,06	5,42	5,05	4,82	4,65	4,53	4,43	4,36	4,30	3,94	3,81	3,74	3,68	3,67
9	7,21	5,71	5,08	4,72	4,48	4,32	4,20	4,10	4,03	3,96	3,60	3,47	3,40	3,35	3,33
10	6,94	5,46	4,83	4,47	4,24	4,07	3,95	3,85	3,78	3,72	3,35	3,22	3,15	3,09	3,08
25	5,69	4,29	3,69	3,35	3,13	2,97	2,85	2,75	2,68	2,61	2,23	2,08	2,00	1,92	1,91
50	5,34	3,97	3,39	3,05	2,83	2,67	2,55	2,46	2,38	2,32	1,92	1,75	1,66	1,57	1,55
100	5,18	3,83	3,25	2,92	2,70	2,54	2,42	2,32	2,24	2,18	1,77	1,59	1,48	1,38	1,35
500	5,05	3,72	3,14	2,81	2,59	2,43	2,31	2,22	2,14	2,07	1,65	1,46	1,34	1,19	1,14
∞	5,02	3,69	3,12	2,79	2,57	2,41	2,29	2,19	2,11	2,05	1,63	1,43	1,30	1,13	1,00

4.6 Perzentile der F-Verteilung für $P = 0{,}95$

$\nu_1 \rightarrow$ / $\nu_2 \downarrow$	1	2	3	4	5	6	7	8	9	10	25	50	100	500	∞
1	161,5	199,5	215,7	224,6	230,2	234,0	236,8	238,9	240,5	241,9	249,3	251,8	253,0	254,1	254,3
2	18,51	19,00	19,16	19,25	19,30	19,33	19,35	19,37	19,38	19,40	19,46	19,48	19,49	19,49	19,50
3	10,13	9,55	9,28	9,12	9,01	8,94	8,89	8,85	8,81	8,79	8,63	8,58	8,55	8,53	8,53
4	7,71	6,94	6,59	6,39	6,26	6,16	6,09	6,04	6,00	5,96	5,77	5,70	5,66	5,64	5,63
5	6,61	5,79	5,41	5,19	5,05	4,95	4,88	4,82	4,77	4,74	4,52	4,44	4,41	4,37	4,36
6	5,99	5,14	4,76	4,53	4,39	4,28	4,21	4,15	4,10	4,06	3,83	3,75	3,71	3,68	3,67
7	5,59	4,74	4,35	4,12	3,97	3,87	3,79	3,73	3,68	3,64	3,40	3,32	3,27	3,24	3,23
8	5,32	4,46	4,07	3,84	3,69	3,58	3,50	3,44	3,39	3,35	3,11	3,02	2,97	2,94	2,93
9	5,12	4,26	3,86	3,63	3,48	3,37	3,29	3,23	3,18	3,14	2,89	2,80	2,76	2,72	2,71
10	4,96	4,10	3,71	3,48	3,33	3,22	3,14	3,07	3,02	2,98	2,73	2,64	2,59	2,55	2,54
25	4,24	3,39	2,99	2,76	2,60	2,49	2,40	2,34	2,28	2,24	1,96	1,84	1,78	1,73	1,71
50	4,03	3,18	2,79	2,56	2,40	2,29	2,20	2,13	2,07	2,03	1,73	1,60	1,52	1,46	1,44
100	3,94	3,09	2,70	2,46	2,31	2,19	2,10	2,03	1,97	1,93	1,62	1,48	1,39	1,31	1,28
500	3,86	3,01	2,62	2,39	2,23	2,12	2,03	1,96	1,90	1,85	1,53	1,38	1,28	1,16	1,11
∞	3,84	3,00	2,60	2,37	2,21	2,10	2,01	1,94	1,88	1,83	1,51	1,35	1,24	1,11	1,00

Stichwortverzeichnis

B

C

F

P

Q

U

V